中国茶文化大全

图解茶经

文若愚/主编

中国华侨出版社
北京

图书在版编目(CIP)数据

图解茶经 / 文若愚主编. — 北京 : 中国华侨出版社, 2017.4（2019.12重印）

ISBN 978-7-5113-6708-2

Ⅰ.①图… Ⅱ.①文… Ⅲ.①茶文化—中国②《茶经》—图解 Ⅳ.①TS971.21-64

中国版本图书馆CIP数据核字（2017）第050841号

图解茶经

主　　编：文若愚
责任编辑：笑　年
封面设计：韩立强
文字编辑：朱立春
美术编辑：潘　松
经　　销：新华书店
开　　本：720 mm × 1020 mm　　1/16　　印张：29　　字数：710千字
印　　刷：北京市松源印刷有限公司
版　　次：2017年5月第1版　　2019年12月第2次印刷
书　　号：ISBN 978-7-5113-6708-2
定　　价：68.00元

中国华侨出版社　　北京市朝阳区西坝河东里77号楼底商5号　　邮编：100028
法律顾问：陈鹰律师事务所
发 行 部：(010) 58815874　　　　传　真：(010) 58815857
网　　址：www.oveaschin.com　　E-mail：oveaschin@sina.com

如果发现印装质量问题，影响阅读，请与印刷厂联系调换。

前言

"茶者，南方之嘉木也。""茶圣"陆羽用简洁、诚恳的八个字给予了茶最清晰、最深刻的概括与赞赏。中国是茶之古国，是茶及茶文化的发源地，是世界上最早种茶、制茶、饮茶的国家。我国的茶文化源远流长，从神农尝百草开始，茶历经了无数个朝代，也见证了历代的荣辱兴衰，因而具有悠远深邃的底蕴和内涵。千百年来，茶不仅仅是人们用来解渴的饮品，同时还包含了中国人细腻含蓄的思维与情感，因而，茶在人们的眼中是不可或缺的。无论是独自一人，还是亲朋相聚，茶都是人们品饮的首选。人们可以在茶中品饮人间情、世间味，感悟出别样的茶味人生。而习茶经、悟茶道、学茶艺等，则成了每个爱茶之人所必须掌握的课程之一。

唐代陆羽所著的《茶经》是世界上第一部茶专著，包括茶的本源、制茶器具、茶的采制、煮茶方法、历代茶事、茶叶产地等十章。内容丰富、翔实，系统而全面地介绍了我国古代茶业的发展演变，极具史料价值。《茶经》是对整个中唐以前茶文化的总结，它的问世，对中国的制茶业、茶文化的发展，乃至整个饮食文化都产生了巨大影响。据说唐朝时西北的回纥国曾以千头良马换取《茶经》。从那以后，《茶经》传到国外，目前已被译成日、英、俄等国文字，传布于世界各地。

清代陆廷灿所著的《续茶经》分正文三卷、附录一卷，约七万字。书前有雍正乙卯黄叔琳序及陆廷灿所作凡例。陆羽《茶经》另列卷首。其目录完全与《茶经》相同，即分为茶之源、茶之具、茶之造等十个门类。但自唐至清，历时千余年，产茶之地、制茶之法以及烹煮器具等都发生了巨大的变化，而此书对唐之后的茶事资料收罗宏富，并进行了考辨，虽名为"续"，实是一部完全独立的著述。《四库全书总目》称此书"一一订定补辑，颇切实用，而征引繁富"。陆廷灿因编定了此书，而被世人称为"茶仙"。

正是由于各种茶专著的推动，才使得中国的种茶制茶业及茶道、茶艺等获得长足发展，茶文化代代传承。茶道始于中国唐代。《封氏闻见记》中提到："又因鸿渐之论，广润色之，于是茶道大行。"唐代刘贞亮在饮茶十德中也明确提出："以茶可行道，以茶可雅志。"茶道的定义有很多种，有学者将其定义为品赏茶的美感之道，认为它是一种关于泡茶、品茶和悟茶的艺术；也有学者认为它是以茶为媒的生活礼仪，是修身养性之道……但这些定义都只说出了茶道的一部分，因为茶道的内涵和外延十分广阔，是很难用语言概括出来的。而这也正是茶道的魅力所在。

"茶艺"一词在唐朝之后才出现。刘贞亮认为茶艺是通过饮茶来提高人们的道德修养；皎然则认为茶艺是一种修炼的手段。茶艺到现代经历了几起几落的发展，人们对茶艺的认识也越来越深刻。茶艺有广义和狭义之分。广义的茶艺是指研究与茶叶有关的学问，例如茶叶的生产、制造、经营、饮用方法等一系列原则与原理，从而满足人们在物质和精神方面的需求；狭义的茶艺是指如何冲泡出一壶好茶的技巧以及如何享受一杯好茶的艺术，也可以说是整个品茶过程中对美好意境的体现，主要包括选茶、选水、选茶具、烹茶技术以及环境等几方面内容。

本书是一本集茶经、茶道、茶艺等于一体的茶文化大全，带领读者走进一个有关茶的清净世界，既能丰富国学常识，也能为健康生活增添一些韵味。全书图文并茂，在品读文字的同时，也能欣赏到精美的图片，让人充分感受茶文化的无穷魅力，获得精神的愉悦与满足，找到清净平和的心境。希望本书能让不了解茶的朋友开始认识茶、了解茶，更希望让广大茶友因茶结缘，使茶文化发扬光大。

茶道与茶艺

名茶品鉴

《茶经》

　　陆羽（733~804），唐复州竟陵（今湖北天门）人。一名疾，字鸿渐，自称桑苎翁，又号东冈子。自幼好学，性淡泊，闭门著书，不愿为官。陆羽一生鄙夷权贵，不重财富，热爱自然，坚持正义。《全唐诗》中载有陆羽一首诗，正体现了他的品格："不羡黄金磊，不羡白玉杯，不羡朝入省，不羡暮登台。"

一、茶之源

茶者，南方之嘉木也。一尺、二尺乃至数十尺。其巴山、峡川，有两人合抱者，伐而掇之①。其树如瓜芦，叶如栀子，花如白蔷薇，实如栟榈②，蒂如丁香，根如胡桃。［瓜芦木，出广州，似茶，至苦涩。栟榈，蒲葵之属，其子似茶。胡桃与茶，根皆下孕，兆至瓦砾③，苗木上抽。］

其字，或从草，或从木，或草木并。［从草，当作"茶"，其字出《开元文字音义》④；从木，当作"搽"，其字出《本草》。草木并，作"荼"，其字

元·赵原《陆羽烹茶图》

出《尔雅》。]其名，一曰茶，二曰槚⑤，三曰莈⑥，四曰茗，五曰荈⑦。[周公云："槚，苦茶。"杨执戟⑧云："蜀西南人谓茶曰莈。"郭弘农⑨云："早取为茶，晚取为茗，或一曰荈耳。"]

茶山

其地，上者生烂石，中者生栎壤[栎字当从石为砾]，下者生黄土。凡艺而不实⑩，植而罕茂。法如种瓜，三岁可采。野者上，园者次。阳崖阴林，紫者上，绿者次；笋者上，牙者次；叶卷上，叶舒次⑪。阴山坡谷者，不堪采掇，性凝滞，结瘕疾⑫。

茶之为用，味至寒，为饮，最宜精行俭德之人。若热渴凝闷、脑疼目涩、四肢烦、百节不舒，聊四五啜，与醍醐、甘露⑬抗衡也。采不时，造不精，杂以卉莽⑭，饮之成疾。茶为累也，亦犹人参。上者生上党⑮，中者生百济、新罗⑯，下者生高丽⑰。有生泽州、易州、幽州、檀州者⑱，为药无效，况非此者！设服荠苨⑲，六疾不瘳⑳。知人参为累，则茶累尽矣。

【注释】

①伐而掇之：伐，砍下枝条。掇，采摘。②栟榈：棕榈树。栟，读音 bīng。③根皆下孕，兆至瓦砾：下孕，在地下滋生发育。兆，指核桃与茶树生长时根将土地撑裂，方始出土成长。④《开元文字音义》：字书名。唐开元二十三年（735 年）编辑的字书。早佚。⑤槚：读音 jiǎ。⑥莈：读音 shè，本为香草名。⑦荈：读音 chuǎn。⑧杨执戟：即扬雄，西汉人，著有《方言》等书。⑨郭弘农：即郭璞，晋时人。注释过《方言》《尔雅》等字书。⑩艺而不实：指种植技术。⑪叶卷上，叶舒次：叶片呈卷状者质量好，舒展平直者质量差。⑫性凝滞，结瘕疾：凝滞，凝结不散。瘕，腹中痞块。《正字通》："腹中积块，坚者曰症，有物形曰瘕。"⑬醍醐、甘露：皆为古人心中最美妙的供品。醍醐，酥酪上凝聚的油，味甘美。甘露，即露水，古人说它是"天之津液"。⑭卉莽：野草。⑮上党：唐时郡名，治所在今山西长治市长子、潞城一带。⑯百济、新罗：唐时位于朝鲜半岛上的两个小国，百济在半岛西南部，新罗在半岛东南部。⑰高丽：唐时周边小国之一。⑱泽州、易州、幽州、檀州：皆为唐时州名。治所分别在今山西晋城、河北易县、蓟县、北京市密云区一带。⑲荠苨：一种形似人参的野果。苨，读音 nǐ。⑳六疾不瘳：六疾，指人遇阴、阳、风、雨、晦、明六气而生的多种疾病。瘳，痊愈。

【译文】

茶树是我国南方种植的一种优良植物。树有一尺、两尺甚至几十尺高。在川东、鄂西地区一带，最粗的茶树需两人合抱，只有先砍下枝条后才能采摘茶叶。茶树的形状如同瓜芦木，树叶如同栀子，花如同白蔷薇，种子类似于棕榈树的种子，花蒂像丁香，根类似于核桃树的根。[瓜芦木，生长在广东，和茶树相似，但味道苦涩。棕榈，属于蒲葵类，它的籽类似于茶籽。核桃和茶树，根都在地下滋长发育，把土壤撑裂，钻出地面生长。]"茶"字从部首上看，或从属于"草"部，或从属于"木"部，或者"草""木"并从。[从草，写作"茶"，这个字出于《开元文字音义》一书。从木，写作"櫹"，出于唐《新修本草》，草、木并从，写作"荼"，出于《尔雅》。]茶的名称，第一叫茶，第二叫槚，第三叫蔎，第四叫茗，第五叫荈。[周公所著的《尔雅·释木篇》中说："槚，就是苦茶。"扬雄的《方言》中说："四川西南部的人把茶叫作蔎"。郭璞的《尔雅注》中说："早采的叫茶，晚采的叫茗或者叫荈。"]

从《茶经》开始，茶文化呈现出全新的局面，它是唐代茶文化形成的标志。

茶树生长的土地，以长在乱石缝隙间的品种最好，其次是长在沙石砾壤里["栎"应当从石写作"砾"]，品质最差的生长于黄土中。凡是种植技术不严密扎实的，尽管种植了也不会长得茂盛。种茶倘若能像种瓜那样精心照顾，三年就可以采摘茶叶。生长在山林野外的茶叶品质比较好，园林栽培的品质比较差。生长在向阳山坡而且有树木遮阴的茶树，芽叶呈现出紫色的品质比较好，呈绿色的则比较差；芽叶如同春笋似的品质较好，芽叶短小，外形如牙的品质较差；芽叶成卷状的品质较好，芽叶舒展平直的品质较差。背阴山谷里生长的茶树，就不能采摘茶叶，因为它有太重的寒性，喝了会凝聚滞留在腹内，使人患腹中长痞块的疾病。

茶的用途，因为它品性寒，最适合人们做饮料。品行优良、德性俭朴的人最爱饮它。如果有人感觉干热口渴、心胸郁闷、头疼脑痛、眼睛干涩、四肢烦乱、全身骨节不舒服，只要喝上四五口茶，就好像醍醐灌顶、喝了甘露一样清爽甜美。但假如采的时节不对，制造又不精细，而且还掺杂了野草，喝了就会生病。饮茶也会喝出毛病，

就像人们吃人参也会受害一样。品质最好的人参出产于上党，品质中等的出产于百济、新罗，品质差的出产于高丽。而泽州、易州、幽州、檀州出产的人参，就没有什么疗效，更何况用不是人参的冒牌货来冒充真的人参呢！假如把用荠苨假冒的人参喝了，那么人就有可能得多种疾病。知道了人参有时也会对人体有害处这个道理后，那么茶叶使人体受害的道理也就完全清楚了。

二、茶之具

【原文】

籝①：一曰篮，一曰笼，一曰筥②。以竹织之，受五升，或一斗、二斗、三斗者，茶人负以采茶也。[籝，音盈，《汉书》所谓"黄金满籝，不如一经③。"颜师古④云："籝，竹器也，受四升耳。"]

籝

灶：无用突者⑤。

釜：用唇口者。

甑⑥：或木或瓦，匪腰而泥。篮以箅之，篾以系之⑦。始其蒸也，入乎箅；既其熟也，出乎箅。釜涸，注于甑中[甑，不带而泥之]，又以榖木枝三亚者制之[亚字当作桠，木桠枝也]，散所蒸牙笋并叶，畏流其膏。

杵臼：一曰碓，惟恒用者为佳。

规：一曰模，一曰棬。以铁制之，或圆、或方、或花。

灶、釜、甑

承：一曰台，一曰砧。以石为之。不然，以槐、桑木半埋土中，遣无所摇动。

襜⑧：一曰衣。以油绢或雨衫、单服败者为之。以襜置承上，又以规置襜上，以造茶也。茶成，举而易之。

芘莉⑨：一曰籝子，一曰篣筤⑩。以二小竹，长三尺，躯二尺五寸，柄五寸。以篾织方眼，如圃人土箩，阔二尺，以列茶也。

棨⑪：一曰锥刀。柄以坚木为之。用穿茶也。

扑：一曰鞭。以竹为之。穿茶以解茶也。

焙：凿地深二尺，阔二尺五寸，长一丈。上作短墙，高二尺，泥之。

贯：削竹为之，长二尺五寸。以贯茶焙之。

棚：一曰栈。以木构于焙上，编木两层，高一尺，以焙茶也。茶之半干，升下棚；全干，升上棚。

穿：江东、淮南剖竹为之；巴川、峡山，纫榖皮为之。江东以一斤为上穿，半斤为中穿，四两、五两为小穿。峡中以一百二十斤为上穿，八十斤为中穿，五十斤为小穿。字旧作钗钏之"钏"字，或作贯"串"。今则不然，如"磨、扇、弹、钻、缝"五字，文以平声书之，义以去声呼之，其字以"穿"名之。

育：以木制之，以竹编之，以纸糊之。中有隔，上有覆，下有床，旁有门，掩一扇。中置一器，贮煻煨火，令煴煴然⑫。江南梅雨时，焚之以火。[育者，以其藏养为名。]

【注释】

①籝：读音 yíng。竹制的箱子、笼子、篮子等用来盛放物品的器具。②筥：读音 jǔ。圆形的盛物竹器。③黄金满籝，不如一经：语出《汉书·韦贤传》。说的是留给儿孙满箱黄金，不如留给他们一本经书。④颜师古：名籀。唐初经学家，曾注《汉书》。⑤无用突者：突，烟囱。成语有"曲突徙薪"。⑥甑：读音 zèng。古代用来蒸食物的炊器。即今蒸笼。⑦篮以算之，篾以系之：算，读音 bì。蒸笼中的竹屉。篾，读音 miè。长条细薄竹片，在此处是指从甑中取出算的提耳。⑧襜：读音 chān。系在衣服前面的围裙。⑨芘莉：芘，读音 bì。芘莉，竹制的盘子类器具。⑩筹筤：读音 páng láng。笼子、盘子一类的盛物器具。⑪棨：读音 qǐ。穿茶饼时用的锥刀。⑫令煴煴然：煴，读音 yūn。没有火焰的火。煴煴然，火光微弱的样子。

【译文】

籝：有人称为篮子，有人称为笼子，有人称为筥。是用竹篾编织而成的，通常可以盛放五升茶叶，还有盛放一斗、二斗、三斗的，是采茶人背在背上盛放茶叶的。[籝，音盈，《汉书》所说的"黄金满籝，不如一经"的"籝"。颜师古说："籝，是竹编器具，可盛四升。"]

灶：不使用烟囱的。

釜：要使用边缘向外翻，如同口唇形状的锅。

甑：有木制或陶制的。不要使用细腰形状的，缘口和锅接缝的地方要用泥封严。竹算是篮子形状，两边的提耳用竹篾系牢。开始蒸茶时，把鲜茶叶放到算上；等到蒸熟了，再从算上拿出。锅中的水倘若干了，可从甑口加些水[甑，不要细腰的像系了腰带的那种，接缝处一定用泥封严]，再把有三个枝丫的木棍削制成搅拌器[桠字应是"桠"，就是树木的枝丫]，把蒸好的茶芽、茶笋、茶叶抖匀松散放置，以免流失茶汁。

杵臼：又叫作碓，以长期使用的为好。

规：又叫作模，或者叫作棬。用铁制造而成，有圆形、方形、花形三种。

承：又叫作台，或者叫作砧。用石头制造而成，可以用槐木、桑木深埋一半在地下，为了在拍茶饼时不至于摇晃。

襜：又叫作衣。用油布或雨衫、单衣剪成一片就制成了。把襜布铺在砧板上，再把模放到襜布上，然后拍打即可制成茶饼。茶饼拍成后，取出茶饼和襜布，再拍打时另外换一块。

规、承

芘莉：又称为籝子，或叫筹筤。用两只小竹片，各长三尺，其中竹身长二尺五寸，手柄长五寸。竹身上用竹篾织成方眼格子，就像农民用的筤，宽度为二尺，是用来摆放茶饼的。

芘莉

棨：又叫作锥刀。把柄是用坚硬的木棒制作而成，是用来穿茶饼孔眼的。

扑：又叫作鞭。用竹子制作而成，是用来串联茶饼并送到焙炉上的用具。

焙：在地面上挖一个深二尺、宽二尺五寸、长一丈的坑，坑四周筑低墙，高二尺，用泥抹平。

贯：用竹子削制而成。长二尺五寸，是串上茶饼以供焙烤之用。

棚：又称为栈。用木料制作而成放在焙窑上的架子，分为两层，高一尺，用来焙制茶饼。茶饼焙到半干时，由下层挪到上层；全部焙干后，依次从上层取下。

焙、贯、棚

穿：江东、淮南一带的人用竹篾制作而成，巴山、峡川一带的人用毂皮搓制而成。江东一带，把重量一斤的茶饼串成大穿，半斤重的茶饼串成中穿，四两或五两重的茶饼串成小穿。三峡一带，把一百二十斤的茶饼串叫大穿，八十斤的茶饼串叫中穿，五十斤的茶饼串叫小穿。"穿"字，过去曾经写成钗钏的"钏"字，或者写成贯串的"串"字。如今不这样写，就像"磨、扇、弹、钻、缝"五个字，书面上的字形读平声，如果按着另一意思用，则又读去声。所以就用"穿"字来称呼这种扎成串的茶饼。

穿

育：用木头制成的架子，四周用竹篾编成竹壁，竹壁用纸裱糊，里面有隔间，上面有盖，下面有床，两旁有门，其中一扇门关闭。在中间放置一个盛火器，蓄积着细小的火灰让它们略微地燃烧。到江南梅雨季节时则用火烘干茶饼。［这温室之所以叫作育，就是因为它可以收藏和养育茶饼。］

育

三、茶之造

【原文】

凡采茶，在二月、三月、四月之间。茶之笋者，生烂石沃土，长四五寸，若薇、蕨始抽，凌露采焉 [1]。茶之牙者，发于丛薄之上 [2]，有三枝、四枝、五枝者，选其中枝颖拔者采焉。其日，有雨不采，晴有云不采。晴，采之，蒸之，捣之，拍之，焙之，穿之，封之，茶之干矣。

茶有千万状，卤莽而言，如胡人靴者，蹙缩然［京锥文也 [3]］；犎牛臆者，廉襜然 [4]［犎，音朋，野牛也］；浮云出山者，轮囷然 [5]；轻飙拂水者，涵澹然。有如陶家之子，罗膏土以水澄泚之［谓澄泥也］；又如新治地者，遇暴雨流潦之所经；此皆茶之精腴。有如竹箨 [6] 者，枝干坚实，艰于蒸捣，故其形籭簁然 [7]［上离下师］；有如霜荷者，茎叶凋沮，易其状貌，故厥状委悴然。此皆茶之瘠老者也。

自采至于封，七经目。自胡靴至于霜荷，八等。或以光黑平正言嘉者，斯鉴之下也。以皱黄坳垤 [8] 言佳者，鉴之次也。若皆言嘉及皆言不嘉者，鉴之上也。何者？出膏者光，含膏者皱，宿制者则黑，日成者则黄；蒸压则平正，纵之则坳垤。此茶与草木叶一也。茶之否臧 [9]，存于口诀。

【注释】

① 若薇、蕨始抽，凌露采焉：薇、蕨，都是野菜。凌，带着。② 丛薄：指有灌木、杂草丛生的地方。《汉书注》："灌木曰丛。"扬雄《甘草赋注》："草丛生曰薄。"③ 京锥文也：京，高大。锥，刀锥。文，同"纹"。全句意为：大钻子刻钻而成的花纹。④ 臆者，廉襜然：臆，指牛胸肩部位的肉。廉，边侧。襜，帷幕。全句意为：牛胸肩部位的肉，像侧边的帷幕。⑤ 轮囷然：轮，车轮。囷，圆顶的仓。意为：像车轮、圆仓那样卷曲盘曲。⑥ 竹箨：竹笋的外壳。箨，读音 tuò。⑦ 籭簁：

两字意思相通，读音亦同：shī。皆为竹器。《集韵》说就是竹筛。⑧坳垤：土地低下处叫作坳，小土堆叫作垤。形容茶饼表面的凹凸不平。⑨否臧：否，读音 pǐ，贬，非议。臧，褒奖。

【译文】

采摘茶叶，都是在每年农历二月、三月、四月间。茶芽嫩得像竹笋的，大都生长在山洼石隙的肥沃土壤中，等新芽条长到四五寸的时候，就像薇、蕨等野菜新发的嫩长细枝，这时要踏着早晨的露水及时采摘。茶的嫩芽，通常都生长在灌木杂草丛生的茶丛里。抽出的嫩枝有三枝、四枝、五枝，应该选取其中主枝挺拔的采摘。下雨的时候不要采摘，多云间晴的天气也不要采摘。天气晴朗了，就采茶，蒸青，捣碎，拍压，焙干，串扎，包封，这样茶饼就完全制成干透的了。

茶饼千形万状。大致说，有的像胡人的靴子褶皱蹙缩〔像用钻子钻刻的皱纹〕；有的像野牛胸肩上突起的肉；有的像侧面墙壁上悬挂的帷帐；有的像浮云出山卷曲盘旋；有的如同清风吹拂的水面微波荡漾。有的如同陶工筛出的陶泥，用水澄清后，细润光滑〔澄泚，就是用水把泥澄清〕；有的像新开垦的土地，遇到大雨冲刷，形成了条条沟壑；这些都是优良丰厚的好茶的形状。有的茶如同竹笋的硬壳，枝干坚硬，很难蒸熟捣烂，好像破竹筛一样；还有的好像经霜打过的荷花，枝干和花朵都衰颓凋谢，改变了原来的形态，显得枯萎干黄。这些都是粗老质低的茶叶。

茶叶的制作，从采摘到封存，一共要经过七道流程。从茶饼的形态颜色看，从像胡人皮靴到好似霜打的荷花，茶叶大概共有八个等级。有人认为黑泽光亮、形体平整的茶饼品质好，这是不高明的鉴别品评。有人认为色泽黄褐、形体多皱的茶饼品质好，这是中等眼力的鉴别品评。如果对这两种茶饼，既能说出它的优点又能说出它的缺点，这才是鉴别品评茶叶的行家。为什么这样说呢？因为茶饼表面有茶汁浸润时颜色就光润；茶汁没有流出而含在茶饼里，表面就干缩起皱，制作时间久了过了夜的茶饼颜色就黑，当天制成的茶饼颜色就黄；蒸得透、压得紧，茶饼就平整；不认真蒸压，茶饼就起皱凹凸不平。茶叶和其他草木叶子都是这种性质。所以鉴别品评茶叶的好坏，自有它行内的口诀，不能仅仅用"好"或"不好"来评论。

"采之"，采摘鲜嫩的茶叶。

"捣之"，茶叶捣碎成末。

"焙之"，茶饼烘焙干燥。

"封之"，包装储藏。

"蒸之"，用"蒸"的方法使茶叶萎凋脱水。

"拍之"，用模具拍压成形。

"穿之"，茶饼穿孔，用绳索穿起。

四、茶之器

【原文】

风炉［灰承］ 筥 炭挝 火筴 镀 交床 夹 纸囊 碾［拂末］ 罗 合 则 水方 漉水囊 瓢 竹筴 鹾簋［揭］ 熟 盂 碗 畚 札 涤方 滓方 巾 具列 都篮

风炉［灰承］： 风炉以铜、铁铸之，如古鼎形。厚三分，缘阔九分，令六分虚中，致其杇墁①。凡三足，古文书二十一字。一足云："坎上巽下离于中②"；一足云："体均五行去百疾"；一足云："圣唐灭胡明年铸③"。其三足之间，设三窗，底一窗以为通风漏烬之所。上并古文书六字：一窗之上书"伊公"二字；一窗之上书"羹陆"二字；一窗之上书"氏茶"二字。所谓"伊公羹，陆氏茶④"也。置墆㙞⑤于其内，设三格：其一格有翟焉，翟者，火禽也，画一卦曰离；其一格有彪焉，彪者，风兽也，画一卦曰巽；其一格有鱼焉，鱼者，水虫也，画一卦曰坎。巽主风，离主火，坎主水，风能兴火，火能熟水，故备其三卦焉。其饰，以连葩垂蔓、曲水方文之类。其炉，或锻铁为之，或运泥为之。其灰承作三足，铁柈⑥抬之。

筥： 以竹织之，高一尺二寸，径阔七寸。或用藤，作木楦如筥形织之。六出圆眼。其底盖若莉箧⑦口，铄之。

炭挝： 以铁六棱制之。长一尺，锐上、丰中、执细，头系一小镊，以饰挝也，若今之河陇军人木吾⑧也。或作槌，或作斧，随其便也。

火筴： 一名筯，若常用者，圆直一尺三寸。顶平截，无葱薹句锁⑨之属。以铁或熟铜制之。

镀［音辅，或作釜，或作鬴］： 以生铁为之。今人有业冶者，所谓

风炉

筥

火筴　　　　炭挝

急铁，其铁以耕刀之趄⑩炼而铸之。内模土而外模
沙。土滑于内，易其摩涤；沙涩于外，吸其炎焰。
方其耳，以正令也。广其缘，以务远也。长其脐，
以守中也。脐长，则沸中；沸中，则末易扬；末易
扬，则其味淳也。洪州⑪以瓷为之，莱州⑫以石为
之。瓷与石皆雅器也，性非坚实，难可持久。用银
为之，至洁，但涉于侈丽。雅则雅矣，洁亦洁矣，
若用之恒，而卒归于铁也。

交床：以十字交之，剜中令虚，以支鍑也。

夹：以小青竹为之，长一尺二寸。令一寸有节，
节以上剖之，以炙茶也。彼竹之筱⑬，津润于火，
假其香洁以益茶味。恐非林谷间莫之致。或用精铁、
熟铜之类，取其久也。

夹

纸囊：以剡藤纸⑭白厚者夹缝之，以贮所炙茶，
使不泄其香也。

纸囊

碾［拂末］：以橘木为之，次以梨、桑、桐、柘
为之。内圆而外方。内圆，备于运行也；外方，制
其倾危也。内容堕而外无余。木堕，形如车轮，不
辐而轴焉。长九寸，阔一寸七分。堕径三寸八分，
中厚一寸，边厚半寸。轴中方而执圆。其拂末，以
鸟羽制之。

碾

罗、合：罗末以合盖贮之，以则置合中。用巨
竹剖而屈之，以纱绢衣之。其合，以竹节为之，或
屈杉以漆之。高三寸，盖一寸，底二寸，口径四寸。

则：以海贝、蛎蛤之属，或以铜、铁、竹匕⑮、
策之类。则者，量也，准也，度也。凡煮水一升，
用末方寸匕⑯，若好薄者减之，嗜浓者增之。故云
则也。

拂末

水方：以椆木［音
胄，木名也］、槐、楸、
梓等合之，其里并外缝漆
之。受一斗。

水方

漉水囊⑰：若常用
者。其格以生铜铸之，以

则

漉水囊

竹筴

瓢

碗

备水湿，无有苔秽、腥涩之意。以熟铜，苔秽；铁，腥涩也。林栖谷隐者或用之竹木。木与竹非持久涉远之具，故用之生铜。其囊，织青竹以卷之，裁碧缣以缝之，纫翠钿以缀之，又作绿油囊以贮之。圆径五寸，柄一寸五分。

瓢：一曰牺杓，剖瓠为之，或刊木为之。晋舍人杜毓[18]《荈赋》云："酌之以瓠。"瓠，瓢也，口阔，胫薄，柄短。永嘉中，余姚人虞洪入瀑布山采茗，遇一道士云："吾，丹丘子，祈子他日瓯牺之余，乞相遗也。"牺，木杓也。今常用以梨木为之。

竹筴：或以桃、柳、蒲葵木为之，或以柿心木为之。长一尺，银裹两头。

鹾簋[19]［揭］：以瓷为之，圆径四寸，若合形。或瓶、或罍，贮盐花也。其揭，竹制，长四寸一分，阔九分。揭，策也。

熟盂：以贮熟水。或瓷、或沙。受二升。

碗：越州上，鼎州次、婺州次[20]；岳州上，寿州、洪州次。或者以邢州处越州上[21]，殊为不然。若邢瓷类银，越瓷类玉，邢不如越一也；若邢瓷类雪，则越瓷类冰，邢不如越二也；邢瓷白而茶色丹，越瓷青而茶色绿，邢不如越三也。晋杜毓《荈赋》所谓："器择陶拣，出自东瓯。"瓯，越也。瓯，越州上，口唇不卷，底卷而浅，受半升以下。越州瓷、岳瓷皆青，青则益茶，茶作白红之色。邢州瓷白，茶色红；寿州瓷黄，茶色紫；洪州瓷褐，茶色黑，悉不宜茶。

畚[22]：以白蒲卷而编之，可贮碗十枚，或用筥。其纸帊，以剡纸夹缝，令方，亦十之也。

札：缉栟榈皮，以茱萸木夹而缚之，或截竹束而管之，若巨笔形。

涤方：以贮涤洗之余。用楸木合之，制如水方，受八升。

滓方：以集诸滓，制如涤方，受五升。

巾：以绨布㉓为之。长二尺，作二枚，互用之，以洁诸器。

巾

具列：或作床，或作架。或纯木、纯竹而制之；或木或竹，黄黑可扃㉔而漆者。长三尺，阔二尺，高六寸。具列者，悉敛诸器物，悉以陈列也。

都篮：以悉设诸器而名之，以竹篾，内作三角方眼，外以双篾阔者经之，以单篾纤者缚之，递压双经，作方眼，使玲珑。高一尺五寸，底阔一尺，高二寸，长二尺四寸，阔二尺。

【注释】

①杇墁：本意为涂墙用的工具。这里用来指涂泥。②坎上巽下离于中：坎、巽、离都是八卦的卦名。③圣唐灭胡明年铸：盛唐灭胡，指唐平息"安史之乱"，当时正值唐广德元年（763年），这个鼎就铸于公元764年。④伊公羹，陆氏茶：伊公，指商汤时的大尹伊挚。相传他善于调配汤味，世称"伊公羹"。陆，即陆羽自己。"陆氏茶"，陆羽的茶具。⑤㟠嵲：读音dié niè。贮藏。⑥铁桦：桦，通"盘"，盘子。⑦莉筐：用小竹篾编成的长方形箱子。⑧木吾：木棒。⑨葱薹句镮：薹，读音tái。葱的籽实，长在葱的顶部，呈圆珠形。句，通"勾"，弯曲形。镮，即"锁"。⑩耕刀之趄：耕刀，即锄头、犁头。趄，读音qiè。艰难行走之意，成语有"趑趄不前"，此处引申为坏的、旧的。⑪洪州：唐时州名。治所在今江西南昌一带。⑫莱州：唐时州名。治所在今山东莱州市一带。⑬彼竹之筱：筱，竹的一种，也称为小箭竹。⑭剡藤纸：产于唐时浙江剡县，用藤为原材料制成的纸，洁白细腻有韧性，为唐时包茶专用纸。⑮竹匕：匕，读bǐ，匙子。⑯用末方寸匕：用竹匙挑起茶叶末一平方寸。⑰漉水囊：漉，读音lù，滤过。漉水囊，即滤水的袋子。⑱杜毓：西晋时人，字方叔，曾任中书舍人等职。⑲醝簋：盐罐。醝，读音cuó，盐。簋，读音guǐ，古代盛食物的圆口竹器。⑳越州、鼎州、婺州：越州，治所在今浙江省绍兴地区。唐时越窑主要在余姚，所产青瓷极其名贵。鼎州，治所在今陕西省泾阳三原一带。婺州，治所在今浙江省金华一带。㉑岳州、寿州、邢州：都是唐时州郡名。治所分别在今湖南岳阳、安徽寿县、河北邢台一带。㉒畚：读音běn。即簸箕。㉓绨红布：绨，读音shī，粗绸。㉔扃：读音jiōng。可关可锁的门。

【译文】

风炉［包含灰承］：用铜或铁铸造而成，形如古代的鼎。壁体厚三分，口沿宽九分，比炉壁多出的六分让它虚悬在口沿下，用泥涂抹。所有风炉都有三只脚，上面刻有古体字二十一个。其中一只脚上刻有："坎上巽下离于中"；一只脚上刻有："体均五行去百疾"；另一只脚上刻有："圣唐灭胡明年铸"。在鼎的三脚之间，设置三个窗户，底下设置的窗户是用来通风漏灰的。三个窗户上共刻有六个古体字：一个窗上刻有"伊公"二字，一个窗上刻有"羹陆"二字，一个窗上刻有"氏茶"二字，连在一起读就是"伊公羹""陆氏茶"。炉口放置一个可堆放东西的支垛，里面设置三层格子：一

竹制茶具

层格上铸一只野鸡，野鸡也就是火禽，铸上离卦符号"☲"；另一层格上铸一只小老虎，虎属于风兽，铸上巽卦的符号"☴"；再有一层格上铸一条鱼，鱼属于水族，铸上坎卦的符号"☵"。巽代表风，离代表火，坎代表水，风能使火旺盛，火能把水煮沸，所以窗上刻有这三个卦的符号。炉壁上还铸上连缀的花朵、垂悬的草蔓、回曲的水波或者方块图案等当作装饰。风炉可以用熟铁铸成，也可以用泥塑造。而灰承，是制成三只脚的铁盘，承托风炉用的。

筥：用竹篾编织而成，高一尺二寸，直径七寸。或者用藤编织，先制作一个木楦头，用藤绕着它编织，六角圆眼花纹要明显。它的底盖要像长方形箱子口一样削平整。

炭挝：是用铁打造成的六棱形铁棒。长一尺，一头细，从中间开始逐渐粗大。手拿细头，细头顶端安一小锤作装饰，就像现在河陇军人巡逻时用的木棒。也可以打造成锤形，或者打造成斧形，这些全凭个人的爱好。

火筴：又叫作火筷，像人们平时用的火钳。两叉股是圆直的，长一尺三寸。两股交叉的上半部，做成平顶就行，不必打造成球形或钩锁形。一般用铁或熟铜制造。

镀［音辅，或作釜，或作鬴］：用生铁制造而成。如今有人经营冶炼业就用"急铁"，也就是坏锄头之类回炉再炼的铁。铸造时，模芯外面涂抹泥土，外模里面涂抹细沙。土能使锅内面光滑，便于洗刷，沙能使锅外粗涩，吸热很快。两个锅耳制成方形，使锅提起时端正。锅沿要宽，可以用得时间长些；锅腹要深，使煮茶的水不超过中部。这样，锅深了，茶水就在锅的中部沸腾，茶叶在沸水中翻滚不会溢出，这种方法煮的茶水味道就格外的醇厚。洪州人用瓷制造锅，莱州人用石头制造锅。瓷锅和石锅都是雅致的东西，但天性不坚固不结实，很难持久使用。也有人用银制造锅，当然是很干净，但是过于奢侈华丽。而这些用瓷、石、银制造的锅，要说雅致，确实很雅致；要论洁净，也非常洁净，但如果想长久耐用，还是以铁制的为好。

交床：是用十字交叉的木架拼制而成的，中间掏空，用来支放茶锅。

夹子：用小青竹制成。长一尺二寸。青竹的上端一寸处，要留有竹节。竹节以下对半剥开，用来夹烤茶饼。小青竹的汁液，受到火烤后就会散发香气，增加茶叶的香味。但不去丛林深谷是找不到这种小青竹的，也可用精铁、熟铜打造夹子，会更经久耐用。

纸囊：选取洁白而厚实的剡藤纸缝成夹层，把烤好的茶饼夹在里面贮藏，茶叶的香气就不容易泄漏。

碾［包含拂末］：用橘木制作最好，其次是用梨、桑、桐、柘等木制作。形状内圆外方。内圆，便于碾轮滚碾；外方，可提防碾的倾倒。碾槽以恰好容下碾轮没有多余的地方为最佳。碾轮，形状像车轮，但没有辐条，只有一个轴穿在中间。碾槽长九寸，宽一寸七分。碾轮直径三寸八分。中心厚一寸，周边厚半寸。轴的中心是方形，

唐·鎏金天马流云纹银茶碾

两手抓的地方是圆形。用来刷茶末的"拂末",是用鸟的羽毛制作而成的。

罗、合:由箩筛下来的茶末,用茶盒贮藏,把挑匙也放在盒里。罗,先削一大片竹片弯曲成圆形,用纱或绢蒙上绷紧做筛面。茶盒,用竹子的枝节制作而成,也可将杉木弯曲成圆形,外面涂抹上漆。盒高三寸,其中盒盖高一寸,盒身高二寸,口径为四寸。

则:用海贝、牡蛎、蛤蜊之类的小贝壳制作,或者用铜、铁、竹制作成匙形。则,就是称度、标准、量取的意思,大概煮一升水,用茶末一平方寸。如喜欢喝淡茶,就少放些茶末,习惯喝浓茶就多加些茶末。挑匙就是标准量器,所以称为"则"。

水方:用椆木〔音肸,一种树木的名称〕、槐木、楸木、梓木等木片合制而成的桶,它的里外包括缝隙都要严密并用漆漆好。每只桶盛一斗水。

漉水囊:如同人们常用的过滤袋一样。承托滤水袋的框格,要用生铜铸造,以便水浸湿后没有铜绿苔臭和腥涩的气味。若用熟铜铸造,会生铜绿苔臭;用铁铸造,有腥涩气味。在树林中和山谷里隐居的人,经常用竹木制作。木和竹长久不耐用,不易远行携带,很容易损坏,所以最好还是用生铜铸造。滤水的袋子,用青竹片卷制而成,再裁一块碧绿色的丝绢缝上,可以装饰一些细小的翠玉、螺钿。再制作一个绿色的油绢袋,把滤水袋装起来。滤水袋的口径长五寸,手握处长一寸五分。

瓢:又叫作牺、杓。是用熟的葫芦剥开制作而成的,或者用杂木掏空而成。西晋的中书舍人杜毓在《荈赋》里写道:"酌之以匏。"匏就是瓢,口径大,壳薄,把柄处短。西晋永嘉年间,余姚人虞洪到瀑布山采茶,遇到一名道士对他说:"我叫丹丘子,希望你以后牺杯里有多余的茶水时,就赠送我一些。"牺,就是木勺。现在人们通常用

茶漏常用于冲泡乌龙茶,借其遮挡、汇拢的作用防止茶叶外撒。

茶则的主要功用是衡量茶叶用量,确保投茶量的准确。

茶匙可帮助将茶则中的茶叶耙入茶壶、茶盏。

唐·带托青瓷莲瓣碗

梨木制作。

竹筴：可以用桃木、柳木或者蒲葵木制作，也可以用柿心木制作。长一尺，两端用银包裹。

鹾簋［包含揭］：用瓷制作而成，口径四寸，形状像盒子。也可以用瓶子，或者陶盒，储存细盐。揭，用竹子制作而成，长四寸一分，宽九分。揭，就是竹片。

熟盂：开水瓶，储存开水用的。可以用瓷制作，也可用沙石制作。可以盛放二升水。

碗：茶碗，越州出产的为上等品，其次是鼎州、婺州出产的。岳州的茶碗也属于上等品，寿州、洪州的就稍差些。有人认为邢州的茶碗质地位于越州之上，其实绝对不是这样。如果说邢州的瓷器像白银，那越州的瓷器就如同玉石，这是邢瓷比不上越瓷的第一点。如说邢瓷像雪，那越瓷就像冰，这是邢瓷比不上越瓷的第二点。邢州的瓷碗颜色白，用来盛茶水，茶水呈现红色；越州的瓷碗颜色青，用来盛茶水，茶水呈现绿色，这是邢瓷比不上越瓷的第三点。西晋杜毓的《荈赋》说："器择陶拣，出自东瓯。"瓯，就是指越州，说明越瓷属于上等品。这种茶碗口沿不外翻，底向外卷而不高，每碗盛放茶水半升以下。越州瓷和岳州瓷都是青色，青色衬托茶水能增强茶色，茶水呈现绿色。邢州瓷是白色，茶水呈现红色；寿州瓷是黄色，茶水呈现紫色；洪州瓷是褐色，茶水呈现黑色，都不适合做茶碗。

畚：簸箕，用白蒲叶卷拢编织而成，可用来装储十只茶碗，也可以用筥装储。包裹茶碗用的纸套，用双层剡藤纸缝合成方形，也可装储十个。

札：收集一些棕榈丝片，夹在茱萸木的一端，或者截一段竹子，将棕榈丝片束绑在一端，形状就像一只大毛笔。

涤方：洗涤盆，用来储存洗涤用水的。是用楸木板拼合制成的，制法和"水方"一样，通常可盛放八升水。

滓方：茶渣盆，用来储存喝过的茶滓。制作方法和"涤方"相同。能盛放五升茶滓。

巾：用粗布绸制作而成。每条长二尺，做两条，轮换使用，用它清洁擦拭各种器具。

具列：陈列架，可以制作成床，也可以制成架。有的用纯木制作，有的用纯竹制作。木制的和竹制的架子，颜色黑黄，有可关锁的门，都漆上了油漆。每个长三尺、宽二尺、高六寸。称作"具列"，可以把各种器具全都存放在里面。

都篮：因可以存放各种器具而得名。用竹篾制作而成，里面编织成三角形方眼，外面有较宽的双层竹篾制成经线，再用较窄的单层竹篾缚绑，单篾依次压住双篾经线，并编成方形孔眼使它看起来精巧细致，玲珑美观。都篮高一尺五寸，底部宽一尺、高二寸，长二尺四寸，宽二尺。

唐·琉璃茶碗、托子

五、茶之煮

【原文】

凡炙茶，慎勿于风烬间炙，熛焰如钻，使凉炎不均。持以逼火，屡其翻正，候炮出培塿，状虾蟆背①，然后去火五寸。卷而舒，则本其始，又炙之。若火干者，以气熟止；日干者，以柔止。

其始，若茶之至嫩者，蒸罢热捣，叶烂而芽笋存焉。假以力者，持千钧杵亦不之烂。如漆科珠②，壮士接之，不能驻其指。及就，则似无穰骨也。炙之，则其节若倪倪，如婴儿之臂耳。既而承热用纸囊贮之，精华之气无所散越，候寒末之。［末之上者，其屑如细米；末之下者，其屑如菱角。］

其火，用炭，次用劲薪。［谓桑、槐、桐、枥之类也。］其炭曾经燔炙，为膻腻所及，及膏木、败器，不用之。［膏木，谓柏、桂、桧也。败器，谓朽废器也。］古人有劳薪之味③，信哉！

明·仇英《松亭试泉图》

其水，用山水上，江水中，井水下。［《荈赋》所谓："水则岷方之注，挹④彼清流。"］其山水，拣乳泉、石池慢流者上；其瀑涌湍漱，勿食之。久食，令人有颈疾。又多别流于山谷者，澄浸不泄，自火天至霜郊⑤以前，或潜龙蓄毒于其间，饮者可决之，以流其恶，使新泉涓涓然，酌之。其江水，取去人远者。井水，取汲多者。

其沸，如鱼目⑥，微有声，为一沸；缘边如涌泉连珠，为二沸；腾波鼓浪，为三沸；已上，

清·蒲华《茶熟菊开图》

水老，不可食也。初沸，则水合量，调之以盐味，谓弃其啜余［啜，尝也，市税反，又市悦反］，无乃“餡餾”而钟其一味乎？［餡，古暂反。餾，吐滥反。无味也。］第二沸，出水一瓢，以竹筴环激汤心，则量末当中心而下。有顷，势若奔涛溅沫，以所出水止之，而育其华也。

凡酌，置诸碗，令沫饽均。［《字书》并《本草》："沫、饽，均茗沫也。"饽，蒲笏反。］沫饽，汤之华也。华之薄者曰沫，厚者曰饽，细轻者曰花。如枣花漂漂然于环池之上；又如回潭曲渚，青萍之始生；又如晴天爽朗，有浮云鳞然。其沫者，若绿钱浮于水湄[7]；又如菊英堕于樽俎[8]之中。饽者，以滓煮之，及沸，则重华累沫，皤皤然[9]若积雪耳。《荈赋》所谓"焕如积雪，烨若春蒬[10]"，有之。

第一煮水沸，弃其沫，之上有水膜如黑云母，饮之则其味不正。其第一者为隽永。［徐县、全县二反。至美者曰隽永。隽，味也。永，长也。味长曰隽永，《汉书》蒯通著《隽永》二十篇也。］或留熟盂以贮之，以备育华、救沸之用。诸第一与第二、第三碗次之，第四、第五碗外，非渴甚莫之饮。凡煮水一升，酌分五碗。［碗数少至三，多至五。若人多至十，加两炉。］乘热连饮之，以重浊凝其下，精英浮其上。如冷，则精英随气而竭，饮啜不消亦然矣。

茶性俭[11]，不宜广，广则其味黯澹。且如一满碗，啜半而味寡，况其广乎！

其色缃也，其馨㪍也。［香至美曰㪍。上必下土，㪍音备。］其味甘，槚也；不甘而苦，荈也；啜苦咽甘，茶也。

【注释】

①炮出培塿,状虾蟆背：炮,烘烤。培塿,小土堆。塿,读音 lòu。虾蟆背,有很多丘泡,不光滑,形容茶饼的表面起泡,好像蛙背一样。②如漆科珠：科,用斗称量。句意为用漆斗量珍珠,滑溜难量。③劳薪之味：用旧车轮之类的燃料烧烤,食物会有异味。④把：读音 yì,刍取。⑤自火天至霜郊：火天,酷暑时节。霜郊,秋末冬初霜降大地。二十四节气中,"霜降"在农历九月下旬。⑥鱼目：水刚刚沸时,水面有许多小气泡,像鱼的眼睛,故称鱼目。后人又称"蟹眼"。⑦水湄：有水草的河边。⑧樽俎：樽是盛酒的器具,俎是切东西时垫在底下的器具,这里指各种餐具。⑨皤皤然：皤,读音 pó。皤皤,满头白发的样子。这里形容白色水沫。

⑩烨若春荑：烨，读音 yè，光辉明亮。荑，读音 fū，花。⑪茶性俭：俭，俭朴无华。比喻茶叶中可溶于水的物质不多。

【译文】

凡是炙烤茶饼，必须注意不要在大风中或者剩余的火里进行。因为这时的火焰飘忽不定，火舌尖细如钻，会使茶饼烤得冷热不均匀。应该用竹筴夹住茶饼贴近火焰，不断翻烤正反两面，待茶饼表面烤得如同小土堆和蛤蟆背一样微凸而且生起小丘点时，移开离火五寸的距离慢慢地烤。等到卷凸起的茶叶逐渐平伏下去，再夹到火跟前炙烤。茶饼如果原来是用火烘干的，那么烤到茶熟散发出香气时为好；如果原来是日光晒干的茶饼，那就烤到茶饼完全发软为止。

开始采茶时，新鲜茶叶是特别柔嫩的，蒸熟后必须趁热捣碎，叶子虽烂了但芽笋还硬挺着。这时，就是请力气很大的人拿着千斤重的大棒捣也捣不烂，就像用光滑的漆盘量光滑的珠子，大力士也无法让珠子停留在漆盘上一样。最后，芽笋依旧留在茶叶里，炙烤时这些芽笋就像婴儿的手臂一样圆圆地显露在茶饼上。此时烤好的茶饼，要趁热装进纸袋储存，以防茶的香气散发掉，待冷却后，再碾碎成茶末。[上等茶叶末，呈颗粒状如细米，品质低的茶叶末，粗糙得像菱角。]

烤茶饼的火，用木炭最好，其次是用硬柴火。[指桑、槐、桐、枥之类的木材。]如果原来烧过的木炭，沾染上了腥膻油腻气味，以及本身含脂膏多的木料和腐烂不能使用的木器，都不能使用。[含脂膏多的，指柏木、桂木、桧木一类。废器，指废旧腐朽的木器。]古人曾发过"劳木之气"的议论，说得可真贴切呀！

煮茶饼的水，山水为上等，江水为中等，井水最次。[像《荈赋》所说的："水要像岷江流注的活水，用瓢舀取它的清流。"]用山水，要找钟乳滴下的和山崖中流出的泉水；山谷中汹涌激荡的急流不可喝。长时间喝的话，会使人患大脖子病。还有，泉水流到山洼谷地停滞不动的死水，从农历六七月起到九月霜降之前，会有毒龙虫蛇吐出的毒素聚集水中，喝之前要先打开一个口子进行疏导，让沉积的污水流尽，而使新的泉水缓缓流入再舀取。江河中的水，要到离人

元·王蒙《煮茶图》

《煮茗图》

家远的地方舀取。井水，要从长期有人喝的井中汲取。

煮茶时，当水煮到有鱼眼睛一样的小水泡上浮并略有沸腾声音时，叫第一沸腾；接着，锅边沿的水像珠子在泉池翻动，叫第二沸腾；随后，锅里的水像波浪一样大翻滚，叫第三沸腾。这时的水已经煮老了，不适宜使用。在第一沸腾时，要依据水的多少，调上盐，尝一下水的咸淡。[啜，就是尝。读音用市税反切拼读，或用市悦反切拼读。]也有的人不加盐，那说明只钟爱于无味的淡茶。[餡，用古暂反切拼读。鑑，用吐滥反切拼读。两字是说没有味道。]到第二沸腾时，舀出一瓢水，用竹筷在锅中心旋转搅动，再放入适量的茶末，茶末就会随着旋涡由中心沉下去。过一会儿，待锅里茶水像惊涛翻涌并有水沫溅出时，立即用先舀出的那瓢水缓缓倒入，让茶水在锅里缓缓滚动，以保留茶的精华。

分盛到茶碗的茶水，泡沫要均匀。[《字书》和《本草》同样记载，沫和饽，都是茶水的泡沫。饽，用蒲笏反切拼读。]沫和饽，是茶水的精华，薄的叫沫，厚的叫饽，细而轻的叫花。花，有时像枣花在园池中轻轻飘荡，又像萦回的水潭和曲折的沙洲旁漂游的新生青萍，又像高爽晴朗的天空上浮动的鱼鳞云。那些沫，如绿色的浮萍漂浮在水草之旁，又像堕落的菊花降在锅碗之中。而饽，是用煮过一次的茶末再煮而形成的，当茶煮沸时，它们堆积叠压在锅边，像一堆堆洁白的雪花。《荈赋》中说"焕如积雪，烨若春荈"，真的是这样。

水煮到第一沸腾时，要舀掉水面上一层像黑云母一样的水膜，不然喝的时候茶味不纯正。煮开的茶水，最好的叫隽永。[隽永，用徐县或全县反切拼读。最甜美的才称为隽永。隽，味美。永，长久。史书上说隽永，《汉书》载有蒯通著《隽永》二十篇。]可以储在熟盂里，当锅里茶水沸腾时，可以倒入以防止沸腾。后来再从锅里舀出第一、第二、第三碗茶水，味道要比隽永差些。第四、第五碗以后，除了很渴时就不要喝了。一般煮一升茶水，可舀五碗[人少了舀三碗，人多了舀五碗，要是多到十人，那就加煮两炉]。要趁热连续喝，因为茶水中重浊的物质会沉淀到下面，气味美的精华会在上面，如果放冷了，好气味的精华会随热气散发完，一碗茶如不趁热喝就可惜了。

茶的品性俭朴，不适合多加水，水加多了茶味就淡薄无味。一碗茶只喝一半就感觉味道平淡了，何况煮茶时加很多水呢！

好茶水的颜色是淡黄的，香味醇厚。[最香叫致。致，音备。]茶水的味道甘甜，叫槚；不甜而带点苦味，叫荈；喝在嘴里略微苦，等到咽下后回味甘甜的，就叫茶。

六、茶之饮

【原文】

翼而飞，毛而走，呿而言①，此三者俱生于天地间，饮啄以活，饮之时义远矣哉！至若救渴，饮之以浆；蠲忧忿②，饮之以酒；荡昏寐，饮之以茶。

茶之为饮，发乎神农氏③，闻于鲁周公④。齐有晏婴⑤，汉有扬雄、司马相如⑥，吴有韦曜⑦，晋有刘琨、张载、远祖纳、谢安、左思之徒⑧，皆饮焉。滂时浸俗，盛于国朝，两都并荆俞［俞，当作渝，巴渝也］间⑨，以为比屋之饮。

饮有粗茶、散茶、末茶、饼茶者。乃斫、乃熬、乃炀、乃舂，贮于瓶缶之中，以汤沃焉，谓之痷茶⑩。或用葱、姜、枣、橘皮、茱萸、薄荷之等，煮之百沸，或扬令滑，或煮去沫，斯沟渠间弃水耳，而习俗不已。

于戏！天育万物，皆有至妙，人之所工，但猎浅易。所庇者屋，屋精极；所著者衣，衣精极；所饱者饮食，食与酒皆精极之。茶有九难：一曰造，二

《宫乐图》描绘的品茶场景，说明唐时品茶已很普遍。

曰别，三曰器，四曰火，五曰水，六曰炙，七曰末，八曰煮，九曰饮。阴采夜焙，非造也。嚼味嗅香，非别也。膻鼎腥瓯，非器也。膏薪庖炭，非火也。飞湍壅潦⑪，非水也。外熟内生，非炙也。碧粉缥尘，非末也。操艰搅遽⑫，非煮也。夏兴冬废，非饮也。

夫珍鲜馥烈者，其碗数三；次之者，碗数五。若坐客数至五，行三碗；至七，行五碗；若六人以下，不约碗数，但阙一人而已，其隽永补所阙人。

【注释】

① 呿而言：呿，读音 qū，张口。这里指开口会说话的人类。② 蠲忧忿：蠲，读音 juān，免除。③ 神农氏：传说中的上古三皇之一，教民稼穑，号神农，后世尊为炎帝。因有后人伪作的《神农本草》等书流传，其中提到茶，所以称为"发乎神农氏"。④ 鲁周公：名姬旦，周文王之子，辅佐武王灭商，建西周王朝，"制礼作乐"，后世尊为周公，因封国在鲁，又称鲁周公。后人伪托周公作《尔雅》，讲到茶。⑤ 晏婴：字平仲，春秋之际大政治家，为齐国名相。相传著有《晏子春秋》，讲到他饮茶事。⑥ 扬雄、司马相如：扬雄，见前注。司马相如（约前179 — 前118），字子卿，蜀郡成都人。西汉著名文学家，著有《子虚赋》《上林赋》等。⑦ 韦曜（204 — 273）：字弘嗣，三国时人，在东吴历任中书仆射、太傅等要职。⑧ 晋有刘琨、张载、远祖纳、谢安、左思之徒：刘琨（271 — 318），字越石，中山魏昌（今河北无极县）人。曾任西晋平北大将军等职。张载，字孟阳，安平（今河北安平）人。文学家，有《张孟阳集》传世。远祖纳，即陆纳（约320 — 395），字祖言，吴郡吴（今江苏苏州）人。东晋时

白瓷茶具

任吏部尚书等职。陆羽与其同姓，故尊为远祖。谢安（320 — 385），字安石，陈国阳夏（今河南太康县）人，东晋名臣，历任太保、大都督等职。左思（250 — 305），字太冲，山东临淄人。著名文学家，代表作有《三都赋》《咏史》等。⑨ 两都并荆俞间：两都，长安和洛阳。荆，荆州，治所在今湖北江陵。俞，当作渝。渝州，治所在今重庆一带。⑩ 痷茶：痷，读音 ān，病。⑪ 飞湍壅潦：飞湍，飞奔的急流。壅潦，停滞的积水。潦，雨后的积水。⑫ 操艰搅遽：操作艰难、慌乱。遽，读音 jù，惶恐、窘急。

【译文】

有翅膀的飞鸟，长有毛皮的兽类，会说话的人类，这三者都生活在天地之间，凭借饮食维持生命，可见"饮"的意义有多古远、多重要了。至于人类，要解口渴，就喝汤水；要排除忧闷，就喝酒；要清醒头脑，就喝茶。

茶当作饮料，始于神农氏，闻名于周公。春秋之际齐国的晏婴，汉代的扬雄、司马相如，三国时东吴的韦曜，两晋的刘琨、张载、我的远祖陆纳、谢安、左思这些著名人物都喝茶。茶已渗透到整个社会生活中，但流行最兴盛的要数唐朝。从西都长安

到东都洛阳，从江陵到重庆，家家户户都喝茶。

茶有粗茶、散茶、末茶、饼茶四大类。有的人喝茶时，又是斫、又是熬、又是烤、又是捶，储藏在瓶子、瓦罐里，再用开水冲泡，这是非常不正确的喝茶方法。也有的人把葱、姜、枣、橘皮、茱萸、薄荷等加到茶里，煮得沸腾，或者一再扬汤，使茶水像膏汁一样滑腻，或者把茶水上面的浮沫撇掉，这样的茶，就相当于沟渠里的废水，但在民间就有这么喝的习俗。

可叹！天地孕育的万物，都有它的精妙之处，人类研究它们，常常只涉及浅在的外表现象。房屋是人类保护自己的住所，现在它的建造已特别精美；人类穿的衣服，衣冠服饰业已特别精美；人类填饱肚子的是饮食，食物和酒业已特别精美。

中国古代文人墨客多从品茶中寻找修身养性的快乐。

茶，有九个方面是很难做好的：一是采摘制作，二是鉴别品评，三是器具，四是用火，五是选水，六是烤炙，七是碾末，八是烹煮，九是饮用。阴天采摘，夜里加工，这不是采摘制作茶的优良方法。口嚼干茶辨别味道，用鼻子闻茶的香气，这不是鉴别茶的专家。有膻味的鼎和沾腥味的碗，这不是烹制茶的器具。含脂膏多的柴、厨房用过的木炭，这些都不是烤茶的燃料。飞流湍急的河水或淤滞不流的死水，这些不是煮茶的水。把茶饼烤得外焦里生，是使用了不正确的烤法。碾出的茶末颜色青白，这不是好茶末。煮茶操作不灵活、动作急慌凌乱，这算不上会煮茶。夏天才喝茶、冬天不喝茶，这不是真正的饮茶者。

如果是滋味鲜醇、馨香袭人的珍贵佳茗，一锅最多只投入煮三碗水的茶末；品质略差点的，投入够煮五碗的茶末。如果客人是五位，就用煮三碗的好茶；是七位，就用煮五碗的稍差点的茶；是六位以下，预先不定碗数，一旦缺一位客人的茶，就将那碗最先舀出的"隽永"的茶代替给他。

七、茶之事

三皇：炎帝神农氏。

周：鲁周公旦，齐相晏婴。

汉：仙人丹丘子，黄山君，司马文园令相如，扬执戟雄。

吴：归命侯①，韦太傅弘嗣。

晋：惠帝②，刘司空琨，琨兄子兖州刺史演，张黄门孟阳③，傅司隶咸④，江洗马统⑤，孙参军楚⑥，左记室太冲，陆吴兴纳，纳兄子会稽内史俶，谢冠军安石，郭弘农璞，桓扬州温⑦，杜舍人毓，武康小山寺释法瑶，沛国夏侯恺⑧，余姚虞洪，北地傅巽，丹阳弘君举，新安任育长⑨，宣城秦精，敦煌单道开⑩，剡县陈务妻，广陵老姥，河内山谦之。

中国历史上关于茶最早的记载是《神农本草经》，传说是神农氏发现了茶，认为茶有解毒的神奇功效。

后魏：琅琊王肃⑪。

宋：新安王子鸾，鸾弟豫章王子尚⑫，鲍昭妹令晖⑬，八公山沙门谭济⑭。

齐：世祖武帝⑮。

梁：刘廷尉⑯，陶先生弘景⑰。

皇朝：徐英公勣⑱。

《神农食经》⑲："茶茗久服，令人有力，悦志。"

周公《尔雅》："槚，苦荼。"

《广雅》⑳云："荆巴间采叶作饼，叶老者，饼成以米膏出之。欲煮茗饮，先炙令赤色，捣末，置瓷器中，以汤浇覆之，用葱、姜、橘子芼之。其饮醒酒，令人不眠。"

《晏子春秋》㉑："婴相齐景公时，食脱粟之饭，炙三弋、五卵，茗菜而已。"

司马相如《凡将篇》㉒："乌喙、桔梗、芫华、款冬、贝母、木蘗、蒌、芩草、芍药、桂、漏芦、蜚廉、雚菌、荈诧、白敛、白芷、菖蒲、芒硝、莞椒、茱萸。"

《方言》："蜀西南人谓荼曰蔑。"

《吴志·韦曜传》："孙皓每飨宴，坐席无不率以七升为限，虽不尽入口，皆浇灌取尽。曜饮酒不过二升，皓初礼异，密赐茶荈以代酒。"

《晋中兴书》[23]："陆纳为吴兴太守时，卫将军谢安尝欲诣纳 [《晋书》云：纳为吏部尚书]，纳兄子俶怪纳无所备，不敢问之，乃私蓄十数人馔。安既至，所设惟茶果而已。俶遂陈盛馔，珍羞毕具。及安去，纳杖俶四十，云：'汝既不能光益叔父，奈何秽吾素业？'"

《晋书》："桓温为扬州牧，性俭，每宴饮，惟下七奠拌茶果而已。"

吴帝孙皓经常暗暗赐茶给韦曜，以喝茶代替喝酒。

《搜神记》[24]："夏侯恺因疾死，宗人字苟奴，察见鬼神，见恺来收马，并病其妻。著平上帻、单衣，入坐生时西壁大床，就人觅茶饮。"

刘琨《与兄子南兖州[25]刺史演书》云："前得安州[26]干姜一斤，桂一斤，黄芩一斤，皆所需也。吾体中溃 [溃，当作愦] 闷，常仰真茶，汝可置之。"

傅咸《司隶教》曰："闻南方有蜀妪作茶粥卖，为廉事打破其器具。后又卖饼于市，而禁茶粥以困蜀妪，何哉？"

《神异记》[27]："余姚人虞洪，入山采茗，遇一道士，牵三青牛，引洪至瀑布山，曰：'予，丹丘子也。闻子善具饮，常思见惠。山中有大茗，可以相给，祈子他日有瓯牺之余，乞相遗也。'因立奠祀。后常令家人入山，获大茗焉。"

左思《娇女诗》[28]："吾家有娇女，皎皎颇白皙。小字为纨素，口齿自清历。有姊字蕙芳，眉目灿如画。驰骛翔园林，果下皆生摘。贪华风雨中，倏忽数百适。心为荼荈剧，吹嘘对鼎𬭩。"

张孟阳《登成都楼诗》[29]云："借问扬子舍，想见长卿庐。程卓累千金，骄侈拟五侯。门有连骑客，翠带腰吴钩。鼎食随时进，百和妙且殊。披林采秋橘，临江钓春鱼。黑子过龙醢，

陆纳的侄子陆俶看见叔父没有做任何宴客的准备，于是就自作主张准备了丰盛的美味佳肴。

华佗像

果馔逾蟹蝑。芳茶冠六清，溢味播九区。人生苟安乐，兹土聊可娱。"

傅巽《七诲》："蒲桃、宛奈，齐柿、燕栗，恒阳黄梨，巫山朱橘，南中茶子，西极石蜜。"

弘君举《食檄》："寒温既毕，应下霜华之茗；三爵而终，应下诸蔗、木瓜、元李、杨梅、五味、橄榄、悬豹、葵羹各一杯。"

孙楚《歌》："茱萸出芳树颠，鲤鱼出洛水泉。白盐出河东，美豉出鲁渊。姜桂茶荈出巴蜀，椒橘木兰出高山。蓼苏出沟渠，精稗出中田。"

华佗《食论》[30]："苦茶久食，益意思。"

壶居士[31]《食忌》："苦茶久食，羽化。与韭同食，令人体重。"

郭璞《尔雅注》云："树小似栀子，冬生，叶可煮羹饮。今呼早取为茶，晚取为茗，或一曰荈，蜀人名之苦茶。"

《世说》[32]："任瞻，字育长，少时有令名，自过江失志。既下饮，问人云：'此为茶？为茗？'觉人有怪色，乃自申明云：'向问饮为热为冷耳。'"

《续搜神记》[33]："晋武帝世，宣城人秦精，常入武昌山采茗，遇一毛人，长丈余，引精至山下，示以丛茗而去。俄而复还，乃探怀中橘以遗精。精怖，负茗而归。"

《晋四王起事》[34]："惠帝蒙尘，还洛阳，黄门以瓦盂盛茶上至尊。"

《异苑》[35]："剡县陈务妻，少与二子寡居，好饮茶茗。以宅中有古冢，每饮，辄先祀之。二子患之，曰：'古冢何知？徒以劳意！'欲掘去之，母苦禁而止。其夜，梦一人云：'吾止此冢三百余年，卿二子恒欲见毁，赖相保护，又享吾佳茗，虽泉壤朽骨，岂忘翳桑之报[36]！'及晓，于庭中获钱十万，似久埋者，但贯新耳。母告二子，惭之，从是祷馈愈甚。"

《广陵耆老传》："晋元帝时，有老姥每旦独提一器茗，往市鬻之。市人竞买，自旦至夕，其器不减。所得钱散路旁孤贫乞人。人或异之。州法曹絷之狱中。至夜老姥执所鬻茗器，从狱牖中飞出。"

《艺术传》[37]："敦煌人单道开，不畏寒暑，常服小石子，所服药有松、桂、蜜之气，所饮茶苏而已。"

释道悦《续名僧传》："宋释法瑶，姓杨氏，河东人。元嘉中过江，遇沈台，请真君武康小山寺，年垂悬车。［悬车，喻日入之候，指垂老时也。《淮南子》[38]曰：'日至悲泉，爰息其马。'亦此意也。] 饭所饮茶。永明中，敕吴兴礼致上京，年七十九。"

宋《江氏家传》[39]："江统，字应元，迁愍怀太子[40]洗马。尝上疏谏云：'今西园卖醯[41]、面、篮子、菜、茶之属，亏败国体。'"

《宋录》："新安王子鸾、豫章王子尚，诣昙济道人于八公山。道人设茶茗，子尚味之，曰：'此甘露也，何言茶茗？'"

王微[42]《杂诗》："寂寂掩高阁，寥寥空广厦。待君竟不归，收领今就槚。"

鲍昭妹令晖著《香茗赋》。

南齐世祖武皇帝《遗诏》[43]："我灵座上慎勿以牲为祭，但设饼果、茶饮、干饭、酒脯而已。"

道教茅山派陶弘景在《杂录》中说茶能轻身换骨，可见茶已被夸大为轻身换骨和羽化成仙的"妙药"。

梁刘孝绰《谢晋安王饷米等启》[44]："传诏李孟孙宣教旨，垂赐米、酒、瓜、笋、菹、脯、酢、茗八种。气苾新城，味芳云松。江潭抽节，迈昌荇之珍。疆场擢翘，越葺精之美。羞非纯束野麕，裹似雪之鲈；鲊异陶瓶河鲤，操如琼之粲。茗同食粲，酢颜望柑。免千里宿春，省三月种聚。小人怀惠，大懿难忘。"

陶弘景《杂录》："苦茶，轻身换骨，昔丹丘子、黄山君服之。"

《后魏录》[45]："琅琊王肃，仕南朝，好茗饮、莼羹。及还北地，又好羊肉、酪浆。人或问之：'茗何如酪？'肃曰：'茗不堪与酪为奴。'"

《桐君录》[46]："西阳、武昌、庐江、晋陵[47]好茗，皆东人作清茗。茗有饽，饮之宜人。凡可饮之物，皆多取其叶，天门冬、菝葜取根，皆益人。又巴东[48]别有真茗茶，煎饮令人不眠。俗中多煮檀叶并大皂李作茶，并冷。又南方有瓜芦木，亦似茗，至苦涩，取为屑茶饮，亦可通夜不眠。煮盐人但资此饮，而交、广[49]最重，客来先设，乃加以香芼辈。"

明·王问《煮茶图》

《坤元录》[50]："辰州溆浦县西北三百五十里无射山，云蛮俗当吉庆之时，亲族集会，歌舞于山上。山多茶树。"

《括地图》[51]："临遂[52]县东一百四

《文苑图》
中国古代的文人墨客常常把儒家思想引入茶道，谈论"茶理"时往往也离不开儒家思想。

十里有茶溪。"

山谦之《吴兴记》[53]："乌程县[54]西二十里，有温山，出御荈。"

《夷陵图经》[55]："黄牛、荆门、女观、望州[56]等山，茶茗出焉。"

《永嘉图经》："永嘉县[57]东三百里有白茶山。"

《淮阴图经》："山阴县[58]南二十里有茶坡。"

《茶陵图经》："茶陵[59]者，所谓陵谷生茶茗焉。"

《本草·木部》[60]："茗：苦茶。味甘苦，微寒，无毒。主瘘疮，利小便，去痰渴热，令人少睡。秋采之苦，主下气消食。《注》云：'春采之。'"

《本草·菜部》："苦菜，一名茶，一名选，一名游冬，生益州川谷，山陵道旁，凌冬不死。三月三日采，干。《注》云：'疑此即是今茶，一名茶，令人不眠。'"

《本草注》："按，《诗》云'谁谓茶苦'[61]，又云'堇茶如饴'[62]，皆苦菜也。陶谓之苦茶，木类，非菜流。茗，春采谓之苦搽[途遐反]。"

《枕中方》："疗积年瘘：苦茶、蜈蚣并炙，令香熟，等分，捣筛，煮甘草汤洗，以末傅之。"

《孺子方》："疗小儿无故惊厥，以苦茶、葱须煮服之。"

【注释】

①归命侯：即孙皓。东吴亡国之君。公元280年，晋灭东吴，孙皓投降，封"归命侯"。②惠帝：晋惠帝司马衷，公元290—307年在位。③张黄门孟阳：张载字孟阳，但未任过黄门侍郎。任黄门侍郎的是他的弟弟张协。④傅司隶咸：傅咸（239—294），字长虞，北地泥阳（今陕西铜川）人，官至司隶校尉，简称司隶。⑤江洗马统：江统（？—310），字应元，陈留圉县（今河南杞县东）人。曾任太子洗马。⑥孙参军楚：孙楚（？—293），字子荆，太原中都（今山西平遥）人。曾任扶风王的参军。⑦桓扬州温：桓温（312—373），字符子，龙亢（今安徽怀远县西）人。曾任扬州牧等职。⑧沛国夏侯恺：晋书无传。干宝《搜神记》中提到他。⑨新安任育长：任育长，生卒年不详，新安（今河南绳池）人。名詹，字育长，曾任天门太守等职。⑩敦煌单道开：晋时著名道士，敦煌人。《晋书》有传。⑪琅琊王肃：王肃（464—501），字恭懿，琅

琊（今山东临沂）人，北魏著名文士，曾任中书令等职。⑫新安王子鸾，鸾弟豫章王子尚：刘子鸾、刘子尚，都是南北朝时宋孝武帝的儿子。一封新安王，一封豫章王。但子尚为兄，子鸾为弟，这里是作者误记。⑬鲍昭妹令晖：鲍昭，即鲍照（414—466），字明远，东海郡（今江苏镇江）人，南朝著名诗人。其妹令晖，擅长词赋，钟嵘《诗品》说她："令辉歌诗，往往崭新清巧，拟古尤胜。"⑭八公山沙门谭济：八公山，在今安徽寿县北。沙门，佛家指出家修行的人。谭济，应为昙济，即下文说的"昙济道人"。⑮世祖武帝：南北朝时南齐的第二个皇帝，名萧赜，483—493年在位。⑯刘廷尉：刘孝绰（480—539），彭城（今江苏徐州）人。为梁昭明太子赏识，任太子仆兼廷尉卿。⑰陶先生弘景：陶弘景（456—536），字通明，秣陵（今江苏南京）人，有《神农本草经集注》传世。⑱徐英公勣：徐世勣（592—667），字懋功，唐开国功臣，封英国公。⑲《神农经》：古书名，已佚。⑳《广雅》：字书。三国时张揖撰，是对《尔雅》的补作。㉑《晏子春秋》：又称《晏子》，旧题齐晏婴撰，实为后人采晏子事迹编辑而成。成书约在汉初。此处陆羽引书有误。《晏子春秋》原为："炙三弋、五卵、苔菜而矣。"不是"茗菜"。㉒《凡将篇》：伪托司马相如作的字书。已佚。此处引文为后人所辑。㉓《晋中兴书》：佚书。有清人辑存一卷。㉔《搜神记》：东晋干宝著，计三十卷，为我国志怪小说之始。㉕南兖州：晋时州名，治所在今江苏镇江市。㉖安州：晋时州名。治所在今湖北安陆市一带。㉗《神异记》：西晋王浮著。原书已佚。㉘左思《娇女诗》：原诗五十六句，陆羽所引仅为有关茶的十二句。㉙张孟阳《登成都楼诗》：张孟阳，见前注。原诗三十二句，陆羽仅录有关茶的十六句。㉚华佗《食论》：华佗（约141—208），字符化，是东汉末著名医师。《三国志·魏书》有传。㉛壶居士：道家传说的真人之一，又称壶公。㉜《世说》：即《世说新语》，南朝宋临川王刘义庆著，为我国志人小说之始。㉝《续搜神记》：旧题陶潜著，实为后人伪托。㉞《晋四王起事》：南朝卢綝著，原书已佚。㉟《异苑》：东晋末刘敬叔所撰，今存十卷。㊱翳桑之报：翳桑，古地名。春秋时晋国人赵盾，曾在翳桑救了将要饿死的灵辄，后来晋灵公欲杀赵盾，灵辄扑杀恶犬，救出赵盾。后世称此事为"翳桑之报"。㊲《艺术传》：即唐房玄龄所著《晋书·艺术列传》。㊳《淮南子》：又名《淮南鸿烈》，为汉淮南王刘安及其门客所著。今存二十一篇。㊴《江氏家传》：南朝宋江统著，已佚。㊵愍怀太子：晋惠帝之子，立为太子，元康元年（300年）被贾后害死，年仅21岁。㊶醯：读 xī，醋。㊷王微：南朝诗人。㊸南齐世祖武皇帝《遗诏》：南朝齐武皇帝名萧赜。《遗诏》写于齐永明十一年（493年）。㊹梁刘孝绰《谢晋安王饷米等启》：刘孝绰，见前注。他本名冉，孝绰是他的字。晋安王

明·文徵明《林榭煎茶图》

名萧纲，昭明太子卒后，继为皇太子。后登位称简文帝。⑤王肃：王肃，本在南齐做官，后降北魏。北魏是北方少数民族鲜卑族拓跋部建立的政权，该民族习性喜食牛羊肉、饮牛羊奶加工的酪浆。王肃为讨好新主子，所以当北魏高祖问他时，他贬低说茶还不配给酪浆当奴仆。这话传出后，北魏朝贵遂称茶为"酪奴"，并且在宴会时，"虽设若饮，皆耻不复食"。（见《洛阳伽蓝记》）⑥《桐君录》：全名《桐君采药录》，已佚。⑰西阳、武昌、庐江、晋陵：西阳、武昌、庐江、晋陵均为晋郡名。治所分别在今湖北黄冈、湖北武昌、安徽舒城、江苏常州一带。⑱巴东：晋郡名。治所在今重庆万州一带。⑲交、广：交州和广州。交州，在今广西合浦、北海市一带。⑳《坤元录》：古地学书名，已佚。㉑《括地图》：即《括地志》，唐萧德言等人著，已散佚，清人辑存一卷。㉒临遂：晋时县名，今湖南衡东县。㉓《吴兴记》：南朝宋山谦之著，共三卷。㉔乌程县：治所今浙江湖州市。㉕《夷陵图经》：夷陵，在今湖北宜昌地区，这是陆羽从方志中摘出自己加的书名。（下同）㉖黄牛、荆门、女观、望州：黄牛山在今宜昌市向北80里处。荆门山在今宜昌市东南30里处。女观山在今宜都县西北。望州山在今宜昌市西。㉗永嘉县：治所在今浙江温州市。㉘山阴县：今称淮安市。㉙茶陵：即今湖南茶陵县。㉚《本草·木部》：《本草》即唐《新修本草》，又称《唐本草》或《唐英本草》，因唐英国公徐勣任该书总监。下文《本草》同。㉛谁谓荼苦：用菜时，荼作二解，一为茶，一为野菜。这里是野菜。㉜堇荼如饴：茶也是野菜。

【译文】

古代三皇时代：炎帝神农氏。

周代：周朝鲁周公旦，齐国宰相晏婴。

汉代：仙人丹丘子、黄山君，文园令司马相如，执戟黄门侍郎扬雄。

三国东吴：归命侯孙皓，太傅韦弘嗣。

晋代：晋惠帝司马衷，司空刘琨，刘琨之侄

西汉·彩绘云凤纹漆盂

兖州刺史刘演，黄门侍郎张孟阳，司隶校尉傅咸，太子洗马江统，参军孙楚，记室左太冲，吴兴太守陆纳，陆纳之侄会稽内史陆俶，冠军将军谢安石，弘农太守郭璞，扬州牧桓温，中书舍人杜毓，武康小山寺禅师法瑶，沛国人夏侯恺，余姚人虞洪，北地人傅巽，丹阳人弘君举，乐安太守任育长，宣城人秦精，敦煌道士单道开，剡县陈务的妻子，广陵郡的老姥，河内人山谦之。

北魏：琅琊人王肃。

南朝宋：新安王刘子鸾，鸾之弟豫章王刘子尚，鲍昭的妹妹鲍令晖，八公山道人昙济。

南北朝南齐：世祖武帝萧赜。

南朝梁：廷尉卿刘孝绰，贞白先生陶弘景。

唐代：英国公徐勣。

《神农食经》记载说："长期喝茶，使人身体强壮有力、精神愉快。"

周公《尔雅》说："槚，就是苦茶。"

《尔雅》内页

《广雅》说："湖北江陵以及重庆一带的人，采摘茶叶制作茶饼。叶子老了，就用米膏掺和在一起制成饼。若想煮茶喝，先把茶饼烤成赤红色，捣成碎末，放到瓷器里，用开水浇泡并加上盖，再往茶水里加入葱、姜、橘子等。这样喝茶，不但可以醒酒，还会让人兴奋得睡不着觉。"

《晏子春秋》记载："晏婴在给齐景公做相国时，吃的是粗米饭，菜只是两三只烤野禽，几道腌菜和茶水而已。"

司马相如的《凡将篇》记载："乌喙、桔梗、芫华、款冬、贝母、木蘖、蒌菱菜、黄苓、芍药、桂、漏芦、蜚廉、雚菌、荈诧、白敛、白芷、菖蒲、芒硝、莞椒、茱萸。"

《方言》记载："四川西南部的人把茶叫作葰。"

《吴忠·韦曜传》记载："孙皓每次摆酒设宴，对入座的人都命令其喝满七升酒，凡是喝不完的，都硬给灌进嘴里。韦曜酒量一向没有超过二升，孙皓刚开始看重他时，暗中赏赐他茶水以代替酒。"

《晋中兴书》记载："陆纳任吴兴太守时，卫将军谢安拜访陆纳。[《晋书》说是陆纳任吏部尚书时的事。]他的侄儿陆俶得知他未做招待客人的准备，又不敢问他，就私下准备了十来个人的酒菜。谢安来了，陆纳只摆上茶和果品招待。陆俶便把丰盛的酒菜端上来，各种珍贵美味的食品样样齐全。等到谢安告辞之后，陆纳把陆俶叫来，打了四十板子，说：'你这样做不但没有使为叔增加光彩，反而还玷污了我一向崇尚俭朴的节操。'"

《晋书》记载："桓温任扬州牧时，品性俭朴，每次宴请客人，只摆上七种果子和茶水而已。"

《搜神记》记载："夏侯恺患病死去，他的族人有个名叫苟奴的，看见了他的鬼魂，见他来收生前骑过的马，并且作祟使他妻子得病。当时，夏侯恺的鬼魂戴着平顶帽，穿着单衣进入屋内，坐在活着时候常坐的靠西墙的大床上，吩咐下人找茶水给他喝。"

刘琨在《与兄子南兖州刺史演书》中说："先前收到你给的安州干姜一斤，肉桂一斤，黄苓一斤，这些都是我正需要的。我身体不舒服，胸中烦闷[愦，应该是"愤"]，常想喝点真正的茶，你可给我采买一些。"

傅咸《司隶教》说："听说四川有个老太太制作茶粥出卖，四川的官员为执行皇帝提倡节俭的命令，打破了这位老太太的制粥器具。后来她又在市场上卖大饼，我想不明白，官吏们为什么要禁止老太太卖茶粥让她为难呢？"

《神异记》记载："余姚人虞洪，到山里采摘茶叶，遇见一名道士，牵着三条青牛，指引虞洪到瀑布山，说：'我叫丹丘子，听说你善于制茶煮茶，常常想得到你的馈赠。这山里有大叶茶树，可以送给你采摘，希望你以后茶杯中有多余的茶水，就赠送我一些。'回到家中，虞洪就立了丹丘子的牌位，经常用茶奠祀。后来经常让家里人进山采茶，每次都能采摘到大叶茶。"

左思《娇女诗》写道："吾家有娇女，皎皎颇白皙。小字为纨素，口齿自清历。

三彩陶杯盘
以黄、赭、绿为基本色调，色彩斑斓。

有姊字蕙芳，眉目灿如画。驰骛翔园林，果下皆生摘。贪华风雨中，倏忽数百适。心为茶荈剧，吹嘘对鼎䥶。"

张孟阳的《登成都楼诗》写道："借问扬子舍，想见长卿庐。程卓累千金，骄侈拟五侯。门有连骑客，翠带腰吴钩。鼎食随时进，百和妙且殊。披林采秋橘，临江钓春鱼。黑子过龙醢，果馔逾蟹蝑。芳茶冠六清，溢味播九区。人生苟安乐，兹土聊可娱。"

傅巽的《七海》记载："蒲板的桃子，南阳的苹果，山东的柿子，河北的板栗，恒阳的黄梨，巫山的朱橘，云南的茶子饼，西域［主要指印度］的石蜜。"

弘君举的《食檄》写道："客人来了问过寒暖后，就应该斟上沫饽如霜的最好的茶。三杯喝过后，再摆出甘蔗、木瓜、大李子、杨梅、五味子、橄榄、山莓，每人再上一杯莼菜汤。"

孙楚的《歌》写道："芳香的茱萸生长在树枝尖，鲜肥的鲤鱼出自洛水泉。洁白的池盐出于山西，美味的豆豉出于齐鲁间。姜桂茶叶产在四川，椒橘木兰长在高山。蓼辣紫苏生在沟渠，精细的白米出自农田。"

华佗的《食论》说："长期喝茶，对大脑思维有好处。"

壶居士的《食忌》讲："长期喝茶，可以羽化成仙。如果与韭菜一起吃，可以增加人的体重。"

郭璞的《尔雅注》说："茶树矮小的像栀子，冬天生长的树叶，可以煮成汤喝。现在人们把早采摘的叫作茶，晚采摘的叫作茗，还有一个名字叫作荈，四川人称作苦茶。"

《世说新语》记载："任瞻，字育长，年轻时就有好名声。自从北方避难到江南后再没喝到好茶。有人用茶招待他，他问主人：'这是茶，还是茗？'看到主人脸上有惊奇的神色，便强调说：'我是问是喝热茶还是凉茶。'"

《续搜神记》记载："西晋武帝时，宣城人秦精经常到武昌山中采摘茶叶。遇见一个毛人，身高一丈多，引他到一座山峰下，指给他一丛茶树就走开了。过了一会儿毛人又回来，还从怀里掏出橘子送给秦精。秦精感到害怕，忙背着茶叶跑回家。"

《晋四王起事》说："惠帝被迫离开宫廷，被囚禁在金墉城，后来回到洛阳宫中，宦官用瓦罐呈茶给他喝。"

《异苑》记载："郯县陈务的妻子，年轻时带着两个儿子守寡，喜欢喝茶。因为院里有一座古墓，每次喝茶，都先向古墓奠祀一杯。时间长了两个儿子感到厌烦，说：'古墓知道什么？白费你的精神。'于是便想挖掉古墓，经过母亲再三劝阻才没有挖。这天夜里，母亲梦见一个人来对她说：'我在这墓冢里已住了三百余年，您的两个儿子常常想掘毁它，幸亏有您的保护，又经常用佳茗祭奠我，我虽是黄泉的枯骨，但也不会忘记报答您的恩情。'到了早晨，她在院子里看见十万枚铜钱，好像埋了很长时间，但穿钱的绳子却是新的。她把这奇事说给儿子，两个儿子都有些惭愧，从此更加殷勤地用茶茗向古墓祈祷祭奠。"

青瓷执壶
执壶是中唐以后才出现的器形，通常刻有各类纹饰。

《广陵耆老传》记载："晋元帝时，有位老太太每天早晨独自提一壶茶水到市场上去卖。街上的人都争着买，但从早晨卖到晚上，壶里的茶水却一点也不减少。所卖的钱都散发给路旁的孤苦贫民和乞丐。有人怀疑她有神奇的法术。于是州郡官派掌刑事的衙吏把她抓走关入牢中。到了半夜，这老太太便提着卖茶的壶从牢狱窗口飞走了。"

《艺术传》记载："敦煌人单道开，不怕冷也不怕热，经常吃小石子，他服用的药有松子、桂圆、蜂蜜的气味，所喝的也是茶和紫苏汤。"

清·金廷标《品泉图》

释道悦《续名僧传》说："南朝宋有个释法瑶和尚，姓杨，山西河东郡人。元嘉年间，从北方渡江到南方，在浙江武康县小山寺遇见沈台真，两人都已老耄。所吃的只是茶粥。南齐永明年间，武帝命令吴兴太守准备礼品请他进京，这时，他已经七十九岁。"

南朝宋《江氏家传》记载："江统，字应元，迁升为愍怀太子洗马时，曾经上书劝谏太子说：'现在西园卖醋、面、篮子、菜、茶之类东西，有损国家体面。'"

《宋录》记载："新安王刘子鸾，豫章王刘子尚，在八公山拜访释昙济道长。道长献茶招待，刘子尚品尝后说：'这是甘露啊，为什么叫它茶？'"

王微《杂诗》写道："寂寂掩高阁，寥寥空广厦。待君竟不归，收领今就槚。"

鲍照之妹鲍令晖著有《香茗赋》。

南齐世祖武皇帝，临终时写下《遗诏》说："我的灵座前千万不要用牛羊牲品祭奠，只要供奉饼果、茶茗、干饭、酒类就可以了。"

南朝梁刘孝绰在《谢晋安王饷米等启》中写道："传诏官李孟孙宣示了您的教旨，恭蒙您赏赐了米、酒、瓜、笋、腌菜、肉干、醋、茶八种。醇香芬芳的美酒，真像新丰、松花的佳酿。江滨新长的竹笋，可以与菖蒲、荇菜媲美。园圃中摘来的瓜儿，味道醇美到了极点。腊味虽不是白茅纯束的獐鹿，但也是雪白肥嫩的肉脯；腌鱼胜过陶侃坛装的河鲤，大米如同洁白的美玉。茶茗就像上等的白米，陈醋正如又酸又甜的柑橘。赏赐的物品这么多，好几个月也不必再去采买。小人感恩不尽，盛德永难忘怀。"

《丹丘子晓露烹茶图》

陶弘景的《杂录》说："苦茶，可以使人轻身换骨，从前的丹丘子、黄山君就经常喝茶而羽化成仙。"

《后魏录》记载："琅琊人王肃，在南朝齐为官，爱喝茶和莼菜汤。后来到了北方，又爱吃羊肉和酪浆。有人问他：'茶比酪浆怎么样？'王肃说：'茶给酪浆做奴隶还不配呢。'"

《桐君录》记载："西阳、武昌、庐江、晋陵的人都爱喝茶，做东道主的就烹煮清茶。茶水里有沫饽，常喝对人体有好处。凡是可以当作饮料的，大都是选取其叶子，但天门冬、菝葜却取根，都对人有好处。另外，四川巴东郡有真茶茗，烹饮使人兴奋得睡不着觉。民间多有用檀树叶和大皂李制作茶，喝它们有种清凉的感觉。南方还有种叫瓜芦木的，也像茶，滋味又苦又涩，取制成碎末当茶喝，也可使人彻夜不眠。沿海各地煮盐的人专门拿它当作饮料，而以交州、广州两地最为重视，客人来了，就首先献上这种饮料，还加入一些芳香调料。"

《坤元录》记载："湖南辰州溆浦县西北方三百五十里有座无射山，据说当地少数民族在吉庆的时候，亲族友人在山上聚集在一起歌舞。山中长有许多茶树。"

《括地图》记载："湖南临遂县东一百四十里有茶溪。"

山谦之的《吴兴记》说："浙江乌程县西二十里，有座温山，出产贡茶。"

《夷陵图经》记载："湖北峡州的黄牛、荆门、女观、望州等山，都出产茶叶。"

《永嘉图经》记载："浙江永嘉县东三百里有座白茶山。"

《淮阴图经》记载："山阴县南二十里处有茶坡。"

《茶陵图经》说："茶陵县，就是因为山陵河谷中盛产茶叶而得名。"

《本草·木部》说："茗，又叫苦茶。味道甘甜带有苦味，略微寒，没有毒。主治瘘疮，利尿、去痰、止渴解热，使人兴奋得不能入睡。秋天采集的茶味道苦，主要功能是通气、消化食物。陶弘景的《神农本草集注》说：'要春天采制。'"

《本草·菜部》说："苦菜，又叫茶，又叫选，或者叫游冬，出产于四川益州川谷山陵路旁，严寒的冬天也冻不死。第二年春天三月三采集阴干。陶弘景《神农本草集注》说：'怀疑这就是现在人说的茶，又叫茶，让人兴奋得不能入睡。'"

《本草注》按："《诗经》说：'谁说茶苦'，又说：'堇茶如饴'，这都是苦菜。陶弘景说的苦茶，是木本植物的茗，不是草本植物菜类。茗，在春天采摘的叫苦茶。"

《枕中方》记载："治疗多年来没有治愈的瘘疮，用茶叶和蜈蚣一起烧，炙熟，使其散发出香气，再等分两份，捣碎，过筛，拿一份加甘草煮汤洗患处，另一份敷在疮口。"

《孺子方》记载："治疗小儿没有原因的惊厥，可以用茶叶加葱煮成汤服用。"

唐·阎立本《萧翼赚兰亭图》

八、茶之出

山南①：以峡州②上［峡州生远安、宜都、夷陵三县③山谷］，襄州、荆州④次［襄州生南漳县⑤山谷；荆州生江陵县山谷］，衡州⑥下［生衡山⑦、茶陵二县山谷］，金州、梁州⑧又下。［金州生西城、安康⑨二县山谷；梁州生褒城、金牛⑩二县山谷］。

淮南⑪：以光州上⑫［生光山县黄头港者，与峡州同］，义阳郡⑬、舒州⑭次，［生义阳县钟山⑮者，与襄州同；舒州生太湖县潜山⑯者，与荆州同］，寿州⑰下［生盛唐县霍山⑱者，与衡山同］，蕲州⑲、黄州⑳又下［蕲州生黄梅县山谷；黄州生麻城县山谷，并与荆州、梁州同也］。

北朝·青瓷双流鸡首壶

浙西㉑：以湖州㉒上［湖州，生长城县㉓顾渚山㉔谷，与峡州、光州同；生山桑、儒师二寺、白茅山悬脚岭㉕，与襄州、荆州、义阳郡同；生凤亭山伏翼阁，飞云、曲水二寺㉖，啄木岭㉗与寿州、常州同。生安吉、武康二县山谷，与金州、梁州同。］常州㉘次，［常州义兴县㉙生君山㉚悬脚岭北峰下，与荆州、义阳郡同；生圈岭善权寺㉛、石亭山，与舒州同］，宣州、杭州、睦州、歙州㉜下［宣州生宣城县雅山㉝，与蕲州同；太平县生上睦、临睦㉞，与黄州同；杭州临安、於潜㉟二县生天目山㊱，与舒州同；钱塘生天竺、灵隐二寺㊲；睦州生桐庐县山谷；歙州生婺源山谷，与衡州同］，润州㊳、苏州㊴又下［润州江宁县生傲山㊵，苏州长洲县生洞庭山㊶，与荆州、蕲州、梁州同］。

剑南㊷：以彭州㊸上［生九陇县、马鞍山至德寺、棚口㊹，与襄州同］，绵州、蜀州次㊺［绵州龙安县生松岭关㊻，与荆州同，其西昌、昌明、神泉县、西山㊼者，并佳；有过松岭者，不堪采。蜀州青城县生丈人山㊽，与绵州同。青城县有散茶、木茶］，邛州㊾次，雅州、泸州㊿下［雅州百丈山、名山[51]，

老茶树

茶树在中国分布非常广泛。超过千年树龄的茶树也很多。其中在贵州发现的一棵古老的茶树树龄已超过了3000年。

泸州[52]泸川者，与金州同也]，眉州[53]、汉州[54]又下[眉州丹棱县生铁山者，汉州绵竹县生竹山者[55]，与润州同]。

浙东[56]：以越州[57]上[余姚县生瀑布泉岭，曰仙茗，大者殊异，小者与襄州同]，明州[58]、婺州[59]次[明州鄮县[60]生榆荚村，婺州东阳县东白山[61]，与荆州同]，台州[62]下[台州始丰县[63]生赤城[64]者，与歙州同]。

黔中[65]：生思州、播州、费州、夷州[66]。

江西[67]：生鄂州、袁州、吉州[68]。

岭南[69]：生福州、建州、韶州、象州[70]。[福州生闽方山[71]山阴。]

其思、播、费、夷、鄂、袁、吉、福、建、韶、象十一州未详，往往得之，其味极佳。

【注释】

①山南：唐贞观十道之一。唐贞观元年，划全国为十道，道辖郡州，郡辖县。②峡州：又称夷陵郡，治所在今湖北宜昌市。③远安、宜都、夷陵三县：即今湖北远安县、宜都县、宜昌市。④襄州、荆川：襄州，今湖北襄阳；荆川，今湖北荆川市。⑤南漳县：今仍名南漳县。（以下遇古今同名都不再加注）⑥衡州：今湖南衡阳地区。⑦衡山：县治所在今衡阳朱亭镇对岸。⑧金州、梁州：金州，今陕西安康一带；梁州，今陕西汉中一带。⑨西城、安康：西城，今陕西安康市；安康，治所在今安康市城西50里汉水西岸。⑩襄城、金牛：襄城，今汉中襄城镇；金牛，今四川广元一带。⑪淮南：唐贞观十道之一。⑫光州：又称弋阳郡，今河南潢川、光山县一带。⑬义阳郡：今河南信阳市及其周边地区。⑭舒州：又名同安郡，今安徽太湖、安庆一带。⑮义阳县钟山：义阳县，今河南信阳。钟山，在信阳市东18里。⑯太湖县潜山：潜山，在安徽潜山县西北30里。⑰寿州：又名寿春郡，今安徽寿县一带。⑱盛唐县霍山：盛唐县，今安徽六安县。霍山，在今霍山县境。⑲蕲州：又名蕲州郡，今湖北蕲春一带。蕲，读音qí。⑳黄州：又名齐安郡，今湖北黄冈一带。㉑浙西：唐贞观十道之一。㉒湖州：又名吴兴郡，今浙江吴兴一带。㉓长城县：今浙江长兴县。㉔顾渚山：在长兴县西30里。㉕白茅山悬脚岭：在长兴县顾渚山东面。㉖凤亭山：在长兴县西北40里。伏翼阁、飞云寺、曲水寺，都是山里的寺院。㉗啄木岭：在长兴县北60里，山中多啄木鸟。㉘常州：又名晋陵郡，今江苏常州市一带。㉙义兴县：今江苏宜兴县。㉚君山：在宜兴县南20里。㉛圈岭善权寺：善权，相传是尧时隐士。㉜宣州、杭州、睦州、歙州：宣州，又称宣城郡，今安徽宣城、当涂一带。杭州，又名余杭郡，今浙江杭州、余杭一带。睦州，又称新定郡，今浙江建德、桐庐、淳安一带。歙州，又名新安郡，今安徽歙县、祁门一带。㉝雅山：又称鸦山、鸭山、丫山，在宁国县北。㉞上睦、临睦：太平县二乡名。㉟於潜县：现已并入临安市。㊱天目山：又名浮玉山，

山脉横亘于浙江西、皖东南边境。�37钱塘生天竺、灵隐二寺：钱塘县，今浙江杭州市，灵隐寺在市西灵隐山下。天竺寺分上、中、下三寺。下天竺寺在灵隐飞来峰。�38润州：又称丹阳郡，今江苏镇江、丹阳一带。�39苏州：又称吴郡，今江苏苏州一带。�40江宁县生傲山：江宁县在今南京市，傲山在南京市郊。�41长洲县生洞庭山：长洲县在今苏州市一带，洞庭山是太湖中的一些小岛。�42剑南：唐贞观十道之一。�43彭州：又叫濛阳郡，今四川彭州市一带。�44九陇县、马鞍山至德寺、棚口：九陇县，今彭州市。马鞍山，即今至德山，在鼓城西。棚口，在鼓城西。�45绵州、蜀州：绵州，又称巴西郡，今

饼茶

四川绵阳、安县一带。蜀州，又称唐安郡，今重庆、四川都江堰市一带。�46龙安县生松岭关：龙安县，今四川安县。松岭关，在今龙安县西50里。�47西昌、昌明、神泉县、西山：西昌，在今四川安县东南花荄镇。昌明，在今四川江油市附近。神泉县，在安县南50里。西山，岷山山脉之一部分。�48青城县生丈人山：今四川都江堰市南40里，因境内有青城山而得名。丈人山为青城山三十六峰之主峰。�49邛州：又称临邛郡，今四川邛崃、大邑一带。�50雅州、泸州：雅州，又称卢山郡，今四川雅安一带。泸州，又称泸川郡，今四川泸州市及其周边。�51百丈山、名山：百丈山，在今四川雅安市名山区东40里。名山，在名山区北。�52泸州：今四川泸县。�53眉州：又名通义郡，今四川眉山、洪雅一带。�54汉州：又称德阳郡，今四川广汉、德阳一带。�55铁山、竹山：铁山，又名铁桶山，在四川丹棱县境内。竹山，即绵竹山，在四川绵竹县境内。�56浙东：浙江东道节度使方镇的简称，节度使驻地浙江绍兴。�57越州：又称会稽郡，今浙江绍兴、嵊州一带。�58明州：又称余姚郡，今浙江宁波、奉化一带。�59婺州：又名东阳郡，今浙江金华、兰溪一带。�60鄞县：今浙江宁波市东南的东钱湖畔。鄮，读音mào。�61东白山：在今浙江东阳市巍

采茶图

山镇北。㊻台州：又名临海郡，今浙江临海、天台一带。㊼始丰县：今浙江天台县。㊽赤城：山名，天台山十景之一。㊾黔中：唐开元十五道之一。㊿思州、播州、费州、夷州：思州，又称宁夷郡，今贵州沿河一带。播州，又名播川郡，今贵州遵义一带。费州，又称涪川郡，今贵州思南、德江一带。夷州，又名义泉郡，今贵州凤冈、绥阳一带。㊿江西：江西团练观察使方镇的简称，观察使驻地在今江西南昌市。㊿鄂州、袁州、吉州：鄂州，又称江夏郡，今湖北武昌、黄石一带。袁州，又名宜春郡，今江西省宜春市。吉州，今江西吉安、宁冈一带。㊿岭南：唐贞观十道之一。㊿福州、建州、韶州、象州：福州，又名长乐郡，今福建福州、莆田一带。建州，又称建安郡，今福建建阳一带。韶州，又名始兴郡，今广东韶关、仁化一带。象州，又称象山郡，今广西象州县一带。㊿方山：在福建福州市闽江南岸。

【译文】

山南地区，以峡州出产的茶为上等品〔峡州茶生产于远安、宜都、宜昌三县山谷中〕，襄州、荆州出产的茶为二等品〔襄州茶生产于南漳县山陵，荆州茶生产于江陵县山陵〕，衡州出产的茶为三等品〔生产于衡山、茶陵二县山谷〕，金州、梁州出产的茶为四等品〔金州茶生产于安康、汉阴二县山谷。梁州茶生产于褒城、金牛二县山谷〕。

淮南地区，以光州出产的茶为上等品〔产于光山县黄头港，品质与峡州茶相同〕，义阳郡、舒州出产的茶为二等品〔产于信阳县钟山，品质与襄州茶相同；舒州茶产于太湖县潜山，品质与荆州茶相同〕，寿州出产的茶是三等品〔生产于盛唐县霍山，品质与衡州茶相同〕，蕲州、黄州出产的茶是四等品〔蕲州茶生产于黄梅县山谷，黄州茶生产于麻城县山谷，都与荆州、梁州茶品质相同〕。

浙西，以湖州出产的茶为上等品〔湖州茶生产于长兴县顾渚山的，与峡州、光州茶品质一样，是一等品；生产于山桑、儒师二寺和白茅山悬脚岭的，与襄州、荆州、义阳郡茶品质一样，是二等品；生产于凤亭山伏翼阁、飞云寺、曲水寺、啄木岭的，

《玉川碾茶图》

品质与寿州、常州茶一样，是三等品；生产于安吉和武康两县的，与金州、梁州的茶品质一样，是四等品〕。常州出产的茶是二等品〔常州宜兴县的茶出产在君山悬脚岭北峰下，品质与荆州、义阳郡的茶一样，是二等品；出产于圈岭善权寺和石亭山的茶，品质与舒州的茶相同，也是二等品〕。宣州、杭州、睦州、歙州出产的是三等品〔宣州的茶出产在宣城县雅山，品质与蕲州的茶一样；出产于太平县上睦、临睦二镇的，品质与黄州的茶一样；杭州临安、於潜二县出产于天目山的，与舒州茶一样，是二等品；钱塘县天竺寺、灵隐寺，睦州桐庐县山陵，歙州婺源县山谷等地出产的茶叶，品质都与衡州茶一样，是三等品〕。润州、苏州出产的茶是四等品〔润州江宁县产于傲山、苏州长洲县产于西洞庭山的茶叶，都与金州、蕲州、梁州茶品质相同，是四等品〕。

剑南地区，以彭州出产的茶为上等品〔出产于彭县马鞍

山至德寺和堋口的，与襄州茶品质相同，是二等品］，绵州、蜀州出产的茶是二等品［绵州龙安县产于松岭关的茶叶，与荆州茶品质一样，是二等品；西昌、昌明、神泉县西山的茶，品质都非常好，越过松岭以西的，就不值得采摘；蜀州青城县丈人峰产的茶叶品质与绵州茶一样，青城县还产有散茶、木茶］，邛州、雅川、泸州出产的茶，是三等品［雅州百丈山、名山，四川泸县产的茶，品质却与金州茶相同，是四等品］，眉州、汉州出产的茶是四等品［眉州丹棱县出产于铁桶山的、汉州绵竹县产于绵竹山的茶，品质都与润州茶一样，是四等品］。

武夷山茶园

浙东，以越州出产的茶为上等品［余姚县出产在瀑布泉岭的叫仙茗，叶片大的，品质特别优异，叶片小的，品质与襄州茶相同，是二等品］，明州、婺州出产的茶是二等品［明州出产在鄮县榆荚村的、婺州出产于东阳县东白山的茶，品质与荆州茶相同，是二等品］，台州出产的茶是三等品［台州天台县出产在赤城峰的茶，品质与歙州茶相同］。

黔中的茶出产于思州、播州、费州、夷州。

江西的茶出产于鄂州、袁州、吉州。

岭南的茶出产于福州、建州、韶州、象州。［福州主要产于闽县方山的北坡。］

以上思、播、费、夷、鄂、袁、吉、福、建、韶、象十一州的茶产地和茶叶品质等次并不详细准确。在这些地方采制的茶叶，品尝之后往往感觉非常好。

外形条索粗壮、饱满秀丽。

汤色明亮、香味持久、醇厚味甘。

叶嫩匀整。

茶芽隐露，青翠多毫。

庐山云雾茶及茶汤

九、茶之略

【原文】

其造具，若方春禁火之时①，于野寺山园丛手而掇，乃蒸、乃舂，乃复以火干之，则棨、扑、焙、贯、棚、穿、育等七事皆废。

其煮器，若松间石上可坐，则具列废。用槁薪、鼎锄之属，则风炉、灰承、炭挝、火筴、交床等废。若瞰泉临涧，则水方、涤方、漉水囊废。若五人以下，茶可末而精者，则罗废。若援藟跻岩②，引絙入洞③，于山口炙而末之，或纸包、合贮，则碾、拂末等废。既瓢、碗、筴、札、熟盂、鹺簋悉以一筥盛之，则都篮废。但城邑之中，王公之门，二十四器阙一，则茶废矣。

【注释】

①方春禁火之时：禁火，古时民间习俗，即在清明前一二日禁火三天，吃冷食，叫"寒食节"。②援藟跻岩：藟，读音 lěi，藤蔓。跻，读音 jī，登、升。③引絙入洞：絙，读音 gēng，绳索。

【译文】

准备好制茶所用的器具，如果恰逢在春天寒食节前后，在野外寺院或者山间茶园，大家一起动手采摘，马上蒸青、舂捣，用火烘干，那么，棨、扑、焙、贯、棚、穿、育这七种器具便可以不用。

对煮茶所用的器具而言，如果松林里有石头可以放置，就不需要用器具陈列。如果用干柴鼎锅煮茶，那么风炉、灰承、炭挝、火筴、交床也都可以省去。如果是在泉水旁溪涧侧烹茶，那么水方、涤方、漉水囊也可以不用。如果是五人以下同时旅游，采制的茶芽细嫩而干燥，可以碾成精细的茶末，那么罗就不需再用。如果攀藤上山，拉着绳子进入山

洞烹饮，可以先在山下将茶烤好碾成细末，用纸包裹好或用茶盒装储，那么碾和拂末便不必带。假如瓢、碗、筴、札、熟盂、鹺簋等全用一个筥盛装，那么都篮就不需要了。但在城市里，在王公门第，那二十四种烹饮器具缺少一样，都谈不上品茶了。

十、茶之图 ①

【原文】

以绢素或四幅，或六幅分布写之，陈诸座隅，则茶之源、之具、之造、之器、之煮、之饮、之事、之出、之略，目击而存②，于是《茶经》之始终备焉。

【注释】

①茶之图：是指把《茶经》中的文字写在素绢上挂起来。②目击而存：击，接触，此处作看见讲。俗语有"目击者"。

【译文】

用白色绢子四幅或六幅，分别把以上九章写在上面，张挂在座旁的墙壁上。这样，对茶的起源、制茶工具、茶的采制、烹饮茶具、煮茶方法、茶的饮用、历代茶事、茶叶产地、茶具使用，都会看在眼里，牢记在心里。于是，《茶经》从头到尾便全部可以看清楚了。

竹简《茶经》

《续茶经》

《续茶经》为清代陆廷灿著。其目录完全与《茶经》相同，对唐之后的茶事资料收罗宏富，并进行了考辨，虽名为"续"，实是一部完全独立的著述。陆廷灿因此书而被世人称为"茶仙"。

凡　例

【原文】

　　《茶经》著自唐桑苎翁，迄今千有余载，不独制作各殊而烹饮迥异，即出产之处亦多不同。余性嗜茶，承乏崇安，适系武夷产茶之地。值制府满公郑重进献，究悉源流，每以茶事下询。查阅诸书，于武夷之外每多见闻，因思采集为《续茶经》之举。曩以簿书鞅掌，有志未遑。及蒙量移奉文赴部，以多病家居，翻阅旧

古代制茶图

稿，不忍委弃，爰为序次第。恐学术久荒，见闻疏漏，为识者所鄙。谨质之高明，幸有以教之，幸甚。

　　《茶经》之后有《茶记》及《茶谱》《茶录》《茶论》《茶疏》《茶解》等书，不可枚举。而其书亦多湮没无传。兹特采所见各书，依《茶经》之例，分之源、之具、之造、之器、之煮、之饮、之事、之出、之略、之图。至其图无传，不敢臆补，以茶具、茶器图足之。

　　《茶经》所载，皆初唐以前之书。今自唐、宋、元、明以至本朝，凡有绪论，皆行采录。有其书在前而《茶经》未录者，亦行补入。

　　《茶经》原本止三卷，恐续者太繁，是以诸书所见，止摘要分录。

　　各书所引相同者，不取重复。偶有议论各殊者，姑两存之，以俟论定。至历代诗文

《续茶经》内页

暨当代名公巨卿著述甚多，因仿《茶经》之例，不敢备录，容俟另编以为外集。

原本《茶经》另列卷首。

历代茶法附后。

【译文】

《茶经》是唐代陆羽编著的，至今已经有 1000 多年了，现在不仅制作方法各不相同，而且烹制和饮用的方法也很不一样，就是出产的地方也与当时大不相同。我特别喜欢喝茶，当时正值我出任崇安知县，刚好是武夷产茶的地方。正好制府满公郑重地前来献茶，探究历史渊源，常常就有关茶的问题向他询问。查看其他相关书籍，在武夷之外的所见所闻，让我产生了编选撰写《续茶经》的想法。虽然这本书已经握在了掌上，思想上仍不免惶恐。后来奉命到部里上任，因为身体多病常在家里修养，翻阅旧稿，不忍心丢弃它，所以重新作序整理。只怕因为时间过长学问有些荒废，见闻难免有疏漏的地方，被有识之人所鄙弃。谨在这里向各位请教，如果有幸得到指导，对于我来说将是一件十分荣幸的事情。

《茶经》之后有《茶记》《茶谱》《茶录》《茶论》《茶疏》《茶解》等书，在这里就不一一列举了，而这些书大部分也已经失传了。我现在特意收集能够见到的这些书，参照《茶经》，分为源、具、造、器、煮、饮、事、出、略、图。而有些相关的图已经失传，我不敢随意添补，只好用茶具、茶器这些图画来充实。

《茶经》中所摘录的都是初唐以前的书。本书从唐、宋、元、明到本朝，只要有这方面的论述，都加以采录。有的书年代虽然在《茶经》之前，但是没有被它录用的，在这里也一并加以引用。

《茶经》本来只有三卷，因为续写的人太多，所以这本书上只摘录要点。

各书引用相同的地方，就不再重复取用。偶尔有争议的地方，姑且保留各自的看法和观点，等待以后的定论。至于历代的诗词文赋和当代名士所著的文章很多，因为参考《茶经》为例，便不加补录，等以后再编为外集。

《茶经》原书附在书的前面。

历代的茶法附在书的后面。

陆羽陶像

一、茶之源

【原文】

许慎《说文》：茗，荼芽也。

王褒《僮约》：前云"炰鳖烹茶"；后云"武阳买茶"。[注：前为苦菜，后为茗。]

张华《博物志》：饮真茶，令人少眠。

《诗疏》：椒树似茱萸，蜀人作茶，吴人作茗，皆合煮其叶以为香。

《唐书·陆羽传》：羽嗜茶，著《经》三篇，言茶之源、之具、之造、之器、之煮、之饮、之事、之出、之略、之图尤备，天下益知饮茶矣。

《唐六典》：金英、绿片，皆茶名也。

《李太白集·赠族侄僧中孚玉泉仙人掌茶序》：余闻荆州玉泉寺近青溪诸山，山洞往往有乳窟，窟多玉泉交流。中有白蝙蝠，大如鸦。按《仙经》："蝙蝠，一名仙鼠。千岁之后，体白如雪。栖则倒悬，盖饮乳水而长生也。"其水边处处有茗草罗生，枝叶如碧玉。惟玉泉真公常采而饮之，年八十余岁，颜色如桃花，而此茗清香滑熟异于他茗，所以能还童振枯，扶人寿也。余游金陵，见宗僧中孚示余茶数十片，卷然重叠，其状如掌，号为"仙人掌"茶。盖新出乎玉泉之山，旷古未觌。因持之见贻，兼赠诗，要余答之，遂有此作。俾后之高僧大隐，知"仙人掌"茶发于中孚禅子及青莲居士李白也。

《皮日休集·茶中杂咏诗序》：自周以降，及于国朝茶事，竟陵子陆季疵言之详矣。然季疵以前称茗饮者，必浑以烹之，与夫瀹蔬而啜者无异也。季疵之始为《经》三卷，由是分其源，制其具，教其造，设其器，命其煮。俾饮之者除痟而去疠，虽疾医之未若也。其为

古人常将"茶"字分解为"人在草木中"，既合情理，又寓意境。

利也，于人岂小哉？余始得季疵书，以为备矣，后又获其《顾渚山记》二篇，其中多茶事；后又太原温从云、武威段碣之各补茶事十数节，并存于方册。茶之事由周而至于今，竟无纤遗矣。

《封氏闻见记》：茶，南人好饮之，北人初不多饮。开元中，泰山灵岩寺有降魔师，大兴禅教。学禅务于不寐，又不夕食，皆许饮茶。人自怀挟，到处煮饮。从此转相仿效，遂成风俗。起自邹、齐、沧、棣，渐至京邑，城市多开店铺煎茶卖之，不问道俗，投钱取饮。其茶自江淮而来，色额甚多。

《唐韵》：荼字，自中唐始变作茶。

裴汶《茶述》：茶，起于东晋，盛于今朝。其性精清，其味浩洁，其用涤烦，其功致和。参百品而不混，越众饮而独高。烹之鼎水，和以虎形，人人服之，永永不厌。得之则安，不得则病。彼艺术黄精，徒云上药，致效在数十年后，且多禁忌，非此伦也。或曰：多饮令人体虚病风。余曰：不然。夫物能祛邪，必能辅正，安有蠲逐聚病而靡裨太和哉？今宇内为土贡实众，而顾渚、蕲阳、蒙山为上，其次则寿阳、义兴、碧涧、澧湖、衡山。最下有鄱阳、浮梁。今者其精无以尚焉，得其粗者，则下里兆庶，瓯碗纷糅。顷刻未得，则胃腑病生矣。人嗜之若此者，西晋以前无闻焉。至精之味或遗也。因作《茶述》。

宋徽宗《大观茶论》：茶之为物，擅瓯闽之秀气，钟山川之灵禀。祛襟涤滞，致清导和，则非庸人孺子可得而知矣。冲淡闲洁，韵高致静，则非遑遽之时可得而好尚矣。而本朝之兴，岁修建溪之贡，龙团、凤饼，名冠天下，而壑源之品，亦自此而盛。延及于今，百废俱举，海内宴然，垂拱密勿，幸致无为。缙绅之士，韦布之流，沐浴膏泽，薰陶德化，咸化雅尚相推，从事茗饮。故近岁以来，采择之精，制作之工，品第之胜，烹点之妙，莫不盛造其极。呜呼！至治之世，岂惟人得以尽其材，而草木之灵者，亦得以尽其用矣。偶因暇日，研究精微，所得之妙，后人有不知为利害

《大观茶论》是宋徽宗赵佶的著作。他虽身为亡国之君，却在书画、茶学上造诣颇深。

者，叙本末二十篇，号曰《茶论》。一曰产地，二曰天时，三曰择采，四曰蒸压，五曰制造，六曰鉴别，七曰白茶，八曰罗碾，九曰盏，十曰筅，十一曰瓶，十二曰勺，十三曰水，十四曰点，十五曰味，十六曰香，十七曰色，十八曰藏，十九曰品，二十外焙。

名茶各以所产之地，如叶耕之平园、台星岩，叶刚之高峰青凤髓，叶思纯之大风，叶屿之屑山，叶五崇林之罗汉上水桑芽，叶坚之碎石窠、石臼窠〔一作六窠〕。叶琼、叶辉之秀皮林，叶师复、师贶之虎岩，叶椿之无双岩芽，

叶懋之老窠园，各擅其美，未尝混淆，不可概举。焙人之茶，固有前优后劣，昔负今胜者，是以园地之不常也。

丁谓《进新茶表》：右件物产异金沙，名非紫笋。江边地暖，方呈"彼茁"之形，阙下春寒，已发"其甘"之味。有以少为贵者，焉敢韫而藏诸。见谓新茶，实遵旧例。

蔡襄《进茶录表》：臣前因奏事，伏蒙陛下谕臣先任福建运使日，所进上品龙茶，最为精好。臣退念草木之微，首辱陛下知鉴，若处之得地，则能尽其材。昔陆羽《茶经》，不第建安之品；丁谓《茶图》，独论采造之本。至烹煎之法，曾未有闻。臣辄条数事，简而易明，勒成二篇，名曰《茶录》。伏惟清闲之宴，或赐观采，臣不胜荣幸。

蔡襄辨茶

欧阳修《归田录》：茶之品，莫贵于龙凤，谓之"团茶"，凡八饼重一斤。庆历中，蔡君谟始造小片龙茶以进，其品精绝，谓之"小团"，凡二十饼重一斤，其价值金二两。然金可有而茶不可得。每因南效致斋，中书、枢密院各赐一饼，四人分之。宫人往往缕金花于其上，盖其贵重如此。

赵汝砺《北苑别录》：草木至夜益盛，故欲导生长之气，以渗雨露之泽。茶于每岁六月兴工，虚其本，培其末，滋蔓之草，遏郁之木，悉用除之，政所以导生长之气而渗雨露之泽也。此之谓开畲。惟桐木则留焉。桐木之性与茶相宜，而又茶至冬则畏寒，桐木望秋而先落，茶至夏而畏日，桐木至春而渐茂。理亦然也。

王辟之《渑水燕谈》：建茶盛于江南，近岁制作尤精，龙团最为上品，一斤八饼。庆历中，蔡君谟为福建转运使，始造小团，以充岁贡，一斤二十饼，所谓上品龙茶者也。仁宗尤所珍惜，虽宰相未尝辄赐，惟郊礼致斋之夕，两府各四人，共赐一饼。宫人剪金为龙凤花贴其上。八人分蓄，以为奇玩，不敢自试，有佳客出为传玩。欧阳文

龙凤茶是宋代最著名的茶，有"始于丁谓，成于蔡襄"的说法。

忠公云："茶为物之至精，而小团又其精者也。"嘉祐中，小团初出时也。今小团易得，何至如此多贵？

周辉《清波杂志》：自熙宁后，始贡"密云龙"。每岁头纲修贡，奉宗庙及贡玉食外，赉及臣下无几。戚里贵近丐赐尤繁。宣仁太后令建州不许造"密

清刊本《梦溪笔谈》书影

云龙"，受他人煎炒不得也。此语既传播于缙绅间，由是"密云龙"之名益著。淳熙间，亲党许仲启官苏沙，得《北苑修贡录》，序以刊行。其间载岁贡十有二纲，凡三等，四十有一名。第一纲曰"龙焙贡新"，止五十余铐。贵重如此，独无所谓"密云龙"者。岂以"贡新"易其名耶？抑或别为一种，又居"密云龙"之上耶？

沈存中《梦溪笔谈》：古人论茶，惟言阳羡、顾渚、天柱、蒙顶之类，都未言建溪。然唐人重串茶粘黑者，则已近乎建饼矣。建茶皆乔木，吴、蜀惟丛茇而已，品自居下。建茶胜处曰郝源、曾坑，其间又有垄根、山顶二品尤胜。李氏号为北苑，置使领之。

胡仔《苕溪渔隐丛话》：建安北苑，始于太宗太平兴国三年，遣使造之，取象于龙凤，以别入贡。至道间，仍添造石乳、蜡面。其后大小龙，又起于丁谓而成于蔡君谟。至宣、政间，郑可简以贡茶进用，久领漕，添续入，其数渐广，今犹因之。

细色茶五纲，凡四十三品，形制各异，共七千余饼，其间贡新、试新、龙团胜雪、白茶、御苑玉芽，此五品乃水拣，为第一；余乃生拣，次之。又有粗色茶七纲，凡五品。大小龙凤并拣芽，悉入龙脑，和膏为团饼茶，共四万余饼。盖水拣茶即社前者，生拣茶即火前者，粗色茶即雨前者。闽中地暖，雨前茶已老而味加重矣。又有石门、乳吉、香口三外焙，亦隶于北苑，皆采摘茶芽，送官焙添造。每岁縻金共二万余缗，日役千夫，凡两月方能迄事。第所造之茶不许过数，入贡之后市无货者，人所罕得。惟壑源诸处私焙茶，其绝品亦可敌官焙，自昔至今，亦皆入贡，其流贩四方者，悉私焙茶耳。北苑在富沙之北，隶建安县，去城二十五里，乃龙焙造贡茶之处，亦名凤凰山。自有一溪，南流至富沙城下，方与西来水合而东。

车清臣《脚气集》：《毛诗》云："谁谓茶苦，其甘如荠。"注：茶，苦菜也。《周礼》："掌茶以供丧事。"取其苦也。苏东坡诗云："周《诗》记苦茶，茗饮出

饮茶过程中所追求的自然、恬淡意境极符合苏轼的脾性，弥漫的茶香总能冲淡阴霾，激起万丈的豪情。

近世。"乃以今茶为茶。夫茶，今人以清头目，自唐以来，上下好之，细民亦日数碗，岂是茶也。茶之粗者是为茗。

宋子安《东溪试茶录序》：茶宜高山之阴，而喜日阳之早。自北苑凤山，南直苦竹园头，东南属张坑头，皆高远先阳处，岁发常早，芽极肥乳，非民间所比。次出壑源岭，高土沃地，茶味甲于诸焙。丁谓亦云：凤山高不百丈，无危峰绝崦，而冈翠环抱，气势柔秀，宜乎嘉植灵卉之所发也。又以建安茶品甲天下，疑山川至灵之卉，天地始和之气，尽此茶矣。又论石乳出壑岭断崖缺石之间，盖草木之仙骨也。近蔡公亦云："惟北苑凤凰山连属诸焙，所产者味佳，故四方以建茶为名，皆曰北苑云。"

黄儒《品茶要录序》：说者尝谓陆羽《茶经》不第建安之品。盖前此茶事未甚兴，灵芽真笋往往委翳消腐而人不知惜。自国初以来，士大夫沐浴膏泽，咏歌升平之日久矣。夫身世洒落，神观冲淡，惟兹茗饮为可喜。园林亦相与摘英夸异，制棬鬻新，以趋时之好。故殊异之品，始得自出于榛莽之间，而其名遂冠天下。借使陆羽复起，阅其金饼，味其云腴，当爽然自失矣。因念草木之材，一有负瑰伟绝特者，未尝不遇时而后兴，况于人乎。

苏轼《书黄道辅〈品茶要录〉后》：黄君道辅讳儒，建安人，博学能文，淡然精深，有道之士也。作《品茶要录》十篇，委曲微妙，皆陆鸿渐以来论茶者所未及。非至静无求，虚中不留，乌能察物之情如此其详哉。

《茶录》：茶，古不闻食，自晋、宋已降，吴人采叶煮之，名为"茗粥"。

叶清臣《煮茶泉品》：吴楚山谷之间，气清地灵，草木颖挺，多孕茶茶。大率右于武夷者为白乳，甲于吴兴者为紫笋，产禹穴者以天章显，茂钱塘者以径山稀。至于桐庐之岩，云衢之麓，雅山著于宣、歙，蒙顶传于岷、蜀，角立差胜，毛举实繁。

周绛《补茶经》：芽茶只作早茶，驰奉万乘，尝之可矣。如一旗一枪，可谓奇茶也。

胡致堂曰：茶者，生人之所日用也。其急甚于酒。

《茶录》不仅得到皇帝的鉴赏，还勒石传后世，对当时福建的茶业有很大的推动作用。

陈师道《茶经丛谈》：茶，洪之双井，越之日注，莫能相先后，而强为之第者，皆胜心耳。

陈师道《茶经序》：夫茶之著书自羽始，其用于世亦自羽始，羽诚有功于茶者也。上自宫省，下逮邑里，外及异域遐陬，宾祀燕享，预陈于前；山泽以成市，商贾以起家，又有功于人者也，可谓智矣。《经》曰："茶之否臧，存之口诀。"则书之所载，犹其粗也。夫茶之为艺下矣，至其精微，书有不尽，况天下之至理，而欲求之文字纸墨之间，其有得乎？昔者先王因人而教，同欲而治，凡有益于人者，皆不废也。

吴淑《茶赋》注：五花茶者，其片作五出花也。

姚氏《残语》：绍兴进茶，自高文虎始。

王楙《野客丛书》：世谓古之茶，即今之茶。不知茶有数种，非一端也。《诗》曰"谁谓荼苦，其甘如荠"者，乃苦菜之荼，如今苦苣之类。《周礼》"掌荼"、《毛诗》"有女如荼"者，乃茅莠之荼也，此萑苇之属。惟茶槚之荼，乃今之茶也。世莫知辨。

《魏王花木志》：茶叶似栀，可煮为饮。其老叶谓之荈，嫩叶谓之茗。

《瑞草总论》：唐宋以来有贡茶，有榷茶。夫贡茶，犹知斯人有爱君之心。若夫榷茶，则利归于官，扰及于民，其为害又不一端矣。

元熊禾《勿斋集·北苑茶焙记》贡，古也。茶贡不列《禹贡》《周·职方》而昉于唐，北苑又其最著者也。苑在建城东二十五里，唐末里民张晖始表而上之。宋初丁谓漕闽，贡额骤益，斤至数万。庆历承平日久，蔡公襄继之，制益精巧，建茶遂为天下最。公名在四谏官列，君子惜之。欧阳公修虽实不与，然犹夸侈歌咏之。苏公轼则直指其过矣。君子创法可继，焉得不重慎也。

《说郛·臆乘》：茶之所产，六经载之详矣，独异美之名未备。唐宋以来，见于诗文者尤夥，颇多疑似，若蟾背、虾须、雀舌、蟹眼、瑟瑟、沥沥、霭霭、鼓浪、涌泉、琉璃眼、碧玉池，又皆茶事中天然偶字也。

《茶谱》：衡州之衡山，封州之西乡，茶研膏为之，皆片团如月。又彭州蒲村堋口，其园有"仙芽""石花"等号。

明人《月团茶歌序》：唐人制茶碾末，以酥滫为团，宋世尤精，元时其法遂绝。予效而为之，盖得其似，始悟古人咏茶诗所谓"膏油首面"，所谓"佳茗似佳人"，所谓"绿云轻绾湘娥鬟"之句。饮啜之余，因作诗记之，并传好事。

屠本畯《茗笈评》：人论茶叶之香，未知茶花之香。余往岁过友大雷山中，正值花开，童子摘以为供，幽香清越，绝自可人，惜非瓯中物耳。乃予著《瓶史月表》，以插茗花为斋中清玩。而高濂《盆史》，亦载"茗花足助玄赏"云。

《茗笈赞》十六章：一曰溯源，二曰得地，三曰乘时，四曰揆制，五曰藏茗，六曰品泉，七曰候火，八曰定汤，九曰点瀹，十曰辨器，十一曰申忌，十二曰防滥，十三曰戒淆，十四曰相宜，十五曰衡鉴，十六曰玄赏。

谢肇淛《五杂俎》：今茶品之上者，松萝也，虎丘也，罗岕也，龙井也，阳羡也，天池也。而吾闽武夷、清源、彭山三种，可与角胜。六安、雁宕、蒙山三种，祛滞有功而色香不称，当是药笼中物，非文房佳品也。

《西吴枝乘》：湖人于茗，不数顾渚，而数罗岕。然顾渚之佳者，其风味已远出龙井。下岕稍清隽，然叶粗而作草气。丁长孺尝以半角见饷，且教余烹煎之法，迨试之，殊类羊公鹤。此余有解有未解也。余尝品茗，以武夷、虎丘第一，淡而远也。松萝、龙井次之，香而艳也。天池又次之，常而不厌也。余子琐琐，勿置齿喙。

屠长卿《考槃余事》：虎丘茶最号精绝，为天下冠，惜不多产，皆为豪右所据，寂寞山家无由获购矣。天池青翠芳馨，啖之赏心，嗅亦消渴，可称仙品。诸山之茶，当为退舍。阳羡俗名罗岕，浙之长兴者佳，荆溪稍下。细者其价两倍天池，惜乎难得，须亲自收采方妙。六安品亦精，入药最效，但不善炒，不能发香而味苦，茶之本性实佳。龙井之山不过数十亩，外此有茶似皆不及。大抵天开龙泓美泉，山灵特生佳茗以副之耳。山中仅有一二家，炒法甚精。近有山僧焙者亦妙，真者天池不能及也。天目为天池、龙井之次，亦佳品也。《地志》云："山中寒气早严，山僧至九月即不敢出。冬来多雪，三月后方通行，其萌芽较他茶独晚。"

包衡《清赏录》：昔人以陆羽饮茶比于后稷树谷，及观韩翃《谢赐茶启》云："吴王礼贤，方闻置茗；晋人爱客，才有分茶。"则知开创之功，非关桑苎老翁也。若云在昔茶勋未普，则比时赐茶已一千五百串矣。

陈仁锡《潜确类书》：紫琳腴、云腴，皆茶名也。茗花白色，冬开似梅，亦清香。［按：冒巢民《岕茶汇钞》云："茶花味浊无香，香凝叶内。"二说不同，岂岕与他茶独异欤。］

《农政全书》：六经中无茶，茶即荼也。《毛诗》云："谁谓荼苦，其甘如荠。"以其苦而味甘也。夫茶灵草也，种之则利溥，饮之则神清。上而王公贵人之所尚，下而小夫贱隶之所不可阙，诚民生食用之所资，国家课利之一助也。

罗廪《茶解》：茶固不宜杂以恶木，惟古梅、丛桂、辛夷、玉兰、玫瑰、苍松、翠竹，与之间植，足以蔽霜雪，掩映秋阳。其下可植芳兰、幽菊清芬之品。最忌菜畦相逼，不免渗漉，泮厥清真。

茶地南向为佳，向阴者遂劣。故一山之中，美恶相悬。

李日华《六研斋笔记》：茶事于唐末未甚兴，不过幽人雅士手撷于荒园杂秽中，拔其精英，以荐灵爽，所以饶云露自然之味。至宋设茗纲，充天家玉食，士大夫益复贵之。民间服习寖广，以为不可缺之物。于是营植者拥溉孳粪，等于蔬薪，而茶亦陨其品味矣。人知鸿渐到处品泉，不知亦到处搜茶。皇甫冉《送羽摄山采茶》诗数言，仅存公案而已。

徐岩泉《六安州茶居士传》：居士姓茶，族氏众多，枝叶繁衍遍天下。其在六安一枝最著，为大宗；阳羡、罗岕、武夷、匡庐之类，皆小宗；蒙山又其别枝也。

乐思白《雪庵清史》：夫轻身换骨，消渴涤烦，茶荈之功，至妙至神。昔在有唐，吾闽茗事未兴，草木仙骨，尚闷其灵。五代之季，南唐采茶北苑，而茗事兴。迨宋至道初，有诏奉造，而茶品日广。及咸平、庆历中，丁谓、蔡襄造茶进奉，而制作益精。至徽宗大观、宣和间，而茶品极矣。断崖缺石之上，木秀云腴，往往于此露灵。倘微丁、蔡来自吾闽，则种种佳品，不几于委翳消腐哉？虽然，患无佳品耳。其品果佳，

《茶谱》中首次提出茶乃君子修身养性之物的见解。

即微丁、蔡来自吾闽，而灵芽真笋岂终于委翳消腐乎。吾闽之能轻身换骨，消渴涤烦者，宁独一茶乎？兹将发其灵矣。

冯时可《茶谱》：茶全贵采造，苏州茶饮遍天下，专以采造胜耳。徽郡向无茶，近出松萝，最为时尚。是茶始比丘大方，大方居虎丘最久，得采造法。其后于徽之松萝结庵，采诸山茶，于庵焙制，远迩争市，价忽翔涌。人因称松萝，实非松萝所出也。

胡文焕《茶集》：茶，至清至美物也，世皆不味之，而食烟火者又不足以语此。医家论茶，性寒能伤人脾。独予有诸疾，则必借茶为药石，每深得其功效，噫！非缘之有自，而何契之若是耶！

《群芳谱》：蕲州蕲门团黄，有一旗一枪之号，言一叶一芽也。欧阳公诗有"共约试新茶，旗枪几时绿"之句。王荆公《送元厚之》句云"新茗斋中试一旗"。世谓茶始生而嫩者为一枪，寖大开者为一旗。

鲁彭《刻〈茶经〉序》：夫茶之为经，要矣。兹复刻者，便览尔。刻之竟陵者，表羽之为竟陵人也。按羽生甚异，类令尹子文。人谓子文贤而仕，羽虽贤，卒以不仕。今观《茶经》三篇，固具体用之学者。其曰伊公羹、陆氏茶，取而比之，实以自况。所谓易地皆然者非欤？厥后茗饮之风，行于中外。而回鹘亦以马易茶，由宋迄今，大为边助。则羽之功，固在万世，仕不仕奚足论也。

沈石田《书岕茶别论后》：昔人咏梅花云"香中别有韵，清极不知寒"，此惟岕茶足当之。若闽之清源、武夷，吴郡之天池、虎丘，武林之龙井，新安之松萝，匡庐之云雾，其名虽大噪，不能与岕相抗也。顾渚每岁贡茶三十二斤，则岕于国初，已受知遇。施于今，渐远渐传，渐觉声价转重。既得圣人之清，又得圣人之时，蒸、采、烹、洗，悉与古法不同。

李维桢《茶经序》：羽所著《君臣契》三卷，《源解》三十卷，《江表四姓谱》十卷，《占梦》三卷，不尽传，而独传《茶经》，岂他书人所时有，此其觭长，易于取名耶？太史公曰："富贵而名磨灭，不可胜数，惟俶傥非常之人称焉。"鸿渐穷厄终身，而遗书遗迹，百世下宝爱之。以为山川邑里重。其风足以廉顽立懦，胡可少哉。

杨慎《丹铅总录》：茶，即古荼字也。周《诗》记荼苦，《春秋》书齐荼，《汉志》书荼陵。颜师古、陆德明虽已转入茶音，而未易字文也。至陆羽《茶经》、玉川《茶歌》、赵赞《茶禁》以后，遂以茶易荼。

董其昌《茶董题词》：荀子曰："其为人也多暇，其出人也不远矣。"陶通明曰："不为无益之事，何以悦有涯之生。"余谓茗碗之事足当之。盖幽人高士，蝉蜕势利，以耗壮心而送日月。水源之轻重，辨若淄渑；火候之文武，调若丹鼎。非枕漱之侣不亲，非文字之饮不比者也。当今此事，惟许夏茂卿拈出。顾渚、阳羡，肉食者往焉，茂卿亦安能禁。一似强笑不乐，强颜无欢，茶韵故自胜耳。予夙秉幽尚，入山十年，差可不愧茂卿语。今者驱车入闽，念凤团龙饼，延津为瀹，岂必士思，如廉颇思用赵？惟是《绝交书》所谓"心不耐烦，而官事鞅掌"者，竟有负茶灶耳。茂卿能以同味谅吾耶！

董承叙《题陆羽传后》：余尝过竟陵，憩羽故寺，访雁桥，观茶井，慨然想见其为人。夫羽少厌髡缁，笃嗜坟素，本非忘世者。卒乃寄号桑苎，遁迹苕霅，啸歌独行，继以痛哭，其意必有所在。时乃比之接舆，岂知羽者哉。至其性甘茗荈，味辨淄渑，清风雅趣，脍炙今古。张颠之于酒也，昌黎以为有所托而逃，羽亦以是夫。

《谷山笔麈》：茶自汉以前不见于书，想所谓槚者，即是矣。

李贽《疑谓》：古人冬则饮汤，夏则饮水，未有茶也。李文正《资暇录》

谓："茶始于唐崔宁，黄伯思已辨其非，伯思尝见北齐杨子华作《邢子才魏收勘书图》，已有煎茶者。"《南窗记谈》谓："饮茶始于梁天监中，事见《洛阳伽蓝记》。及阅《吴志·韦曜传》，赐茶荈以当酒，则茶又非始于梁矣。"余谓饮茶亦非始于吴也。《尔雅》曰："槚，苦荼。"郭璞注："可以为羹饮。早采为茶，晚采为茗，一名荈。"则吴之前亦以茶作茗矣。第未如后世之日用不离也。盖自陆羽出，茶之法始讲。自吕惠卿、蔡君谟辈出，茶之法始精。而茶之利国家且藉之矣。此古人所不及详者也。

陈继儒像

王象晋《茶谱小序》：茶，嘉木也。一植不再移，故婚礼用茶，从一之义也。虽兆自《食经》，饮自隋帝，而好者尚寡。至后兴于唐，盛于宋，始为世重矣。仁宗贤君也，颁赐两府，四人仅得两饼，一人分数钱耳。宰相家至不敢碾试，藏以为宝，其贵重如此。近世蜀之蒙山，每岁仅以两计。苏之虎丘，至官府预为封识，公为采制，所得不过数斤。岂天地间，尤物生固不数数然耶。瓯泛翠涛，碾飞绿屑，不藉云腴，孰驱睡魔？作《茶谱》。

陈继儒《茶董小序》：范希文云："万象森罗中，安知无茶星。"余以茶星名馆，每与客茗战旗枪，标格天然，色香映发。若陆季疵复生，忍作《毁茶论》乎？夏子茂卿叙酒，其言甚豪。予曰，何如隐囊纱帽，翛然林涧之间，摘露芽，煮云腴，一洗百年尘土胃耶？热肠如沸，茶不胜酒；幽韵如云，酒不胜茶。酒类侠，茶类隐。酒固道广，茶亦德素。茂卿，茶之董狐也，因作《茶董》。东佘陈继儒书于素涛轩。

夏茂卿《茶董序》：自晋唐而下，纷纷邾莒之会，各立胜场，品别淄渑，判若南董，遂以《茶董》名篇。语曰："穷《春秋》，演河图，不如载茗一车。"诚重之矣。如谓此君面目严冷，而且以为水厄，且以为乳妖，则请效綦毋先生无作此事。冰莲道人识。

《本草》：石蕊，一名云茶。

卜万祺《松寮茗政》：虎丘茶，色味香韵，无可比拟。必亲诣茶所，手摘监制，乃得真产。且难久贮，即百端珍护，稍过时即全失其初矣。殆如彩云易散，故不入供御耶。但山岩隙地，所产无几，为官司禁据，寺僧惯杂赝种，非精鉴家卒莫能辨。明万历中，寺僧苦大吏需索，薙除殆尽。文文肃公震孟作《薙茶说》以讥之。至今真产尤不易得。

明末清初精刻本《茶疏》内页

袁了凡《群书备考》：茶之名，始见于王褒《僮约》。

许次杼《茶疏》：唐人首称阳羡，宋人最重建州。于今贡茶，两地独多。阳羡仅有其名，建州亦上品，惟武夷雨前最胜。近日所尚者，为长兴之罗岕，疑即古顾渚紫笋。然岕故有数处，今惟峒山最佳。姚伯道云："明月之峡，厥有佳茗。韵致清远，滋味甘香，足称仙品。其在顾渚亦有佳者，今但以水口茶名之，全与岕别矣。若歙之松萝，吴之虎丘，杭之龙井，并可与岕颉颃。"郭次甫极称黄山，黄山亦在歙，去松萝远甚。往时士人皆重天池，然饮之略多，令人胀满。浙之产曰雁宕、大盘、金华、日铸，皆与武夷相伯仲。钱塘诸山产茶甚多，南山尽佳，北山稍劣。武夷之外，有泉州之清源，倘以好手制之，亦是武夷亚匹。惜多焦枯，令人意尽。楚之产曰宝庆，滇之产曰五华，皆表表有名，在雁茶之上。其他名山所产，当不止此，或余未知，或名未著，故不及论。

李诩《戒庵漫笔》：昔人论茶，以枪旗为美，而不取雀舌、麦颗。盖芽细则易杂他树之叶而难辨耳。枪旗者，犹今称壶蜂翅是也。

《四时类要》：茶子于寒露候收晒干，以湿沙土拌匀，盛筐笼内，穰草盖之，不尔即冻不生。至二月中取出，用糠与焦土种之。于树下或背阴之地开坎，圆三尺，深一尺，熟劚，著粪和土，每坑下子六七十颗，覆土厚一寸许，相离二尺，种一丛。性恶湿，又畏日，大概宜山中斜坡、峻坂、走水处。若平地，须深开沟垄以泄水，三年后方可收茶。

张大复《梅花笔谈》：赵长白作《茶史》，考订颇详，要以识其事而已矣。龙团、凤饼、紫茸、拣芽，决不可用于今之世。予尝论今之世，笔贵而愈失其传，茶贵而愈出其味。天下事，未有不身试而出之者也。

文震亨《长物志》：古今论茶事者，无虑数十家，若鸿渐之《经》，君谟之《录》，可为尽善。然其时法，用熟碾为丸、为挺，故所称有"龙凤团""小龙团""密云龙""瑞云翔龙"。至宣和间，始以茶色白者为贵。漕臣郑可简始创为银丝水芽，以茶剔叶取心，清泉渍之，去龙脑诸香，惟新铸小龙蜿蜒其上，称"龙团胜雪"。当时以为不更之法，而吾朝所尚又不同。其烹试之法，亦与前人异。然简便异常，天趣悉备，可谓尽茶之味矣。而至于洗茶、候汤、择器，皆各有法，宁特侈言乌府、云屯等目而已哉。

《虎丘志》：冯梦桢云："徐茂吴品茶，以虎丘为第一。"

周高起《洞山茶系》：岕茶之尚于高流，虽近数十年中事，而厥产伊始，则自卢仝隐居洞山，种于阴岭，遂有茗岭之目。相传古有汉王者，栖迟茗岭之阳，课童艺茶，踵卢仝幽致，故阳山所产，香味倍胜茗岭。所以老庙后一带茶，犹唐宋根株也。贡山茶今已绝种。

徐燉《茶考》：按《茶录》诸书，闽中所产茶，以建安北苑为第一，壑源诸处次之，武夷之名未有闻也。然范文正公《斗茶歌》云："溪边奇茗冠天下，武夷仙人从古栽。"苏文忠公云："武夷溪边粟粒芽，前丁后蔡相笼加。"则武夷之茶在北宋已经著名，第未盛

辽代备茶壁画

耳。但宋元制造团饼，似失正味。今则灵芽仙萼，香色尤清，为闽中第一。至于北苑壑源，又泯然无称。岂山川灵秀之气，造物生殖之美，或有时变易而然乎？

劳大与《瓯江逸志》：按茶非瓯产地，而瓯亦产茶，故旧制以之充贡，及今不废。张罗峰当国，凡瓯中所贡方物，悉与题蠲，而茶独留。将毋以先春之采，可荐馨香，且岁费物力无多，姑存之，以稍备芹献之义耶！乃后世因按办之际，不无恣取，上为一，下为十，而艺茶之圃遂为怨丛。惟愿为官于此地者，不滥取于数外，庶不致大为民病。

冒襄像

《天中记》：凡种茶树必下子，移植则不复生。故俗聘妇，必以茶为礼，义固有所取也。

《事物记原》：榷茶起于唐建中、兴元之间。赵赞、张滂建议税其什一。

《枕谭》：古传注："茶树初采为茶，老为茗，再老为荈。"今概称茗，当是错用事也。

熊明遇《岕山茶记》：产茶处，山之夕阳胜于朝阳，庙后山西向，故称佳。总不如洞山南向，受阳气特专，足称仙品云。

冒襄《岕茶汇钞》：茶产平地，受土气多，故其质浊。岕茗产于高山，浑是风露清虚之气，故为可尚。

吴拭云：武夷茶赏自蔡君谟始，谓其味过于北苑龙团，周右文极抑之。盖缘山中不谙制焙法，

一味计多徇利之过也。余试采少许，制以松萝法，汲虎啸岩下语儿泉烹之，三德俱备，带云石而复有甘软气。乃分数百叶寄右文，令茶吐气；复酹一杯，报君谟于地下耳。

释超全《武夷茶歌注》：建州一老人始献山茶，死后传为山神，喊山之茶始此。

《中原市语》：茶曰渲老。

陈诗教《灌园史》：予尝闻之山僧言，茶子数颗落地，一茎而生，有似连理，故婚嫁用茶，盖取一本之义。旧传茶树不可移，竟有移之而生者，乃知晁采寄茶，徒袭影响耳。

唐李义山以对花啜茶为杀风景。予苦渴疾，何啻七碗，花神有知，当不我罪。

《金陵琐事》：茶有肥瘦，云泉道人云："凡茶肥者甘，甘则不香。茶瘦者苦，苦则香。"此又《茶经》《茶诀》《茶品》《茶谱》之所未发。

野航道人朱存理云："饮之用必先茶，而茶不见于《禹贡》，盖全民用而不为利。后世榷茶立为制，非古圣意也。陆鸿渐著《茶经》，蔡君谟著《茶谱》。孟谏议寄卢玉川三百月团，后侈至龙凤之饰，责当备于君谟。然清逸高远，上通王公，下逮林野，亦雅道也。"

佩文斋《广群芳谱》：茗花即食茶之花，色月白而黄心，清香隐然，瓶之高斋，可为清供佳品。且蕊在枝条，无不开遍。

王新城《居易录》：广南人以蓉为茶。予顷著之《皇华记闻》。阅《道乡集》有《张纠送吴洞蓉》绝句，云："茶选修仁方破碨，蓉分吴洞忽当筵。君谟远矣知难作，试取一瓢江水煎。"盖志完迁昭平时作也。

《分甘余话》：宋丁谓为福建转运使，始造"龙凤团"茶上供，不过四十饼。天圣中，又造小团，其品过于大团。神宗时，命造"密云龙"，其品又过于小团。元祐初，宣仁皇太后曰："指挥建州，今后更不许造'密云龙'，亦不要团茶，拣好茶吃了，生得甚好意智。"宣仁改熙宁之政，此其小者。顾其言，实可为万世法。士大夫家，膏粱子弟，尤不可不知也。谨备录之。

《百夷语》：茶曰芽。以粗茶曰芽以结，细茶曰芽以完。缅甸夷语，茶曰腊扒，吃茶曰腊扒仪索。

《武夷茶考》：按丁谓制"龙团"，蔡忠惠制"小龙团"，皆北苑事。其武夷修贡，自元时浙省平章高兴始，而谈者辄称丁、蔡。苏文忠公诗云："武夷溪边粟粒芽，前丁后蔡相笼加。"则北苑贡时，武夷已为二公赏识矣。至高兴武夷贡后，而北苑渐至无闻。昔人云，茶之为物，涤昏雪滞，于务学勤政未必无助，其与进荔枝、桃花者不同。然充类至义，则亦宦官、宫妾之爱君也。忠惠直道高名，与范、欧相亚，而进茶一事乃侪晋公。君子举措，可不慎欤。

许慎像

《随见录》：按沈存中《笔谈》云："建茶皆乔木。吴、蜀惟丛茇而已。"以余所见，武夷茶树俱系丛茇，初无乔木，岂存中未至建安欤？抑当时北苑与此日武夷有不同欤？《茶经》云"巴山、峡川有两人合抱者"，又与吴、蜀丛茇之说互异。姑识之以俟参考。

《万姓统谱》载：汉时人有茶恬，出《江都易王传》。按《汉书》：茶恬［苏林曰，茶，食邪反］，则茶本两音，至唐而荼、茶始分耳。

焦氏《说楛》：茶曰玉茸。［补］

【译文】

许慎的《说文解字》中说：茗，也就是茶。

王褒在《僮约》的前面说"烹鳖烹茶"，后面说"武阳买茶"。［注：前面指的是苦菜，后面指的是茗。］

张华在《博物志》中说：喝真正的茶，能够使人睡眠减少。

《诗疏》记载：椒树跟茱萸很相似，蜀地的人把它叫作茶，吴地的人把它叫作茗，都是拿它的叶子煮出清香的气味。

《唐书·陆羽传》记载：陆羽特别喜欢喝茶，著有《茶经》上中下三篇，说的是茶之源、茶之具、茶之造、茶之器、茶之煮、茶之饮、茶之事、茶之出、茶之略、茶之图等，渐渐天下的人都知道喝茶了。

《唐六典》中说：金英、绿片，都是茶叶的名称。

《李太白集·赠族侄僧中孚玉泉仙人掌茶序》中有这么一段：我听说在荆州玉泉寺附近青溪等山，山洞里面往往有钟乳窟，窟里面大多有泉水流出。里面有白色的蝙蝠，如乌鸦一般大。按照《仙经》里面记载的："蝙蝠，又叫作仙鼠。千年之后，身体如同雪一样洁白。栖

李白月下独酌

息的时候是倒悬的，它就是因为饮用了钟乳水才长生的。"这种水边到处长着茶叶，枝叶像碧玉一样。玉泉真人常常采摘下来喝，他到了80多岁，脸色还和桃花一样，而这里的茶叶清香滑热，也与其他茶叶不同，所以能够延年益寿、防止过早衰老。我到金陵游玩时，高僧中孚拿了几十片茶叶给我看，这种茶叶卷起来重叠在一起，形状就像"手掌"一样，所以叫作"仙人掌茶"。这是玉泉山新出产的，以前从来没有见过。因为他拿给我看完了之后又作了诗，要我答复，所以才有了这首诗。以后的高僧和出名的隐士，都知道"仙人掌茶"来源于中孚禅子以及青莲居士李白了。

《皮日休集·茶中杂咏诗序》中说：从周朝以后到我朝关于茶的记录，竟陵人陆季疵所说的最为详尽。然而在陆季疵以前喝茶的人，都是糊里糊涂地烹制，跟我们这些学问浅薄的喝茶人没有什么差别。季疵最早写了《茶经》三卷，从此之后，区分了茶叶的来源、制造的工具、教人如何制茶，设计了器具，将它煮熟。喝茶能够消除疲劳防治疾病，即使是医生也不一定能够有这样的效果。它的好处，对人来说难道还小吗？我最初得到季疵的《茶经》的时候，认为还有可以补充的，后来又得到了他的《顾渚山记》两篇，发现里面有很多关于茶的内容。再后来又从太原温从云、武威段碣之那里各自补充了关于茶的内容十几节，一起存放到书里面。关于茶的事情从周朝到现在，竟然再也没有一点的遗漏了。

《封氏闻见记》中记载：茶，南方人喜欢喝，而北方人最初很少喝。开元年间，泰山灵岩寺有降魔师，大力倡导禅教。学禅不能睡觉，又不能吃晚饭，只允许喝茶。人们把茶叶夹在腋下，到处煮着喝，从此以后彼此之间开始争相效仿，于是形成了喝茶的风气。从邹、齐、沧、棣，渐渐传到了京都，城里有许多人开店铺专门煎茶卖，不论是否修道，花钱就能饮茶。他们的茶叶是从江淮运来的，颜色很重。

《唐韵》中记载：茶字，是从中唐的时候才开始变为茶字的。

宋代赵佶《文会图》中文人品茶的场面

裴汶《茶述》中记载：茶起源于东晋，从我朝开始变得盛行。茶特别清爽，味道很好，可以祛除烦恼，调和机理。即使在上百种东西中都不会混，比所有饮品都好。茶用开水来烹制，浑然虎形，人人都喝，永远不会厌烦。喝了就好，没喝的就会生病。那些灵芝、白术、黄精，徒称为上药，效果要在几十年后才显现出来，而且还有很多禁忌，不能和茶相比。有人说：多喝茶会让人体格虚弱容易生病。我不这样认为。既然它能驱除邪气，那就一定能够辅助正气，怎么会有既能够使人沾染疾病而又能调和人身体的东西呢？现在各地出产的品种实在是太多了，顾渚、蕲阳、蒙山这些地方产的茶是上等的，其次就是寿阳、义兴、碧涧、潕湖、衡山，最差的有鄱阳、浮梁。现在得到上好的茶就不用说了，得到比较粗糙的，在乡下庶里，用瓯碗来喝。一会儿不喝，那么肠胃就会生病。人人都这么喜好它，这在西晋以前还没有听说过。因为害怕最精妙的味道遗失了，因此写了《茶述》。

宋徽宗在《大观茶论》中说：茶叶这种植物，生长于秀气的瓯闽，饱含山川的灵禀。它能够祛除体内滞留之物，使人清醒调和，那就不是凡夫俗子可以知道的了。冲淡闲杂、高雅宁静，那就不是惊慌紧张的时候可以得到而崇尚的了。而本朝兴起的风气，每年在建溪制造贡茶，"龙团""凤饼"由此天下闻名，而壑源的那些品种，也是从这里开始繁盛起来的。延续到了现在，百废俱兴，宴请宾客时，都少不了它，幸好还不至于没有。上到王公贵族，下到平民百姓，沐浴在茶水之中，在它的熏陶影响之下，都很推崇这种高雅的风气，喝起茶来。所以近几年来，采摘的精细、制作的精良、品质的优良、烹煮的美妙，都达到了极致。哎呀！至于治理国家的道理，难道不是让每个人都能够完全发挥自己的才华，而草木这些有灵性的东西也能尽到它的作用吗？我在闲暇的时候，研究茶精妙的地方，所得到的好的感悟，恐怕后人不知道，所以从头到尾写了二十篇，叫作《茶论》。一说的是产地，二说的是天时，三说的是采摘，四说的是蒸压，五说的是制造，六说的是鉴别，七说的是白茶，八说的是罗碾，九说的是茶杯，十说的是筷子，十一说的是茶瓶，十二说的是勺子，十三说的是水，十四说的是点茶，十五说的是茶味，十六说的是香气，十七说的是颜色，十八说的是储藏，十九说的是品尝，二十说的是在外面烘焙。

好的茶叶都有各个产地的特点，如"耕"茶产自平园、台星岩，"刚"茶产自高峰青凤髓，"思纯"茶产自大风，"屿"茶产自屑山，"五崇林"茶产自罗汉上水桑芽，"坚"茶产自碎石窠、石臼窠，"琼"茶、"辉"茶产自秀皮林，"师复、师贶"茶产自虎岩，"椿"茶产自无双岩芽，"懋"茶产自老窠园。各有各的美妙之处，大不相同，不能够一一列举出来。制茶的人所焙出的茶，也有前面好而后来差，过去好而今天差的，那是因为茶的产地不一样。

丁谓在《进新茶表》中说：金沙出产一种茶，名叫非紫笋。江边很温暖，才能有这种茁壮的形态，阙下春天还冷，已经散发出了甘甜的香味。物以稀为贵，怎么还敢私自藏匿起来呢？这里虽然说的是新茶，但遵循的依然是旧有的惯例。

蔡襄在《进茶录表》中说：臣以前进言奏事时，听皇上说：以前臣任福建转运使的时候，所进贡的上等龙茶是最好的。臣想到草木的卑微，还要劳烦皇上您亲自来鉴定，如果处理得当的话，就能尽到它的作用了。前人陆羽所作的《茶经》，没有记载建安的茶叶；丁谓的《茶图》，又只说采摘茶叶这些最基本的事情。至于茶的烹煎方法，还没有听说过。所以我列出这些事情，简明扼要，写成两篇，起名为《茶录》。伏请皇上在清闲的宴会上，能够让大家一起观看，那我就感到万分荣幸了。

欧阳修在《归田录》中记载：茶叶中的品种，最贵重的就是龙凤茶了，也作"团茶"，每8块茶饼重1斤。庆历年间，蔡君谟才开始制作小片的龙茶进贡，它的品质精绝，被称作"小团"，每20块重1斤，它的价钱相当于2两黄金。但是金子可以有而

欧阳修像

这样的好茶叶却不一定能够得到。每次南效致斋，也不过赐给中书省、枢密院各一块，四个人一起分。宫里面的人往往还在它的上面用金花装饰，由此可见它贵重的程度。

赵汝砺在《北苑别录》中说：草木到了晚上更加兴盛，这是为了吸收生长所需的气息，吮吸雨露的精华。茶树在每年 6 月的时候修整，虚其本，培其末，把四周滋生的杂草和其他乱七八糟的树木都清理掉，这也是为了让茶能够吸收生长所需的气息，吮吸雨露的精华，这叫作开畲。只留下桐木。因为桐木与茶叶是相辅相成的，茶到冬天就怕寒冷，桐木到了秋天就先落下叶子来了，茶到了夏天就怕太阳晒，而桐木到了春天已经变得茂盛起来了。

王辟之的《渑水燕谈》说：建茶盛行于江南，近几年来制作得尤其精良，最好的是"龙团"，1 斤有 8 块。庆历年间，蔡君谟任福建转运使的时候，才开始制造小团，用来作为每年进贡的物品，1 斤有 20 块，这就是所说的上等龙茶了。仁宗尤为珍惜，即使是宰相也没有赏赐过，只有在郊礼致斋的时候，两府各四个人，每府赏赐一块。宫里面的人把金纸剪成龙凤图形贴在它的上面。八个人分别保存起来，作为很奇特的物品，自己都不敢尝试，相当好的客人来了才拿出来把玩观赏。欧阳修曾说："茶叶这种东西本身就很精细，而小团又更精细了。"嘉祐年间，小团刚刚出来。现在，小团已经很容易就能够得到了，何至于如此昂贵呢？

周辉的《清波杂志》中记载：自从熙宁年间以后，才开始进贡"密云龙"。每年开春的时候进贡第一纲，献给宗庙和皇宫大内之外，轮到臣子就没有多少了。亲戚和亲信请求赏赐的特别多。宣仁太后曾命令建州不许制造"密云龙"，其他人不能煎炒。这样的消息在官绅之间传播后，"密云龙"的名气因此更大了。淳熙年间，皇上的亲信许仲启到苏沙任职，得到了《北苑修贡录》，逐作序加以印刷发行。这里面记载每年的贡品有十二纲，共三个等次四十一种。第一纲叫"龙焙贡新"，只有 50 多铸。贵重到了这种地步，也只有所谓的"密云龙"了。但怎么又把它的名字改作"贡新"了呢？要么是还有另外一种，比"密云龙"还好？

沈括在《梦溪笔谈》中说：古代的人评论茶，只有阳羡、顾渚、天柱、蒙顶这些，都没有提到建溪。然而唐朝的人重视粘黑的串茶，那就已经跟块状的建茶很相近了。建茶都是乔木，而吴、蜀两地只有聚在一起的草根而已，品质自然不好。好的建茶叫郝源、曾坑，这中间又有垈根、山顶这两个更好的品种。李氏把它叫作北苑，还设置专人管理。

胡仔的《苕溪渔隐丛话》中记载：建安的北苑茶，在太宗太平兴国三年的时候开始派专人制造，把它印成龙凤的样子，用来进贡。到了至道

沈括像

年间，才添加制造了石乳、蜡面。后来的大小龙茶，又开始于丁谓，而成形于蔡君谟的时候。到宣、政年间，郑可简开始以贡茶进献，以后领了漕运，再添加新品种进去，数量渐渐多了起来，今天还因袭这种做法。

细色茶叶有五个系列，一共四十三个品种，制造的形状各有不同，共有七千多块，其中的贡新、试新、龙团胜雪、白茶、御苑玉芽这五种是在水里面挑拣的最好的；其他的都是直接挑拣的，稍微差一点。还有成色粗一点的茶叶七类，共五个品种。大小龙凤和拣芽，都加入了龙脑，制成圆形的茶饼，总共四万多块。水拣茶也就是社前的茶，生拣茶是火前的，粗色茶就是雨前的。福建天气暖和，雨前的茶叶已经老了而且味道很重。又有石门、乳吉、香口这三种外面烘焙的品种，都是隶属于北苑的，它们都是把茶芽摘下来后，送到官焙里面去加工制作的。每年要花去一共两万多缗的钱，每天要雇用上千人，历时两个月才能够完成贡茶的制造。这里制造的茶叶不允许超过规定的数量，进贡后市场上几乎就没有这种茶叶了，所以人们很难得到。只有壑源那些地方烘焙的私茶，其中的绝品好茶也能比得上官焙的茶叶，从过去到现在，北苑的茶全部进贡了，卖到各个地方的，都是私自烘焙的。北苑在富沙的北面，隶属于建安县，离城里25里远的地方，就是制造贡茶的地方——龙焙，也叫凤凰山。那里有一条小溪，往南流到富沙城的下面，才与西面来的水汇合在一起往东流去。

车清臣的《脚气集》中记载：《毛诗》中说："谁谓荼苦，其甘如荠。"注：荼，就是苦菜。《周礼》中记载：端荼去做丧事，主要是因它的苦。苏东坡诗中说："周《诗》中记载荼叶很苦，但喝茶是从最近几年才开始的。"是把今天的茶认为是荼。茶叶，现在的人是用它来使头脑清醒的，从唐朝以来，自上而下人人都喜欢喝茶，就是普通的老百姓每天也要喝上几碗，怎么会是荼呢？比较粗糙的茶叫作茗。

宋子安的《东溪试茶录序》中记载：茶叶适合生长在高山的北面，并且早上有太阳照射的地方。从北苑的凤山，到南面的苦竹园，东南一直到远处的张坑头，都是又高且向阳的地方，每年很早的时候茶芽就发出，茶芽肥嫩，不是其他的地方所能够相比的。其次是壑源岭，地势很高且土地肥沃，烘出来的茶味道比其他地方烘焙得好。丁谓也说凤山高不过百丈，没有危峰和陡峭的岩壁，但是却绿翠环绕，气势很秀美，适合于各种有灵气的花草树木生长。又因为建安茶的品质天下第一，所以有人认为山川之间最美好的灵气，天地之间最调和的气氛，都在建安茶里面。又说石乳出自壑源岭的断崖缺石之间，是草木的仙骨。近来蔡公也说："只有北苑的凤凰山一带烘焙出产的茶叶味道最好，所以各个地方都认为建茶最为有名，也都说的是北苑所产的茶。"

黄儒在《品茶要录序》中说：我曾经说陆羽

《晋贤图》

明·时大彬款紫砂胎剔红壶

的《茶经》里面没有把建安的茶叶排上名。这是因为从前喝茶的风气还不是很盛行，灵芽真笋往往腐烂掉而人们却并不知道去珍惜。自从我朝以来，各级官员接受上天的恩惠，歌舞升平的时间已经很长了。就算是出身寒微、衣冠很普通的人，也都喜欢喝茶。园林之间也互相摘英夸异，制椪出新，以迎合人们的喜好。所以上好的品种，才得以从草莽中脱颖而出，闻名天下。假如陆羽复生，看到这样好的茶叶，尝到这样美妙的茶叶，应该觉得很失落。念及草木这样的东西，有奇特品质的，未尝不是遇着时机然后兴起，何况是人呢！

苏轼在《书黄道辅〈品茶要录〉后》中说：黄君道，建安人，博学多才且能写得一手好文章，性格恬淡精深，是一个很有修养的人。他写了《品茶要录》十篇，中间的精妙之处，是陆羽以后谈论茶的人所不能达到的。如果不是心中平静没有什么欲求，没有其他的顾虑，又怎么能够将物体观察得这么仔细呢！

《茶录》中说：茶，古代没有听说有人食用，从晋、宋以后，吴地的人才采摘它的叶子煮好再饮用，叫作"茗粥"。

叶清臣在《煮茶泉品》中说：吴楚两地的山谷之间，空气清新土地肥沃，草木相当茁壮，生长着很多的茶叶。比武夷差的是白乳，比吴兴好的是紫笋，禹穴出产的以天章最为著名，钱塘的以径山最为稀有。至于桐庐的岩石，云卫的山脚，雅山出名于宣、歙，蒙顶流传于岷、蜀，各有区别，列举起来实在是太多了。

周绛在《补茶经》中说：芽茶只用来做早茶，驰奉万乘，尝到就可以了。如果是一旗一枪的茶，那就可以称得上是很奇特的茶了。

胡致堂说：茶叶，是我们每天都要用的东西，比酒还重要。

陈师道在《茶经丛谈》中说：茶，洪的双井，越的日注，不能辨别它们的前后，而非要给它们排序的，只是为了满足自己的心理而已。

陈师道在《茶经序》中说：写茶的著作是从陆羽开始的，喝茶的盛行也是从陆羽开始的，陆羽对茶的普及来说确实有功劳。上到皇宫和各省大员，下到乡里，外到异域他乡，祀礼请客，都把它摆在前面；山村和沼泽之地都成了集市，商贾因此而起家，对人又有功劳，可以说非常好了。《茶经》中说：辨别茶叶的好坏，有一定的诀窍。其实书中所说的，非常粗略。而茶叶的精妙之处，书上并不能完全说清楚，况且天下的

茶字的演变

甲骨文	大篆	小篆	草篆	隶书	楷书

真理，要想在文字和笔墨之间都得到，那又怎么可能呢？从前先王根据各人的实际而施以不同的教育方法，根据人们不同的想法采取不同的方法治理，只要是有益于人的，都不轻易放弃。

吴淑在《茶赋》中注解道：五花茶，它的叶子如同五朵花一样。

姚氏《残语》中记载：绍兴进贡茶叶，是从高文虎开始的。

王楙在《野客丛书》中说：人们说古代的茶，就是现在的茶。却不知道茶有好几种，并不是只有一种。《诗经》中说"谁谓荼苦，其甘如荠"，其实指的是苦菜，就像现在的苦苣这类东西。《周礼》中的"掌荼"、毛诗中的"有女如荼"，说的都是苕荼那种茶，都是藋苇一类。只有茶槚那种茶，才是现在的茶。可是世人却并不知道分辨。

《魏王花木志》中记载：茶叶与栀子相似，可以煮好饮用。它的老叶称作荈，嫩叶称作茗。

《瑞草总论》中记载：唐宋以来有贡茶，有榷茶。如果是贡茶，可以说明大家有爱君的心理。至于榷茶，那就是让官员得利，百姓遭殃了，它的危害还不止一点啊！

元熊禾在《勿斋集·北苑茶焙记》（《勿斋集》应为《勿轩集》）中记载：北苑烘焙茶叶进贡已经很久了。茶贡没有列在《禹贡》《周礼·职方》里，而兴起于唐代，北苑又是最著名的。北苑在建城东面约25里的地方，唐朝末年的时候百姓张晖才上表奏告。宋朝初年，丁谓任福建漕运史的时候，进贡的数量骤然增加，达到了几万斤。庆历承平之后，蔡襄继承了这种做法，制作得更为精良，建茶才成为天下最出名的茶。它的声名像显赫的高官一样，被大家所珍惜。欧阳修虽然实在不愿意这样，但是仍然用诗歌赞美它。苏轼则直接指出它的过失。君子创立的法例可以继承，但是不能不慎重。

《说郛·臆乘》中记载：产的茶叶，六经上所记载的已经非常详尽了，但是唯独没有把异美的名字记录进去。唐宋以来，见诸诗文的茶的名称也很多，有很多相似的，像蟾背、虾须、雀舌、蟹眼、瑟瑟、沥沥、霭霭、鼓浪、涌泉、琉璃眼、碧玉池，都是茶事中天然形成的名字。

《茶谱》中记载：衡州的衡山、封州的西乡，把茶叶碾细制造，都制成了团，像月亮一样。还有彭州蒲村堋口，那里的茶园有"仙芽""石花"等称呼。

明代的人在《月团茶歌序》中说：唐代的人制茶的时候把茶碾成粉末，便于制成圆形，宋代的时候制作得更加精良，元代的时候茶的制法就已经很绝妙了。我模仿它这样做，做得也很像，才开始领略到古代人咏茶诗中所说的"膏油首面""佳茗似佳人""绿云轻绾湘娥鬟"这样的句子。喝茶以外，作诗记下，并传播这样美妙的事情。

屠本畯在《茗笈评》中说：人们只说茶叶香，但是却不知道茶花的香。我去年经过大雷山的朋友那里，当时正好是茶花开的时候，童子把茶花摘下来供养。那种幽香飘到了很远的地方，特别惹人喜爱，可惜它并不是小瓯中的物品。我写的《瓶史月表》，把插茶树花当作非常高雅的行为。而高濂的《盆史》中也记载有"茗花足助玄赏"这样的句子。

《茗笈赞》一共有十六章：一是追溯它的历史，二说的是产地，三是说时机，四是谈论制作的方法，五是说贮藏茶叶，六说的是品水，七说的是火候，八说的是定汤，九说的是煮茶的方法，十说的是辨别器具，十一说的是各种禁忌，十二说的是防滥，十三说的是防止混淆，十四说的是相宜，十五说的是鉴定，十六说的是观赏。

谢肇淛在《五杂俎》中说：现在茶叶中品质好的，有松萝、虎丘、罗岕、龙井、阳羡、天池这些。而我们闽地的武夷、清源、彭山这三种，可以和它们一争高下。六安、雁宕、蒙山这三种，能够祛除人体内的积滞，但是色香却不够，应该算作是药里面的品种，而不是文房的好品种。

《西吴枝乘》中记载：湖人喝茶，不喜欢喝顾渚而偏好罗岕茶。但是上好的顾渚，其茶味已经远远好过龙井了。罗岕稍微清隽一点，但是叶子太粗还有草气。丁长孺曾经送半角罗岕茶给我，并且教给我烹煮的方法，我试了之后，觉得特别像羊公鹤。这是我所不能理解的。我品尝过的茶，以武夷、虎丘为第一，清淡而味久远。松萝和龙井要差一点，很香也很艳。天池就更差一些了，普通但不会令人厌烦。其他的就不值得一提了。

屠长卿在《考槃余事》中记载：虎丘茶是最精绝的，为天下第一，可惜出产的不多，都被豪门夺去了，像我们这样普通的人家是没办法得到的。天池青翠带有清香，喝着赏心，闻着都觉得能够解渴，可以称得上天上的仙品。其他山上的茶叶，都应当排在它的后面。阳羡俗名叫罗岕，浙江长兴出产的很好，荆溪的要稍微差一点。精细的罗岕价钱是天池的两倍，可惜很难得到，还必须亲自收集采摘的才好。六安那种也很好，用它做药物最好，但是如果不善于炒，就不能够让它里面的香气散发出来，喝起来就觉得苦涩，其实茶叶的本性是很好的。龙井山上不过只有几十亩茶叶，这之外的茶叶虽与龙井相似，但是都比不上这里的。大概是上天开了龙泓这样秀美的泉水，所以山灵特地生出了这样好的茶叶用来搭配。山中只有一两家的炒法很精湛。近来有山里的和尚烘焙得也很巧妙，真正的龙井就是天池也比不上啊！天目与天池、龙井相比要差一点，不过也是好茶。《地志》中记载："山中天寒得早，山里的和尚到了9月就都不敢出来了。冬天来了之后经常下雪，3月以后道路才可以通行，所以这里的茶树比其他地方的萌芽要晚。"

包衡在《清赏录》中说：前人用陆羽喝茶与后稷树谷相比，直至看到韩翃的《谢赐茶启》里面这样说："吴王礼贤下士，才开始放置茶水；晋人比较好客，才有分茶的习惯。"才知道开创喝茶这种习俗的功劳，并不归于陆羽！如果说以前喝茶还没有普及的话，那么到现在喝茶已经有1500年的历史了。

陈仁锡在《潜确类书》中记载：紫琳腴、云腴，都是茶的名称。茶树开白色的花，冬天开的时候与梅花很像，也很清香。[按：冒巢氏所著的《岕茶汇钞》中说："茶花的味道浓但是没有香味，香气都凝聚在叶子里面。"这两种说法不一样，怎么就只有岕与其他的茶不一样呢？]

《农政全书》中记载：六经中没有茶，茶也就是茶。

《毛诗》中说："谁谓茶苦，其甘如荠。"就是说它苦中带甜。茶是一种很有灵气的植物，种茶能够得到很多利益，喝茶能使人精神清爽。茶上被王公贵族所崇尚，下到普通的老百姓也不能够缺少，这的确已经

《农政全书》书影

春茶　　　　　　　　　　夏茶　　　　　　　　　　秋茶

成了百姓每天生活的必需品了，对于国家的税收也有帮助。

罗廪在《茶解》中说：茶树不适合与不好的树木掺杂种植，只有古梅、丛桂、辛夷、玉兰、玫瑰、苍松、翠竹，可以和它一起夹杂着种植，并足以遮挡风霜雨雪和秋天的阳光。茶的下面可以种上兰花、幽菊这些清淡芳香的植物。茶园最忌讳靠近菜地，因为这样难免会有渗漉的时候，会妨碍茶的本质。

茶地向南的好，背阴的要差一点。所以同一座山中，茶都有好坏之分。

李日华的《六研斋笔记》中记载道：喝茶在唐朝末年的时候还不太盛行，不过只是隐士雅人摘于荒园杂秽中，撷取茶的精华，所以富有来自云露而又自然的味道。到了宋朝才有喝茶的讲究，也只是充当皇家的美食，士大夫的珍品。渐渐地，民间喝茶的越来越多，茶也渐渐成了不能缺少的饮品。于是种植的人给它施肥浇水，等同于种植蔬菜，这样一来就损害了茶的品味。人们只知道陆羽到处品泉，却不知道他也到处搜集茶叶。皇甫冉在《送羽摄山采茶》诗中的几句话，就记载了这一点。

徐岩泉的《六安州茶居士传》中说：居士姓茶，族氏有很多，枝叶繁衍遍布天下。它在六安的一枝最出名，是大宗；阳羡、罗岕、武夷、匡庐这些，都是小宗，蒙山只不过是它的别枝罢了。

乐思白在《雪庵清史》中记载：茶能让人浑身轻松，脱胎换骨，解渴祛除烦恼，茶叶的功劳，非常神奇美妙。以前在唐代，我们闽地的茶事还不兴盛，草木的灵妙之处还没有完全发挥出来。五代的时候，南唐在北苑采茶，喝茶的风气才开始盛行起来。等到宋朝至道初年的时候，奉旨制造，茶叶的品种也日渐增多。到了咸平、庆历年间，丁谓、蔡襄造茶进贡，茶的制作就更精细了。到了宋徽宗大观、宣和年间，茶叶的品质达到极致。悬崖峭壁上，树木葱翠、浮云缭绕，这种地方往往就容易出产灵异的东西。如果丁谓、蔡襄来到我们这里的话，那这些好的品种，又怎么会让它无端腐烂呢？虽然是这样，还是怕没有好的品种。但是如果它的品种很好，没有丁谓、蔡襄来到我们这里，这样灵芽真笋岂不是最终要烂掉。我们这里能够使人浑身轻松、脱胎换骨、祛除口渴烦恼的东西，难道只有茶这一种吗？只是发挥出了它的灵气罢了。

冯时可所写的《茶谱》中记载：茶关键在采摘，苏州的茶叶天下人都喜欢喝，那是因为它赢在采摘方面。徽郡一向都没有好茶叶，近来所出产的松萝最为时尚。其实这种茶叶最初是和尚大方造的，大方在虎丘住了很久，得到了茶的真正采造技巧。后来他在安徽的松萝住下，从各座山里面采来茶叶，在庵里焙制，远近都来买，价格飞涨。人们称它为松萝，其实并不是松萝出产的。

胡文焕在《茶集》中说：茶叶是至清至美的东西，世上的人都不能够完全品出它的味道，而像我们这些凡夫俗子又不足以说这样的话。医生说茶叶的性质是寒性的，会伤害人的脾胃。可是我有很多种病痛，还必须用茶水来做药引子，一直很有效。哎！如果不是缘自其本身的品性，又哪来这样的功用呢！

《群芳谱》中说：蕲州蕲门的团黄，有一旗一枪的称号，也就是一叶一芽。欧阳修的诗里有"共约试新茶，旗枪几时绿"的句子。王荆公在《送元厚之》中有"新茗斋中试一旗"这样的句子。大家都说茶刚长出来的嫩的是一枪，叶子大开的是一旗。

鲁彭在《刻〈茶经〉序》中说：为茶叶作书，是很重要的。现在重新印制，便于大家阅览。在竟陵刻印是因为陆羽是竟陵人。陆羽天生就不同于一般人，与尹子文很类似。别人都说尹子文贤明所以才能做官，而陆羽虽然也很出众，但最终没有走仕途之道。现在看这三篇《茶经》，是具体使用的学问。人们说的伊公羹、陆氏茶，都是取自这里，其实是用自己来做比喻。所谓换了地方也是这样，并不是的。后来喝茶的风俗风行中外。而且回纥还用马来换取茶叶，从宋朝到现在，对边塞很有帮助。那么陆羽的功劳，当然就能永垂千古了，当不当官也就没有必要再去讨论了。

沈石田在《书岕茶别论后》中说：以前的人咏叹梅花说"香中别有韵，清极不知寒"，担得上这种赞美的只有岕茶了。像福建的清源、武夷、吴郡的天池、虎丘，武林的龙井、新安的松萝、匡庐的云雾，它们的名气虽然很大，但是还是不能和岕茶相比。顾渚每年进贡32斤茶叶，那就是说岕茶在本朝的初年，就已经受到重视了。到了今天，越来越盛行，身价越来越高。岕既得到了圣人之清，又得到了圣人之时，蒸、采、烹、洗，都与古代的做法不一样。

毛茶

精茶

李维桢在《茶经序》中说：陆羽所写的《君臣契》三卷，《源解》三十卷，《江表四姓谱》十卷，《占梦》三卷，没有完全流传下来，而独独只有《茶经》流传下来了，这难道不是因为其他的书别人都有，而只有这本书是有自己特色、特长的，所以更容易出名吗？太史公说："富贵但是名声不好的人，多得简直没有办法计算，只有特别风流偶傥的人才能被人称颂。"陆羽一生都非常贫困，但是他的著作和足迹却留了下来，为后世的人们尊崇。他的风范足以教育后世，实在是不可缺少啊。

杨慎的《丹铅总录》说：茶也就是古代的荼字。周《诗》中记有荼苦，《春秋》写作齐荼，《汉志》写为荼陵。颜师古、陆德明虽然已改成了茶的读音，却没有改变荼字。到了陆羽的《茶经》、玉川的《茶歌》、赵赞的《茶禁》以后，才把荼改成茶。

董其昌的《茶董题词》中记载：荀子说："他的

为人很闲暇，出入的地方也不远。"陶通明说："不做没有益的事情，怎么能够让漫长的一生充满快乐呢？"我说喝茶这件事，完全可以担当。所以说幽人雅士，脱离势利，用茶来耗费雄心壮志而消磨岁月。水源的好坏，可以品出它的出处，火候的大小，在丹鼎中调试。不是非常亲密的伴侣不算亲近，不是文雅的饮法不能与它们相比。现在这样的事情，也只允许夏茂卿做了。顾渚、阳羡，肉食者向往，茂卿怎么能够禁止得了呢？这就好比强笑不乐，强颜无欢，茶的韵味就在于自胜。我一直保持这样的高风亮节，到山里隐居十年，才不辜负茂卿所说。现在的人进入福建，心里想着龙凤茶，对它垂涎万分，这样想着，哪里还要有什么作为，像廉颇想被赵国所用那样呢？只是《绝交书》上所说的"如果你心里觉得不耐烦的话，那么所掌管的事情又怎么能够弄得好呢？"那就辜负了这么好的茶叶了。茂卿是能够理解我的心境的！

董其昌自画像

童承叙在《题陆羽传后》中说：我曾经经过竟陵，在陆羽的寺庙里休憩停留，访问了雁桥，看了茶井，心里面特别想见他本人。陆羽不在乎艰苦和贫穷，只是特别爱好过清淡的生活，他本来不是避世的人。他之所以寄号桑苎，遁迹山林，特立独行，然后又忍不住痛哭，一定有他的用意。当时的那些人，怎么能够理解他呢？直到他醉心茶叶，辨别水质，清风雅趣，流传到了今天。张颠对于酒的喜好，昌黎认为他是有所寄托才逃避的，陆羽可能也是这样吧！

《谷山笔麈》：茶在汉朝以前还没有记载，大概所说的槚就是茶吧。

李贽《疑谓》（应为《疑耀》，明代张萱著，曾被以李贽之名出版）中说：古代的人冬天喝汤，夏天喝水，没有茶。李文正在《资暇录》中说："茶叶开始于唐朝崔宁，黄伯思已经能够辨别它的好坏，伯思曾经看见了北齐杨子华画的《邢子才魏收勘书图》，已经有煎茶的人了。"《南窗记谈》中说："喝茶开始于梁代天监年间，相关事情可以看《洛阳伽蓝记》。等到看了《吴志·韦曜传》，里面赏赐茶水当酒，那么说茶又并不是从梁朝开始的了。"我认为喝茶也不是从吴时开始的。《尔雅》中说："槚，苦茶。"郭璞注解说："可以作为羹来喝。采得早的是茶，采得晚的是茗，也叫荈。"那么就是说吴以前就已经用茶泡水了。到了后来就成了每天不可缺少的东西了。自从有了陆羽，才有制茶的方法。从吕惠卿、蔡君谟这些人开始，茶的做法越来越精细。而茶对国家的贡献也由此而来。这些都是古代的人所没有详细说明的。

王象晋的《茶谱小序》中记载：茶树，是一种优良的植物。一旦种下了之后就不能再移植了，所以在婚礼上用茶，是为了取从一而终这层意思。虽然最早见诸书籍的是《食经》，从隋帝的时候才开始喝茶，但是喜欢的人很少。后来到了唐朝才开始兴起，到宋朝的时候就很兴盛了，茶才被人们所重视。仁宗是一位贤明的君主，赏赐给两府茶饼，四个人才两块，一个人才分得了几钱。宰相也不敢随便碾试，把它藏起来当作珍品，它贵重到了这种程度。近来蜀地的蒙山茶，每年所产只能用两计。江苏的虎丘，到了时候官府也提前封识，公家去进行采摘，所能得到的也不过几斤。这就是说天地之间所生产的好东西数量是有限的。杯冷碧波，碾飞绿屑，不借助这么好的东西，怎么可以驱除睡魔？所以写了《茶谱》。

陈继儒的《茶董小序》中记载：范希文说："万象森罗之中，怎么知道没有茶星呢！"我用茶星来作为客厅的名字，每当与客人一起斗茶，以茶叶的旗枪形态作为标志，其天然的颜色和香味都散发出来了。如果陆羽在世的话，还忍心作《毁茶论》吗？夏茂卿说酒，他的语气特别自豪。我说，何不弃官归隐山林，在这样的山林涧水之间，采摘这么好的茶叶，煮成好茶，能一洗百年肠胃之中长期的沉积。热肠如沸，虽不比酒；但说到清幽雅致，那酒就比不上茶水了。如果说酒如同侠士，那么茶就如同隐士。酒虽然很有劲道，茶的品德也很好。茂卿是茶的董狐，因此就编写了《茶董》。东佘陈继儒写于素涛轩。

夏茂卿《茶董序》：从晋唐以后，大家一起聚会，各自举行比赛，品尝水的出产地，就像史官董狐一样评判，于是便编写了《茶董》。里面说"穷《春秋》，演河图，不如载茗一车"，这确实过于言重了。如果说茶的面貌最冷峻，而且把它称为水厄，还被认为是乳妖，那就恳求大家不要效仿这样的事情。冰莲道人记。

《本草纲目》中记载：石蕊，也称作云茶。

卜万祺《松寮茗政》中记载：虎丘茶，颜色和香味都很好，简直没有东西可以比拟的。必须亲自到出产茶叶的地方，用手采摘，才可以得到它的正品。而且虎丘茶很难保存，就算非常爱护，采摘时间稍过就完全失去了它最初的内蕴，就像天上的彩云容易扩散，所以并不把它拿上去进贡。况且山林空地所出产的不多，而且还被官家所掠夺，寺庙里的和尚总是喜欢在里面掺杂赝品，不是行家恐怕是不能够辨别的。明朝万历年间，寺庙里的和尚苦于被官吏搜刮，几乎一点都没有了，文肃公文震孟写了《薙茶说》来讽刺它。到现在真正的虎丘茶也不容易得到。

袁了凡的《群书备考》中记载：茶的名字，最初见于王褒的《僮约》。

许次杼《茶疏》中说：唐朝的人最重视阳羡，宋朝人最重视建州。现在的贡茶，这两个地方最多。阳羡仅仅有它的名气，建州也有上好的品种，只有武夷雨前的茶叶是最好的。现在人所崇尚的，是长兴的罗岕，有人怀疑这就是古时候的顾渚紫笋。虽然岕茶有很多地方出产，现在只有峒山的最好。姚伯道说："明月之峡，厥有佳茗。"雅致清远，味道香甜，绝对可以称为是仙品。它在顾渚也有好的品种，现在把它叫作水口茶，都是因为要和岕茶相区别。如安徽歙州的松萝、吴地的虎丘、杭州的龙井，都可以与岕茶相比。郭次甫特别称赞黄山茶，黄山也在歙州，但是和松萝比起来却差得远了。以前的士人都很重视天池，但是如果喝多了的话，就会觉得腹部胀满。浙江出产的雁宕、大盘、金华、日铸，都跟武夷的不相上下。钱塘各山出产的茶叶最多，南面山上的都是好茶，北面山上的略微差一点。除了武夷以外，还有泉州的清源，如果是好手制作的话，也能跟武夷相比。可惜多半都焦枯了，令人不是很满意。楚地所出产的宝庆，云南所出产的五华，都特别有名，品质在雁茶之上。其他名山所出产的茶叶，应该还不止这么多，或者我还不知道，或者还没有出名，所以就没有谈到。

李诩在《戒庵漫笔》中说：从前的人论茶，认为旗枪最好，而不取雀舌、麦颗。茶如果叶细小，就容易夹杂其他树上的叶子，也就很难辨认了。被称为旗枪的，也就是现在所叫的壶蜂翅。

《四时类要》中记载：茶籽在寒露的时候收回来晒干，用湿的沙土把它搅匀，放在筐笼里面，用稻草盖在上面，这样就不会冻坏从而不长。到二月中旬的时候取出来，用糠和焦土种起来。在树下或者背阴的地方挖一个坑，圆三尺，深1尺，挖好之后，放进粪和土，每一个坑里面种下六七十粒种子，盖上1寸厚的土，隔2尺，就可以再种一丛。茶的本性怕湿，又怕太阳，大多适合在山中的斜坡、高而陡峭的山坡、走水的地方种植。如果是平地，那就需要挖很深的沟来放水，3年后就可以采收茶叶。

张大复在《梅花笔谈》中说：赵长白所著的《茶史》，考证和修订得都很详细，了解茶事都可以在里面查找。龙团、凤饼、紫茸、拣芽，绝对不可以用在现在。我曾经讨论当今之世，难于动笔而使很多东西失传了，茶越贵越能品尝出其中的味道。天下的事情没有不亲自尝试就能得出的。

文震亨在《长物志》中说：从古到今谈论茶的，不止几十家，像陆羽的《茶经》，蔡襄的《茶录》，可以说是非常好的了。但是当时的做法是把它碾熟，做成丸子，很坚硬，所以又叫作"龙凤团""小龙团""密云龙""瑞云翔龙"。到了宣和年间，才开始以白色的茶为贵。漕臣郑可简最先制造了银丝水芽，把茶剔除叶子取出它的心，用清水洗干净，放进龙脑等香料，只有新铸小龙蜿蜒其上，被称为"龙团胜雪"。当时以为这种制作方法不会再改变，到我朝又变得不同了。它的烹制方法，也和前人的不一样。但是更加简便了，天然的香味都补充进去了，可以说是尽得茶叶的味道。而至于洗茶、候汤、选择器具，都有各自的方法，更不要多说乌府、云屯这些名目了。

《虎丘志》中说：冯梦桢说："徐茂吴品尝茶，认为虎丘茶是第一。"

周高起在《洞山茶系》中说：岕茶是茶叶之中的上好品种，虽然这是近几十年的事，但是最初则是产自卢仝隐居的洞山，种在北面的山岭上，所以才有茗岭这样的称呼。传说古时候的汉王，住在茗岭的南面，令书童专门学习茶艺，尝出了卢仝的幽致，所以山南面所出产的岕茶，香味比茗岭的更好。所以老庙后面一带的茶叶，都是唐宋时期留下来的品种。洞山茶现在已经没有了。

徐𤊹在《茶考》中说：根据《茶录》等书的说法，闽中所出产的茶叶以建安北苑的为最好，壑源等地方的差一点，武夷的名字还没有听说过。但是范文正所著的《斗茶歌》中说："溪边奇茗冠天下，武夷仙人从古栽。"苏文忠公说："武夷的溪水边有茶芽，丁谓和蔡襄先后加以种植。"也就是说武夷茶在北宋就已经很出名，只是没有流传下来而已。但是宋朝和元朝所制造的团状茶叶似乎失去了它本来的味道。现在的灵芽仙萼，香味和颜色特别清新，是闽中最好的。至于北苑的壑源，又埋没无名了。难道山林的秀美、造物的美妙，有时候也会发生变化吗？

劳大与所著的《瓯江逸志》中有这样的记载：茶叶并不是瓯出产的，但是瓯也出产茶叶，所以从前也把它用来充当贡品，直到现在仍然没有被废除，张罗峰掌权的时候，

武夷御茶园

蔡襄《茶录》帖

只要是瓯中所进贡的物品都清理出来，只留下了茶叶。如果在早春的时候采摘，可以使它变得清香无比，而且每年所花费的气力很多，姑且存留下来，略微表达进献的心意。到了后来办理的时候，收取变得无数目可言，上面是一，下面是十，而种茶的园圃就怨声四起。希望这里的官员，不要擅自索要，也不至于给老百姓造成太大的灾害。

《天中记》中记载：要想种茶树一定要先下种子，茶树移植之后就不可能再成活了。所以说娶媳妇必须要用茶叶作为礼物，也是取它的从一而终之意。

《事物记原》中记载：榷茶兴起于唐朝建中、兴元年间。赵赞、张滂建议收取其十分之一的税收。

《枕谭》中说：古传注中说："茶树初采为茶，老为茗，再老的为荈。"现在则统一称作茗，应该是用错了的原因。

熊明遇在《岕山茶记》中说：产茶的地方，山上夕阳照的地方比朝阳照的地方要好，庙后山向西，所以茶好。但总也比不上洞山南面的，因为阳光充足，所以产的茶被称为仙品。

冒襄《岕茶汇钞》中说：平地出产的茶叶，受到的土气太多，所以质地混浊。岕茶产于高山，经历了风霜雨露的洗礼，所以是好茶。

吴拭说：武夷茶被欣赏是从蔡君谟开始的，说它的味道比北苑龙团要好，周右文却特别贬低它。只是因为山中的人不懂得它的焙制方法，一味追求钱财的错误。我曾经试着采摘了一点，用松萝的方法来焙制，汲取虎啸岩下的语儿泉水烹制，三种优点都具备了，带云石而又有香甜的气味。于是分了几百片送给右文，等茶泡好了，再洒一杯在地上，以报君谟地下有知。

释超全在所著的《武夷茶歌注》中说：建州有一位老人最早进献山上的茶叶，据说死后变成了山神，喊山茶就是从此而兴起的。

《中原市语》中记载：茶又被称作渲老。

陈诗教《灌园史》：我曾经听山里面的和尚说：几颗茶籽落到地上，一旦生长出来，就像连理一样，因此婚嫁的时候用茶，就是用这里面同根的意思。以前听说茶树不能移植，竟然有移植了之后仍然活着的，由此可知这种说法也只是捕风捉影而已。

唐朝的李义山认为对着花喝茶是煞风景的事情。我在口渴的时候，何止喝七碗，如果花神知道的话，应该不会怪罪于我的。

《金陵琐事》中记载：茶叶有肥有瘦，云泉道长说："凡是茶叶肥厚的，味道很甜，但是不香。茶叶瘦小的就显得苦涩，但苦的则香。这又是《茶经》《茶诀》《茶品》《茶谱》之中所没有记录的。"

野航道人朱存理说："首先用来喝的是茶，而茶在《禹贡》里面看不到，所以全民都喝却不为谋利。后世制定榷茶的制度，并不是古人真正的意思。陆羽写《茶经》、蔡君谟写《茶谱》。孟谏议寄给庐玉川的三百月团，后来奢侈到用龙凤装饰，应该责备于君谟。然而清逸高远，上到王公贵族，下到平常百姓，也是一件很雅致的事情。"

佩文斋《广群芳谱》中记载：茗花就是所喝的茶的花，花为月白色的，蕊是黄色的，隐约有清香，用瓶子养在书斋里，可以作为清供佳品。而且花蕊在枝条的上面，全部都开满了。

王新城《居易录》中说：广南人把蓉作为茶叶。我写了《皇华记闻》。看到《道乡集》里面有《张纠送吴洞蓉》绝句说："茶选修仁方破碾，蓉分吴洞忽当筵。君谟远矣知难作，试取一瓢江水煎。"这是志完迁到昭平时候做的。

《分甘余话》中说：宋朝的丁谓任福建转运使的时候，才开始制造"龙凤团"茶叶上供，也不过四十块。天圣年间，又制造了小团，它的品质超过大团。神宗的时候，命令制作"密云龙"，它的品质又胜过小团。元祐初年，宣仁皇太后说："让建州以后不准再制造'密云龙'了，也不要团茶，选择好的茶叶来吃，就会增长智慧。"宣仁改变了熙宁时的方法，这是小事情。然而这种说法，实在应该为世代所效仿。官绅世家，膏粱子弟，尤其不能不知道啊。因此记录在此。

《百夷语》中记载：茶又称为芽。把粗茶称为芽以结，细茶称为芽以完。缅甸又把茶叶叫作腊扒，喝茶说成是腊扒仪索。

《武夷茶考》中说：丁谓制造"龙团"，蔡忠惠制造"小龙团"，都是北苑的事情。武夷进贡，是从元代时候浙江省平章高兴开始的，但是谈论的都是丁谓、蔡君谟。苏文忠公的诗中说："武夷的溪边有茶叶，丁谓、蔡襄先后在那里种植过。"那么谈到北苑进贡的时候，武夷茶叶已经得到这二人的欣赏了。到了高兴进贡武夷茶之后，北苑慢慢地就不怎么听说了。古人说，茶这种东西，能够祛除疲劳，驱除体内的残留物质，对于我们的学习、勤于政务来说不一定没有好处，它们与进献的荔枝、桃花不一样。但是和它们的相同之处在于，都是宦官、宫内的妃嫔们所喜欢的。蔡忠惠以正直闻名，与范、欧相似，而献茶这件事情却与晋公不相上下。君子的举措，可以不慎重吗？

《随见录》中说：按照沈括《梦溪笔谈》中所说的："建茶都是乔木，吴、蜀只是草根罢了。"根据我所见过的武夷的茶树，也都是丛生的草根，最终也没有乔木，难道沈括没有到过建安吗？也许当时的北苑与现在的武夷有所不同吧！《茶经》中说，"巴山、峡川有两人合抱者"，又跟吴、蜀丛生草根的说法不一样。姑且放在这里以供参考。

《万姓统谱》中记载：汉朝的时候有茶恬，来自于《江都易王传》。根据《汉书》中的茶恬［苏林说，"荼"的发音是食邪反切］，那么茶本来就有两种读音，到了唐朝才把茶和荼分开。

焦氏《说楛》中记载：茶又叫玉蕤。［补］

二、茶之具

《陆龟蒙集·和茶具十咏》

【原文】

茶 坞

茗地曲隈回，野行多缭绕。

向阳就中密，背涧差还少。

遥盘云髻慢，乱簇香篝小。

何处好幽期，满岩春露晓。

茶 人

天赋识灵草，自然钟野姿。

闲来北山下，似与东风期。

雨后探芳去，云间幽路危。

唯应报春鸟，得共斯人知。

茶 笋

所孕和气深，时抽玉箸短。

轻烟渐结华，嫩蕊初成管。

寻来青霭曙，欲去红云暖。

秀色自难逢，倾筐不曾满。

茶 籝

金刀劈翠筠，织似波纹斜。

制作自野老，携持伴山娃。

昨日斗烟粒，今朝贮绿华。

争歌调笑曲，日暮方还家。

茶 舍
旋取山上材，架为山下屋。
门因水势斜，壁任岩隈曲。
朝随鸟俱散，暮与云同宿。
不惮采掇劳，只忧官未足。

茶 灶
[经云："灶无突"。]
无突抱轻岚，有烟映初旭。
盈锅玉泉沸，满甑云芽熟。
奇香袭春桂，嫩色凌秋菊。
炀者若吾徒，年年看不足。

茶 焙
左右捣凝膏，朝昏布烟缕。
方圆随样拍，次第依层取。
山谣纵高下，火候还文武。
见说焙前人，时时炙花脯。[紫花，焙人以花为脯。]

茶 鼎
新泉气味良，古铁形状丑。
那堪风雨夜，更值烟霞友。
曾过赪石下，又住清溪口。[赪石、清溪，皆江南出茶处。]
且共荐皋庐[皋庐，茶名]，何劳倾斗酒。

茶 瓯
昔人谢坭埏，徒为妍词饰。[《刘孝威集》有《谢坭埏启》。]
岂如圭璧姿，又有烟岚色。
光参筼席上，韵雅金罍侧。
直使于阗君，从来未尝识。

煮 茶
闲来松间坐，看煮松上雪。
时于浪花里，并下蓝英末。

倾余精爽健，忽似氛埃灭。

不合别观书，但宜窥玉札。

【译文】

（略）

《皮日休集·茶中杂咏·茶具》

【原文】

茶

筐箬晓携去，蓦过山桑坞。

开时送紫茗，负处沾清露。

歇把傍云泉，归将挂烟树。

满此是生涯，黄金何足数。

茶　灶

高山茶事动，灶起岩根傍。

水煮石发气，薪燃杉脂香。

青琼蒸后凝，绿髓炊来光。

如何重辛苦，一一输膏粱。

左下方起始顺时针：绿茶、红茶、普洱茶

茶　焙

凿彼碧岩下，恰应深二尺。

泥易带云根，烧难碍石脉。

初能燥金饼，渐见干琼液。

九里共杉林［皆焙名］，相望在山侧。

茶　鼎

龙舒有良匠，铸此佳样成。

立作菌蠢势，煎为潺湲声。

草堂暮云阴，松窗残月明。

此时勺复茗，野语知逾清。

茶　瓯

邢客与越人，皆能造前器。
圆似月魂堕，轻如云魄起。
枣花势旋眼，蘋沫香沾齿。
松下时一看，支公亦如此。

【译文】

（略）

【原文】

《江西志》：余干县冠山有陆羽茶灶。羽尝凿石为灶，取越溪水煎茶于此。

陶穀《清异录》：豹革为囊，风神呼吸之具也。煮茶啜之，可以涤滞思而起清风。每引此义，称之为水豹囊。

《曲洧旧闻》：范蜀公与司马温公同游嵩山，各携茶以行。温公取纸为帖，蜀公用小木合子盛之，温公见而惊曰："景仁乃有茶具也。"蜀公闻其言，留合与寺僧而去。后来士大夫茶具，精丽极世间之工巧，而心犹未厌。晁以道尝以此语客，客曰："使温公见今日之茶具，又不知云如何也。"

《北苑贡茶别录》：茶具有银模、银圈、竹圈、铜圈等。

梅尧臣《宛陵集·茶灶》诗：山寺碧溪头，幽人绿岩畔。夜火竹声干，春瓯茗花乱。兹无雅趣兼，薪桂烦燃爨。又《茶磨》诗云：楚匠斫山骨，折檀为转脐。乾坤人力内，日月蚁行迷。又有《谢晏太祝遗双井茶五品茶具四枚》诗。

《武夷志》：五曲朱文公书院前，溪中有茶灶。文公诗云："仙翁遗石灶，宛在水中央。饮罢方舟去，茶烟袅细香。"

《群芳谱》：黄山谷云："相茶瓢与相筇竹同法，不欲肥而欲瘦，但须饱风霜耳。"

乐纯《雪庵清史》：陆叟溺于茗事，尝为《茶论》，并煎炙之法，造茶具二十四事，以都统笼贮之。时好事者家藏一副，于是若韦鸿胪、木待制、金法曹、石转运、胡员外、罗枢密、宗从事、漆雕秘阁、陶宝文、汤提点、竺副帅、司职方辈，皆入吾篝中矣。

许次杼《茶疏》：凡士人登山临水，必命壶觞，若茗碗薰炉，置而不问，是徒豪举耳。余特置游装，精茗名香，同行异室。茶罂、铫、注、瓯、洗、盆、巾诸具毕备，而附香奁、小炉、香囊、匙、箸……未曾汲水，先备茶具，必洁，必燥。瀹时壶盖必仰置，磁盂勿覆案上。漆气、食气，皆能败茶。

朱存理《茶具图赞序》：饮之用必先茶，而制茶必有其具。赐具姓而系名，宠以爵，加以号，季宋之弥文；然精逸高远，上通王公，下逮林野，亦雅道也。愿与十二先生周旋，尝山泉极品以终身，此间富贵也，天岂靳乎哉！

审安老人茶具十二先生姓名：

韦鸿胪丈鼎：景旸，四窗闲叟。

木待制利济：忘机，隔竹主人。

金法曹研古：元锴，雍之旧民。

石转运凿齿：遄行，香屋隐君。

胡员外惟一：宗许，贮月仙翁。

罗枢密若药：传师，思隐寮长。

宗从事子弗：不遗，扫云溪友。

漆雕秘阁承之：易持，古台老人。

陶宝文去越：自厚，兔园上客。

汤提点发新：一鸣，温谷遗老。

竺副帅善调：希默，雪涛公子。

司职方成式：如素，洁斋居士。

清·钱惠安《烹茶洗砚图》

高濂《遵生八笺》：茶具十六事，收贮于器局内，供役于苦节君者，故立名管之。盖欲归统于一，以其素有贞心雅操，而自能守之也。商像，古石鼎也，用以煎茶。降红，铜火箸也，用以簇火，不用联索为便。递火，铜火斗也，用以搬火。团风，素竹扇也，用以发火。分盈，挹水勺也，用以量水斤两，即《茶经》水则也。执权，准茶秤也，用以衡茶，每勺水二斤，用茶一两。注春，磁瓦壶也，用以注茶。啜香，磁瓦瓯也，用以啜茗。撩云，竹茶匙也，用以取果。纳敬，竹茶囊也，用以放盏。漉尘，洗茶篮也，用以浣茶。归洁，竹筅帚也，用以涤壶。受污，拭抹布也，用以洁瓯。静沸，竹架，即《茶经》支镀也。运锋，劖果刀也，用以切果。甘钝，木砧墩也。

《王友石谱》：竹炉并分封茶具六事：苦节君，湘竹风炉也，用以煎茶，更有行省收藏之。建城，以箬为笼，封茶以贮庋阁。云屯，磁瓦瓶，用以勺泉以供煮水。水曹，即瓷缸瓦缶，用以贮泉以供火鼎。乌府，以竹为篮，用以盛炭，为煎茶之资。器局，编竹为方箱，用以总收以上诸茶具者。品司，编竹为圆撞提盒，用以收贮各品茶叶，以待烹品者也。

屠赤水《茶笺》：茶具：湘筠焙，焙茶箱也。鸣泉，煮茶瓷罐。沉垢，古茶洗。合香，藏日支茶瓶，以贮司品者。易持，用以纳茶，即漆雕秘阁。

屠隆《考槃余事》：构一斗室相傍书斋，内设茶具，教一童子专主茶役，以供长日清谈，寒宵兀坐。此幽人首务，不可少废者。

《灌园史》：卢廷璧嗜茶成癖，号茶庵。尝蓄元僧讵可庭茶具十事，具衣冠拜之。

王象晋《群芳谱》：闽人以粗瓷胆瓶贮茶。近鼓山支提新茗出，一时尽学新安，制为方圆锡具，遂觉神采奕奕不同。

冯可宾《岕茶笺·论茶具》：茶壶，以窑器为上，锡次之。茶杯汝、官、哥、定如未可多得，则适意为佳耳。

李日华《紫桃轩杂缀》：昌化茶

明·文徵明《惠山茶会图》

大叶如桃枝柳梗，乃极香。余过逆旅偶得，手摩其焙甑三日，龙麝气不断。

瞿仙云：古之所有茶灶，但闻其名，未尝见其物，想必无如此清气也。予乃陶土粉以为瓦器，不用泥土为之，大能耐火。虽猛焰不裂。径不过尺五，高不过二尺余，上下皆镂铭、颂、箴戒之。又置汤壶于上，其座皆空，下有阳谷之穴，可以藏瓢瓯之具，清气倍常。

《重庆府志》：涪江青蟆石为茶磨极佳。

《南安府志》：崇义县出茶磨，以上犹县石门山石为之尤佳。苍礜缜密，镌琢堪施。

闻龙《茶笺》：茶具涤毕，覆于竹架，俟其自干为佳。其拭巾只宜拭外，切忌拭内。盖布帨虽洁，一经人手极易作气。纵器不干，亦无大害。

【译文】

《江西志》：余干县冠山有陆羽的茶灶。陆羽曾在这里凿石造灶，他取来越溪的水在这里煎茶。

陶穀《清异录》：用豹革做成囊，这是传说中风神用来盛风的工具。用来煮茶，喝后可以消除疲劳，使人神清气爽。根据此义引申，称它为水豹囊。

《曲洧旧闻》：范蜀同司马温一起到嵩山游玩，每个人都带着茶叶。司马温用纸当帖子包茶，范蜀用小木盒装茶，司马温看见后惊叹道："景仁真有茶具啊！"范蜀听他这么说，把盒子留给寺庙里的和尚就走了。后来仕宦家的茶具，精美程度可以穷尽世

韦鸿胪　　木待制　　金法曹

石转运　　胡员外　　罗枢密

宗从事　　漆雕秘阁　　陶宝文

汤提点　　竺副帅　　司职方

南宋·审安老人《茶具图赞》

间一切的精巧，但仍觉不够。晁以道曾经跟客人谈起此事，客人说："如果司马温见到今天的茶具，不知道又会说些什么。"

《北苑贡茶别录》：茶具中有银制的模子、银制的圈、竹子做的圈、铜制的圈等。

梅尧臣在《宛陵集》中的《茶灶》一诗中写道："山寺碧溪

宋·耀州窑青釉剔花瓷盒

头，幽人绿岩畔。夜火竹声干，春瓯茗花乱。兹无雅趣兼，薪桂烦燃爨。"描写了在深山古寺前的溪水岩畔，凿石为灶，燃竹煮花的情景，形象十分生动。又在《茶磨》诗中说："楚匠斫山骨，折檀为转脐。乾坤人力内，日月蚁行迷。"又有《谢晏太祝遗双井茶五品茶具四枚》诗，都很有意境。

《武夷志》中记载：五曲朱文公书院前，在溪水中建起了茶灶。文公诗云："仙翁遗石灶，宛在水中央。饮罢方舟去，茶烟袅细香。"诗意清新恬淡，野趣盎然。

《群芳谱》中记载：黄山谷说："选茶瓢和选笕竹的方法相同，不应该过粗而应该选细小的，但必须是饱经风霜的老竹。"

乐纯在《雪庵清史》中说：陆羽沉溺在茶事里，曾写过茶论、煮茶的方法和制造二十四种茶器的说明，都是比较系统的论述。有好事的人家里藏有一副，于是像韦鸿胪、木待制、金法曹、石转运、胡员外、罗枢密、宗从事、漆雕秘阁、陶宝文、汤提点、竺副帅、司职方等，都在我的收藏范围内。

许次杼所著《茶疏》说："只要是文人雅士游山玩水，一定会带茶壶和酒杯，如果准备了茶碗薰炉却放在一旁不加理睬，这是徒劳之举。我特意准备了出行的服装，精选茶叶，一起出行。茶罂、铫子、注、茶瓯、洗、盆、毛巾等物一应俱全，再加上香匣子、小炉、香囊、匙、筷子……打水之前，先把茶具准备好，必须是清洁、干燥的。冲茶时必须把壶盖仰放在桌上，磁杯不要扣在案台上。否则油漆的气味、食物的气味，都会破坏茶的本味。"

古代斗茶图

朱存理《茶具图赞序》中讲：饮用的物品中茶叶是首选，而制作茶叶必须要有工具。这些用具都被赐了姓名，加爵冠号，都是宋代流行的文字，清逸高远。上自王公贵族，下到山野村夫，都把它奉为高雅之道。我曾经用过十二种茶具，尝到了山泉中的极品，认为这就是平生最值得纪念的事情了，天上也不过是这样吧。

审安老人这十二种茶具的名称：韦鸿胪丈鼎：名景旸，号四窗闲叟。木待制利济：名忘机，号隔竹主人。金法曹研古：名元错，号雍之旧民。石转运凿齿：名遄行，号香屋隐君。胡员外惟一：名宗许，号贮月仙翁。罗枢密若药：名传师，号思隐寮长。宗从事子弗：名不遗，号扫云溪友。漆雕秘阁承之：名易持，号古台老人。陶宝文去越：名自厚，号兔园上客。汤提点发新：名一鸣，号温谷遗老。竺副帅善调：名希默，号雪涛公子。司职方成式：名如素，号洁斋居士。

《玉川先生烹茶图》

高濂在《遵生八笺》中写道：十六种茶具，全部贮藏到箱子里面，以供烹茶时使用，将每种茶具命上名字方便管理。应该将它们放到一起，因为它们一向有很好的品质能够保持操守。商像，古代石制的鼎，可以煎茶。降红，铜筷子，可以拢火，不连起来用方便。递火，就是铜火斗，可以搬火。团风，就是竹扇，可以扇风。分盈，就是水勺，用来度量水的多少，就是《茶经》中水的标准。执权，就是称茶的秤，用来称量茶的重量，每勺水有2斤，可以用茶叶1两。注春，就是瓷瓦壶，可以倒茶。啜香，瓷瓦瓯，可以喝茶。撩云，竹子做的匙，可以取果子。纳敬，竹子做的茶盘，可以放茶杯。漉尘，就是洗茶的器具，可以洗茶。归洁，竹制的扫帚，可以清洗茶壶。受污，擦拭的抹布，可以清洁茶瓯。静沸，竹架，就是《茶经》里面的支镀。运锋，就是果刀，可以切果子。甘钝，就是砧墩。

《王友石谱》中记载：竹炉和茶具共六种：苦节君，就是湘竹做的风炉，可以煎茶，也有人喜欢收藏它。建城，用竹子做的笼子，可以将茶叶放在中间的阁子里。云屯，瓷瓦瓯，用于舀泉水来烧水的。水曹，就是瓷瓦锅，用来储存泉水以供煮茶时用。乌府，用竹子做的篮子，可以装煎茶时烧火的木炭，是煎茶必备的材料。器局，用竹子编成的方形箱子，将上面所有的茶具收到里面。品司，用竹子编成的圆形的可以提的盒子，可以装各种茶叶，以便用来煮茶。

屠赤水在《茶笺》中记载的茶具有：湘筠焙，烘焙茶叶的箱子。鸣泉，煮茶的瓷罐。沉垢，古代洗茶的用具。合香，收藏日常用的茶瓶时，用它来装茶具。易持，用来装茶叶的，就是漆雕秘阁。

屠隆在《考槃余事》中说：在靠近书房的小屋里，置办一套茶具，让一个童子专门负责煮茶，以便长日清谈，寒宵夜读。这是文人雅士不能缺少的。

图为元代青釉荷叶盖罐，可做贮茶器具。

《灌园史》记载：卢廷璧好茶成瘾，号为茶庵。曾经为了向元僧讨教茶具的十件事，特意整理好衣冠去拜访。

王象晋的《群芳谱》中记载：福建人用粗瓷胆瓶装茶。最近鼓山上的寺庙有了新茶叶，顿时全都学习新安，制成方形和圆形的茶具，就觉得神采奕奕与众不同。

冯可宾的《岕茶笺·论茶具》中记载：茶壶，用窑里烧出来的器具最好，锡制的就要差一点。茶杯汝、官、哥、定这些地方出品的瓷器都是不可多得的上品，只要自己喜欢就可以了。

李日华的《紫桃轩杂缀》中记载：昌化的茶叶像桃树的叶子和柳树的梗那么大，非常香。我曾在旅途中偶然得到，手在制茶的焙甀上摩挲三天，香气不断。

瞿仙说：古代的茶灶，只能听到它的名字，看不到这种东西，估计没有这样的清气。我用陶土粉烧成瓦器，不用泥土烧制，陶土粉更耐火，即使是很猛烈的火焰也不会被烧裂。它的直径不到 1.5 尺，高大约 2 尺多一点，通身都镂刻铭、颂、箴，用来警示后人。又把汤壶放在它的上面，其他的位置都是空的，下面还有打开的空地方，可以装瓢瓯等物品，气味十分清香。

据《重庆府志》记载：涪江的青蟭石做茶磨最好。

《南安府志》记载：崇义县出产茶磨，石门山的石头最好。那里的石头质地纹理缜密，很适合雕琢。

闻龙在《茶笺》中说：茶具洗完后，要把它倒放在竹架上，让它自行变干最好。只能用抹布擦它的外面，绝对不要擦拭它的里面。虽然布很干净，但是只要经过人手就容易产生异味。即使喝茶时器具不太干，也没有关系。

现代部分茶具

三、茶之造

《唐书》：太和七年正月，吴蜀贡新茶，皆于冬中作法为之。上务恭俭，不欲逆物性，诏所在贡茶，宜于立春后造。

《北堂书钞》：《茶谱》续补云：龙安造骑火茶，最为上品。骑火者，言不在火前，不在火后作也。清明改火，故曰火。

《大观茶论》：茶工作于惊蛰，尤以得天时为急。轻寒英华渐长，条达而不迫，茶工从容致力，故其色味两全。故焙人得茶天为度。

撷茶以黎明，见日则止。用爪断芽，不以指揉。凡芽如雀舌谷粒者，为斗品。一枪一旗为拣芽，一枪二旗为次之，余斯为下。茶之始芽萌，则有白合，不去害茶味。既撷则有乌蒂，不去害茶色。

茶之美恶，尤系于蒸芽、压黄之得失。蒸芽欲及熟而香，压黄欲膏尽亟止。如此则制造之功十得八九矣。

涤芽惟洁，濯器惟净，蒸压惟其宜，研膏惟熟，焙火惟良。造茶先度日晷之长短，均工力之众寡，会采择之多少，使一日造成，恐茶过宿，则害色味。

茶之范度不同，如人之有首面也。其首面之异同，难以概论。要之，色莹彻而不驳，质缜绎而不浮，举之凝结，碾之则铿然，可验其为精品也。有得于言意之表者。

白茶自为一种，与常茶不同。其条敷阐，其叶莹薄。崖林之间，偶然生出，有者不过四五家，生者不过一二株，所造止于二三铸而已。须制造精微，运度得宜，则表里昭澈，如玉之在璞，他无与伦也。

魏晋时期三峡一带的茶饼制作与煎煮方式仍保留着以茶为粥或以茶为药的特征。

蔡襄《茶录》：茶味主于甘滑，惟北苑、凤凰山连属诸焙，所造者味佳。隔溪诸山，虽及时加意制作，色味皆重，莫能及也。又有水泉不甘，能损茶味，前世之论水品者以此。

《东溪试茶录》：建溪茶比他郡最先，北苑、壑源者尤早。岁多暖则先惊蛰十日即芽；岁多寒则后惊蛰五日始发。先芽者，气味俱不佳，惟过惊蛰者为第一。民间常以惊蛰为候。诸焙后北苑者半月，去远则益晚。

凡断芽必以甲，不以指。以甲则速断不柔，以指则多湿易损。择之必精，濯之必洁，蒸之必香，火之必良，一失其度，俱为茶病。

芽择肥乳，则甘香而粥面著盏而不散。土瘠而芽短，则云脚涣乱，去盏而易散。叶梗长，则受水鲜白；叶梗短，则色黄而泛。乌蒂、白合，茶之大病。不去乌蒂，则色黄黑而恶。不去白合，则味苦涩。蒸芽必熟，去膏必尽。蒸芽未熟，则草木气存。去膏未尽，则色浊而味重。受烟则香夺，压黄则味失，此皆茶之病也。

《北苑别录》：御园四十六所，广袤三十余里。自官平而上为内园，官坑而下为外园。方春灵芽萌坼，先民焙十余日，如九窠、十二陇、龙游窠、小苦竹、张坑、西际，又为禁园之先也。而石门、乳吉、香口三外焙，常后北苑五七日兴工。每日采茶、蒸榨，以其黄悉送北苑并造。

造茶旧分四局。匠者起好胜之心，彼此相夸，不能无弊，遂并而为二焉。故茶堂有东局、西局之名，茶铸有东作、西作之号。凡茶之初出研盆，荡之欲其匀，揉之欲其腻，然后入圈制铸，随笪过黄有方。故铸有花铸，有大龙，有小龙，品色不同，其名亦异，随纲系之于贡茶云。

采茶之法，须是侵晨，不可见日。晨则夜露未晞，茶芽肥润。见日则为阳气所薄，使芽之膏腴内耗，至受水而不鲜明。故每日常以五更挝鼓集群夫于凤凰山［山有伐鼓亭，日役采夫二百二十二人］，监采官人给一牌，入山至辰刻，则复鸣锣以聚之，恐其逾时贪多务得也。大抵采茶亦须习熟，募夫之际必择土著及谙晓之人，非特识茶发早晚所在，而于采摘亦知其指要耳。

图绘制茶的场景。三人各司其职，皆专心致志，一丝不苟。本画设色古朴，构图疏而不漏，突显一种恬适的工作氛围。

茶有小芽，有中芽，有紫芽，有白合，有乌蒂，不可不辨。小芽者，其小如鹰爪。初造龙团胜雪、白茶，以其芽先次蒸熟，置之水盆中，剔取其精英，仅如针小，谓之水芽，是小芽中之最精者也。中芽，古谓之一枪二旗是也。紫芽，叶之紫者也。白合，乃小芽有两叶抱而生者是也。乌蒂，茶之带头是也。凡茶，以水芽为上，小芽次之，中芽又次之。紫芽、白合、乌蒂，在所不取。使其择焉而精，则茶之色味无不佳。万一杂之以所不取，则首面不均，色浊而味重也。

惊蛰节万物始萌。每岁常以前三日开焙，遇闰则后之，以其气候少迟故也。

蒸芽再四洗涤，取令洁净，然后入甑，俟汤沸蒸之。然蒸有过熟之患，有不熟之患。过熟则色黄而味淡，不熟则色青而易沉，而有草木之气。故惟以得中为当。

茶既蒸熟，谓之茶黄，须淋洗数过［欲其冷也］，方入小榨，以去其水，又入大榨，以出其膏。［水芽则以高榨压之，以其芽嫩故也。］先包以布帛，束以竹皮，然后入大榨压之，至中夜取出揉匀，复如前入榨，谓之翻榨。彻晓奋击，必至于干净而后已。盖建茶之味远而力厚，非江茶之比。江茶畏沉其膏，建茶惟恐其膏之不尽。膏不尽则色味重浊矣。

茶之过黄，初入烈火焙之，次过沸汤爁之，凡如是者三，而后宿一火，至翌日，遂过烟焙之，火不欲烈，烈则面泡而色黑。又不欲烟，烟则香尽而味焦。但取其温温而已。凡火之数多寡，皆视其铸之厚薄。铸之厚者，有十火至于十五火；铸之薄者，六火至于八火。火数既足，然后过汤上出色。出色之后，置之密室，急以扇扇之，则色泽自然光莹矣。

研茶之具，以柯为杵，以瓦为盆，分团酌水，亦皆有数。上而胜雪，白茶以十六水，下而拣芽之水六，小龙凤四，大龙凤二，其余皆一十二焉。自十二水而上，曰研一团，自六水而下，曰研三团至七团。每水研之，必至于水干茶熟而后已。水不干，则茶不熟，茶不熟，则首面不匀，煎试易沉。故研夫尤贵于强有力者也。尝谓天下之理，未有不相须而成者。有北苑之芽，而后有龙井之水。龙井之水清而且甘，昼夜酌之而不竭，凡茶自北苑上者皆资焉。此亦犹锦之于蜀江，胶之于阿井也，讵不信然。

姚宽《西溪丛语》：建州龙焙面北，谓之北苑。有一泉极清淡，谓之御泉。用

银针白毫成品，长3厘米左右，挺直如针，色白似银。

其池水造茶，即坏茶味。惟龙团胜雪、白茶二种，谓之水芽，先蒸后拣。每一芽先去外两小叶，谓乌蒂；又次取两嫩叶，谓之白合；留小心芽置于水中，呼为水芽。聚之稍多，即研焙为二品，即龙团胜雪、白茶也。茶之极精好者，无出于此。每铸计工价近二十千，其他皆先拣而后蒸研，其味次第减也。茶有十纲，第一纲第二纲太嫩，

加工中的茶叶

第三纲最妙，自六纲至十纲，小团至大团而止。

黄儒《品茶要录》：茶事起于惊蛰前，其采芽如鹰爪。初造曰试焙，又曰一火，其次曰二火。二火之茶，已次一火矣。故市茶芽者，惟伺出于三火前者为最佳。尤喜薄寒气候，阴不至冻。芽登时尤畏霜，有造于一火二火者皆遇霜，而三火霜霁，则三火之茶胜矣。晴不至于暄，则谷芽含养约勒而滋长有渐，采工亦优为矣。凡试时泛色鲜白，隐于薄雾者，得于佳时而然也。有造于积雨者，其色昏黄，或气候暴暄，茶芽蒸发，采工汗手熏渍，拣摘不洁，则制造虽多，皆为常品矣。试时色非鲜白，水脚微红者，过时之病也。

茶芽初采，不过盈筐而已，趋时争新之势然也。既采而蒸，既蒸而研。

蒸或不熟，虽精芽而所损已多。试时味作桃仁气者，不熟之病也。惟正熟者味甘香。

蒸芽以气为候，视之不可以不谨也。试时色黄而粟纹大者，过熟之病也。然过熟愈于不熟，以甘香之味胜也。故君谟论色，则以青白胜黄白。而余论味，则以黄白胜青白。

茶蒸不可以逾久，久则过熟，又久则汤干而焦釜之气出。茶工有泛薪汤以益之，是致熏损茶黄。故试时色多昏黯，气味焦恶者，焦釜之病也。建人谓之热锅气。

夫茶本以芽叶之物就之棬模。既出棬，上笪焙之，用火务令通彻，即以灰覆之，虚其中，以透火气。然茶民不喜用实炭，号为冷火。以茶饼新湿，急欲干以见售，故用火常带烟焰。烟焰既多，稍失看候，必致熏损茶饼。试时其色皆昏红，气味带焦者，伤焙之病也。

茶饼先黄而又如阴润者，榨不干也。榨欲尽去其膏，膏尽则有如干竹叶之意。惟喜饰首面者，故榨不欲干，以利易售。试时色虽鲜白，其味带苦者，渍

膏之病也。

茶色清洁鲜明，则香与味亦如之。故采佳品者，常于半晓间冲蒙云雾而出，或以瓷罐汲新泉悬胸臆间，采得即投于中，盖欲其鲜也。如或日气烘烁，茶芽暴长，工力不给，其采芽已陈而不及蒸，蒸而不及研，研或出宿而后制，试时色不鲜明，薄如坏卵气者，乃压黄之病也。

茶之精绝者曰斗，曰亚斗，其次拣芽。茶芽，斗品虽最上，园户或止一株，盖天材间有特异，非能皆然也。且物之变势无常，而人之耳目有尽，故造斗品之家，有昔优而今劣、前负而后胜者。虽人工有至有不至，亦造化推移不可得而擅也。其造，一火曰斗，二火曰亚斗，不过十数铸而已。拣芽则不然，遍园陇中择其精英者耳。其或贪多务得，又滋色泽，往往以白合盗叶间之。试时色虽鲜白，其味涩淡者，间白合盗叶之病也。〔一凡鹰爪之芽，有两小叶抱而生者，白合也。新条叶之初生而白者，盗叶也。造拣芽者，只剔取鹰爪，而白合不用，况盗叶乎〕物固不可以容伪，况饮食之物，尤不可也。故茶有入他草者，建人号为入杂。铸列入柿叶，常品入桴槛叶，二叶易致，又滋色泽，园民欺售直而为之。试时无粟纹甘香，盏面浮散，隐如微毛，或星星如纤絮者，入杂之病也。善茶品者，侧盏视之，所入之多寡，从可知矣。向上下品有之，近虽铸列，亦或勾使。

《万花谷》：龙焙泉在建安城东凤凰山，一名御泉。北苑造贡茶，社前芽细如针。用此水研造，每片计工直钱四万分。试其色如乳，乃最精也。

《文献通考》：宋人造茶有二类，曰片，曰散。片者即龙团旧法，散者则不蒸而干之，如今时之茶也。始知南渡之后，茶渐以不蒸为贵矣。

《学林新编》：茶之佳者，造在社前；其次火前，谓寒食前也；其下则雨前，谓谷雨前也。唐僧齐己诗曰："高人爱惜藏岩里，白甄封题寄火前。"其言火前，盖未知社前之为佳也。唐人于茶，虽有陆羽《茶经》，而持论未精。至本朝蔡君谟《茶录》，则持论精矣。

《苕溪诗话》：北苑，官焙也，漕司岁贡为上；壑源，私焙也，土人亦以入贡，为次。二焙相去三四里间，若沙溪，外焙也，与二焙绝远，为下。故鲁直诗："莫遣沙溪来乱真。"是也。官焙造茶，常在惊蛰后。

朱翌《猗觉寮记》：唐造茶与今不同，今采茶者得芽即蒸熟焙干，唐则旋摘旋炒。刘梦得《试茶歌》："自傍芳丛摘鹰嘴，斯须炒成满室香。"又云："阳崖阴岭各不同，未若竹下莓苔地。"竹间茶最佳。

《武夷志》：通仙井在御茶园，水极甘洌，每当造茶之候，则井自溢，以供取用。

《金史》：泰和五年春，罢造茶之防。

张源《茶录》：茶之妙，在乎始造之精，藏之得法，点之得宜。优劣定于始铛，清浊系乎末火。

火烈香清，铛寒神倦。火烈生焦，柴疏失翠。久延则过熟，速起却还生。熟则犯黄，生则著黑。带白点者无妨，绝焦点者最胜。

藏茶切勿临风近火。临风易冷，近火先黄。其置顿之所，须在时时坐卧之处，逼近人气，则常温而不寒。必须板房，不宜土室。板房温燥，土室潮蒸。又要透风，勿置幽隐之处，不惟易生湿润，兼恐有失检点。

南安石亭绿，香气因季节变化，产生类似兰花、绿豆和杏仁的不同香气，誉为"三香"。

谢肇淛《五杂俎》：古人造茶，多春令细，末而蒸之。唐诗"家僮隔竹敲茶臼"是也。至宋始用碾。若揉而焙之，则本朝始也。但揉者，恐不及细末之耐藏耳。

今造团之法皆不传，而建茶之品，亦远出吴会诸品下。其武夷、清源二种，虽与上国争衡，而所产不多，十九赝鼎，故遂令声价靡复不振。

闽之方山、太姥、支提，俱产佳茗，而制造不如法，故名不出里闬。予尝过松萝，遇一制茶僧，询其法，曰："茶之香，原不甚相远，惟焙之者火候极难调耳。茶叶尖者太嫩，而蒂多老。至火候匀时，尖者已焦，而蒂尚未熟。二者杂之，茶安得佳？"制松萝者，每叶皆剪去其尖蒂，但留中段，故茶皆一色。而工力烦矣，宜其价之高也。闽人急于售利，每斤不过百钱，安得费工如许？若价高，即无市者矣。故近来建茶所以不振也。

罗廪《茶解》：采茶制茶，最忌手汗、体膻、口臭、多涕、不洁之人及月信妇人，更忌酒气。盖茶酒性不相入，故采茶制茶，切忌沾醉。

茶性淫，易于染著，无论腥秽及有气息之物不宜近，即名香亦不宜近。

许次杼《茶疏》：芥茶非夏前不摘。初试摘者，谓之开园，采自正夏，谓之春茶。其地稍寒，故须待时，此又不当以太迟病之。往时无秋日摘者，近乃有之。七八月重摘一番，谓之早春。其品甚佳，不嫌少薄。他山射利，多摘梅茶，以梅雨时采故名。梅茶苦涩，且伤秋摘，佳产戒之。

茶初摘时，香气未透，必借火力以发其香。然茶性不耐劳，炒不宜久。多取入铛，则手力不匀。久于铛中，过熟而香散矣。炒茶之铛，最忌新铁。须预取一铛以备炒，毋得别作他用。一说惟常煮饭者佳，既无铁腥，亦无脂腻。炒茶之薪，仅可树枝，勿用干叶。干则火力猛炽，叶则易焰、易灭。铛必磨洗莹洁，旋摘旋炒。一铛之内，仅可四两，先用文火炒软，次加武火催之。手加木指，急急炒转，以半熟为度，微俟香发，是其候也。

清明太早，立夏太迟，谷雨前后，其时适中。若再迟一二日，待其气力完足，香烈尤倍，易于收藏。

藏茶于庋阁，其方宜砖底数层，四围砖研，形若火炉，愈大愈善，勿近土墙。顿瓮其上，随时取灶下火灰，候冷簇于瓮傍。半尺以外，仍随时取火灰簇之，令里灰常燥，以避风湿。却忌火气入瓮，盖能黄茶耳。日用所须，贮于小瓷瓶中者，亦当箬包苎扎，勿令见风。且宜置于案头，勿近有气味之物，亦不可用纸包。盖茶性畏纸，纸成于水中，受水气多也。纸裹一夕既，随纸作气而茶味尽矣。虽再焙之，少顷即润。雁宕诸山之茶，首坐此病。纸帖贻远，安得复佳。

茶之味道，而性易移，藏法喜温燥而恶冷湿，喜清凉而恶郁蒸，宜清触而忌香惹。藏用火焙，不可日晒。世人多用竹器贮茶，虽加箬叶拥护，然箬性峭劲，不甚伏帖，风湿易侵。至于地炉中顿放，万万不可。人有以竹器盛茶，置被笼中，用火即黄，除火即润。忌之！忌之！

闻龙《茶笺》：尝考《经》言茶焙甚详。愚谓今人不必全用此法。予构一焙室，高不逾寻，方不及丈，纵广正等。四围及顶绵纸密糊，无小罅隙，置三四火缸于中，安新竹筛于缸内，预洗新麻布一片以衬之。散所炒茶于筛上，阖户而焙。上面不可覆盖，以茶叶尚润，一覆则气闷罨黄，须焙二三时，俟润气既尽，然后覆以竹箕。焙极干出缸，待冷，入器收藏。后再焙，亦用此法，则香色与味犹不致大减。

诸名茶法多用炒，惟罗岕宜于蒸焙，味真蕴藉，世竞珍之。即顾渚、阳羡，密迩洞山，不复仿此。想此法偏宜于岕，未可概施诸他茗也。然《经》已云，"蒸之焙之"，则所从来远矣。

吴人绝重岕茶，往往杂以黑箬，大是阙事。余每藏茶，必令樵青入山采竹箭箬，拭净烘干，护罂四周，半用剪碎拌入茶中。经年发覆，青翠如新。

吴兴姚叔度言，茶若多焙一次，则香味随减一次。予验之良然。但于始焙时，烘令极燥，多用炭箬，如法封固，即梅雨连旬，燥仍自若。惟开坛频取，所以生润，不得不再焙耳。自四月至八月，极宜致谨。九月以后，天气渐肃，便可解严矣。虽然，能不弛懈尤妙。

炒茶时须用一人从傍扇之，以祛热气，否则茶之色香味俱减，此予所亲试。扇者色翠，不扇者色黄。炒起出铛时，置大瓷盆中，仍须急扇，令热气稍退。以手重揉之，再散入铛，以文火炒干之。盖揉则其津上浮，点时香味易出。田子艺以生晒不炒不揉者为佳，其法亦未之试耳。

《群芳谱》：以花拌茶，颇有别致。凡梅花、木樨、茉莉、玫瑰、蔷薇、兰、蕙、金橘、栀子、木香之属，皆与茶宜。当于诸花香气全时摘拌，三停茶，一停花，收于瓷罐中，一层茶一层花，相间填满，以纸箬封固入净锅中，重汤煮之，取出待冷，再以纸封裹，于火上焙干贮用。但上好细芽茶，忌用花香。反夺其真味。惟平等茶宜之。

手工炒茶

随着茶叶外销量的增多，手工炒茶已经不能满足需要。

《云林遗事》：莲花茶：就池沼中，于早饭前日初出时，择取莲花蕊略绽者，以手指拨开，入茶满其中，用麻丝缚扎定。经一宿，次早连花摘之，取茶纸包晒。如此三次，锡罐盛贮，扎口收藏。

邢士襄《茶说》：凌露无云，采候之上。霁日融和，采候之次。积日重阴，不知其可。

田艺蘅《煮泉小品》：芽茶以火作者为次，生晒者为上，亦更近自然，且断烟火气耳。况作人手器不洁，火候失宜，皆能损其香色也。生晒茶瀹之瓯中，则旗枪舒畅，青翠鲜明，香洁胜于火炒，尤为可爱。

《洞山茶系》：岕茶采焙定以立夏后三日，阴雨又需之。世人妄云"雨前真岕"，抑亦未知茶事矣。茶园既开，入山卖草枝者，日不下二三百石。山民收制，以假混真。好事家躬往予租，采焙戒视惟谨，多被潜易真茶去。人至竞相高价分买，家不能二三斤。近有采嫩叶、除尖蒂、抽细筋焙之，亦曰片茶。不去尖筋，炒而复焙，燥如叶状，曰摊茶，并难多得。又有俟茶市将阑，采取剩叶焙之，名曰修山茶，香味足而色差老，若今四方所货岕片，多是南岳片子，署为"骗茶"可矣。茶贾炫人，率以长潮等茶，本岕亦不可得。噫！安得起陆龟蒙于九京，与之赓《茶人》诗也。茶人皆有市心，今予徒仰真茶而已。故余烦闷时，每诵姚合《乞茶诗》一过。

《月令广义》：炒茶每锅不过半斤，先用干炒，后微洒水，以布卷起，揉做。

茶择净微蒸，候变色摊开，扇去湿热气。揉做毕，用火焙干，以箬叶包之。语曰："善蒸不若善炒，善晒不若善焙。"盖茶以炒而焙者为佳耳。

《农政全书》：采茶在四月。嫩则益人，粗则损人。茶之为道，释滞去垢，破睡除烦，功则著矣。其或采造藏贮之无法，碾焙煎试之失宜，则虽建芽浙

中国名茶·佛手黑茶

茗，只为常品耳。此制作之法，宜亟讲也。

冯梦祯《快雪堂漫录》：炒茶锅令极净。茶要少，火要猛，以手拌炒令软净，取出摊于匾中，略用手揉之。揉去焦梗，冷定复炒，极燥而止。不得便入瓶，置于净处，不可近湿。一二日后再入锅炒，令极燥，摊冷，然后收藏。

藏茶之罂，先用汤煮过烘燥。乃烧栗炭透红投罂中，覆之令黑。去炭及灰，入茶五分，投入冷炭，再入茶，将满，又以宿箬叶实之，用厚纸封固罂口。更包燥净无气味砖石压之，置于高燥透风处，不得傍墙壁及泥地方得。

屠长卿《考槃余事》：茶宜箬叶而畏香药，喜温燥而忌冷湿。故收藏之法，先于清明时收买箬叶，拣其最青者，预焙极燥，以竹丝编之，每四片编为一块，听用。又买宜兴新坚大罂，可容茶十斤以上者，洗净焙干听用、山中采焙回，复焙一番，去其茶子、老叶、梗屑及枯焦者，以大盆埋伏生炭，覆以灶中敲细，赤火既不生烟，又不易过。置茶焙下焙之，约以二斤作一焙。别用炭火入大炉内，将罂悬架其上，烘至燥极而止。先以编箬衬于罂底，茶焙燥后，扇冷方入。茶之燥，以拈起即成末为验。随焙随入，既满又以箬叶覆于茶上，每茶一斤约用箬二两。罂口用尺八纸焙燥封固，约六七层，擫以方厚白木板一块，亦取焙燥者。然后于向明净室或高阁藏之。用时以新燥宜兴小瓶，约可受四五两者，另贮。取用后随即包整。夏至后三日再焙一次，秋分后三日又焙一次，一阳后三日又焙一次，连山中共焙五次。从此直至交新，色味如一。罂中用浅，更以燥箬叶满贮之，虽久不泡。

又一法，以中坛盛茶，约十斤一瓶。每年烧稻草灰入大桶内，将茶瓶座于桶中，以灰四面填桶，瓶上覆灰筑实。用时拨灰开瓶，取茶些少，仍复封瓶覆灰，则再无蒸坏之患。次年另换新灰。

又一法，于空楼中悬架，将茶瓶口朝下放，则不蒸。缘蒸气自天而下也。

采茶时，先自带锅入山，别租一室，择茶工之尤良者，倍其雇值。戒其搓摩，勿使生硬，勿令过焦。细细炒燥，扇冷方贮罂中。

采茶，不必太细，细则芽初萌而味欠足；不可太青，青则叶已老而味欠嫩。须在谷雨前后，觅成梗带叶微绿色而团且厚者为上。更须天色晴明，采之方妙。若闽广岭南，多瘴疬之气，必待日出山霁，雾瘴岚气收净，采之可也。

冯可宾《岕茶笺》："茶，雨前精神未足，夏后则梗叶太粗。然以细嫩为妙，须当交夏时。时看风日晴和，月露初收，亲自监采入篮。如烈日之下，应防篮内郁蒸，又须伞盖，至舍速倾于净匾内薄摊，细拣枯枝、病叶、蛸丝、青牛之类，一一剔去，方为精洁也。""蒸茶须看叶之老嫩，定蒸之迟速，以皮梗碎而色带赤为度。若太熟，则失鲜。其锅内汤须频换新水，盖熟汤能夺茶味也。"

陈眉公《太平清话》：吴人于十月中采小春茶，此时不独逗漏花枝，而尤喜日光晴暖。从此蹉过，霜凄雁冻，不复可堪矣。

眉公云：采茶欲精，藏茶欲燥，烹茶欲洁。

宋·刘松年《斗茶图》

吴拭云：山中采茶歌，凄清哀婉，韵态悠长，一声从云际飘来，未尝不潸然堕泪。吴歌未便能动人如此也。

熊明遇《岕山茶记》：贮茶器中，先以生炭火煅过，于烈日中曝之，令火灭，乃乱插茶中，封固罂口，覆以新砖，置于高爽近人处。霉天雨候，切忌发覆，须于清燥日开取。其空缺处，即当以箬填满，封闭如故，方为可久。

《雪蕉馆记谈》：明玉珍子昇，在重庆取涪江青蟆石为茶磨，令宫人以武隆雪锦茶碾，焙以大足县香霏亭海棠花，味倍于常。海棠无香，独此地有香，焙茶尤妙。

《诗话》：顾渚涌金泉，每岁造茶时，太守先祭拜，然后水稍出。造贡茶毕，水渐减，至供堂茶毕，已减半矣。太守茶毕，遂涸。北苑龙焙泉亦然。

《紫桃轩杂缀》：天下有好茶，为凡手焙坏。有好山水，为俗子妆点坏。有好子弟，为庸师教坏。真无可奈何耳。

匡庐顶产茶，在云雾蒸蔚中，极有胜韵，而僧拙于焙，瀹之为赤卤，岂复有茶哉。戊戌春小住东林，同门人董献可、曹不随、万南仲，手自焙茶，有"浅碧从教如冻柳，清芬不遣杂花飞"之句。既成，色香味殆绝。

顾渚，前朝名品，正以采摘初芽，加之法制，所谓"馨一亩之入，仅充半环"，取精之多，自然擅妙也。今碌碌诸叶茶中，无殊菜沈，何胜括目。

上好的黑饼茶

黑饼茶是西南诸少数民族最为常用的饮料，具有运输方便等特点。

金华仙洞与闽中武夷俱良材，而厄于焙手。

隶头本草市溪庵施济之品，近有苏焙者，以色稍青，遂混常价。

《岕茶汇钞》：岕茶不炒，甑中蒸熟，然后烘焙。缘其摘迟，枝叶微老，炒不能软，徒枯碎耳。亦有一种细炒岕，乃他山炒焙，以欺好奇者。岕中人惜茶，决不忍嫩采，以伤树木。余意他山摘茶，亦当如岕之迟摘老蒸，似无不可。但未经尝试，不敢漫作。

茶以初出雨前者佳，惟罗岕立夏开园。吴中所贵梗粗叶厚者，有萧箬之气，还是夏前六七日，如雀舌者，最不易得。

《檀几丛书》：南岳贡茶，天子所尝，不敢置品。县官修贡期以清明日入山肃祭，乃始开园采造。视松萝、虎丘而色香丰美，自是天家清供，名曰片茶。初亦如岕茶制法，万历丙辰，僧稠荫游松萝，乃仿制为片。

冯时可《滇行纪略》：滇南城外石马井泉，无异惠泉；感通寺茶，不下天池、伏龙。特此中人不善焙制耳。徽州松萝旧亦无闻，偶虎丘一僧往松萝庵，如虎丘法焙制，遂见嗜于天下。恨此泉不逢陆鸿渐，此茶不逢虎丘僧也。

《湖州志》：长兴县啄木岭金沙泉，唐时每岁造茶之所也，在湖、常二郡界，泉处沙中，居常无水。将造茶，二郡太守毕至，具仪注，拜敕祭泉，顷之发源。其夕清溢，供御者毕，水即微减；供堂者毕，水已半之；太守造毕，水即涸矣。太守或还旆稽期，则示风雷之变，或见鸷兽、毒蛇、木魅、阳眺之类焉。商旅多以顾渚水造之，无沾金沙者。今之紫笋，即用顾渚造者，亦甚佳矣。

高濂《八笺》：藏茶之法，以箬叶封裹入茶焙中，两三日一次，用火当如人体之温温然，而湿润自去。若火多，则茶焦不可食矣。

陈眉公《太平清话》：武夷㟅峤、紫帽、龙山皆产茶。僧拙于焙，既采则先蒸而后焙，故色多紫赤，只堪供宫中浣濯用耳。近有以松萝法制之者，既试之，色香亦具足，经旬月，则紫赤如故。盖制茶者，不过土著数僧耳。语三吴之法，转转相效，旧态毕露。此须如昔人论琵琶法，使数年不近，尽忘其故调，而后以三吴之法行之，或有当也。

徐茂吴云："实茶大瓮底，置箬瓮口，封闭倒放，则过夏不黄，以其气不外泄也。"子晋云："当倒放有盖缸内。缸宜砂底，则不生水而常燥。加谨封贮，不宜见日，见日则生翳而味损矣。藏又不宜于热处。新茶不宜骤用，贮过黄梅，其味始足。"

张大复《梅花笔谈》：松萝之香馥馥，庙后之味闲闲，顾渚扑人鼻孔，齿颊都异，久而不忘。然其妙在造，凡宇内道地之产，性相近也，习相远也。吾深夜被酒，发张震封所遗顾渚，连啜而醒。

宗室文昭《古瓶集》：桐花颇有清味，因收花以熏茶，命之曰桐茶。有"长泉细火夜煎茶，觉有桐香入齿牙"之句。

王草堂《茶说》：武夷茶自谷雨采至立夏，谓之头春；约隔二旬复采，谓之二春；又隔又采，谓之三春。头春叶粗味浓，二春三春叶渐细，味渐薄，且带苦矣。夏末秋初又采一次，名为秋露，香更浓，味亦佳，但为来年计，惜之不能多采耳。茶采后以竹筐匀铺，架于风日中，名曰晒青。俟其青色渐收，然后再加炒焙。阳羡岕片只蒸不炒，火焙以成。松萝、龙井皆炒而不焙，故其色纯。独武夷炒焙兼施，烹出之时半青半红，青者乃炒色，红者乃焙色。茶采而摊，摊而摝，香气发越即炒，过时不及皆不可。既炒既焙，复拣去其中老叶枝蒂，使之一色。释超全诗云："如梅斯馥兰斯馨，心闲手敏工夫细。"形容殆尽矣。

王草堂《节物出典》：《养生仁术》云："谷雨日采茶，炒藏合法，能治痰及百病。"

《随见录》：凡茶见日则味夺，惟武夷茶喜日晒。

武夷造茶，其岩茶以僧家所制者最为得法。至洲茶中采回时，逐片择其背上有白毛者，另炒另焙，谓之白毫，又名寿星眉。摘初发之芽，一旗未展者，谓之莲子心。连枝二寸剪下烘焙者，谓之凤尾、龙须。要皆异其制造，以欺人射利，实无足取焉。

据《唐书》记载：太和七年的正月，吴蜀两地进贡新茶，都是冬天制作的。皇上主张恭俭，不想违背事物的习性，因此下诏命令两地在立春后制造贡茶。

《北堂书钞》：《茶谱》续补中说：龙安造的骑火茶最好。所谓的骑火，是制茶的时间既不在火前，也不在火后。是在清明改火的时候，所以叫火。

《大观茶论》：茶叶在惊蛰的时候制作，最重要的是赢得天时。寒气消减万物开始生长，枝叶发新芽，茶工从容工作，茶的色味齐全。所以说烘焙茶叶还要看天气。

在黎明时采茶，太阳一出来就停止。用指尖掐断茶芽，不要用手指头去揉它。像雀舌那样的芽就是上好的品种。一枪一旗叫拣芽，一枪二旗差一点，剩下的都是下品。茶刚发芽的时候，会有白色的叶子，如果不去掉，就会破坏茶叶的味道。掐断茶芽时会有黑色的根蒂，不去掉就会影响茶的颜色。

茶叶的好坏，蒸芽、压黄的时候最重要。蒸芽应等到熟得发出香味的时候，压黄应等到汤水尽了的时候。要是按照这样做那十之八九已经制作成功了。

茶芽必须要洗干净，洗茶的器具也必须干净，蒸压应该合适，研膏的时候要等到变热，烘焙的时候火要好。造茶要先计算一天的劳作时间，需要多少工，采摘多少茶叶，当天采当天做，避免过夜，否则会影响茶的颜色和味道。

茶的成色有区别，就像人的相貌。人的相貌不一样，难以一一说出。总之，颜色纯净不杂，质地缜密不散，拿起来结成一块，碾的时候声音很脆，就可以说明这是好的品种。依照此法便可得到好茶。

白茶是很特别的一种，同其他的茶叶不一样。它的枝条很多，叶子薄而且光洁。是在悬崖和树林之间偶尔生出来的，只有四五家有这种树，能够成活的只有一两株，出产的茶也不过两三锛而已。只有制作得很精细、操作得很正确，才能使里外一样光洁清澈，就像没有琢磨的璞玉一样，其他的都不能跟它比。

蔡襄《茶录》：茶的味道主要是甘甜润滑，只有北苑、凤凰山一带的茶场，造出的茶叶味道最好。隔溪的这些山，虽然能够及时制作，但颜色和味道都很重，不能跟它比。有的泉水不是很甘甜，会损害茶叶的味道，前人之所以论述水的品质，就是这个道理。

《东溪试茶录》中说：建溪的茶叶比其他地方的茶叶都要早，北苑、壑源的就更早了。如果天气暖和在惊蛰前十天就已经发芽了；天气冷的话惊蛰过后五天开始发芽。惊蛰前发的芽，气味都不好，只有惊蛰之后的才最好。民间常常把惊蛰作为制茶的节气。其他地方烘焙的时间要比北苑晚半个月左右，如果距离远的话那就更晚了。

一般要掐断茶芽，只能用指甲而不能用手指。用指甲掐容易断而且不会让它变软，用手指掐容易揉伤茶叶。采摘的时候一定要精细，清洗的时候一定要干净，蒸的时候要闻到它散发出香味，火的大小一定要控制好，只要一个环节没有把握好尺度，茶叶就会出现毛病。

比较肥厚的茶芽泡出来的水香甜，把水倒进杯子里香味也不会消散。土地贫瘠的茶芽自然就会短些，那样云脚就显得涣散，放进杯子里容易消散。叶梗长的话，见到了水就会鲜白；叶梗短的话，颜色就容易泛黄。黑色的根蒂、白色的叶子，这些都是茶叶的弊病。如果不去掉黑色的根蒂，颜色就黑而且难看。不去掉白色的叶子，味道就很苦涩。蒸芽的时候必须要熟，那样能够保留草木的气息。膏不耗干颜色就会混浊而且味道很苦。被烟熏了的话就会失去香味，压黄了就失去了它的味道，这些都是茶叶制作时的弊病。

《北苑别录》：御用的园地共有四十六处，方圆有三十多里。官平往上是内园，官坑以下的是外园。在春天御园的茶要比民间早烘焙十几天，例如九窠、十二陇、龙游窠、小苦竹、张坑、西际这些地方，又在禁园的前面。而石门、乳吉、香口这三处外焙，常常在北苑烘焙后五天到七天开工。每天采茶、蒸榨，制好后送到北苑一起制造。

以前制造茶叶的时候分为四个部分。茶匠因为有好胜的心理，相互之间爱攀比，不可能不出问题，于是就把它合成两个步骤。所以在茶堂里面有东局和西局的说法，茶铸里面有东作、西作的称呼。凡是刚出研盆的茶叶，都应该将它搅拌均匀，揉到细滑，然后再放进圈子里制成铸，放在席子上晒成黄色。这里面有花铸、有大龙、有小龙，品种不同，它的名称也就不同，主要是按照贡茶的要求制作。

采茶的时间，应该在清晨，不能等到太阳出来。早晨采摘是因为夜间的露水还没有干，茶芽肥大而且湿润。出太阳后茶叶受到了阳光的侵害，茶芽里面的内蕴就会耗尽，茶放进水里颜色不鲜明。所以每天在五更的时候召集一群人到凤凰山〔山上有伐鼓亭，每天需要使用二百二十二个人〕，监采官每人给一个牌子，入山采茶，到了辰时，就重新鸣锣聚拢，怕他们一味贪多而超过时间采些没用的。大多数的采茶人都知道怎样采茶，招募人员的时候一定要选择当地懂茶的人，不但要懂茶叶的习性，还要知道采茶的要求。

茶叶有小芽、中芽、紫芽、白合、乌蒂，不能分辨不清。小芽就像鹰爪一样小。最初的时候造的是龙团胜雪、白茶，要先将茶芽蒸熟，放进水盆里，挑选出里面的

这几幅图是中国古代从种茶、采茶到制茶的部分过程。它说明在古代中国制茶工艺已很成熟。

炒青的具体步骤是高温杀青、揉捻、复炒、烘焙至干。

精英，小的像针一样，被称为水芽，它是小芽中最好的品种。中芽，古代叫作一枪二旗。紫芽，叶子是紫色的。白合，就是抱着小芽生长的两片叶子。乌蒂，就是带头的茶叶。所有的茶叶中，水芽是最好的，小芽稍微差一点，中芽更差。紫芽、白合、乌蒂根本就不能要。只要精心挑选，茶的颜色和味道就没有不好的。如果没挑拣干净，看起来就会不均匀，颜色混浊而且味道太重。

惊蛰时万物开始萌生。每年在节前三天开始焙茶，遇到闰年就往后推一点，这是因为气候有点迟。

蒸芽要反复清洗，把它洗得清洁干净，然后再放进甑里装起来，等水开了再蒸。蒸芽就怕茶叶过熟或不熟。过熟的茶叶颜色就会变黄而且味道很清淡，不熟的茶叶颜色就会泛青而且容易沉积下去，还带有草木的气味。所以只有火候合适才行。

茶叶蒸熟，就叫茶黄，必须先淋洗几遍［让它变冷］，才能放进小榨里面，主要是去掉中间的水分，再放进大榨里面，可以把汁榨出来。［水芽就用高榨压，因为它的芽比较嫩。］榨的时候先用布帛包起来，用竹皮捆绑，然后放进大榨里面压着，压到半夜再取出来揉均匀，重新放进榨里面再榨，叫作翻榨。通宵击打，榨干以后才可以。建茶的味道深远厚重，这不是江茶可以比拟的。江茶怕榨得太干，建茶就怕榨不干。如果膏不尽的话，茶的颜色就会混浊，味道就会很重。

茶过黄以后，放进烈火里面烘焙，然后再放进开水里面，这样重复三次，再放到火上烘焙一夜，到了第二天，再过烟烘焙，火候不要过大，过大就会外面肿胀颜色很黑。更不要被烟熏了，被烟熏了就会失去香味而且还带焦味。用温火就可以了。火候的强弱，要根据銙的厚薄而定。如果銙是厚的，那就用十到十五的火；如果是薄的，就用六到八成的火候。火候够了，再过汤去色。出色之后，放进密室里，马上用扇子扇风，这样颜色就会很光洁了。

研茶的器具，最好用木杆瓦盆，分团过滤的水，都有一定的规定。胜雪、白茶这样的好茶用十六的水，拣芽这样的茶叶用六分水，小龙凤用四分，大龙凤用二分，其余都用十二分。十二分水往上的，研一团。六分水往下的，研三团到七团。每次用水研的时候，必须等到水干茶熟了才可以。水不干，茶就不会熟，看起来就会不够均匀，煎试的时候容易有沉淀。所以研的器具必须是结实有力的东西。这是天下皆知的道理，没有不长胡须就成人的。先有北苑的茶叶，才有龙井的水。龙井的水清澈甘甜，就算日夜不停地喝都不会干涸，北苑制茶都用它。这里的泉水比蜀江的水好，井水不可能有这么好，不要不相信。

姚宽在《西溪丛语》中说：建州焙茶的地方面朝北方，所以叫北苑。有一眼泉水特别的清淡，被称为御泉。用这个泉里的水泡茶，会破坏茶叶的味道。只有龙团胜雪、白茶两种可以，被称为水芽。这两种茶叶都是先蒸再挑拣。每一片茶芽要先去掉外面的两片小叶子，也就是乌蒂；然后再取出两片嫩叶子，叫作白合；将茶芽小心地放在水里，被称为水芽。聚多一点，就研制成两种，就是龙团胜雪和白茶。最好的茶，都是从这里出产的。每銙计算工价差不多二十千，其他的都是先挑拣再蒸研，味道越来越差。茶叶分成十纲，第一纲、第二纲太嫩了，第三纲最好，从第六纲到第十纲，小团到大团为止。

黄儒在《品茶要录》中记载：制茶要在惊蛰前开始，采下的芽像鹰爪一样细小。开始制造的时候叫试焙，又叫第一火，后面的是二火。二火的茶叶，已经比一火的差了。因此市场上的茶叶，只有在三火以前出来的茶叶才是最好的。特别喜欢天气稍冷一些，气候虽然阴冷但还不至于冻的时候采摘茶叶。芽出的时候最怕风霜，有的在一火二火遇到了风霜，到了三火霜就没有了，那么三火的茶叶就要好一些。天晴太阳还没出来，茶芽吸收养分而渐渐生长，采摘的人要仔细挑选。只要是试制的时候颜色很鲜白的，是经历过薄雾且在最佳时机采摘的。有的茶叶在雨水多的时候制作，颜色就会昏暗，或者气候非常炎热的时候，采摘人手里的汗沾在茶叶上面，摘下来的茶叶就不太干净，所以制造出来的虽然很多，都是很普通的茶叶。试的时候如果颜色不是鲜白的，水脚有一点泛红，这是因为时间太长了。

开始时采摘的茶芽很少，只是刚好装满筐子，都是为了要趋时争新。采回来后就蒸，蒸了以后再研。

如果没有蒸熟的话，即使是精芽也会受损。如果试的时候有桃仁气息，那就是没有蒸熟。只有正好熟了的味道才会甜美。

蒸芽要看火候，一定要谨慎小心。试的时候如果颜色泛黄而且有很大的粟纹的，这是因为蒸得过熟了。然而过熟比不熟要好，甘甜和香味要强一些。所以君谟谈论颜色，认为青白比黄白好。而我说论味道，黄白比青白好。

蒸茶的时候时间不可以太长，时间长就过熟，容易把水烧干，会出现焦烂的气味。蒸茶的人在烧干后加进水来弥补，是使茶叶变黄的重要原因。试的时候颜色昏暗，气味有些焦恶，都是蒸烂的缘故。建安人把它叫作热锅气。

茶本来是用茶芽上棬模来制作的。既然有了棬模就应该放在焙上烘焙，用火烘的时候一定要让它全部变热，再将茶叶覆盖在上面，使它的中间变空，这样可以透出火气。但是茶民不喜欢用实炭，称为冷火。新茶饼有湿气，茶民着急烘干后售出，所以用火常常带有火焰。火焰过大，如果稍微没有照看好，就会熏坏茶叶。如果试的时候颜色是昏红的，那是因为没有烘焙好。

茶叶先是黄色而后又变得很阴润的，那就是没有榨干。榨的时候应该将它的膏去尽，膏尽就像干竹叶一样。

茶树嫩芽

茶之三味得之于心，应之于手，非可以言传学到。

有人只是把表面弄得干并不榨干，这样可以多卖钱。试的时候，如果它的颜色虽鲜白，但带有苦味，这是因为没有榨干。

茶的颜色干净鲜明，那么香气和味道都会好。所以采摘上好茶叶的人，常常是在半夜的时候顶着云雾去采，或者在瓷罐里灌上新汲的泉水放在胸前，采摘后立即放进水里，这是为了保持它的新鲜。如果等到太阳出来阳光照射，茶芽暴长时采摘，如没有及时加工，采摘来的茶芽积在一起还来不及去蒸，蒸了又赶不上研，研了以后又要等到第二天再制作，试茶时颜色不鲜明，略带有臭蛋味，那是因为压黄了。

茶叶中的精品，称为斗、亚斗，其次拣芽。茶芽，斗品虽然最好，一个园户也许只有一棵。所以说天然的材料之间也有差异，不能都是这样。而且万事万物是变化无常的，人的耳朵和眼睛能力又有限，所以制作出斗品的人家，有以前好而今天差、前面不好而后面要强一些的。虽然人的力量有的能达到有的达不到，这也是造化推移而不能够改变的。他们制造的时候一火为斗，二火为亚斗，也不过十几锊而已。拣芽就不是这样了，那就是在整个园子里面选择精英。茶农可能有一味贪多的，又为加重颜色，就把白合、盗叶掺杂在里面。试茶时如果颜色鲜白而味道苦涩清淡，就是其中掺杂了白合、盗叶的缘故。〔凡是像鹰爪那样的小芽，有两片很小的叶子合抱在一起生长的，就是白合了。新的枝条和叶子刚生长出来的时候是白色的，就是盗叶。制造拣芽的人，只是拣取中间的鹰爪，连白合都不用，何况是盗叶呢？〕任何东西都不可以掺假，饮食之物更不可以。茶中如果有其他的杂草，建人称为入杂。茶中有加入柿叶的，一般的品种有加入桴槛叶的，两种叶子容易混淆，又能够滋润颜色，茶民就这样欺售而多获利。如果没有粟纹而且不甘香，杯子的水面有浮散的东西，就像是微小的细毛，或者像天上的星星一样，都是加入了杂质的缘故。善于品茶的人，将茶杯侧过来看，加入多少杂质，就都可以知道了。所有的品种里都有掺假，即使列入锊茶的，也可能有。

《万花谷》：龙焙泉在建安城东侧的凤凰山上，又叫御泉。北苑制造贡茶，茶芽像针一样细小。用这里的水研造，每片计工钱四万分。如果它的颜色白得像乳，那就是最好的了。

《文献通考》中记载：宋朝的人制造两种茶叶，分为片和散。所谓片，就是龙团旧法，所谓的散，就是茶叶不蒸直接把它晒干，就像今天的茶叶一样。这样才知道在南渡以后，没有蒸过的茶叶才算好。

《学林新编》：好的茶叶，应在社前就是惊蛰季节的前面制作；其次在火前，就是寒食节的前面；再次就是雨前，就是谷雨季节的前面。唐代僧人齐己有诗说："高人爱惜藏岩里，白甄封题寄火前。"之所以说在火前，那是因为他不知道社前的是最好的。就唐人论茶而言，虽然有陆羽的《茶经》，但是里面的观点也不太准确。到了本朝蔡君谟的《茶录》，论述就很精确了。

《苕溪诗话》中说：北苑，是官府焙茶的地方，漕司每年都要向皇上进贡；壑源，是私人焙茶的地方，那里的人也将它进献给皇上，但是茶叶还是稍差些。两地相隔了三四里远，如果是沙溪，那就是外焙，跟上面两种烘焙方法相比，就差得远了，是下等。所以鲁直有诗说："莫遣沙溪来乱真。"就是这样。官府烘焙茶叶，常常在惊蛰以后。

朱翌在《猗觉寮记》中记载：唐代制造茶叶跟现在不同，现在采茶的人采茶后马上蒸熟再焙干，唐人则是即采即炒。刘梦得《试茶歌》中说："自傍芳丛摘鹰嘴，斯须炒成满室香。"又说："阳崖阴岭各不同，未若竹下莓苔地。"生长在竹林间的茶叶最好。

《武夷志》中记载：通仙井在御茶园里，水质非常甘洌，每当制造茶叶的时候，井水就会自然溢满，供人们使用。

《金史》中记载：泰和五年的春天，废除了造茶的禁令。

张源在《茶录》中说：茶的妙处，在于制造时候的精良，贮藏得当，泡茶的方法得当。品质好坏最重要的是开始的时候，清浊的关键在后面的火候上。

火烈就有清香，能够防寒去除疲劳。火大容易烘焦，柴少就会失去翠色。时间长就太熟，时间短就会不熟。熟了就会泛出黄色，生的就呈现黑色。带白点没关系，一点不焦的最好。

储藏茶叶的地方千万不要在风口和靠近火的地方。通风茶叶就容易受冷，靠近火容易使茶变黄。应该放在我们经常坐卧的地方，靠近人气，就会保持温热而且不会寒冷。必须是板房，不适合土房子。木板房子温暖干燥，土房子里潮湿蒸热。而且还要透气，不要放在过于隐蔽的地方，那样不仅容易潮湿，而且还容易忘记查看。

谢肇淛在《五杂俎》中说：古代的人造茶，大多数将它舂细，然后再蒸。唐代诗中的"家僮隔竹敲茶臼"说的就是这个。到了宋朝的时候才开始用碾。将它揉在一起烘焙，那是本朝才开始的。但是揉的茶，恐怕没有细末容易收藏。

现在造茶团的方法没有留传下

煎茶，如同煎药，将茶叶下入水中煮熟。

来，但建茶的质量，也远远在吴会其他品种以下。其中武夷、清源两种茶，虽然能与那些上好的品种相抗衡，然而产量不多，十之八九是假货，才让它的身价萎靡不振。

福建的方山、太姥、支提，都出产好茶叶，但没有好的制造方法，所以名气没有传出去。我曾经经过松萝，遇见一个制茶的和尚，询问他的诀窍，他说："茶叶的香味，本来相差并不太多，只是烘焙的时候火候特别难把握。茶叶尖部太嫩，而蒂部太老。到火候调和的时候，尖部已经焦枯，而根部还没有熟。两者掺杂在一起，茶叶怎么会好呢？"制造松萝的时候，每片叶子都要剪掉尖部和蒂部，只留下中间的部分，这样茶就是一样的了。只是在刀工方面过于烦琐，所以价格很高。闽人急于卖出赚钱，每斤不过卖百钱，怎么会费这么多的周折呢？如果价格太高，就可能没有人来买。所以近来建茶一直不好。

罗廪在《茶解》中说：在采茶和制茶的时候，最忌讳手上有汗，身体有异味，口臭、多鼻涕、不干净的人和月经期妇人，更忌讳酒气。这是因为茶和酒的性质不合，所以采摘茶叶制茶，最忌讳的就是喝了酒去碰茶叶。

茶容易沾染其他的东西，所以无论是腥秽还是有其他异味的东西都不适合接近，即使是很著名的香也不适合靠近。

许次杼在《茶疏》中说：一定在夏天之前采摘芥茶。开始采摘的时候，被称为开园，采摘到正夏的时候，就称为春茶。如果那里的气候稍微冷一点的话，就需要等一段时间，但是又不要犯太迟的毛病。以前没有在秋天采摘的，近几年开始有了。七八月的时候再采摘一次，被称为早春，它的质量很好，就是有点少。有的山上为了追求利益，大多去摘梅茶，因为它是在梅雨的时候采摘的。梅茶有些苦涩，而且会影响秋天采摘，好的品种要忌讳摘梅茶。

开始采摘的茶叶，香气没有完全散发，必须要借助火力让它的香气散发出来。但是茶叶的本性耐不住劳顿，炒的时间不应过长。如果锅里放得太多，炒时手上的力就不均匀。放在锅里面的时间过长，茶叶过熟香气就散尽了。炒茶的锅最忌讳的就是新铁。必须准备一口炒茶时专用的锅，不能炒别的东西。也有人说经常煮饭的锅最好，既没有铁的腥味，也没有油脂的腻味。炒茶用的柴火，只能用树枝，不能用干叶子。因为干叶子容易使火力过猛，叶子容易产生火焰而且燃烧得很快。必须要把锅洗干净再炒茶叶，随摘随炒。一锅里，只能放进四两，先用文火将它炒软，再用武火催化。用手加木指快速翻炒，到半熟为止，有一点香味散发出来，就到火候了。

清明的时候太早，立夏又太迟了，谷雨的前后，是最佳时间段。如果再迟一两天，等茶叶的气力足够、香气更好的时候，就适合收藏了。

将茶叶放在庋阁的里面，它的底部垫上几层砖，四周也用砖围起来，就像火炉一样，越大越好，不要靠近土墙。把坛子放在它的上面，随时弄掉灶下的灰，冷却了之后放在坛子的旁边。半尺以外，仍然用火灰围起来，使里面的灰能够长期保持干燥，可以避免风和潮气。但千万不能让火气进到坛子里面，否则会使茶叶变黄。把平时要用的茶，放到小瓷瓶里面，也应该用箬叶包起来，千万不要被风吹。而且适合放在案头，不要接近有气味的物体，也不可以用纸包。因为茶的本性很怕纸，纸是从水中来的，纸里有很多水气。在纸里面裹一个晚上，茶叶的味道就没有了。如果再烘焙一次，马上就会变潮了。雁宕等山的茶叶，最容易患上这个毛病。纸贴在茶叶上面，怎么能变得好呢？

茶叶的味道很清淡，而且性质很容易转变，储藏的方法是喜欢温暖干燥而讨厌冰冷潮湿，喜欢清凉而讨厌蒸热，喜欢清淡而忌讳香气。用火烘焙了以后收藏，不能让太阳直晒。大家多用竹器来装茶，虽然加上了竹叶来保护，但是竹叶有力道，不会服帖，风和湿气容易侵入。至于放在地炉里，那就更不可取了。有的人用竹器来装茶，放在笼中，用火烤就会变黄，没有火就会潮，千万不要！千万不要！

闻龙在《茶笺》中说：曾经考证《茶经》，里面详细地介绍焙茶的方法。我认为现在不必完全按照这个方法。我盖了一间用来烘茶的房，高不超过八尺，长不过一丈，纵深和长相同。四周和顶部用绵纸糊得很细密，没有一点缝隙，放进三四个火缸，把新的竹筛放在缸里，预先洗一片新的麻布放在上面。将炒的茶叶散放在上面，关上窗户进行烘焙。上面不能盖东西，因为茶叶还很湿润，一旦盖上就会气息不通、颜色变黄，必须烘焙两三个小时，等到湿润的气息尽了的时候，再盖上竹箕。直到烘焙得非常干的时候再取出，冷却以后放进器具里面。收藏后再进行烘焙，也用这个办法，那么香气和味道就不会有太大的变化。

各种名茶大多用炒，只有罗岕适合蒸焙，味道蕴藉在里面，人们都很珍惜它。即使顾渚、阳羡、密迩洞山，也不再采用这种方法了。我想这种方法只适宜岕茶吧，不可把它使用在其他的茶叶上面。《茶经》上已经说了，"蒸之焙之"，就说明这种说法已经有很长时间了。

吴地的人特别重视岕茶，经常将黑色的竹叶夹杂在里面，这是个非常严重的错误。我每次收藏茶叶的时候，一定要让年轻的樵民到山里面去采摘箭竹的叶子，擦拭干净后烘干，围在茶缸的四周，留一半剪细了拌进茶叶的里面。过了一年再打开，还像刚摘的时候一样青翠。

吴兴的姚叔度说，茶多烘焙一次，香味就会减一次。我验证以后果然是这样。但是开始烘焙的时候，要把茶叶烘焙得特别干燥，多用炭和竹叶，想办法牢固封存，即使下了很长时间的雨，仍然会非常干燥。只有经常打开坛子取茶叶，才容易使它受潮，只好再次烘焙了。四月到八月，最容易出现这样的事情。九月以后，天气渐渐干爽，就不怕打开了。虽然是这样，如果不经常开取就更好了。

炒茶的时候需要一个人在旁边扇风，可以去除热气，否则茶的颜色和香味都会受到损害，这是我亲自试验过

注入适量沸水。

边注边用茶笼搅动。

茶末上浮，产生泡沫。

饼茶碾碎，置茶盏中待用。

用釜将水烧至微沸初漾。

茶叶碗里注入少量沸水调成糊状。

的。扇了的话，颜色是青翠的，如果不扇的话颜色就是黄的。炒好出锅以后，放进大的瓷盆里，仍然需要用力地扇，这样热气能够稍微减少一些。再用手揉它，然后放入锅里，用文火干炒。如果揉的话茶叶就容易上浮，倒水的时候香味就容易散发出来。田子艺认为生晒不炒不揉的茶叶最好，这个办法还没有试过。

《群芳谱》里说：用花来拌茶，会很别致。像梅花、桂花、茉莉、玫瑰、蔷薇、兰花、蕙、金橘、栀子、木香这些，都适合拌进茶里。应在这些花的香气浓的时候摘下来同茶拌在一起，三份茶叶，一份花，收起来放进瓷罐里，一层茶叶一层花间隔着填满，用纸和竹片封好放进干净的锅里，再放进汤里煮，取出来等冷却了以后，再用纸封裹起来，放在火上焙干储存起来待用。但是上好的细芽茶，不必用花香，否则会夺走它本来的味道。只有一般的茶叶才适合。

《云林遗事》中记载：莲花茶：生长在池沼里，在早饭之前，太阳刚出来的时候选择刚刚绽放的莲花蕊，用手指拨开，往里面放满茶叶，用麻丝捆扎起来。过一夜，第二天早上同花一起采摘，用茶叶纸包起来晾晒，像这样反复三次。再用锡制的罐子装起来，把口封好收藏。

邢士襄在《茶说》中记载：带着露水又没有云的时候，是采摘的最好时机。太阳出来很暖和的话，采摘的时机就差一点。太阳被云遮住的阴天，不知道是不是适合。

田艺蘅在《煮泉小品》里记载：茶芽用火烘焙的不算好，晒干的茶叶最好，也更接近自然的本色，而且没有烟焰的气味。况且茶工的手和器具不干净，火候不合适，都会破坏茶叶的香味和颜色。把生晒的茶叶放在瓯里，那样旗枪就显得舒畅，青翠鲜明，又香又干净，比火炒的好，更加可爱。

《洞山茶系》载：岕茶摘下后烘焙的时间定在立夏后的第三天，如果遇到阴雨就需要多等几天。人们都说"雨前真岕"，也许并不知道有关茶的事情。茶园开了以后，到山里面卖草枝的，每天不少于两三百石。山里的农民收下，用来以假乱真。谨慎的人家亲自去看护，采摘和烘焙的时候看得很认真，大多能得到真正的茶叶。人们竞相用高价采买，一家不过两三斤。最近有把采摘的嫩叶去掉叶尖和叶蒂，抽出细筋来烘焙的，也被称为片茶。如果不去掉尖和筋，炒完再烘焙，就会像叶子一样干枯，被称为摊茶，也很少见。还有在茶市快完的时候，采摘剩下的叶子来烘焙，又叫修山茶，虽然香味很浓但是颜色会很老，就像现在各地卖的岕片，大多是南岳的片子，可以把它叫作"骗茶"了。通常都是有很多茶叶商人等着购茶，可是又没有办法得到本岕。唉！怎么对得起陆龟蒙在九京的时候，跟之赓做的《茶人》诗呢？茶人都有卖钱的心理，现在我们只能仰望着真茶了。所以我在烦闷的时候，就念着姚合的《乞茶诗》。

《月令广义》中说：炒茶的时候一锅茶不能超过半斤，先干炒，再往上面洒水，用布卷起来揉。

挑出干净的茶叶稍微蒸一下，等到颜色变了再摊开，把湿气、热气扇去。揉好后，用火将湿气烘焙干净，再用竹叶包起来。有人说："会蒸不如会炒，会晒不如会烘焙。"茶叶炒后烘焙是最好的。

《农政全书》说：采茶的时间在四月。嫩茶对人有益，过于粗糙的茶对人有害。茶的作用是去除内脏里滞留的东西，可以让人少睡消除疲劳，功劳非常大。如果采摘、制造、贮藏不讲方法，碾细煎煮又没有把握好分寸，即使是建茶、浙茗，也只能成为很平常的品种。这种制作方法，真应该多讲。

冯梦祯在《快雪堂漫录》中记载：炒茶的锅要非常干净。茶叶要少，火势要猛烈，用手去拌炒，等茶软了再取出来摊开，放进匾里，用手轻轻揉茶。揉去已经变焦的茶梗，冷却以后再炒，炒到完全干燥为止。炒完不要马上放进瓶子里，放在干净且远离潮湿的地方。一两天后再放进锅里炒，等干燥、冷却以后再收藏。

贮藏茶叶的瓶子，先用水煮再烘干。把烧红的栗炭放进瓶面，盖上之后让它变黑。再去掉炭和灰，倒进一半茶叶，将冷炭放进去，再放茶叶，快满的时候再装进干竹叶塞实，用很厚的纸封住瓶口。再包上干燥而且没有气味的砖石压在瓶口，放在干燥通风的高处，不能靠着墙壁和有泥土的地方。

屠长卿《考槃余事》中记载：茶叶适合用竹叶包而忌讳用香叶，喜欢温暖干燥而忌讳阴冷潮湿的地方。所以收藏的办法是，先在清明的时候买一些竹叶，拣最青的预先烘焙干燥，用竹丝编起来，每四片编成一块，留着待用。再买来宜兴新出产的可盛十斤以上茶叶的坚固的大瓶，洗干净烘干后备用。从山里采来焙制的茶叶，回来后再烘焙一次，去掉里面的茶子、老叶、梗屑和焦枯的东西，用大盆装生炭，放进灶里敲细后点起火，火焰既不生烟，又不容易使火过大。把火放在茶焙下面烘焙，一次大约烘焙两斤。另将炭火放进大炉里，把瓶架在上面，烘到干燥为止。先把编好的竹叶放在下面，茶叶烘焙干燥后扇冷，再放进去。以捻起成粉末为茶叶的干燥标准。焙好后马上放进去，满了以后将竹叶盖在茶叶的上面，每一斤茶叶大约要用二两竹叶。瓶口用八尺大小的干燥纸封紧，大约有六七层，压上一块白色的木板，也必须是烘干了的。然后放在明朗而且干净的屋里的高阁上面。用的时候用干燥的宜兴小瓶子，大约可放四五两茶叶，另外储存。取用以后马上包起来整理好。夏至过后三天再烘焙一次，秋分后三天再焙一次，重阳后三天又焙一次，连山中总共焙了五次。此后直到新茶到来的时候，颜色和味道会始终如一。如果瓶子里的茶不满，应用干燥的竹叶填满，存放很长时间也不会潮湿。

还有一个办法，用中等大的坛子盛茶，一瓶大约能盛 10 斤。每年把烧的稻草灰放进大桶里，将茶瓶放进大桶，将桶的四周填满灰，瓶子的上面也用灰压实。用的时候拨开灰打开瓶子，取出少量的茶叶，再封好茶瓶盖上灰，那样就没有蒸坏的顾虑了。第二年再换上新灰。

还有一个办法，在空楼里悬上一个架子，将茶瓶口朝下放，那样就不会有蒸热的问题。因为蒸热的气息是从上往下走的。

采茶的时候自己带锅进山，另外租用一间房子，挑选采茶技术好的工人，用双倍的工价雇用。不要用手揉搓，不要让茶叶生硬，避免过焦。慢慢地将茶叶炒干，将茶叶扇冷后再贮藏到瓶中。

采的茶不能过细，太细是因为茶芽刚长出来味道还不足。不能太青，青就说明叶子已经老了味道欠嫩。必须在谷雨的前后，找带叶子的成梗，微绿色团状而且很厚的为最好。天色晴朗的时候采摘才好。像闽广岭南多有瘴疠之气，必须要等到太阳出山，雾瘴之气散尽后，才可以采摘。

明·唐寅《事茗图》
此画描绘了文人雅士夏日品茶的生活图景。透过画面，仿佛可以听见潺潺水声，闻到幽幽茶香。

冯可宾在《岕茶笺》中说：茶叶，雨水之前还没有长好，夏至以后梗叶就会太粗了。所以要采到细嫩的好茶叶，必须等到春夏交替之际。在风和日丽的时候，露水刚开始收敛，亲自监督采摘到篮子里。如果是在烈日下，应该避免篮子里蒸热，需要用伞遮盖，到家以后马上倒进干净的匾里薄薄地摊开，仔细挑出枯枝、病叶、蛸丝、青牛这些东西，一一去掉，才能称为干净。

蒸茶时要根据叶子的老嫩，来决定蒸的时间，以皮梗破碎而颜色带一点赤红为标准。如果太热，就不新鲜了。锅里的水必须时常更换，因为热水会夺走茶叶的味道。

陈眉公《太平清话》中记载：吴地的人在十月的时候采摘小春茶，这时不仅花朵开放，而且阳光晴暖。如果错过这个时候，就是霜凄雁冻，不再适合采摘。

眉公说：采摘茶叶时要精细，贮藏茶叶应该干燥，烹制茶水应该清洁。

吴拭说：山中的采茶歌凄清委婉，声音悠长，声音好像是从云际里飘来的，让人潸然泪下。即使是吴歌也不能让人这样感动。

熊明遇在《岕山茶记》中说：要将茶叶储存在器具里，先用生炭火煅烧瓶子，在烈日下晒过，火灭后，再把茶叶倒进里面。将瓶口封好，在上面压上新砖块，放在高处清爽易接近人的地方。下雨天千万不要打开，一定要等到天晴的时候再打开。取完茶后瓶子会不满，应用竹叶填满，像以前一样封闭起来，这样才能使茶保持的时间更长。

《雪蕉馆记谈》记载：明朝玉珍、子昇，在重庆取涪江青蟆石当茶磨，让宫里的人用武隆雪锦茶碾，加进大足县香霏亭的海棠花烘焙，焙出的茶味道比平常的茶要好得多。海棠本来没有香味，只有这个地方的海棠花香，用它来焙茶最好。

《诗话》记载：顾渚有涌金泉，每年造茶的时候，太守先祭拜，水才冒出来。造完了贡茶，水就变少了，到供堂的茶造完了的时候，水流已经减少了大半。太守造好茶后，水就干涸了。北苑的龙焙泉也是这样。

《紫桃轩杂缀》中说：天下本来有好茶，却被一些普通人焙坏了。有好的山水，却被凡夫俗子玷污了。有好的子弟，却被平庸的老师教坏了。真是无可奈何啊！

匡庐的山顶出产茶叶，在云雾的衬托下，别有韵致，但和尚烘焙的技术太糟糕，泡出的茶像红卤，哪里还有好茶呢？戊戌的春天在东林住了一段时间，同门的董献可、曹不随、万南仲亲自烘焙茶叶，有"浅碧从教如冻柳，清芬不遣杂花飞"的句子。制成以后，色香味都非常好。

顾渚是前朝茶叶中著名的品种，正是用采摘初芽的方法进行加工的，所谓的"罄一亩之入，仅充半环"，取的多是精华，自然美妙。在今天众多的茶叶中，都像菜蔬一样，哪有出色的呢？

金华仙洞与闽中的武夷，都是很好的原料，却被烘焙坏了。

埭头的本草卖溪庵施舍的品种，最近有苏州人进行焙制，以颜色稍青为借口，同一般的价格一样了。

《岕茶汇钞》中记载：岕茶叶不炒，放在甑中蒸熟，然后再烘焙。这是因为它摘取的时间比较晚，枝叶有一点老，炒了以后不能变软，只会变得枯碎。也有一种细炒岕茶，是在别的山上炒焙的茶叶，用来欺骗好奇的人。岕山中的人爱惜茶叶，绝对不忍心采嫩叶而伤了树的根本。我认为从其他山采的茶，也应该像岕茶一样摘迟一点蒸老一些，好像也没有什么不可以。只是没有经过尝试，不敢随便说。

茶叶在雨水前刚刚出来的为最好，只有罗岕在立夏的时候开园。吴地喜欢叶子粗厚的茶叶，有竹叶的气息，还是在立夏前六七天的时候出的，像雀舌这样的品种，最不容易得到。

《檀几丛书》记载：岳南的贡茶，是专门供天子用的，不敢买来品用。县官选好贡期在清明的时候到山里面祭祀，这时才开园采造。像松萝、虎丘颜色和香味都很丰美，自然是天家清供的，起名片茶。开始的时候也是按照岕茶的方法制作，万历年间丙辰的时候，和尚稠荫游览到松萝，才开始仿制成片。

冯时可在《滇行纪略》中记载：云南城外的石马井水，跟惠泉没有什么区别。感通寺的茶叶不比太池、伏龙茶差，只是这里的人不善焙制罢了。徽州松萝以前没听说过制茶，偶然一次机会，虎丘一位僧人到松萝庵，按照虎丘的方法焙制，才让天下的人喜欢松萝茶。只是可惜这里的泉水没有碰到陆羽，这里的茶叶没有遇上虎丘和尚啊。

《湖州志》记载：长兴县城啄木岭的金沙泉，是唐朝每年制造茶叶的地方。在湖、常两郡交界的地方，泉水在沙中，经常没有水。在造茶的时候，两郡的太守到齐后，举行仪式，拜祭泉水，泉水马上就会出现。泉水在傍晚时分清澈溢出，供皇上用的茶造好后，水就会减少；等供堂茶叶造好后，水只有一半了；太守造完茶后，水就干了。太守也许还会择期祈祷，就会出现风雷这样的变化，也许见到了蛰伏的野兽、毒蛇、木魅、阳眽这类的东西。商家也多半用顾渚的水来造茶，没有沾染金沙的。今天的紫笋，就是用顾渚水来制造的，也非常不错。

高濂在《八笺》中说：储藏茶叶的方法，是用箬竹叶封裹起来放进茶焙里，两三天一次，火的温度应该接近人的体温，湿气就会去掉了。如果火太大，茶叶就会变得焦枯而且不能食用。

陈眉公的《太平清话》记载：武夷为峒、紫帽、龙山都出产茶叶。但是和尚不善于烘焙，采来茶叶先蒸再烘焙，所以茶叶会显出紫红色，只能供宫里洗漱用了。最近有用松萝的办法制造的，试了以后，颜色和香味也很充足，但过十几天后仍然和以前一样出现紫红色。原来制茶的是几个当地和尚。告诉他们三吴的方法，他们相互转告相互效仿，又恢复了原来的样子。就必须像前人说的弹琵琶的方法一样，让他多年都不接近，完全忘掉以前的方法，再用三吴的方法来做，也许还行。

徐茂吴说："把茶叶放在坛子的底下，把竹叶放在坛口，封闭以后倒放，过了夏天也不会变黄，它的气味也不会往外泄露。"子晋说："应该倒放在有盖的缸里。缸应该是砂底，那样就不会发潮而且干燥。密封起来储存，不应见到太阳，见到太阳就容易出毛病而会损害味道。储藏又不应该放在很热的地方。新茶不适合马上享用，储藏到了黄梅季节，它的味道才好。"

张大复的《梅花笔谈》记载：松萝的香味很浓，庙后的茶味道清淡，顾渚的香气扑鼻，牙颊间感受不同，很长时间都不能忘记。但是茶精妙的地方在于制造，大凡天下正宗的产品，性质都非常相似，但是习性却不同。我深夜的时候醉酒，于是打开张震封留下的顾渚，连喝几杯就清醒了。

宗室文昭《古瓶集》记载：桐花味道很清新，所以用它的花来熏茶，称为桐茶。有"长泉细火夜煎茶，觉有桐香入齿牙"这样的句子。

王草堂的《茶说》记载：武夷的茶叶从谷雨的时候采摘到立夏，被称为头春；大约过了两旬以后再采摘，就称为二春；又隔两旬再采摘，称为三春。头春的茶叶粗壮味道浓，二春三春的茶叶渐渐变细，味道渐渐变淡，而且带有苦味。夏末秋初的时候再采摘一次，名为秋露，香气更加浓郁，味道也就更好了，但是为了来年打算，不能摘得太多。茶叶采摘以后，均匀地铺在竹筐上面，架在风口中，叫晒青。青色渐渐变淡，然后再炒焙。阳羡的芥片只蒸不炒，用火烘焙而成。松萝、龙井都是用炒而不用烘焙，所以颜色很纯。只有武夷的茶叶用烘焙和炒两种方法，烹制出来的时候半青半红，青的是炒的颜色，红的是烘焙成的颜色。采摘茶叶要摊开，摊开以后用手搅弄，香气散发出来以后马上炒，过了或者没到都不可以。炒了或者烘焙了以后，再拣去老叶和枝蒂，使茶的品质统一。释超全诗中说："如梅斯馥兰斯馨，心闲手敏工夫细。"形容得很贴切。

王草堂的《节物出典》记载：《养生仁术》中说："谷雨的时候采摘茶叶，炒制和贮藏的方法得当，可以祛痰和医治百病。"

《随见录》记载：茶叶见了太阳就会失去它的味道，只有武夷的茶叶喜欢日晒。

武夷制造茶叶，岩茶以寺庙里的制造方法为最佳。把茶叶采摘回来的时候，把背上有白毛的茶叶逐个挑出来，另外炒焙，称为白毫，又叫寿星眉。采摘刚发出的茶芽，一旗没有展开的，被称为莲子心。和两寸长的枝条一起剪下来烘焙的，被称为凤尾、龙须。要是和这样的制作方法不一样，就是欺人谋利，实在是不可取。

四、茶之器

《御史台记》：唐制，御史有三院：一曰台院，其僚为侍御史；二曰殿院，其僚为殿中侍御史；三曰察院，其僚为监察御史。察院厅居南。会昌初，监察御史郑路所葺礼察厅，谓之松厅，以其南有古松也。刑察厅谓之魇厅，以寝于此者多梦魇也。兵察厅主掌院中茶，其茶必市蜀之佳者，贮于陶器，以防暑湿。御史辄躬亲缄启，故谓之茶瓶厅。

《资暇集》：茶托子，始建中蜀相崔宁之女，以茶杯无衬，病其熨指，取楪子承之。既啜而杯倾。乃以蜡环楪子之央，其杯遂定，即命工匠以漆代蜡环，进于蜀相。蜀相奇之，为制名而话于宾亲，人人为便，用于当代。是后传者更环其底，愈新其制，以至百状焉。

贞元初，青郓油缯为荷叶形，以衬茶碗，别为一家之楪。今人多云托子始此，非也。蜀相即今升平崔家，讯则知矣。

《大观茶论·茶器》：罗、碾。碾以银为上，熟铁次之。槽欲深而峻，轮欲锐而薄。罗欲细而面紧，碾必力而速。惟再罗，则入汤轻泛，粥面光凝，尽茶之色。

盏须度茶之多少，用盏之大小。盏高茶少，则掩蔽茶色；茶多盏小，则受汤不尽。惟盏热，则茶发立耐久。

筅以筋竹老者为之，身欲厚重，筅欲疏劲，本欲壮而末必眇，当如剑脊之状。盖身厚重，则操之有力而易于运用。筅疏劲如剑脊，则击拂虽过，而浮沫不生。

瓶宜金银，大小之制惟所裁给。注汤利害，独瓶之口嘴而已。嘴之口差大而宛直，则注汤力紧而不散。嘴之末欲圆小而峻削，则用汤有节而不滴沥。盖汤力紧则发速有节，不滴沥则茶面不破。

勺之大小，当以可受一盏茶为量。有余不足，倾勺烦数，茶必冰矣。

蔡襄《茶录·茶器》：茶焙，编竹为之，裹以箬叶。盖其上以收火也，隔其中以有容也。纳火其下，去茶尺许，常温温然，所以养茶色香味也。

茶笼，茶不入焙者，宜密封裹，以箬笼盛之，置高处，切勿近湿气。

砧椎，盖以碎茶。砧，以木为之，椎则或金或铁，取于便用。

茶钤，屈金铁为之，用以炙茶。

茶碾，以银或铁为之。黄金性柔，铜及鍮石皆能生鉎［音星］，不入用。

茶罗，以绝细为佳。罗底用蜀东川鹅溪绢之密者，投汤中揉洗以罩之。

茶盏，茶色白，宜黑盏。建安所造者绀黑，纹如兔毫，其坯微厚，熁之久热难冷，最为要用。出他处者，或薄或色紫，不及也。其青白盏，斗试自不用。

茶匙要重，击拂有力。黄金为上，人间以银铁为之。竹者太轻，建茶不取。

茶瓶要小者，易于候汤，且点茶注汤有准。黄金为上，若人间以银铁或瓷石为之。若瓶大啜存，停久味过，则不佳矣。

孙穆《鸡林类事》：高丽方言，茶匙曰茶戍。

《清波杂志》：长沙匠者，造茶器极精致，工直之厚，等所用白金之数，士大夫家多有之，置几案间，但知以侈靡相夸，初不常用也。凡茶宜锡，窃意以锡为合，适用而不侈。贴以纸，则茶味易损。

张芸叟云：吕申公家有茶罗子，一金饰，一棕栏。方接客索银罗子，常客也；金罗子，禁近也；棕栏，则公辅必矣。家人常挨排于屏间以候之。

《黄庭坚集·同公择咏茶碾》诗：要及新香碾一杯，不应传宝到云来。碎身粉骨方余味，莫厌声喧万壑雷。

陶谷《清异录》：富贵汤当以银铫煮之，佳甚。铜铫煮水，锡壶注茶，次之。

《苏东坡集·扬州石塔试茶》诗：坐客皆可人，鼎器手自洁。

《秦少游集·茶臼》诗：幽人耽茗饮，刳木事捣撞。巧制合臼形，雅音伴枨棕。

秦观像

《文与可集·谢许判官惠茶器图》诗：成图画茶器，满幅写茶诗。会说工全妙，深谙句特奇。

谢宗可《咏物诗·茶笼》：此君一节莹无瑕，夜听松声漱玉华。万里引风归蟹眼，半瓶飞雪起龙芽。香凝翠发云生脚，湿满苍髯浪卷花。到手纤毫皆尽力，多因不负玉川家。

《乾淳岁时记》：禁中大庆会，用大镀金𣚣，以五色果簇订龙凤，谓之绣茶。

《演繁露》：《东坡后集二·从驾景灵宫》诗云："病贪赐茗浮铜叶。"按今御前赐茶皆不用建盏，用大汤氅，色正白，但其制样似铜叶汤氅耳。铜叶色黄褐色也。

周密《癸辛杂志》：宋时长沙茶具精妙甲天下。每副用白金三百星或五百星，凡茶之具悉备。外则以大缨银合贮之。赵南仲丞相帅潭，以黄金千两为之，以进尚方。穆陵大喜，盖内院之工所不能为也。

杨基《眉庵集·咏木茶炉》诗：绀绿仙人炼玉肤，花神为曝紫霞腴。九天清泪沾明月，一点劳心托鹧鸪。肌骨已为香魄死，梦魂犹在露团枯。孀娥莫怨花零落，分付余醺与酪奴。

张源《茶录》：茶铫，金乃水母，银备刚柔，味不咸涩，作铫最良。制必穿心，令火气易透。

茶瓯以白瓷为上，蓝者次之。

闻龙《茶笺·茶铫》：山林隐逸，水铫用银尚不易得，何况铹乎。若用之恒，归于铁也。

明·丁云鹏《玉川烹茶图》

罗廪《茶解》：茶炉，或瓦或竹皆可，而大小须与汤铫称。凡贮茶之器，始终贮茶，不得移为他用。

李如一《水南翰记》：韵书无氅字，今人呼盛茶酒器曰氅。

《檀几丛书》：品茶用瓯，白瓷为良，所谓"素瓷传静夜，芳气满闲轩"也。制宜异口邃肠，色浮浮而香不散。

《茶说》：器具精洁，茶愈为之生色。今时姑苏之锡注，时大彬之砂壶，汴梁之锡铫，湘妃竹之茶灶，宣成窑之茶盏，高人词客、贤士大夫，莫不为之珍重。即唐宋以来，茶具之精，未必有如斯之雅致。

《闻雁斋笔谈》：茶既就筐，其性必发于日，而遇知己于水。然非煮之茶灶、茶炉，则亦不佳。故曰饮茶富贵之事也。

《雪庵清史》：泉冽性驶，非扃以金银器，味必破器而走矣。有馈中泠泉于欧阳文忠者，公讶曰："君故贫士，何为致此奇贶？"徐视馈器，乃曰："水味尽矣。"噫！如公言，饮茶乃富贵事耶。尝考宋之大小龙团，始于丁谓，成于蔡襄。公闻而叹曰："君谟士人也，何至作此事！"东坡诗曰："武夷溪边粟粒芽，前丁后蔡相笼加，吾君所乏岂此物，致养口体何陋耶。"此则二公又为茶败坏多矣。故余于茶瓶而有感。

范仲淹像

茶鼎，丹山碧水之乡，月涧云龛之品，涤烦消渴，功诚不在芝术下。然不有似泛乳花浮云脚，则草堂暮云阴，松窗残雪明，何以勺之野语清。噫！鼎之有功于茶大矣哉。故日休有"立作菌蠢势，煎为潺湲声"，禹锡有"骤雨松风入鼎来，白云满碗花徘徊"，居仁有"浮花原属三昧手，竹斋自试鱼眼汤"，仲淹有"鼎磨云外首山铜，瓶携江上中泠水"，景纶有"待得声闻俱寂后，一瓯春雪胜醍醐"。噫！鼎之有功于茶大矣哉。虽然，吾犹有取卢仝"柴门反关无俗客，纱帽笼头自煎吃"，杨万里"老夫平生爱煮茗，十年烧穿折脚鼎"。如二君者，差可不负此鼎耳。

冯时可《茶录》：苊莉，一名筹筤，茶笼也。牺，木勺也，瓢也。

《宜兴志·茗壶》：陶穴环于蜀山，原名独山，东坡居阳羡时，以其似蜀中风景，改名蜀山。今山椒建东坡祠以祀之，陶烟飞染，祠宇尽黑。

冒巢民云：茶壶以小为贵，每一客一壶，任独斟饮，方得茶趣。何也？壶小则香不涣散，味不耽迟。况茶中香味，不先不后，恰有一时。太早或未足，稍缓或已过，个中之妙，清心自饮，化而裁之，存乎其人。

周高起《阳羡茗壶系》：茶至明代，不复碾屑和香药制团饼，已远过古人。近百年中，壶黜银锡及闽豫瓷，而尚宜兴陶，此又远过前人处也。陶曷取诸？取其制以本山土砂，能发真茶之色香味，不但杜工部云"倾金注玉惊人眼"，高流务以免俗也。至名手所作，一壶重不数两，价每一二十金，能使土与黄金争价。世日趋华，抑足感矣。考其创始，自金沙寺僧，久而逸其名。又提学颐山吴公读书金沙寺中，有青衣供春者，仿老僧法为之。栗色暗暗，敦庞周正，指螺纹隐隐可按，允称第一，世作龚春，误也。

万历间，有四大家：董翰、赵梁、玄锡、时朋。朋即大彬父也。大彬号少山，不务妍媚，而朴雅坚栗，妙不可思，遂于陶人擅空群之目矣。此外则有李茂林、李仲芳、徐友泉；又大彬徒欧正春、邵文金、邵文银、蒋伯䔍四人；陈用卿、陈信卿、闵鲁生、陈光甫；又婺源人陈仲美，重锼叠刻，细极鬼工；沈君用、邵盖、周后溪、邵二孙、陈俊卿、周季山、陈和之、陈挺生、承云从、沈君盛、陈辰辈，各有所长。徐友泉所自制之泥色，有海棠红、朱砂紫、定窑白、冷金

东汉·陶灶

黄、淡墨、沉香、水碧、榴皮、葵黄、闪色、梨皮等名。大彬镌款，用竹刀画之，书法娴雅。

茶洗，式如扁壶，中加一盎鬲而细窍其底，便于过水漉沙。茶藏，以闭洗过之茶者。陈仲美、沈君用各有奇制。水杓、汤铫，亦有制之尽美者，要以椰瓢锡缶为用之恒。

茗壶宜小不宜大，宜浅不宜深。壶盖宜盎不宜砥。汤力茗香俾得团结氤氲，方为佳也。

壶若有宿杂气，须满贮沸汤涤之，乘热倾去，即没于冷水中，亦急出水泻之，元气复矣。

许次杼《茶疏》：茶盒以贮日用零茶，用锡为之，从大坛中分出，若用尽时再取。

明·文徵明《品茶图》

茶壶，往时尚龚春，近日时大彬所制，极为人所重。盖是粗砂制成，正取砂无土气耳。

曚仙云：茶瓯者，予尝以瓦为之，不用瓷。以笋壳为盖，以槲叶攒覆于上，如箬笠状，以蔽其尘。用竹架盛之，极清无比。茶匙以竹编成，细如笊篱样，与尘世所用者大不凡矣，乃林下出尘之物也。煎茶用铜瓶不免汤锃，用砂铫亦嫌土气，惟纯锡为五金之母，制铫能益水德。

谢肇淛《五杂俎》：宋初闽茶，北苑为最。当时上供者，非两府禁近不得赐，而人家亦珍重爱惜。如王东城有茶囊，惟杨大年至，则取以具茶，他客莫敢望也。

《支廷训集》有《汤蕴之传》，乃茶壶也。

文震亨《长物志》：壶以砂者为上，既不夺香，又无熟汤气。锡壶有赵良璧者亦佳。吴中归锡，嘉禾黄锡，价皆最高。

《遵生八笺》：茶铫、茶瓶，瓷砂为上，铜锡次之。瓷壶注茶，砂铫煮水为上。茶盏惟宣窑坛为最，质厚白莹，样式古雅有等，宣窑印花白瓯，式样得中，而莹然如玉。次则嘉窑，心内有茶字小盏为美。欲试茶，色黄白，岂容青花乱之。注酒亦然，惟纯白色器皿为最上乘，余品皆不取。

试茶以涤器为第一要。茶瓶、茶盏、茶匙生锃，致损茶味，必须先时洗洁则美。

曹昭《格古要论》：古人吃茶汤用擎，取其易干不留滞。

陈继儒《试茶》诗，有"竹炉幽讨""松火怒飞"之句。[竹茶炉出惠山者最佳。]

《渊鉴类函·茗碗》：韩诗"茗碗纤纤捧。"

徐葆光《中山传信录》：琉球茶瓯，色黄，描青绿花草，云出土噶喇。其质少粗无花，但作水纹者，出大岛。瓯上造一小木盖，朱黑漆之，下作空心托子，制作颇工。亦有茶托、茶帚。其茶具、火炉与中国小异。

葛万里《清异论录》：时大彬茶壶，有名钓雪，似带笠而钓者。然无牵合意。

《随见录》：洋铜茶铫，来自海外。红铜荡锡，薄而轻，精而雅，烹茶最宜。

【译文】

《御史台记》记载：唐代将御史分为三院：一是台院，这里的官位是侍御史；二是殿院，这里的官位是殿中侍御史；三是察院，这里的官位是监察御史。察院大厅在南面。会昌初年，监察御史郑路修建的礼察厅被称为松厅，这是因为它的南面有古松。刑察厅被称为魔厅，因为大多数在这里睡觉的人都会梦见魔鬼。兵察厅主要管理院中的茶叶，这里的茶叶必须是蜀地市场上最好的，把它们储存在陶器里，避免高温潮湿。御史曾经亲自为它封口，所以称这里为茶瓶厅。

《资暇集》记载：茶托是从建中年间蜀国丞相崔宁的女儿兴起的，因为茶杯没有什么东西可以托住拿稳的，所以烫伤了她的手指，拿板子托住，再喝茶的时候杯子却倒了。后来用蜡环绕在碟子中央，她的杯子才稳定下来，随即让工匠用漆代替蜡环，献给丞相。丞相非常惊奇，为它取名并且告诉了宾客亲友，每个人都认为它很方便，从那时就开始用了。只是后来继承者将它的底部弄得更圆，做法更加新奇，甚至有上百种形状。

贞元初年，青郓人把它装饰成荷叶的形状，用来衬托茶碗，成为独一无二的风格。现在的人大多认为托盘从这里开始，其实不是。蜀国的丞相就是今天的崔升家，你们现在知道了吧！

《大观茶论·茶器》记载：罗、碾。碾用银制的最好，熟铁差一点。槽内应尽量深一些，轮子最好薄而且锋利。罗筛适合小巧细密，碾的时候必须用力而且快速。只有一直筛罗，茶放进开水的时候才会浮在水面上，色泽光艳，极近茶的颜色。

一杯茶所用茶叶的多少取决于茶杯的大小。杯子高茶少，就会掩盖茶叶的颜色，茶叶多而杯子小，就会只有杯子是热的而茶叶不能完全接受热量。如果只是杯子热了，那么泡开茶叶就需要很长时间。

刷洗工具应该用老竹，竹子要厚实，刷子要扎结实，上粗下细，就像剑脊一样。因为刷子厚重，需要用力拿它，用起来更得手。刷子疏劲有力跟剑背一样，那样的话，即使用力拂过桌面也不会产生泡。

瓶子应用金银铸造，至于大小，要根据实际情况而定。倒茶的关键只是瓶口而已。瓶嘴大而且近于直的话，倒茶力道紧凑就不容易泼掉。嘴小而且峻削，倒茶时不会滴沥。

勺子的大小应当以倒满一杯茶为标准。有的太小，多次用勺，茶就容易凉了。

蔡襄在《茶录·茶器》中记载：茶焙，用竹子编织成的，在外面裹上一层竹叶。盖在上面，是为了让它更耐火，将它的中间隔开，是为了增大里面的空间。在它的下面烧火，放上一定的茶水，可以保持它温热的状态，这是为了保持茶清香的本色。

蔡襄像

茶笼，茶叶如果不焙烤，就应该密封包裹起来，装进竹笼里，放在高处，千万不要靠近潮湿的地方。

椎和砧板，是用来碾碎茶叶的。砧板，是用木头制成的，椎可以是金可以是铁，取决于哪种使用更方便。

茶钤，可以用弯曲的金铁来做，是用来煮茶的。

茶碾，用银或铁做成的。黄金是柔性的，铜和硇石又容易生锈，所以不能用。

茶罗，越细密越好。罗底用蜀地东川细密的鹅溪绢，把它放进水里洗完再罩在上面。

茶杯，茶的颜色很白，容易把茶杯弄脏。建安年间制造的都是黑色的，上面的纹理就像兔毛一样，它的内壁有点厚，能够保持温度不会很快冷却，这是最重要的。其他地方出产的，不是太薄了就是颜色太深了，不能同它比。青白色的杯子，斗试的时候不能用。

茶匙要重，这样方便用力。黄金最好，普通的是用银铁制造。竹子太轻了，建茶不提倡。

茶瓶要小的，容易煮茶，而且往杯子里面倒茶的时候要非常准确。黄金的最好，不过大家都用银铁或瓷器来做。如果瓶子大了就要留着慢慢喝，放置过久味道就会变，那就不好了。

孙穆《鸡林类事》：高丽的方言，把茶匙说成茶戌。

《清波杂志》：长沙的工匠制作的茶器非常精致，工钱也同所用的白金数量差不多，仕宦人家大多有这种东西，把它放在茶几案头，只是用来炫耀财富，起初并不常用。凡是茶器都应该用锡，因为这样既适用又不显得太奢侈。贴上纸的话，茶味就容易受损。

张芸老先生说：吕申家里有茶罗子，一个是金的，一个是棕榈的。如果用银罗子接待客人，说明这只是一位普通的朋友；如果用金罗子，那就表示是很亲近的朋友；如果用棕榈的话，吕申肯定在一旁相陪。家里的下人都在屏风的后面等待上前伺候。

《黄庭坚集·同公择咏茶碾》诗云：要及新香碾一杯，不应传宝到云来。碎身粉骨方余味，莫厌声喧万壑雷。

陶谷《清异录》：富贵汤应该用银制的铫子煮，那就非常好了。如果用铜铫子煮水，锡壶用来倒茶的话，就要差一点。

《苏东坡集·扬州石塔试茶》诗云：坐客皆可人，鼎器手自洁。

《秦少游集·茶臼》诗云：幽人耽茗饮，刳木事捣撞。巧制合臼形，雅音伴枳椇。

《文与可集·谢许判官惠茶器图》诗云：成图画茶器，满幅写茶诗。会说工全妙，深谙句特奇。

谢宗可《咏物诗·茶筅》：此君一节莹无瑕，夜听松声漱玉华。万里引风归蟹眼，半瓶飞雪起龙芽。香凝翠发云生脚，湿满苍髯浪卷花。到手纤毫皆尽力，多因不负玉

明·龙泉窑豆青釉盖罐

川家。

《乾淳岁时记》：皇宫里举行重大庆祝活动的时候都会用镀金的大氅，用五色果拼成龙凤的形状，叫作绣茶。

《演繁露》：《东坡后集二·从驾景灵宫》诗中写道："病贪赐茗浮铜叶。"但是现在御赐的茶水都不用建安时期的茶杯，用大的汤氅，颜色纯白，只是它的式样同铜叶汤氅一样。铜叶色，就是黄褐色。

周密在《癸辛杂志》中记载：宋朝时期湖南长沙的茶具是天下最精致的。每副茶具用三百星或者五百星的白金，只要是茶器都备齐。用大银盒子装起来。丞相赵南仲曾经用上千两黄金制作，然后把它进献给皇上。皇上非常喜欢，因为这些都是宫里的工匠做不出来的。

杨基《眉庵集·咏木茶炉》诗：绀绿仙人炼玉肤，花神为曝紫霞腴。九天清泪沾明月，一点芳心托鹧鸪。肌骨已为香魄死，梦魂犹在露团枯。嫦娥莫怨花零落，分付余醺与酪奴。

张源《茶录》记载：茶铫子，金属于水母，银就刚柔相济，味道也不会咸涩，用它来做铫子最好。制作的时候必须在中间打眼，这样火就容易穿透。

茶瓯用白色的瓷器最好，蓝色就要差一点。

闻龙在《茶笺·茶镀》中记载：隐居在山林里面的隐士，不容易得到银制的水铫子，何况是金呢？如果要用，只能用铁制的了。

罗廪在《茶解》中说：茶炉，瓦制的和竹制的都可以，大小要同汤铫子相配套。用来装茶的器具，只能装茶，不能有其他的用途。

李如一在《水南翰记》中写道：韵书里面没有氅这个字，现在的人把装茶和酒的器具称为氅。

《檀几丛书》：品茶用的瓯，白瓷的最好，正所谓"素瓷传静夜，芳气满闲轩"。样子应该是口小腹大，茶色漂浮而且香气不会轻易散去。

《茶说》：如果器具洁净，那么茶的味道也会更加出色。今天姑苏的锡具，时大彬的砂壶，汴梁的锡铫子，湘妃竹做成的茶灶，宣成窑里的茶杯，文人墨客、仕宦官员没有不珍惜的。唐宋以来，茶具的精妙之处，都没有这样雅致的。

《闻雁斋笔谈》：把茶叶装进了筐里，它的本味会在短时间里散去，而茶的知己是水。但是如果不是用煮茶的灶、炉来煮，那也不会好。所以说饮茶是富贵的事情。

《雪庵清史》：泉水甘冽容易走味，如果不用金银器具封存，味道很快就散失了。有人送中泠泉水给欧阳修，他惊讶地说："您虽然贫穷，也不至于送这样奇怪的礼啊！"看到送水的器具，说："水味已经没有了。"哎！如果像他这样说的话，喝茶真是一件富贵的事情。有人考证宋朝的茶叶大龙团和小龙团都是从丁谓开始，到蔡襄时期才渐渐成熟。欧阳修听说后叹道："君谟是贤士，为什么做出这样的事情呢？"东坡也在诗中说："武夷溪边粟粒芽，前丁后蔡相笼加，吾君所乏岂此物，致养口体何陋耶。"这两人是由茶的弊端而发出的感慨呀！因此我对着茶瓶发出感慨。

茶鼎，山清水秀的地方，出产月涧云龛的东西，能够消除疲劳解除饥渴，功劳不在医术之下。如果没有飘着乳花浮着云脚的香茶，那么草堂暮色里，松窗残雪的月夜，又哪来的野语清谈的雅兴呢。哎！对于茶来说鼎的功劳实在是太大了。所以皮日休有"立作菌蠢势，煎为潺湲声"，刘禹锡有"骤雨松风入鼎来，白云满碗花徘徊"，居仁有"浮花原属三昧手，竹斋自试鱼眼汤"，范仲淹有"鼎磨云外首山铜，瓶携江上中泠水"，景纶有"待得声闻俱寂后，一瓯春雪胜醍醐"。哎，鼎对于茶的功劳多大呀。现在我仍然记得卢仝的那句"柴门反关无俗客，纱帽笼头自煎吃"，以及杨万里的"老夫平生爱煮茗，十年烧穿折脚鼎"。像这两人一样，才算是不辜负这个鼎啊。

据冯时可《茶录》记载：芘莉，又叫篣筤，就是茶笼。牺，就是木勺，或叫作瓢。

《宜兴志·茗壶》：陶穴在蜀山里。原名是独山，苏东坡在阳羡的时候，因为它跟蜀中的风景很像，所以将它改名为蜀山。现在山椒建有东坡祠堂可以祭祀苏东坡，因为被制陶的黑烟熏染，祠堂里都变黑了。

冒巢民说：茶壶越小越好，每一位客人一壶，任凭你独自斟饮，才能得到其中的乐趣。这是为什么呢？因为茶壶小香气就不容易散失，味道就不容易改变。何况茶中的香气不能早不能迟，只能保持一个时辰。太早就会显得不足，稍微慢点就可能过了最好的时刻，静下心来自斟自饮，品味消化都在个人了。

周高起《阳羡茗壶系》：茶到了明代，不再碾成细屑和着香料制成饼状了，这比以前的人先进。最近百年来，壶淘汰了银锡和闽豫的瓷器，开始崇尚宜兴陶器，这又比古人先进多了。陶器有什么好处？陶器是用当地山中的沙土制造的，能够保持茶叶真正的香味，不但杜工部说"倾金注玉惊人眼"，高雅的人士也免不了落入俗套啊！著名的手艺人所做的壶，不过几两重，每个壶就值一二十两黄金，能让土变得和黄金一样贵重。现在的生活越来越奢华，也足以让人感叹了。考究壶的创始，是由金沙寺的和尚发明的，时间长了名气就越来越大了。提学吴颐山在金沙寺里读书，青色的供春茶壶，按照老和尚的方法做的。颜色很暗，沉实端正，隐隐约约的螺纹可以用手指按，称得上第一，人们把它叫作龚春，这可能是错误的叫法。

万历年间，有四大家：董翰、赵梁、玄锡、时朋。时朋就是时大彬的父亲。时大彬号少山，不喜欢妍媚却崇尚朴雅，制作的陶器非常巧妙，擅长制陶的人也没有见过。此外还有李茂林、李仲芳、徐友泉；时大彬的徒弟欧正春、邵文金、邵文银、蒋伯荂四个人；陈用卿、陈信卿、闵鲁生、陈光甫；还有婺源人陈仲美善于雕刻，细致得如鬼斧神工；沈君用、邵盖、周后溪、邵二孙、陈俊卿、周季山、陈和之、陈挺生、承云从、沈君盛、陈辰之辈，都有自己的长处。徐友泉自制的泥色，有海棠红色、朱砂紫色、定窑白色、冷金黄色、淡墨色、沉香色、水碧色、榴皮色、葵黄色、闪色、梨皮等色。时大彬镌刻落款，用竹刀在上面刻，书法娴熟高雅。

茶洗，样子像扁壶，中间有一个盎离能够探到它的底部，可以过水滤沙。茶藏，用来装洗过的茶叶。陈仲美、沈君用各有自己的奇特制品。水勺、汤铫子也有制作得特别好的，如果用椰瓢和锡制作就能用得更长久。

清代描金木茶壶

茶壶宜小不宜大，宜浅不宜深。壶盖应该满而不应该平。这样茶水清香馥郁氤氲，才是好的。

壶里面如果留有其他的杂气，就需要用热水清洗，乘热倒掉，马上放到冷水里，再马上拿出把水倒掉，气味就不会再有了。

许次纾《茶疏》：茶盒是用来放置每天所用的少量茶叶的，用锡做的，从大坛中取出少量的茶，如果用完了可以再去取。

过去的茶壶崇尚龚春，现在时大彬做的茶壶特别被人们重视。那是用粗砂做成的，因为粗砂没有泥土的气息。

矑仙说：茶瓯，我曾经尝试用瓦制作，而不用瓷。用笋壳做盖子，把槲叶聚拢放在上面，像斗笠一样，可以遮挡灰尘。再用竹架支起来，清幽无比。茶匙是用竹子编成的，像笊篱一样细小，与一般人用的有很大的区别，因为它是林子里面的东西。煎茶的时候用铜瓶汤会有异味，如果用砂铫子，又会显得土气，只有纯锡才是五金之母，做出的铫子对茶水有好处。

谢肇淛《五杂俎》：宋朝初年时候的闽茶，北苑的最好。是当时向皇上进贡的茶叶，不是两府的亲信就不可能得到赏赐，所以他们也更加珍重爱惜，像王东城有一个茶囊，只在杨大年来访的时候，才拿出来喝茶用，其他的客人就不可能享受到这样的待遇。

《支廷训集》里有《汤蕴之传》，就是茶壶。

文震亨《长物志》中记载：茶壶中砂壶是上品，既不会夺走茶的香气，也没有热水的味道。锡壶中赵良璧制作的也很好，吴中归锡、嘉禾黄锡的锡器，价钱都很高。

《遵生八笺》中记载：制造茶铫子、茶瓶，用瓷砂造的是最好的，铜锡就差一点。瓷壶泡茶，砂铫子煮茶最好。茶杯只有宣窑坛的最好，内壁厚实洁白，样式古雅有致。宣窑里有白色印花的茶瓯，样式一般，但也像玉一样光洁。差一点的还有嘉窑，里面写上小字的茶杯是非常美的。如果想试茶，茶色黄白，怎么能让青色、花色在里面掺和？倒酒也是这样，只有纯白色的器皿才是最好的，其他的都不应该用。

试茶时洗净器具是最重要的。茶瓶、茶杯、茶匙这些容易产生异味，会损害茶的香味，必须先洗干净，茶的味道才会比较好。

曹昭《格古要论》：古时候的人喝茶用擎，因为它容易变干而且不留滞。

陈继儒《试茶》诗中有"竹炉幽讨""松火怒飞"的句子。〔竹茶炉惠山出产的最好。〕

《渊鉴类函·茗碗》中记有韩诗："茗碗纤纤捧。"

徐葆光的《中山传信录》记载：琉球的茶瓯，是黄色的，上面画着青绿的花草，说是从噶喇那里出土的。质地粗糙，没有花纹的，如果有水纹，那是出自大岛上的。瓯上造一木盖，漆成深红色，下面是一个空心托子，制作精致。还有茶托、茶帚等小配件。它的茶具和火炉与中国其他地方没有两样。

葛万里《清异论录》：时大彬的茶壶，有个名字叫钓雪的，就像是带着斗笠的钓鱼人。没有牵合的意思。

《随见录》：洋铜茶铫，是从海外传过来的。红铜外包着锡，又薄又轻巧，又精致又典雅，最适合煮茶了。

五、茶之煮

【原文】

唐陆羽《六羡歌》：不羡黄金罍，不羡白玉杯；不羡朝入省，不羡暮入台；千羡万羡西江水，曾向竟陵城下来。

唐张又新《水记》：故刑部侍郎刘公讳伯刍，于又新丈人行也。为学精博，有风鉴称。较水之与茶宜者，凡七等：扬子江南零水第一；无锡惠山寺石水第二；苏州虎丘寺石水第三；丹阳县观音寺井水第四；大明寺井水第五；吴淞江水第六；淮水最下第七。余尝具瓶于舟中，亲挹而比之，诚如其说也。客有熟于两浙者，言搜访未尽，余尝志之。及刺永嘉，过桐庐江，至严濑，溪色至清，水味甚冷，煎以佳茶，不可名其鲜馥也。愈于扬子、南零殊远。及至永嘉，取仙岩瀑布用之，亦不下南零，以是知客之说信矣。

陆羽论水次第凡二十种：庐山康王谷水帘水第一；无锡惠山寺石泉水第二；蕲州兰溪石下水第三；峡州扇子山下虾蟆口水第四；苏州虎丘寺石泉水第五；庐山招贤寺下方桥潭水第六；扬子江南零水第七；洪州西山瀑布泉第八；唐州桐柏县淮水源第九；庐州龙池山岭水第十；丹阳县观音寺水第十一；扬州大明寺水第十二；汉江金州上游中零水第十三［水苦］；归州玉虚洞下香溪水第十四；商州武关西洛水第十五；吴淞江水第十六；天台山西南峰千丈瀑布水第十七；柳州圆泉水第十八；桐庐严陵滩水第十九；雪水第二十［用雪不可太冷］。

唐顾况《论茶》：煎以文火细烟，煮以小鼎长泉。

苏廙《仙芽传》第九卷载"作汤十六法"谓：汤者，茶之司命。若名茶而滥汤，则与凡味同调矣。煎以老嫩言，凡三品；注以缓急言，凡三品；以器标者，共五品；以薪论者，共五品。一得一汤，二婴汤，三百寿汤，四中汤，五断脉汤，六大壮汤，七富贵汤，八秀碧汤，九压一汤，十缠口汤，十一减价汤，十二法律汤，十三一面汤，十四宵人汤，十五贱汤，十六魔汤。

丁用晦《芝田录》：唐李卫公德裕，喜惠山泉，

煮茶，即将茶叶放入冷水中煮至沸腾。

取以烹茗。自常州到京，置驿骑传送，号曰"水递"。后有僧某曰："请为相公通水脉。盖京师有一眼井与惠山泉脉相通，汲以烹茗，味殊不异。"公问："井在何坊曲？"曰："昊天观常住库后是也。"因取惠山、昊天各一瓶，杂以他水八瓶，令僧辨晰。僧止取二瓶井泉，德裕大加奇叹。

《事文类聚》：赞皇公李德裕居廊庙日，有亲知奉使于京口，公曰："还日，金山下扬子江南零水与取一壶来。"其人敬诺。及使回举棹日，因醉而忘之，泛舟至石头城下方忆，乃汲一瓶于江中，归京献之。公饮后，叹讶非常，曰："江表水味有异于顷岁矣，此水颇似建业石头城下水也。"其人即谢过，不敢隐。

《河南通志》：卢仝茶泉在济源县。仝有庄，在济源之通济桥二里余，茶泉存焉。其诗曰："买得一片田，济源花洞前。自号玉川子，有寺名玉泉。"汲此寺之泉煎茶。有《玉川子饮茶歌》，句多奇警。

《黄州志》：陆羽泉在蕲水县凤栖山下，一名兰溪泉，羽品为天下第三泉也。尝汲以烹茗，宋王元之有诗。

无尽法师《天台志》：陆羽品水，以此山瀑布泉为天下第十七水。余尝试饮，比余幽溪、蒙泉殊劣。余疑鸿渐但得至瀑布泉耳。苟遍历天台，当不取金山为第一也。

《海录》：陆羽品水，以雪水第二十，以煎茶滞而太冷也。

陆平泉《茶寮记》：唐秘书省中水最佳，故名秘水。

《檀几丛书》：唐天宝中，稠锡禅师名清晏，卓锡南岳涧上，泉忽迸石窟间，字曰真珠泉。师饮之清甘可口，曰："得此瀹吾乡桐庐茶，不亦称乎！"

《大观茶论》：水以轻清甘洁为美，用汤以鱼目、蟹眼连络迸跃为度。

《咸淳临安志》：栖霞洞内有水洞深不可测，水极甘冽。魏公尝调以瀹茗。又莲花院有三井，露井最良，取以烹茗，清甘寒冽，品为小林第一。

王氏《谈录》：公言茶品高而年多者，必稍陈。遇

曾在民间盛行的简单、便捷的茶叶冲泡方法在明代大行其道。

有茶处，春初取新芽轻炙，杂而烹之，气味自复在。襄阳试作甚佳，尝语君谟，亦以为然。

欧阳修《浮槎水记》：浮槎与龙池山皆在庐州界中，较其味不及浮槎远甚。而又新所记，以龙池为第十，浮槎之水弃而不录，以此知又新所失多矣。陆羽则不然，其论曰："山水上，江次之，井为下，山水乳泉石池漫流者上。"其言虽简，而于论水尽矣。

蔡襄《茶录》：茶或经年，则香色味皆陈。煮时先于净器中以沸汤渍之，刮去膏油，一两重即止。乃以钤钳之，用微火炙干，然后碎碾。若当年新茶，则不用此说。碾时，先以净纸密裹捶碎，然后熟碾。其大要旋碾则色白，如经宿则色昏矣。

清·任薰《竹林煮茶图》

碾毕即罗。罗细则茶浮，粗则沫浮。

候汤最难，未熟则沫浮，过熟则茶沉。前世谓之蟹眼者，过熟汤也。沉瓶中煮之不可辨，故曰候汤最难。

茶少汤多则云脚散，汤少茶多则粥面聚。［建人谓之云脚、粥面。］钞茶一钱七，先注汤，调令极匀。又添注入，环回击拂。汤上盏，可四分则止，观其面色鲜白，著盏无水痕为绝佳。建安斗试，以水痕先退者为负，耐久者为胜，故校胜负之说曰，相去一水两水。

茶有真香，而入贡者微以龙脑和膏，欲助其香。建安民间试茶，皆不入香，恐夺其真也。若烹点之际，又杂以珍果香草，其夺益甚，正当不用。

陶谷《清异录》：馔茶而幻出物像于汤面者，茶匠通神之艺也。沙门福全生于金乡，长于茶海，能注汤幻茶成一句诗，如并点四瓯，共一首绝句，泛于汤表。小小物类，唾手办尔。檀越日造门，求观汤戏。全自咏诗曰："生成盏里水丹青，巧画工夫学不成。却笑当时陆鸿渐，煎茶赢得好名声。"

茶至唐而始盛。近世有下汤运匕，别施妙诀，使汤纹水脉成物像者，禽兽、虫鱼、花草之属，纤巧如画，但须臾即就散灭，此茶之变也。时人谓之"茶百戏"。

又有漏影春法。用缕纸贴盏，糁茶而去纸，伪为花身。别以荔肉为叶，松实、鸭脚之类珍物为蕊，沸汤点搅。

《煮茶泉品》：予少得温氏所著《茶说》，尝识其水泉之目有二十焉。会西走巴峡，经虾蟆窟；北憩芜城，汲蜀冈井；东游故都，绝扬子江，留丹阳酌观音泉，过无锡斟慧山水。粉枪末旗，苏兰薪桂，且鼎且缶，以饮以歠，莫不瀹气涤虑，蠲病析酲，祛鄙吝之生心，招神明而还观。信乎！物类之得宜，臭味之所感，幽人之佳尚，前贤之精鉴，不可及已。昔郦元善于《水经》，而未尝知茶；王肃癖于茗饮，而言不及水，表是二美，吾无愧焉。

魏泰《东轩笔录》：鼎州北百里有甘泉寺，在道左，其泉清美，最宜瀹茗。林麓回抱，境亦幽胜。寇莱公谪守雷州，经此酌泉，志壁而去。未几，丁晋公窜朱崖，复经此，礼佛留题而行。天圣中，范讽以殿中丞安抚湖外，至此寺睹二相留题，徘徊慨叹，作诗以志其旁曰："平仲酌泉方顿辔，谓之礼佛继南行。层峦下瞰岚烟路，转使高僧薄宠荣。"

张邦基《墨庄漫录》：元祐六年七夕日，东坡时知扬州，与发运使晁端彦、吴倅晁无咎，大明寺汲塔院西廊并，与下院蜀井二水校其高下，以塔院水为胜。

华亭县有寒穴泉，与无锡惠山泉味相同，并尝之不觉有异，邑人知之者少。王荆公尝有诗云："神震冽冰霜，高穴雪与平。空山涳千秋，不出呜咽声。山风吹更寒，山月相与清。北客不到此，如何洗烦酲。"

罗大经《鹤林玉露》：余同年友李南金云：《茶经》以鱼目、涌泉连珠为煮水之节。然近世瀹茶，鲜以鼎镬，用瓶煮水，难以候视。则当以声辨一沸、二沸、三沸之节。又陆氏之法，以未就茶镬银，故以第二沸为合量而下末。若今以汤就茶瓯瀹之，则当用背二涉三之际为合量也。乃为声辨之诗曰："砌虫唧唧万蝉催，忽有千车捆载来。听得松风并涧水，急呼缥色绿磁杯。"其论固已精矣。然瀹茶之法，汤欲嫩而不欲老。盖汤嫩则茶味甘，老则过苦矣。若声如松风涧水而遽瀹之，岂不过于老而苦哉。惟移瓶去火，少待其沸止而瀹之，然后汤适中而茶味甘。此南金之所未讲也。因补一诗云："松风桂雨到来初，急引铜瓶离竹炉。待得声闻俱寂后，一瓯春雪胜醍醐。"

赵彦卫《云麓漫钞》：陆羽别天下水味，各立名品，有石刻行于世。《列子》云：孔子："淄渑之合，易牙能辨之。"易牙，齐威公大夫。淄渑二水，易牙知其味，威公不信，数试皆验。陆羽岂得其遗意乎？

《黄山谷集》：泸州大云寺西偏崖石上，有泉滴沥，一州泉味皆不及也。

林逋《烹北苑茶有怀》：石碾轻飞瑟瑟尘，乳花烹出建溪春。人间绝品应难识，闲对《茶

黄庭坚早年嗜酒和茶，后因病而戒酒，唯有借茶以怡情，故称茶为故人。

经》忆古人。

《东坡集》：予顷自汴入淮泛江，溯峡归蜀，饮江淮水盖弥年。既至，觉井水腥涩，百余日然后安之。以此知江水之甘于井也，审矣。今来岭外，自扬子始饮江水，及至南康，江益清驶，水益甘，则又知南江贤于北江也。近度岭入清远峡，水色如碧玉，味益胜。今游罗浮，酌泰禅师锡杖泉，则清远峡水又在其下矣。岭外惟惠州人喜斗茶，此水不虚出也。

惠山寺东为观泉亭，堂曰漪澜，泉在亭中，二井石甃相去咫尺，方圆异形。汲者多由圆井，盖方动圆静，静清而动浊也。流过漪澜，从石龙口中出，下赴大池者，有土气，不可汲。泉流冬夏不涸，张又新品为天下第二泉。

《避暑录话》：裴晋公诗云："饱食缓行初睡觉，一瓯新茗侍儿煎。脱巾斜倚绳床坐，风送水声来耳边。"公为此诗必自以为得意，然吾山居七年，享此多矣。

冯璧《东坡海南烹茶图》诗：讲筵分赐密云龙，春梦分明觉亦空。地恶九钻黎火洞，天游两腋玉川风。

《万花谷》：黄山谷有《井水帖》云："取井傍十数小石，置瓶中，令水不浊。"故《咏慧山泉》诗云"锡谷寒泉椭"［音妥］。石俱，是也。石圆而长曰椭，所以澄水。

茶家碾茶，须碾着眉上白，乃为佳。曾茶山诗云："碾处须看眉上白，分时为见眼中青。"

《舆地纪胜》：竹泉，在荆州府松滋县南。宋至和初，苦竹寺僧浚井得笔。后黄庭坚谪黔过之，视笔曰："此吾虾蟆碚所坠。"因知此泉与之相通。其诗曰："松滋县西竹林寺，苦竹林中甘井泉。巴人谩说虾蟆碚，试裹春茶来就煎。"

周辉《清波杂志》：余家惠山，泉石皆为几案间物。亲旧东来，数问松竹平安信。且时致陆子泉，茗碗殊不落寞。然顷岁亦可致于汴都，但未免瓶益气。用细砂淋过，则如新汲时，号拆洗惠山泉。天台竹沥水，彼地人断竹梢屈而取之盈瓮，若杂以他水则亟败。苏才翁与蔡君谟比茶，蔡茶精用惠山泉煮。苏茶劣用竹沥水煎，便能取胜。此说见江邻几所著《嘉祐杂志》。果尔，今喜击拂者，曾无一语及之何也？双井因山谷乃重，苏魏公尝云："平生荐举不知几何人，惟孟安序朝奉岁以双井一瓮为饷。"盖公不纳苞苴，顾独受此，其亦珍之耶。

唐代茶圣陆羽在评定天下水品二十等时，将惠山泉评为"天下第二泉"，所以人们也将其称为二泉。

《东京记》：文德殿两掖有东西上阁门，故杜诗云："东上阁之东，有井泉绝佳。"山谷《忆东坡烹茶》诗云："阁门井不落第二，竟陵谷帘空误书。"

陈舜俞《庐山记》：康王谷有水帘，飞泉破岩而下者二三十派。其广七十余尺，其高不可计。山谷诗云"谷帘煮甘露"是也。

孙月峰《坡仙食饮录》：唐人煎茶多用姜，故薛能诗云："盐损添常戒，姜宜著更夸。"据此，则又有用盐者矣。近世有此二物者，辄大笑之。然茶之中等者，用姜煎，信佳。盐则不可。

冯可宾《岕茶笺》：茶虽均出于岕，有如兰花香而味甘，过霉历秋，开坛烹之，其香愈烈，味若新沃。以汤色尚白者，真洞山也。他巘初时亦香，秋则索然矣。

《群芳谱》：世人情性嗜好各殊，而茶事则十人而九。竹炉火候，茗碗清缘。煮引风之碧云，倾浮花之雪乳。非借汤勋，何昭茶德。略而言之，其法有五：一曰择水，二曰简器，三曰忌混，四曰慎煮，五曰辨色。

《吴兴掌故录》：湖州金沙泉，至元中，中书省遣官致祭，一夕水溢，溉田千亩，赐名瑞应泉。

《职方志》：广陵蜀冈上有井，曰蜀井，言水与西蜀相通。茶品天下水有二十种，而蜀冈水为第七。

《遵生八笺》：凡点茶，先须熁盏令热，则茶面聚乳，冷则茶色不浮。［熁音胁，火迫也。］

陈眉公《太平清话》：余尝酌中泠，劣于惠山，殊不可解。后考之，乃知陆羽原以庐山谷帘泉为第一。《山疏》云："陆羽《茶经》言，瀑泻湍激者勿食。今此水瀑泻湍激无如矣，乃以为第一，何也？"又云"液泉在谷帘侧，山多云母，泉其液也，洪纤如指，清洌甘寒，远出谷帘之上，乃不得第一，又何也？"又"碧琳池东西两泉，皆极甘香，其味不减惠山，而东泉尤洌。"

蔡君谟"汤取嫩而不取老"，盖为团饼茶言耳。今旗芽枪甲，汤不足则茶神不透，茶色不明。故茗战之捷，尤在五沸。

徐渭《煎茶七类》：煮茶非漫浪，要须其人与茶品相得，故其法每传于高流隐逸，有烟霞泉石磊魂于胸次间者。

品泉以井水为下。井取汲多者，汲多则水活。

候汤眼鳞鳞起，沫饽鼓泛，投茗器中。初入汤少许，俟汤茗相投即满注，云脚渐开，乳花浮面，则味同。盖古茶用团饼碾屑，味易出。叶茶骤则乏味，过熟则味昏底滞。

张源《茶录》：山顶泉清而轻，山下泉清而重，石中泉清而甘，砂中泉清而洌，土中泉清而厚。流动者良于安静，负阴者胜于向阳。山削者泉寡，山秀者有神。真源无味，真水无香。流于黄石为佳，泻出青石无用。

明·徐渭《煎茶七类卷》
全卷文字笔锋饱满，雄健有力，姿态多变，行云流水。

汤有三大辨：一曰形辨，二曰声辨，三曰捷辨。形为内辨，声为外辨，捷为气辨。如虾眼、蟹眼、鱼目、连珠，皆为萌汤，直至涌沸如腾波鼓浪，水气全消，方是纯熟；如初声、转声、振声、骇声，皆为萌汤，直至无声，方是纯熟；如气浮一缕、二缕、三缕，及缕乱不分，氤氲缭绕，皆为萌汤，直至气直冲贯，方是纯熟。

蔡君谟因古人制茶碾磨作饼，则见沸而茶神便发。此用嫩而不用老也。今时制茶，不假罗碾，全具元体，汤须纯熟，元神始发也。

炉火通红，茶铫始上。扇起要轻疾，待汤有声，稍稍重疾，斯文武火之候也。若过乎文，则水性柔，柔则水为茶降；过于武，则火性烈，烈则茶为水制，皆不足于中和，非茶家之要旨。

投茶有序，无失其宜。先茶后汤，曰下投；汤半下茶，复以汤满，曰中投；先汤后茶，曰上投。夏宜上投，冬宜下投，春秋宜中投。

不宜用恶木、敝器、铜匙、铜铫、木桶、柴薪、烟煤、麸炭、粗童、恶婢、不洁巾帨，及各色果实香药。

谢肇淛《五杂俎》：唐薛能《茶诗》云："盐损添常戒，姜宜著更夸。"煮茶如是，味安佳？此或在竟陵翁未品题之先也。至东坡《和寄茶》诗云："老妻稚子不知爱，一半已入姜盐煎。"则业觉其非矣。而此习犹在也。今江右及楚人，尚有以姜煎茶者，虽云古风，终觉未典。

闽人苦山泉难得，多用雨水，其味甘不及山泉，而清过之。然自淮而北，则雨水苦黑，不堪煮茗矣。惟雪水，冬月藏之，入夏用，乃绝佳。夫雪固雨所凝也，宜雪而不宜雨，何哉？或曰：北方瓦屋不净，多用秽泥涂塞故耳。

古时之茶，曰煮，曰烹，曰煎。须汤如蟹眼，茶味方中。今之茶惟用沸汤投之，稍著火即色黄而味涩，不中饮矣。乃知古今煮法亦自不同也。苏才翁斗茶用天台竹沥水，乃竹露，非竹沥也。若今医家用火逼竹取沥，断不宜茶矣。

顾元庆《茶谱》：煎茶四要：一择水，二洗茶，三候汤，四择品。点茶三要：一涤器，二熁盏，三择果。

熊明遇《岕山茶记》：烹茶，水之功居大。无山泉则用天水，秋雨为上，梅雨次之。秋雨冽而白，梅雨醇而白。雪水，五谷之精也，色不能白。养水须置石子于瓮，不惟益水，而白石清泉，会心亦不在远。

《雪庵清史》：余性好清苦，独与茶宜。幸近茶乡，恣我饮啜。乃友人不辨三火三沸法，余每过饮，非失过老，则失之太嫩，致令甘香之味荡然无存，盖误于李南金之说耳。如罗玉露之论，乃为得火候也。友曰："吾性惟好读书，玩佳山水，作佛事，或时醉花前，不爱水厄，故不精于火候。昔人有言：释滞消壅。一日之利暂佳；瘠气耗精，终身之害斯大。获益则归功茶力，贻害则不谓茶灾。甘受俗名，缘此之故。"噫！茶冤甚矣。不闻秃翁之言：释滞消壅，清苦之益实多；瘠气耗精，情欲之害最大。获益则不谓茶力，自害则反谓茶殃。且无火候，不独一茶。读书而不得其趣，玩山水而不会其情，学佛而不破其宗，好色而不饮其韵，皆无火候者也。岂余爱茶而故为茶吐气哉？亦欲以此清苦之味，与故人共之耳！

煮茗之法有六要：一曰别，二曰水，三曰火，四曰汤，五曰器，六曰饮。有粗茶，有散茶，有末茶，有饼茶；有研者，有熬者，有炀者，有舂者。余幸得产茶方，又兼得烹茶六要，每遇好朋，便手自煎烹。但愿一瓯常及真，不用撑肠拄腹文字五千卷也。故曰饮之时，义远矣哉。

田艺蘅《煮泉小品》：茶，南方嘉木，日用之不可少者。品固有嫩恶，若不得其水，且煮之不得其宜，虽佳弗佳也。但饮泉觉爽，啜茗忘喧，谓非膏粱纨绔可语。爱著《煮泉小品》，与枕石漱流者商焉。

陆羽尝谓："烹茶于所产处无不佳，盖水土之宜也"。此论诚妙。况旋摘旋瀹，两及其新耶！故《茶谱》亦云"蒙之中顶茶，若获一两，以本处水煎服，即能祛宿疾"，是也。今武林诸泉，惟龙泓入品，而茶亦惟龙泓山为最。盖兹山深厚高大，佳丽秀越，为两山之主。故其泉清寒甘香，雅宜煮茶。虞伯生诗："但见瓢中清，翠影落群岫；烹煎黄金芽，不取谷雨后。"姚公绶诗："品尝顾渚风斯下，零落《茶经》奈尔何。"则风味可

明·蓝瑛《江皋飞雪图》

知矣，又况为葛仙翁炼丹之所哉。又其上为老龙泓，寒碧倍之，其地产茶为南北两山绝品。鸿渐第钱塘天竺灵隐者为下品，当未识此耳。而郡志亦只称宝云、香林、白云诸茶，皆未若龙泓之清馥隽永也。

唐·伎乐纹八棱金杯

有水有茶，不可以无火，非谓其真无火也，失所宜也。李约云："茶须活火煎"，盖谓炭火之有焰者。东坡诗云"活水仍将活火烹"，是也。余则以为山中不常得炭，且死火耳，不若枯松枝为妙。遇寒月，多拾松实房蓄，为煮茶之具，更雅。

人但知汤候，而不知火候。火然则水干，是试火当先于试水也。《吕氏春秋》伊尹说汤五味，"九沸九变，火为之纪。"

许次杼《茶疏》：甘泉旋汲，用之斯良，丙舍在城，夫岂易得。故宜多汲，贮以大瓮，但忌新器，为其火气未退，易于败水，亦易生虫。久用则善，最嫌他用。水性忌木，松杉为甚。木桶贮水，其害滋甚，挈瓶为佳耳。

沸速，则鲜嫩风逸。沸迟，则老熟昏钝。故水入铫，便须急煮。候有松声，即去盖，以息其老钝。蟹眼之后，水有微涛，是为当时。大涛鼎沸，旋至无声，是为过时。过时老汤，决不堪用。

茶注、茶铫、茶瓯，最宜荡涤。饮事甫毕，余沥残叶，必尽去之。如或少存，夺香败味。每日晨兴，必以沸汤涤过，用极熟麻布向内拭干，以竹编架覆而庋之燥处，烹时取用。

味若龙泓，清馥隽永甚。余尝一一试之，求其茶泉双绝，两浙罕伍云。

山厚者泉厚，山奇者泉奇，山清者泉清，山幽者泉幽，皆佳品也。不厚则薄，不奇则蠢，不清则浊，不幽则喧，必无用矣。

江，公也，众水共入其中也。水共则味杂，故曰江水次之。其水取去人远者，盖去人远，则湛深而无荡漾之漓耳。

严陵濑，一名七里滩，盖沙石上曰濑、曰滩也，总谓之浙江。但潮汐不及，而且深澄，故入陆品耳。余尝清秋泊钓台下，取囊中武夷、金华二茶试之，固一水也，武夷则黄而燥冽，金华则碧而清香，乃知择水当择茶也。鸿渐以婺州为次，而清臣以白乳为武夷之石，今优劣顿反矣。意者所谓离其处，水功其半者耶。

去泉再远者，不能日汲。须遣诚实山僮取之，以免石头城下之伪。苏子瞻爱玉女河水，付僧调水符以取之，亦惜其不得枕流焉耳。故曾茶山《谢送惠山泉》诗有"旧时水递费经营"之句。

汤嫩则茶味不出，过沸则水老而茶乏。惟有花而无衣，乃得点瀹之候耳。

三人以上，止热一炉。如五六人，便当两鼎炉，用一童，汤方调适。若令兼作，恐有参差。

火必以坚木炭为上。然木性未尽，尚有余烟，烟气入汤，汤必无用。故先烧令红，去其烟焰，兼取性力猛炽，水乃易沸。既红之后，方授水器，乃急扇之。愈速愈妙。毋令手停。停过之汤，宁弃而再烹。

茶不宜近阴室、厨房、市喧、小儿啼、野性人、僮奴相哄、酷热斋舍。

罗廪《茶解》：茶色白，味甘鲜，香气扑鼻，乃为精品。茶之精者，淡亦白，浓亦白，初泼白，久贮亦白。味甘色白，其香自溢，三者得则俱得也。近来好事者，或虑其色重，一注之水，投茶数片，味固不足，香亦宵然，终不免水厄之诮，虽然，尤贵择水。

香以兰花为上，蚕豆花次之。

煮茗须甘泉，次梅水。梅雨如膏，万物赖以滋养，其味独甘。梅后便不堪饮。大瓮满贮，投伏龙肝一块以澄之，即灶中心干土也，乘热投之。

李南金谓，当背二涉三之际为合量。此真赏鉴家言。而罗鹤林惧汤老，欲于松风涧水后，移瓶去火，少待沸止而瀹之。此语亦未中窾。殊不知汤既老矣，虽去火何救哉？

贮水瓮须置于阴庭，覆以纱帛，使昼挹天光，夜承星露，则英华不散，灵气常存。假令压以木石，封以纸箬，暴于日中，则内闭其实，外耗其精，水神敝矣，水味败矣。

《考槃余事》：今之茶品与《茶经》迥异，而烹制之法，亦与蔡、陆诸人全不同矣。

始如鱼目微微有声为一沸，缘边涌泉如连珠为二沸，奔涛溅沫为三沸。其法非活火不成。若薪火方交，水釜才炽，急取旋倾，水气未消，谓之嫩。若人过百息，水逾十沸，始取用之，汤已失性，谓之老。老与嫩皆非也。

《夷门广牍》：虎丘石泉，旧居第三，渐品第五。以石泉淳泓，皆雨泽之积，渗窦之潢也。况阖庐墓隧，当时石工多闷死，僧众上栖，不能无秽浊渗入。虽名陆羽泉，非天然水。道家服食，禁尸气也。

《六砚斋笔记》："武林西湖水，取贮大缸，澄淀六七日。有风雨则覆，

龙井是西湖著名五泉之一，以水质清冽甘美而闻名，而且无论天多么干旱也不会枯竭。

晴则露之，使受日月星之气。用以烹茶，甘淳有味，不逊惠麓。以其溪谷奔注，涵浸凝渟，非复一水，取精多而味自足耳。以是知凡有湖陂大浸处，皆可贮以取澄，绝胜浅流阴井，昏滞腥薄，不堪点试也。"古人好奇，饮中作百花熟水，又作五色饮，及冰蜜、糖药种种各殊。余以为皆不足尚。如值精茗，适乏细劚松枝，瀹汤漱咽而已。"

《竹懒茶衡》：处处茶皆有，然胜处未暇悉品，姑据近道日御者：虎丘气芳而味薄，乍入盎，菁英浮动，鼻端拂拂如兰初析，经喉咙亦快然，然必惠麓水，甘醇足佐其寡薄。龙井味极腴厚，色如淡金，气亦沉寂，而咀咽之久，鲜腴潮舌，又必借虎跑空寒熨齿之泉发之，然后饮者，领隽永之滋，无昏滞之恨耳。

松雨斋《运泉约》：吾辈竹雪神期，松风齿颊，暂随饮啄人间，终拟逍遥物外。名山未即，尘海何辞！然而搜奇炼句，液沥易枯；涤滞洗蒙，茗泉不废。月团三百，喜拆鱼缄；槐火一篝，惊翻蟹眼。陆季疵之著述，既奉典刑；张又新之编摩，能无鼓吹。昔卫公宦达中书，颇烦递水；杜老潜居夔峡，险叫湿云。今者，环处惠麓，逾二百里而遥；问渡松陵，不三四日而至。登新捐旧，转手妙若辘轳；取便费廉，用力省于桔槔。凡吾清士，咸赴嘉盟。运惠水：每坛偿舟力费银三分，水坛坛价及坛盖自备不计。水至，走报各友，令人自抬。每月上旬敛银，中旬运水。月运一次，以致清新。愿者书号于左，以便登册，并开坛数，如数付银。某月某日付。松雨斋主人谨订。

《岕茶汇钞》：烹时先以上品泉水涤烹器，务鲜务洁。次以热水涤茶叶，水若太滚，恐一涤味损，当以竹箸夹茶于涤器中，反复洗荡，去尘土、黄叶、老梗既尽，乃以手搦干，置涤器内盖定。少刻开视，色青香洌，急取沸水泼之。夏先贮水入茶，冬先贮茶入水。

茶色贵白，然白亦不难。泉清、瓶洁、叶少、水洌，旋烹旋啜，其色自白，然真味抑郁，徒为目食耳。若取青绿，则天池、松萝及岕之最下者，虽冬月，色亦如苔衣，何足为妙？若余所收真洞山茶，自谷雨后五日者，以汤荡浣，贮壶良久，其色如玉。至冬则嫩绿，味甘色淡，韵清气醇，亦作婴儿肉香。而芝芬浮荡，则虎丘所无也。

《洞山茶系》：岕茶德全，策勋惟归洗控。沸汤泼叶，即起洗鬲，敛其出液。候汤可下指，即下洗鬲，排荡沙沫。复起，并指控干，闭之茶藏候投。盖他茶欲按时分投，惟岕既经洗控，神理绵绵，止须上投耳。

《天下名胜志》：宜兴县湖汶镇，有于潜泉，窦穴阔二尺许，状如井。其源洑流潜通，味颇甘洌，唐修茶贡，此泉亦递进。

洞庭缥缈峰西北，有水月寺，寺东入小青坞，有泉莹澈甘凉，冬夏不涸。宋李弥大名之曰"无碍泉。"

白居易像

安吉州碧玉泉为冠，清可鉴发，香可瀹茗。"

徐献忠《水品》：泉甘者，试称之必厚重，其所由来者远大使然也。江中南零水，自岷江发源数千里，始澄于两石间，其性亦重厚，故甘也。

处士《茶经》，不但择水，其火用炭或劲薪。其炭曾经燔为腥气所及，及膏木败器，不用之。古人辨劳薪之味，殆有旨也。

山深厚者，雄大者，气盛丽者，必出佳泉。

张大复《梅花笔谈》：茶性必发于水，八分之茶遇十分之水，茶亦十分矣。八分之水试十分之茶，茶只八分耳。

《岩栖幽事》：黄山谷赋："汹汹乎，如涧松之发清吹；浩浩乎，如春空之行白云。"可谓得煎茶三昧。

扫叶煎茶乃韵事，须人品与茶相得。故其法往往传于高流隐逸，有烟霞泉石磊块胸次者。

《涌幢小品》：天下第四泉，在上饶县北茶山寺。唐陆鸿渐寓其地，即山种茶，酌以烹之，品其等为第四。邑人尚书杨麒读书于此，因取以为号。"余在京三年，取汲德胜门外水烹茶，最佳。""大内御用井，亦西山泉脉所灌，真天汉第一品，陆羽所不及载。""俗语'芒种逢壬便立霉'，霉后积水烹茶，甚香洌，可久藏，一交夏至便迥别矣。试之良验。"家居苦泉水难得，自以意取寻常水煮滚，入大磁缸，置庭中避日色。俟夜天色皎洁，开缸受露，凡三夕，其清澈底。积垢二三寸，亟取出，以坛盛之，烹茶与惠泉无异。

闻龙《它泉记》：吾乡四陲皆山，泉水在在有之，然皆淡而不甘。独所谓它泉者，其源出自四明，自洞抵埭，不下三数百里。水色蔚蓝。素沙白石，粼粼见底。清寒甘滑，甲于郡中。

《玉堂丛语》：黄谏尝作《京师泉品》，郊原玉泉第一，京城文华殿东大庖井第一。后谪广州，评泉以鸡爬井为第一，更名学士泉。

吴栻云："武夷泉出南山者，皆洁洌味短。北山泉味迥别。盖两山形似而脉不同也。"予携茶具共访得三十九处，其最下者亦无硬洌气质。

王新城《陇蜀余闻》：百花潭有巨石三，水流其中，汲之煎茶，清洌异于他水。

《居易录》：济源县段少司空园，是玉川子煎茶处。中有二泉，或曰玉泉，去盘谷不十里；门外一水曰漭水，出王屋山。按《通志》，玉泉在泷水上，卢仝煎茶于此，今《水经注》不载。

《分甘余话》：一水，水名也。郦元《水经注·渭水》："又东会一水，发源吴山。"《地理志》："吴山，古汧山也，山下石穴，水溢石空，悬波侧注。"按此即一水之源，在灵应峰下，所谓"西镇灵湫"是也。余丙子祭告西镇，常品茶于此，味与西山玉泉极相似。

《古夫于亭杂录》：唐刘伯刍品水，以中泠为第一，惠山、虎丘次之。陆羽则以康王谷为第一，而次以惠山。古今耳食者，遂以为不易之论。其实二子所见，不过江南数百里内之水，远如峡中虾蟆碚，才一见耳。不知大江以北如吾郡，发地皆泉，其著名者七十有二。以之烹茶，皆不在惠泉之下。宋李文叔格非，郡人也，尝作《济南水记》，与《洛阳名园记》并传。惜《水记》不存，无以正二子之陋耳。谢在杭品平生所见之水，首济南趵突，次以益都孝妇泉〔在颜神镇〕、青州范公泉，而尚未见章丘之百脉泉，右皆吾郡之水，二子何尝多见。予尝题王秋史苹"二十四泉草堂"云："翻怜陆鸿渐，跬步限江东"，正此意也。

陆次云《湖壖杂记》：龙井泉从龙口中泻出。水在池内，其气恬然。若游人注视久之，忽波澜涌起，如欲雨之状。

张鹏翮《奉使日记》：葱岭乾涧侧有旧二井，从旁掘地七八尺，得水甘冽，可煮茗。字之曰"塞外第一泉。"

《广舆记》：永平滦州有扶苏泉，甚甘冽。秦太子扶苏尝憩此。

江宁摄山千佛岭下，石壁上刻隶书六字，曰："白乳泉试茶亭"。

钟山八功德水，一清、二冷、三香、四柔、五甘、六净、七不饐、八蠲疴。

丹阳玉乳泉，唐刘伯刍论此水为天下第四。"宁州双井在黄山谷所居之南，汲以造茶，绝胜他处。""杭州孤山下有金沙泉，唐白居易尝酌此泉，甘美可爱。视其地沙光灿如金，因名。""安陆府沔阳有陆子泉，一名文学泉。唐陆羽嗜茶，得泉以试，故名。"

《增订广舆记》：玉泉山，泉出石罅间，因凿石为螭头，泉从口出，味极甘美。潴为池，广三丈，东跨小石桥，名曰玉泉垂虹。

品茶与品境都是中国文化的一种追求。

《武夷山志》：山南虎啸岩语儿泉，浓若停膏，泻杯中鉴毛发，味甘而博，啜之有软顺意。次则天柱三敲泉，而茶园喊泉可伯仲矣。北山泉味迥别。小桃源一泉，高地尺许，汲不可竭，谓之高泉，纯远而逸，致韵双发，愈啜愈想愈深，不可以味名也。次则接笋之仙掌露，其最下者，亦无硬冽气质。

《中山传信录》：琉球烹茶，以茶末杂细粉少许入碗，沸水半瓯，用小竹帚搅数十次，起沫满瓯面为度，以敬宾。且有以大螺壳烹茶者。

《随见录》：安庆府宿松县东门外，孚玉山下福昌寺旁井，曰龙井，水味清甘，瀹茗甚佳，质与溪泉较重。

【译文】

唐朝的陆羽在《六羡歌》中写道：不羡慕用黄金做的壶，不羡慕用白玉做的杯子，不羡慕早进官府晚进高台的生活，只羡慕西江的水，曾经在竟陵城下流过。

唐朝张又新在《水记》中记载：以前的刑部侍郎刘伯刍，学识渊博，有风鉴的称号。他把适合茶的水分为七个等级：扬子江南零的水第一；无锡惠山寺的石水第二；苏州虎丘寺石水第三；丹阳县观音寺井水第四；大明寺的井水第五；吴淞江水第六；淮水最差是第七。我曾经把瓶子带到船上，亲自收集评比，果然同他说的一样。熟悉两浙的人说我搜访得不全面，我曾经记下来了。后来到了永嘉，经过桐庐江，到达严濑，溪水的颜色非常清，水的味道很冷，用它来煎制茶叶，其清香的韵味难以说清楚，同扬子江南零的水差别很大。到永嘉以后，用仙岩瀑布的水煎茶，也不比南零的水差，这才知道别人所说的是正确的。

张又新，唐朝人，一生颠沛，尤嗜饮茶，对煮茶用水颇有心得。其所著《煎茶水记》是我国第一部专门评述煮茶用水的鉴水专著。

陆羽论水的等级有二十种：庐山康王谷水第一；无锡惠山寺石泉水第二；蕲州兰溪石下的水为第三；峡州扇子山下虾蟆口的水第四；苏州虎丘寺石泉水第五；庐山招贤寺下方的桥潭水第六；扬子江南零水第七；洪州西山瀑布泉水第八；唐州桐柏县淮水源第九；庐州龙池山岭水第十；丹阳县观音寺水第十一；扬州大明寺水第十二；汉江金州上游中零水第十三［水苦］；归州玉虚洞下面的香溪水第十四；商州武关西面的洛水第十五；吴淞江水第十六；天台山西南峰千丈瀑布水第十七；柳州圆泉水第十八；桐庐严陵滩水第十九；雪水第二十［用雪不可以太冷］。

唐代顾况《论茶》：用文火煎茶，用小鼎长泉煮茶。

苏廙《仙芽传》第九卷中记载了"做汤的十六种方法"：水是煮茶的关键。如果好茶没有用好水煮，那就跟普通茶的味道没有区别。根据水煮的老嫩分为三种；根据倒入的快慢分，也有三种；根据器具来分，共有五种；根据煮茶用的柴分，为五种。一是一汤，二是婴汤，三是百寿汤，四是中汤，五是断脉汤，六是大壮汤，七是富贵汤，八是秀碧汤，九是压一汤，十是缠口汤，十一是减价汤，十二是法律汤，十三是一面汤，十四是宵人汤，十五是贱汤，十六是魔汤。

丁用晦在《芝田录》中说：唐朝的李卫，喜欢用惠山的泉水煮茶。从常州运到京城，用驿马传送，被称为"水递"。后来有和尚说："我愿意为您打通水脉。京师里面有一眼井水同惠山泉的水脉是相通的，用来煮茶，味道跟惠山泉一样。"李卫说："井在什么地方呢？"回答说："昊天观常住的仓库后面就是。"取来惠山和昊天的水各一瓶，加上其他地方的八瓶水，让和尚来辨别。和尚只取出这两瓶水，李卫非常惊叹。

《事文类聚》中记载：赞皇公李德裕在朝当政的时候，有个朋友奉皇上的圣旨到京口公干，他说："你回来的时候，带一壶金山下的扬子江水回来。"这人答应了。回来时，因为喝醉了酒忘记了，船到了石头城下才想起这件事情，于是这个人取了一瓶江中的水，回到京城献给他。李德裕喝了之后，非常惊讶地说："水的味道同往年的不大一样啊，这个水很像建业石头城下面的水。"这位朋友马上上前谢罪，如实相告，不敢隐瞒。

《河南通志》中记载：卢仝茶水的水源在济源县。卢仝有一处庄园在离济源县通济桥二里远的地方，泉水就在庄园里。他的诗中说："买得一片田，济源花洞前。自号玉川子，有寺名玉泉。"他汲取寺中的泉水煎茶，有《玉川子饮茶歌》，里面很多句子非常新颖深切。

《黄州志》记载：陆羽泉在蕲水县凤栖山下，又叫兰溪泉，陆羽曾取过这里的水煮茶，把它评为天下第三泉水。宋朝的王元之有诗记载。

无尽法师在《天台志》中说：陆羽品水，把这座山上的瀑布水排在天下第十七位。我曾经试喝过，比我幽溪、蒙泉的水要差一点。我怀疑陆羽只到了瀑布。如果走遍了天台，应该不会把金山的水列为第一吧。

《海录》中记载：陆羽品水，认为雪水可以排在第二十位，可是用它来煎茶太冷了。

陆平泉《茶寮记》中说：唐朝秘书省的水最好，所以又称为秘水。

《檀几丛书》：唐朝天宝年间，叫清晏的稠锡禅师，站在南岳山上用锡杖一顿，泉水突然从石窟间迸发出来，名叫真珠泉。大师喝后感觉清香可口，说："用这个水泡我们家乡的桐庐茶，不是很合适吗？"

《大观茶论》：水是清幽甘甜洁净的最好，把水煮开，滚开的气泡像鱼和蟹子的眼睛一样正好。

《咸淳临安志》：栖霞洞里有水洞深不可测，水的味道非常甘洌。魏公曾用它烹制茶水。另外莲花院里有三口井，露天的井水最好，取出来煮茶，感觉清洌甘甜，被评为小林第一。

王氏《谈录》：都说好茶叶时间长了就会陈旧一些。我在产茶的地方看到，春初时取出炒好的新茶叶，同陈茶夹杂在一起煮，气味自然还在。米芾（号襄阳漫士）试过很好，曾经同蔡君谟说，他也这样认为。

茶盘的质地可为竹子、瓷质、紫砂、金属、原木，形状有规则形、自然形、排水形等多种。

欧阳修在《浮槎水记》中说：浮槎和龙池山都在庐州的境内，但龙池水的味道和浮槎的差距较大。唐代张又新，认为龙池水是第十，浮槎的水没有录入，可见他忽略的地方太多了。陆羽就不一样了，他说："山上的水最好，江水差一点，井水最差，山水乳泉从石池漫流而下的最好。"他的话虽然简单，但是就评水来说已经很全面了。

蔡襄《茶录》：如果茶叶放置的时间超过了一年，香色味就会有些陈旧。煮的时候先放进干净的器具里用开水洗一遍，去掉一两重的膏油就可以了。再用钳子夹着，用小火烘干，再碾碎。如果是当年的新茶，就不需要用这个方法。碾的时候先用干净的纸包起来捣碎，再碾，要碾到颜色变白，如果过夜，颜色就会昏暗。

碾完了以后再罗。罗得细冲泡时茶叶就会浮起来，罗得粗茶沫就会浮在上面。

候汤最难，没有熟的话碎末就浮在上面，过熟茶叶就沉下去了。前人所说的蟹眼，就是过熟的汤水。在瓶子里面煮辨别不出来，所以说候汤最难。

茶叶少水多就会云脚涣散，水少茶叶多就会聚在水面上。[建安人称之为云脚、粥面。]炒茶一钱七分，先加水，调和均匀。再加进水，来回搅拌。水倒进杯子，只要倒四成满就可以了，看到颜色鲜白，杯子上没有水的痕迹是最好的。建安人斗茶，水痕先退的为输者，坚持时间长的为胜者，所以论输赢有一说法，叫相去一水两水。

茶叶有真香，但作为贡品的茶叶要稍掺一点龙脑在水里，是为了使它的香气更浓。建安民间试茶的时候，都不放进香料，主要是怕夺走了茶叶真正的香味。如果在烹制的时候，加进了果实香草，它们会夺取香味，严格地讲是不应该加的。

陶谷《清异录》记载：冲茶时在茶水的表面幻化出物体的形象，是因为茶匠有精湛的手艺。沙门福全生在金乡，长在茶海，注水入茶时能在水面上幻化成一句诗。如果一起倒上四瓯，那就能组成一首绝句，漂浮在表面。小小的物体，能够清晰地辨认。施主每天登门布施，想要观看这种表演，福全自己咏诗说："生成盏里水丹青，巧画工夫学不成。却笑当时陆鸿渐，煎茶赢得好名声。"

茶到唐代才开始盛行。最近有在茶汤水里使用调羹，施加秘诀，使水的纹路形成物体的形象，例如禽兽、虫鱼、花草这样的东西，精巧得像画卷一样，但一会儿就散失了，这就是茶水的变化。有人称它为"茶百戏"。

还有漏影春法。用镂空的纸贴在茶杯里，加水去纸，现出图案。加上荔枝的肉做叶子，松实、鸭脚之类珍稀的物品做蕊，加进开水搅拌。

《煮茶泉品》：我少年时候读过温氏的《茶说》，从中知道有名的泉水二十多处。我往西到过巴峡，经过虾蟆窟；往北曾在芜城歇息，汲取过蜀冈井的水；往东游览过故都，一直走到扬子江，在丹阳停留，喝过观音泉的水，还经过无锡品尝过慧山的水。用粉枪禾旗这样的

《东坡煮茶图》

好茶，用兰草桂木这样好的柴火，一边烹煮，一边品尝，那真是回肠荡气，百病全消，抑郁烦躁挥之而去，神清气爽充满全身。这才理解，那美好气息的感染，那幽静的感觉，即使前辈贤士精湛的说法，都不能达到。过去郦元善著过《水经》，但却不知道茶叶；王肃热衷于喝茶，却没提到过水，要说出茶和水这二者的美好，我可以说当之无愧。

寇准像

魏泰《东轩笔录》：鼎州往北百里远的地方有一座甘泉寺，在路的左侧有眼泉水清澈美味，最适合泡茶。四周绿荫环抱，环境也很幽雅。寇准（世称寇莱公）被贬到雷州时，经过这里喝水，在墙壁上题字后才离去。没过多久，丁晋公又经过这里，拜佛题字后才走。天圣年间，范讽作为殿中丞来到安抚湖外，到这座寺观看了上面题留的文字，徘徊感叹，在旁边作诗说："平仲酌泉方顿辔，谓之礼佛继南行。层峦下瞰岚烟路，转使高僧薄宠荣。"

张邦基《墨庄漫录》中记载：元祐六年七夕的时候，苏东坡在扬州任职，跟发运使晁端彦、扬州通判晁补之（字无咎）等人，汲取大明寺塔院西廊井水同下院蜀井的水比较高下，认为塔院的水比较好。

华亭县有寒穴泉，和无锡惠山泉水的味道相同，放在一起品尝，没觉得有什么不同，当地很少有人知道。王荆公曾经有诗说："神震冽冰霜，高穴雪与平。空山淳千秋，不出呜咽声。山风吹更寒，山月相与清。北客不到此，如何洗烦醒。"

罗大经《鹤林玉露》：我的同年好友李南金说：《茶经》里记载水开到水泡像鱼的眼睛、像连珠一样往上冒为标准。但是近来很少用鼎镬煮茶，如果用瓶子煮水，很难看到这些。那就应用声音来分辨水一开、二开、三开的程度。另外还有陆羽的方法，是放茶末在鼎镬里煮，所以在水二沸时放茶叶比较合适。如果像现在这样把开水冲进茶壶泡茶，那就应该在二沸和三沸之间，才算合适。为此赋诗说："砌虫唧唧万蝉催，忽有千车捆载来。听得松风并涧水，急呼缥色绿磁杯。"这种说法虽然很精确。但对于茶来说，水应该嫩而不应该老。如果汤嫩的话茶叶的味道就很甜，味道太老就会很苦。如果声音像松风涧水一样再冲茶，不是太老、太苦了吗？只能移掉瓶子去掉火，等它停止沸腾再说，那样水适中，茶叶的味道就会很甜美。这是南金没有讲到的。因此补充一首诗："松风桂雨到来初，急引铜瓶离竹炉。待得声闻俱寂后，一瓯春雪胜醍醐。"

赵彦卫《云麓漫钞》：陆羽将天下水的味道，分别列出了有名的品种，刻在石头上流传后代。《列子》中记载：孔子曾说："淄渑之合，易牙能辨之。"易牙，是齐威公的大夫。淄、渑这两种水，易牙知道它们的味道，威公不相信，多次试探都很灵验。陆羽能得到他遗留的意韵吗？

《黄山谷集》：泸州大云寺偏西的崖石上，有泉水往下滴，周围泉水的味道都比不上它。

林逋《烹北苑茶有怀》：石碾轻飞瑟瑟尘，乳花烹出建溪春。人间绝品应难识，闲对《茶经》忆古人。

《东坡集》：我从汴京到淮水，逆流而上到达蜀地，喝了很多年江淮的水。到了这里，觉得井水的味道非常腥涩，喝了上百天才好一点。由此可知江水比井水要甜一些。现在来到岭外，从扬子江开始喝江水，到了南康，江水更加清澈，水也更加甘甜，于是又知道南方的江水比北方的江水要好。最近来到清远峡，水的颜色就像碧玉一样，味道更好了。现在游览到了罗浮，喝泰禅师的锡杖泉水，清远峡的水又比不上它了。岭外只有惠州的人喜欢比试茶水，可见此水不白流啊。

惠山寺的东面是观泉亭，有个亭子被称为漪澜，泉水在亭子的中间，二井距离很近，一圆一方两种形状。人们多取圆井里的水，因为方井里的水是流动的而圆井里的水是静的，不动水自然显得清澈，而动就会使水变得混浊。流过漪澜，从石制的龙口中出来，往下流到大池的水，有泥土的气息，不可汲取。泉水整年都不干涸，张又新称它是天下第二泉。

《避暑录话》：裴晋公有诗写道："饱食缓行初睡觉，一瓯新茗侍儿煎。脱巾斜倚绳床坐，风送水声来耳边。"他作这首诗的时候一定颇为自得，而我在山里居住了七年，已经享受这种生活很长时间了。

冯璧《东坡海南烹茶图》题诗：讲筵分赐密云龙，春梦分明觉亦空。地恶九钻黎火洞，天游两腋玉川风。

《万花谷》：黄山谷有《井水帖》写道："把井旁十几颗小石子放在瓶子里，可以让水不混浊。"所以《咏慧山泉》诗中说"锡谷寒泉椭石俱"是也。长而圆的石头叫椭圆，所以能澄清水源。

茶家碾茶，必须碾到上面现出白色，才是最好的。曾几（号茶山居士）诗中说："碾处须看眉上白，分时为见眼中青。"

《舆地纪胜》：竹泉，在荆州府松滋县的南面。宋代至和年初，苦竹寺的和尚在淘井时得到一支笔。后来黄庭坚被贬到贵州时经过这里，看到笔说："这是我在虾蟆碚那里丢失的。"可知这两个泉水是相通的。他在诗中说："松滋县西竹林寺，苦竹林中甘井泉。巴人漫说虾蟆碚，试裹春茶来就煎。"

周辉《清波杂志》中记载：我家在惠山，泉水和石头都是几案上摆放的东西。亲戚东

当代茶具

来，多次问到松竹的情况。到了陆子泉，好茶是少不了的。虽然取了惠山泉水很快就能到汴京，但是也会觉得瓶子中水气不够纯。如果把水用细沙滤过，就会像刚取的一样了，被称为拆洗惠山泉。天台山的竹沥水，是那个地方的人将砍断的竹子弄弯把水装进去的，如果夹杂其他的水就不好了。苏才翁和蔡君谟比茶，蔡君谟的茶好，用惠山泉的水煮，苏才翁的茶不好，用竹沥水煮，苏才翁却取胜了。这种说法在江邻几所写的《嘉祐杂志》可以看到。如果真是这样的话，今天喜欢茶事的人，怎么没有提到过一句呢？双井因为黄庭坚（号山谷道人）才被重视，苏魏公曾经说："我一生不知荐举了多少人，只有孟安

序朝奉每年送给我一坛双井里的水。"苏魏公从不接受
礼物，唯独接受这坛水，可见对它的珍惜。

《东京记》：文德殿的两旁有东西上阁门，所以杜
诗中说："东上阁之东，有井泉绝佳。"黄庭坚《忆东坡
烹茶》诗中说："阁门井不落第二，竟陵谷帘空误书。"

陈舜俞《庐山记》：康王谷里有水帘，泉水从岩
石上飞下有二三十个支流。大约有七十多尺宽，水流
的高度不可估测。黄庭坚诗中说"谷帘煮甘露"说的
就是这里的水。

明·三足鼎炉壶

孙月峰《坡仙食饮录》：唐代的人多用姜煎茶，所以薛能诗中说："盐损添常戒，
姜宜著更夸。"根据这种说法，又有用盐煎茶的了。如果现在还用这两种东西煎茶，应
该会被人大笑。但是中等的茶，用姜煎应该很好，盐就不可以了。

冯可宾《岕茶笺》：茶叶虽然都出自岕，有像兰花一样香甜的味道，过了雷雨季
节，经历了秋天以后，再打开坛子烹煮，它的香味会更浓烈，味道同新茶一样。如果
茶水颜色很白，就是真正的洞山。其他的品种刚开始的时候也很香，但是到了秋天就
会变得索然无味了。

《群芳谱》：人们喜欢的事物各不相同，但对于茶来说十个人中有九个人喜欢。不
过是竹炉火候适用得当，再加上好茶碗、清水的缘故。煮了以后有水气上升，上面浮
着白色的水花。不是水的功劳，哪来这么好的茶呢？简单地说，煮茶有五个技巧：一
是选择水，二是选用器具，三忌讳混杂，四是小心地蒸煮，五是分辨颜色。

《吴兴掌故录》：湖州的金沙泉，到了元代，中书省派官员祭拜，水一会儿就溢出
来了，灌溉了千亩良田，把它赐名为瑞应泉。

《职方志》：广陵蜀冈上有口井，叫作蜀井，据说井里的水是与西蜀相通的。陆羽
品评过的天下水有二十种，而蜀冈的水是第七。

《遵生八笺》：泡茶时，必须先把杯子烘热，那么茶就会在表面聚拢，如果杯子冷
茶的颜色会不浮。[�音胁，就是火烤的意思。]

陈眉公《太平清话》：我曾经喝中泠水，比惠山的水差，不明白为什么。后来进行
考证，才知道陆羽原把庐山谷帘泉的水列为第一。《山疏》中说："陆羽《茶经》中说，
泻下很急的瀑布水不要饮用。但这里的瀑布流得十分湍急，却把它列为第一，这是为什
么呢？"又说："液泉在谷帘的旁边，山上有很多云母石，泉水是它的汁水，流得很急，
清冽甘冷，远胜过谷帘，却不是第一，这是为什么呢？"还有，"碧琳池的东西方向有
两眼泉水，都非常甘甜清香，味道都不比惠山差，尤其东面的泉水更好"。

蔡君谟所说的"水应该取嫩而不取老"，都是对团饼的茶叶而言。现在的旗芽枪
甲，如果汤水不好茶叶的神韵就不能完全散发出来，茶叶的颜色就会不分明。所以斗
茶要取胜，关键在将水煮到五次沸腾之时进行冲泡。

徐渭《煎茶七类》：煮茶不是一件随便的事情，需要煮茶人的人品与茶品相当，
所以它的方法传到高流隐逸者那里，就像是烟霞泉水石块都藏在心中一样。

品水的人认为井水是最差的。应选取经常有人饮用的井水，如果汲水的人多，水
就是活水。

徐渭的茶诗生活

把水煮到起了泡泡，上面泛出泡沫，再将茶叶放进器具里。开始时倒的水要少，等汤茶相融的时候把水注满，云脚就会渐渐开了，上面浮着乳花，味道自然不同一般。其实以前人们把茶叶做成团饼碾成屑来喝，味道容易出来。茶叶少味道就会淡，过熟的话味道就会不清爽，而且容易沉积在底部。

张源《茶录》：山顶的泉水清而轻，山下的泉水清而重，岩石下流出的水清而且甘甜，沙中的泉水清而冷冽，土中的泉水清而厚重。流动的水比静止的水好，背阴的水胜过向阳的。山势峻峭泉水就会少，山俊秀的有神灵。真源没有味道，真水没有香味。在黄石中流出来的水最好，从青石中泻出来的水没有什么用。

煮水时有三种分辨的方法：一是辨形，二是辨声，三是辨捷。形是从里面分辨，声音是从外面分辨，捷是根据气分辨的。像虾眼、蟹眼、鱼目、连珠都是水刚开的样子，直到水开得像波浪一样翻滚的时候，水气全部没有，才算真熟了。像初声、转身、振声、骇声都是水刚开时鼓荡的声音，直到没有声音的时候，才算真正的熟了。如果气浮成一缕、二缕、三缕，到分辨不清，烟雾缭绕，都是刚开，直到气息贯通，才算真正熟了。

蔡君谟因为古代的人把茶叶碾磨成饼状，就认为水开了茶的神韵就会散发出来。这是用嫩而不用老的原因。现在制造茶叶，不用罗碾，保持原来的形状，水必须很开，茶的内蕴才会完全散发出来。

炉火通红的时候，茶铫子才开始放上去，扇风的时候要轻快，等到开水发出声音，才能扇重一点，这就是指文武的火候。如果太文的话，水性就会过柔，太柔的水就会被茶降伏；过于武，火性太烈的话茶就会受制于水，都不能称为调和，没有得到泡茶的要领。

放茶叶要按一定的次序，不要失去最好的时机。先茶后水，叫作下投；在一半水中放茶，再加满水叫中投；先加水后放茶被称为上投。夏天适合上投，冬天适合下投，春秋适合中投。

不应用腐朽的木头、不好的器具、铜调羹、铜铫子、木桶、柴薪、烟煤、麸炭、粗笨的童子、恶劣的女婢、不干净的毛巾等做与茶相关的事，也不需要各种果实和香料。

谢肇淛《五杂俎》：唐朝薛能在《茶诗》中说："盐损添常戒，姜宜著更夸。"这样煮茶，怎么会有好味道呢？或许这是在陆羽品茶之前吧。到了东坡《和寄茶》诗中说："老妻稚子不知爱，一半已入姜盐煎。"当时就觉得这样做不对了，但这种习惯至今还在。今天江西和湖广地区的人，还有用姜煎茶的，虽说是古代的风气，还是觉得不合规矩。

闽人的难处是很难得到山泉，所以多用雨水煮茶，它的味道比不上山泉，但是比山泉水清。然而淮水以北，雨水多是苦而黑，不能用来煮茶。只有用雪水，冬天的时候收藏起来，到了夏天再用，才是最好的。虽然雪也是雨水凝固而成的，但是雪适合雨水却不适合，这是为什么呢？可以说，是因为北方的屋瓦不干净，多把很脏的泥土涂在上面。

古时候的茶，要进行煮、烹、煎。必须水开得像蟹眼一样，茶味才正宗。今天的茶叶只要用开水冲进去，稍微沾上火的颜色就会变黄而且味道苦涩，不适合饮用。才知道古代和现在煮茶的方法是不一样的。

苏才翁斗茶用天台的竹沥水，其实是竹露，不是竹沥。如果像今天的医生用火烤的方法从竹子里面取沥，那就肯定不适合茶了。

顾元庆《茶谱》：煎茶的四个要诀：一是选择水，二是洗茶，三是候汤，四是择品。点茶的三大要求是：一是器具洗干净，二是烧热茶杯，三是选择果子。

熊明遇《岕山茶记》：烹茶时水的功劳最大。没有山泉就用雨水，秋雨最好，梅雨差一些。秋雨冽而白，梅雨醇而白。雪水是五谷的精华，颜色不可能白。存水时需要将石子放进坛子里，不仅对水有益处，而且白色的石头和清澈的泉水，也会让人觉得赏心悦目。

《雪庵清史》：我生性喜欢清苦，惟独与茶的习性相近。幸好靠近茶乡，能够让我随意饮用。我的朋友不能分清三火三沸的做法，我每次过去饮茶，不是太老了，就是太嫩了，使得这样香甜的味道荡然无存，这都是被李南金的说法误导的。只有罗玉露那样的说法，才能把握好火候。朋友说："我只喜欢读书，游玩山水，做佛事，有时候还醉倒在花前，不喜欢水厄，所以对火候不精通。前人说：饮茶可以去掉体内的阻滞和疲劳，一天都会感觉舒服；但它消耗了精气，对终身的危害却很大。获益就说是茶的功劳，受到伤害就不说是茶的坏处。甘受俗名，就是因为这个缘故。"哎！茶真是冤枉啊。曾听过和尚说：去掉体内阻滞和疲劳，清苦的好处很多；消耗精气，情欲的危害最大。获益的时候不说是因为茶，自己害自己的时候倒说是因为茶才遭殃。如果不懂得把握好火候，不单是茶。如果读书不能得到里面的趣味，赏玩山水不能领会其中的情致，学习佛法不能理解它的根本，好色而不能理解其中的韵味，都是不讲火候。不是我爱茶才为茶出一口气，而是想用这样清苦的味道，和好朋友一起共享。

煮茶的方法有六个要诀：一是辨别，二是水，三是火，四是汤，五是器具，六是饮。茶有粗茶、散茶、末茶、饼茶的区别；有研茶、熬茶、炀茶、舂茶的做法。我很幸运学会了做茶的方法，又得到了烹茶的六大要点，一遇到好朋友，就会亲自烹煎。但愿通过一壶茶便能体味到自然的真谛，而不用在肚子装满五千卷文字。所以说饮茶的意义是非常深远的。

田艺蘅《煮泉小品》：茶叶，是南方的嘉木，是每天不可缺少的用品。品质虽然有差别，但要是没有好水，煮的时候方法不得当，那么再好的茶也不会好喝。喝泉水的时候觉得清爽，喝茶的时候会忘记喧嚣，这都不是纨绔子弟可以领悟的。我写《煮泉小品》，是为了与枕石漱流的雅士商榷。

陆羽曾经说："在出产

《煮茶图》扇面

明·金镶玉碗

茶叶的地方煮茶没有不好的，这是因为水土适宜。"这种说法很对，因为边采摘、边制作，在两道工序中茶叶都是新鲜的。所以《茶谱》中说："如果得到一两蒙山之中最好的茶，用当地的水煎服，能够去掉积存很久的疾病。"的确是这样的。现在武林那些泉水，只有龙泓还可以，茶叶也只有龙泓山的最好。因为龙泓山山高林密，山川秀丽，是两山之中最好的。所以那里的水清寒而且甘香，适合煮茶。虞伯生诗中说："但见瓢中清，翠影落群岫；烹煎黄金芽，不取谷雨后。"姚公绶诗中说："品尝顾渚风斯下，零落《茶经》奈尔何。"那样就知道风味了，否则怎么能成为葛仙翁炼丹的地方呢？比这个地方好的是老龙泓，其水寒冷清澈，质地更好，出产的茶叶是南北两山的绝品。陆鸿渐认为钱塘天竺灵隐寺的水最差，我没有试过。郡志里面也只说宝云、香林、白云等茶，都不如龙泓清香隽永。

有水有茶，不可以没有火，并不是说真的没有火，只是说掌握火候的问题。李约说"茶必须用活火煎"，活火是指有焰的炭火。东坡的诗中说"活水仍将活火烹"，确实如此。我却认为如果山中不是经常有炭的话，那都是死火，不如用枯枝。遇到很冷的天气，多拾点松枝放在房子里存起来，用它煮茶更好。

人们只知道候汤，却不知道火候。火烧下去能使水蒸干，所以试火应该在试水的前面。《吕氏春秋》中伊尹说汤有五种味道："九沸九交，关键在于火候的把握。"

许次杼《茶疏》：用来煮茶的甘甜泉水，最好是随取随用，这样煮茶的效果才会好，可是住在城里，又怎么能够随时得到呢？所以应多汲取一些，放在大坛子里储存起来，但是不要用新器具，因为它的火气还没有退尽，容易败坏水质，也容易生虫。用旧的器具才好，但就怕把它用作其他的用途。水最忌讳木头，尤其是松杉。用木桶储存水，它的危害很快就显露出来了，用瓶子装是最好的。

水开得快，就会显得鲜嫩风逸。水开得迟，则容易太熟而混沌不清。所以水放进锅里，就要马上煮。等到发出像松涛一样的声音，就掀开锅的盖子，可以平息它的老钝。泛出蟹眼般的气泡之后，水翻腾起来，这是最适合的时候。声音鼎沸，然后没有声音，那就是过时了。过了时间的老汤，绝对不能用。

茶注、茶铫、茶瓯，最好常洗涤。饮完以后，喝剩下的残叶，必须全部去掉。如果茶叶还留在里面，再用时就会夺走茶的香气，败坏茶的味道。每天早晨，一定要用开水洗过，用特别软的麻布擦干杯子的里面，扣在竹架子上晾干，烹茶的时候再拿出来用。

味道像龙泓泉水，清香隽永。我曾经一一试过，想找到茶叶和水都非常好的地方，但两浙一带很少有泉水。

山厚泉水也厚，山奇泉水也奇，山清泉水也清，山幽泉水也幽，都是很好的品种。不厚就薄，不奇就蠢，不清就混浊，不幽静就喧哗，肯定是不好的水。

江，是公共的，所有的水都汇进里面。汇集成的水的味道就会很杂，因此说饮用江水差一点。应到离人远的地方取水，离人越远，水就会清湛而且没有杂物漂浮。

严陵濑，又叫七里滩，这是因为沙石上被称为濑、被称为滩，总称为浙江。但江的潮汐影响不到这里，水深而且清，所以被陆羽品为好水。我曾经在清秋的时候将船停在钓台下，拿出囊中武夷、金华两种茶进行比较，虽然是同一种水，武夷茶显得黄而燥冽，金华就显得碧绿而清香，才知道选择水也应当选择茶。鸿渐认为婺州差一点，而清臣认为白乳比武夷要差一点，现在这种优劣已经倒过来了。如果把它分开说的话，水的功劳占到了一半。

如果离泉水太远，那就不能天天去汲取了。就要让很诚实的山里孩子去取，避免发生像石头城下取水充数的事情。苏子瞻喜欢玉女河里的水，让和尚拿调水符去取，仍然为不能听着水泉睡觉而觉得惋惜。所以曾几在《谢送惠山泉》诗中有"旧时水递费经营"这样的句子。

如果水开得不够则茶的味道就不出来，水开得太过茶就会老。只有开到恰到好处才好。

三人以上一起喝茶，只需要一炉。如果是五六个人，就应当用两个鼎炉，专门让一个童子来做，才能调出好茶。如果让人兼做，就会出现差错。

用坚木炭烧火是最好的。如果木头没有烧透，还有剩余的烟味，烟气到了汤里，汤就被毁了。所以先把木柴烧红去掉里面的烟焰，再用很猛烈的火力，水才容易沸腾。炭红了以后，再放上烧水的器具，马上用扇子去扇，越快越好，手不要停。停过火的汤，宁可放弃再烹制。

茶叶不适合靠近阴暗的房间、厨房、喧闹的地方、小儿啼哭的地方、性格很粗野的人、仆人打闹的地方、很热的房子。

罗廪《茶解》：茶叶的颜色发白，味道甘鲜，香气扑鼻，是很好的品种。茶叶中的精品是，茶淡时颜色是白的，茶浓时颜色也是白的，刚做出来的时候是白色，放置时间长了仍然是白色的，它的香味四处飘溢，色香味三者就都有了。近来有好事的人担心茶的颜色太重，一注的水只放几片茶叶，味道不够，香气也不浓，只能被讥讽是水的灾难，尽管这样，选择水还是特别重要。

香味是兰花的最好，蚕豆花的要差一点。

煮茶时必须用甘甜的泉水，其次才是雨水。梅雨就像膏一样，所有的物体都依赖它生长，它的味道非常甘甜。梅雨以后就不能喝了。将梅雨用大坛子装起来，在里面放一片伏龙肝，把水澄清。伏龙肝就是灶中心的干土块，要趁热的时候放进去。

李南金说，水在二沸和三沸之间的时候最合适。这是真正的行家的话。罗鹤林怕汤老了，在水大沸以后，移开瓶子去掉炭火，等到停止沸腾的时候再说。这样的说法也不一定准确。

清·金农《玉川先生煎茶图》

要知道汤已经老了，即使去了火又如何挽救呢？

储水瓶必须放在阴暗的屋子里，上面盖上纱布，遮挡白天的阳光，承接夜晚的露水，那样茶的精华就不会消散，灵气就可以长期保留。假如在上面压土木石，封上纸和竹叶，在阳光底下晒，那样瓶里就会封闭，外面就会耗尽水的精气，水的神韵就没有了，水的味道也就坏了。

《考槃余事》：今天茶叶的品种同《茶经》里所说的完全不同，烹制的方法，也跟蔡襄、陆羽这些人所说的不一样。

开始有鱼的眼睛一样的气泡、微微沸腾的声音是一沸，锅的边缘涌出像连珠一样的气泡是二沸，奔腾溅出是三沸。这种方法只有活火才能做到。如果柴火刚点着，锅刚烧热，就急忙取来泡茶，水气还没有消散，被称为嫩。如果等人休息好了，水已经过了十沸，才取用，汤就失去了灵性，已经老了。水老和水嫩都不好。

《夷门广牍》：虎丘的石泉，以前排在第三位，陆羽将它排为第五。石泉里储存的水，都是由雨水积存起来渗透形成的。何况春秋时代吴王国庐（即阖闾）在虎丘盖墓道，多半石工被闷死了，很多和尚住在山上，不可能没有污秽渗透进去。虽然名叫陆羽泉，其实并不是天然的水。道家服用，最忌讳的就是有尸气。

《六砚斋笔记》：杭州（旧称武林）的西湖水，取来以后储存在大缸里，放置六七天。遇到风雨的时候就盖上，晴天的时候再打开，让它受到日月星辰的灵气。用它烹茶，会甘醇美味，不比惠山的差。因为溪谷里的水流很快，能够浸润，不只一处水源，取了多处的精华，味道自然很好。由此可知凡是有湖泊浸润的地方，都可以收集储藏、澄清，绝对胜过浅流阴井的水。那些水带有异味，不能泡茶饮用。

古人因为好奇，饮用时放很多花在水里，还有一种叫作五色饮，放进冰蜜、糖药各种东西。我认为都不应该提倡。如果没有好茶叶，可以用松枝烧水泡汤，能喝就行。

《竹懒茶衡》：处处都有茶叶，只是茶的好处没能品评出来。正如短暂接触几天的道士所说：虎丘的气味芳香而且有些淡，刚放进杯里的时候上面浮着青色的叶子，鼻端飘着淡淡的兰花香味，喝的时候也很舒服，但必须是惠山的水，水的甘醇能够辅佐茶的清淡。龙井的味道很浓厚，颜色淡黄，气味也不是很显露，但喝下去之后，才觉得特别鲜腴润滑，又必须借深山里的冷泉，喝下去才会觉得隽永滋润，没有昏滞的感觉。

松雨斋《运泉约》：在雪后的竹林里，阵阵松风吹着脸颊，我们暂时放饮人间，终日逍遥物外。没到过名山，怎么能告别世俗的生活呢？但是搜集提炼奇警的句子，会导致汗体淋漓思绪枯竭，所以要洗去迟滞昏蒙，就得甘泉香茗不断。得到月团三百，高兴地拆开包茶叶的鱼纸封缄，燃起槐枝烧成的篝火，把泉水煮到翻起蟹眼。陆羽的论述，已经被奉为经典；张又新的主张也不能不加鼓吹。以前卫国公李德裕官至中书，对于运送泉水的事非常操心；杜老甫隐在夔峡，它很险要叫作湿云。今天离惠山超不过两百里的路

清·紫砂提梁壶

程，在松陵渡口雇一条船，不用三四天就到了。登新弃旧，转手就像辘轳一样，取用方便价钱便宜，比用吊杆打水还省力。像我们这样的清士，都赶着去赴嘉盟。运输惠山泉水：每一坛要付船工三分的银钱，水坛和坛盖的价钱还不在内。取到水以后，通知各位朋友，让人来抬。每月的上旬收钱，中旬运水。每个月运一次，可以让水清新。愿意的人把名字写在左面，便于登记注册，并写明所要的坛数，按照数量付银子。某月某日付款。松雨斋主人谨订。

《岕茶汇钞》：烹茶时先用上好的泉水洗净烹制的器具，必须清洁干净。然后用热水洗涤茶叶，如果水开的时间长了，一洗就会损害它的味道，应该用竹制的筷子在器具中反复地清洗，将茶叶里的尘土、黄叶、老梗这些东西全部去掉，再用手拧干，放在洗好的器具里盖上。一会儿再打开来看，颜色清香甘冽，马上取开水倒在上面。夏天先放水后放茶叶，冬天先放茶叶后倒水。

茶叶的颜色以白色为好，但是白色也不难。水清、瓶子干净、叶子好、用水洗、烹煮以后马上饮用，它的颜色是白色，但是味道就不知道了，只是中看而已。如果取青绿色，那天池、松萝及岕茶是最差的，虽然是冬天，颜色仍然像苔衣一样，很难说好。像我收藏的真洞山茶叶，在谷雨后的五天，用开水煮过晾干，储存在壶里很长时间，它的颜色像白玉一样。到了冬天就会嫩绿，味甘色白，气味甘醇，就像婴儿的体香。而且上面浮荡的芳香，是虎丘茶所没有的。

《洞山茶系》：岕茶的品性很全面，关键在于洗控。水开了以后再浇在茶叶上，再立即拿出来，沥干了水。水开到可以下指的时候，马上放下去洗涤，洗净里面的沙子和粉末。再拿出来，用指捏干，盖在容器中等待冲泡。只是其他的茶叶应该按照时间分别投煮，只有岕茶洗涤以后，纹理很清晰，立即冲泡即可。

《天下名胜志》：宜兴县的湖汶镇，有一眼地下泉水，洞穴有两尺多宽，形状像井一样。它的源头跟水源相通，味道非常甘冽，唐代时准备的贡茶，就是用这里的泉水。

洞庭缥缈峰的西北，有一座水月寺，寺的东面进小青坞的地方，有眼泉水清澈甘凉，长年不干涸，宋朝的大将李弥将它命名为无碍泉。

安吉州的碧玉泉最好，清澈得可以看见头发，香味可以比得上煮茶。

徐献忠《水品》：甘甜的泉水，如果去称量它一定很厚重，这是源远流长的原因。江中的南零水，从岷江发源流经几千里，在两石之间澄清，它的性质也很厚重，而且很甜美。

处士的《茶经》讲，茶事不但要选择水，烧火也要用炭或硬木。如果炭被腥气沾染，或柴是朽木败器，都不可以用。古代人辨别柴火的气味，也是有要诀的。

山雄伟高大，挺拔秀丽的，一定会出佳泉。

张大复《梅花笔谈》：茶叶的内蕴必须在水中发散出来，八分的茶叶遇到十分的水，茶也会变成了十分。八分的水去泡十分的茶叶，那茶也只有八分了。

《岩栖幽事》：黄庭坚有赋说："那种汹汹的气势，就像清风吹过松林一样；浩大的样子，就像白云在天空走过。"可说是得到了煎茶的要诀。

扫叶煎茶也是很雅致的事，必须要人品和茶品相得益彰。所以煎茶的方法多半传给高人雅士，胸怀烟霞山川的人。

《涌幢小品》："天下第四泉在上饶县北面的茶山寺里。唐代陆羽居住在那里，在山上种茶，用泉水烹制后饮用，将泉水评为第四。当地人尚书杨麒曾在这里读书，所以用以为号。""我在京城3年，用德胜门外面的水烹茶最好。""皇宫里用的井水，也是西山泉水的水脉，真是天下第一品种，陆羽却没有记载。""俗话说：'芒种逢壬便立霉'。梅雨之后积水烹茶，味道香冽，可以长久贮藏，到了夏至就不同了。试过以后很灵验。""家里很难得到泉水，就用普通的水煮开，装到大瓷缸里，放在院里避免光照。等月亮皎洁的时候，再打开瓷缸接受露水，只要三个晚上，水就会变得清澈见底了。下面积存两三寸厚的污垢，取出来，用坛子把水装起来，用它来煮茶跟惠泉的水没什么两样。"

闻龙《它泉记》：我的家乡四面都是山，泉水到处都有，清淡却不甘甜。只要被称为泉的水，源头出自四明，自洞流下超过300多里，水的颜色蔚蓝。干净的沙子白色的石头，水清澈得可以见底。水质清寒甘滑，是郡中最好的。

《玉堂丛语》：黄谏曾认为京师有品味的泉水，郊外的玉泉是其中之一，京城文华殿里的东大庖井是其中之一。后来谪守广州，品泉认为鸡爬井也是一个，于是将它更名为学士泉。

吴栻说："武夷南山的泉水，味道甘冽但太淡。北山泉水的味道就完全不同。两座山虽然看起来很相像但有着本质的区别。"我曾经带着茶具访到了39处泉水，就是最差的泉水也没有硬冽的气质。

王新城《陇蜀余闻》：百花潭里有三块巨石，水在里面流淌，取回来煎茶，清冽的味道和其他的水不一样。

《居易录》：济源县段少司空园，是玉川子煎茶的地方。里面有两处泉水，也可叫玉泉，离盘谷不到十里，门外有一条河叫作漭水，源自王屋山。按照《通志》记载，玉泉在泷水的上游，卢仝曾在这里煎茶，现在的《水经注》里没有记载。

《分甘余话》：一水，是水的名字，郦道元在《水经注·渭水》里记载："渭水向东流与一水合流，一水发源于吴山。"《地理志》中记载："吴山，就是古代的汧山，山下有石穴，水从石头的缝隙里流出来，水源很猛烈。"这样说来这就是一水的发源地了，在灵应峰下，所谓的"西镇灵湫"就是了。我丙子年祭告西镇的时候，常在这里品茶，味道跟西山玉泉水差不多。

《古夫于亭杂录》：唐代的刘伯刍品水，认为中泠的水最好，惠山虎丘的水差一点。陆羽则认为康王谷的水是最好的，惠山的水排在它后面。从古到今，大都认可这个定论。其实两人见到的，不过是江南几百里内的水而已，最远的也只到虾蟆碚，仅仅见到一次，不知道大江的北面像我们这里，到处都是泉水，著名的就有七十二处。用它们来烹茶，都不在惠泉之下。宋代的李文叔字格非，本郡人，曾经作《济南水记》，当时和《洛阳名园记》齐名。可惜《水记》没有保留下来，不能补充这两人的疏漏。谢在杭品评平生所见的水，认为济南趵突泉的水最好，其次是益都孝妇泉［在颜神镇］、青州的范公泉，但是没有看见章丘的百脉泉。这都是我

清·素三彩鸭形壶

郡的水，刘伯刍和陆羽两人又何曾见过呢！我曾为王荟的"二十四泉草堂"题诗："翻怜陆鸿渐，跬步限江东。"就是这个意思。

陆次云在《湖壖杂记》中记载：龙井泉从龙口中流出。水在池子里，气息很平静。如果游人看的时间长，就会发现它会突然泛出波澜，像要下雨的样子。

天下第一泉——中泠泉

张鹏翮《奉使日记》：葱岭乾涧的旁边有两口旧井，在井的旁边往地下挖七八尺，得到的水非常甘洌，可以煮茶。被人称为"塞外第一泉"。

《广舆记》：永平滦州有扶苏泉，非常甘洌。秦朝的太子扶苏曾在这里休息。

在江宁摄山千佛岭的下面，石壁上刻着六个隶书大字："白乳泉试茶亭"。

钟山水的八种作用在于：一是清、二是冷、三是香、四是柔、五是甘、六是净、七是不馐、八是去病。

丹阳的玉乳泉，唐代的刘伯刍称这里的水是天下第四。

"宁州的双井在黄山谷的南面，汲取它的水做茶，绝对比其他地方的要好。"

"杭州孤山的下面有金沙泉，唐代的白居易品尝过这里的泉水，觉得甘美可爱。看到这里地上的沙子就像金子一样光灿灿的，所以这样命名。"

"安陆府沔阳有陆子泉，又称为文学泉。唐代的陆羽喜欢喝茶，曾品尝此泉，其名由此而来。"

《增订广舆记》：玉泉山的水是从石头罅缝间流出来的，因开凿石头作为龙头，泉水就从龙口中流出来，味道特别的甘美。把水流下的地方造成池，方圆三丈，东面横跨一座小石桥，叫作玉泉垂虹。

《武夷山志》：山南面的虎啸岩语儿泉，浓得就像停止在那里的膏体，放在杯子里面可以看见毛发，味道非常甘甜，喝下去有柔顺的感觉。其次就是天柱的三敲泉，茶园的喊泉又跟它相似。北山的泉水味道很特别。名为小桃源的泉水，高出地面差不多有一尺，怎么取都不会干涸，被称为高泉。味道纯远，韵味十足，越喝越深远，没有办法说清楚。其次就是接笋峰的仙掌露，这里是最差的泉，也没有硬洌的气息。

《中山传信录》：琉球泡茶的方法，是往碗里放进少量的茶末倒入半瓯开水，用小竹帚在里面搅拌几十次，让泡沫充满整个瓯面，用来敬献给客人。还有用大螺壳煮茶的。

《随见录》：安庆府宿松县东门外的玉孚山下福昌寺旁边的井，被称为龙井，水的味道非常甘甜，用它来泡茶比较好，只是水质同溪泉相比比较重。

六、茶之饮

【原文】

卢仝《茶歌》：日高丈五睡正浓，军将扣门惊周公。口传谏议送书信，白绢斜封三道印。开缄宛见谏议面，手阅月团三百片。闻道新年入山里，蛰虫惊动春风起。天子未尝阳羡茶，百草不敢先开花。仁风

卢仝《七碗茶歌》

暗结珠蓓蕾，先春抽出黄金芽。摘鲜焙芳旋封裹，至精至好且不奢。至尊之余合王公，何事便到山人家。柴门反关无俗客，纱帽笼头自煎吃。碧云引风吹不断，白花浮光凝碗面。一碗喉吻润；二碗破孤闷；三碗搜枯肠，惟有文字五千卷；四碗发轻汗，平生不平事，尽向毛孔散；五碗肌骨清；六碗通仙灵；七碗吃不得也，惟觉两腋习习清风生。

唐冯贽《记事珠》：建人谓斗茶曰茗战。

《荈赋》云：茶能调神、和内、解倦、除慵。

《续博物志》：南人好饮茶，孙皓以茶与韦曜代酒，谢安诣陆纳，设茶果而已。北人初不识此，唐开元中，泰山灵岩寺有降魔师教学禅者以不寐法，令人多作茶饮，因以成俗。

《大观茶论》：点茶不一，以分轻清重浊，相稀稠得中，可欲则止。《桐君录》云："茗有饽，饮之宜人，虽多不为贵也。"

夫茶以味为上，香甘重滑为味之全。惟北苑、壑源之品兼之。卓绝之品，真香灵味，自然不同。

茶有真香，非龙麝可拟。要须蒸及熟而压之，及干而研，研细而造，则和美具足。入盏则馨香四达，秋爽洒然。

点茶之色，以纯白为上真，青白为次，灰白次之，黄白又次之。天时得于

上，人力尽于下，茶必纯白。青白者，蒸压微生。灰白者，蒸压过熟。压膏不尽则色青暗。焙火太烈则色昏黑。

苏轼品茗

《苏文忠集》：予去黄十七年，复与彭城张圣途、丹阳陈辅之同来。院僧梵英葺治堂宇，比旧加严洁，茗饮芳冽。予问："此新茶耶？"英曰："茶性新旧交则香味复。"予尝见知琴者言，琴不百年，则桐之生意不尽，缓急清浊常与雨旸寒暑相应。此理与茶相近，故并记之。

王焘集《外台秘要》有《代茶饮子》诗云，格韵高绝，惟山居逸人乃当作之。予尝依法治服，其利膈调中，信如所云。而其气味乃一贴煮散耳，与茶了无干涉。

《月兔茶》诗：环非环，玦非玦，中有迷离玉兔儿，一似佳人裙上月。月圆还缺缺还圆，此月一缺圆何年。君不见，斗茶公子不忍斗小团，上有双衔绶带双飞鸾。

坡公尝游杭州诸寺，一日，饮酽茶七碗，戏书云："示病维摩原不病，在家灵运已忘家。何须魏帝一丸药，且尽卢仝七碗茶。"

《侯鲭录》：东坡论茶：除烦已腻。世固不可一日无茶，然暗中损人不少，故或有忌而不饮者。昔人云，自茗饮盛后，人多患气、患黄，虽损益相半，而消阴助阳，益不偿损也。吾有一法，常自珍之，每食已，辄以浓茶漱口，烦腻既去，而脾胃不知。凡肉之在齿间。得茶漱涤，乃尽消缩，不觉脱去，毋须挑刺也。而齿性便苦，缘此渐坚密，蠹疾自已矣。然率用中茶，其上者亦不常有。间数日一啜，亦不为害也。此大是有理，而人罕知者，故详述之。

白玉蟾《茶歌》：味如甘露胜醍醐，服之顿觉沉疴苏。身轻便欲登天衢，不知天上有茶无。

唐庚《斗茶记》：政和三年三月壬戌，二三君子相与斗茶于寄傲斋。予为取龙塘水烹之，而第其品。吾闻茶不问团铊，要之贵新；水不问江井，要之贵活。千里致水，伪固不可知，就令识真，已非活水。今我提瓶走龙塘，无数千步。此水宜茶，昔人以为不减清远峡。每岁新茶，不过三月至矣。罪戾之余，得与诸公从容谈笑于此，汲泉煮茗，以取一时之适，此非吾君之力欤！

苏轼雕像

蔡襄《茶录》：茶色贵白，而饼茶多以珍

青瓷茶具

膏油［去声］其面，故有青黄紫黑之异。善别茶者，正如相工之视人气色也，隐然察之于内，以肉理润者为上。既已末之，黄白者受水昏重，青白者受水鲜明，故建安人斗试，以青白胜黄白。

张淏《云谷杂记》：饮茶不知起于何时。欧阳公《集古录跋》云："茶之见前史，盖自魏晋以来有之。"予按《晏子春秋》，婴相齐景公时，食脱粟之饭，炙三弋五卵，茗菜而已。又汉王褒《僮约》有"五阳［一作武都］买茶"之语，则魏晋之前已有之矣。但当时虽知饮茶，未若后世之盛也。考郭璞注《尔雅》云："树似栀子，冬生，叶可煮作羹饮。"然茶至冬味苦，岂可作羹饮耶？饮之令人少睡，张华得之，以为异闻，遂载之《博物志》。非但饮茶者鲜，识茶者亦鲜。至唐陆羽著《茶经》三篇，言茶甚备，天下益知饮茶。其后尚茶成风。回纥入朝，始驱马市茶。德宗建中间，赵赞始兴茶税。兴元初虽诏罢，贞元九年，张滂复奏请，岁得缗钱四十万。今乃与盐酒同佐国用，所入不知几倍于唐矣。

《品茶要录》：余尝论茶之精绝者，其白合未开，其细如麦，盖得青阳之轻清者也。又其山多带砂石，而号佳品者，皆在山南，盖得朝阳之和者也。余尝事闲，乘暑景之明净，适亭轩之潇洒，一一皆取品试。既而神水生于华池，愈甘而新，其有助乎。

昔陆羽号为知茶，然羽之所知者，皆今之所谓茶草。何哉？如鸿渐所论蒸笋并叶，畏流其膏，盖草茶味短而淡，故常恐去其膏。建茶力厚而甘，故惟欲去其膏。又论福建为"未详，往往得之，其味极佳"。由是观之，鸿渐其未至建安欤。

谢宗《论茶》：候蟾背之芳香，观虾目之沸涌。故细沤花泛，浮饽云腾，昏俗尘劳，一啜而散。

《黄山谷集》：品茶，一人得神，二人得趣，三人得味，六七人是名施茶。

沈存中《梦溪笔谈》：芽茶古人谓之雀舌、麦颗，言其至嫩也。今茶之美者，其质素良，而所植之土又美，则新芽一发，便长寸余，其细如针。惟芽长为上品，以其质干、土力皆有余故也。如雀舌、麦颗者，极下材耳。乃北人不识，误为品题。予山居有《茶论》，且作《尝茶》诗云："谁把嫩香名雀舌，定来北客未曾尝；不知灵草天然异，一夜风吹一寸长。"

《遵生八笺》：茶有真香，有佳味，有正色。烹点之际，不宜以珍果香草杂之。夺其香者，松子、柑橙、莲心、木瓜、梅花、茉莉、蔷薇、木樨之类是也。夺其色者，柿饼、胶枣、火桃、杨梅、橘饼之类是也。凡饮佳茶，去果方觉清绝，杂之则味无辨矣。若欲用之，所宜则惟核桃、榛子、瓜仁、杏仁、榄仁、栗子、鸡头、银杏之类，或可用也。

徐渭《煎茶七类》：茶入口，先须灌漱，次复徐啜，俟甘津潮舌，乃得真味。若杂以花果，则香味俱夺矣。

饮茶宜凉台静室，明窗曲几，僧寮道院，松风竹月，晏坐行吟，清谈把卷。

王安石像

饮茶宜翰卿墨客，缁衣羽士，逸老散人，或轩冕中之超轶世味者。

除烦雪滞，涤醒破睡，谭渴书倦，是时茗碗策勋，不减凌烟。

许次纾《茶疏》：握茶手中，俟汤入壶，随手投茶，定其浮沉，然后泻啜，则乳嫩清滑，而馥郁于鼻端。病可令起，疲可令爽。

一壶之茶，只堪再巡。初巡鲜美，再巡甘醇，三巡则意味尽矣。余尝与客戏论，初巡为"婷婷袅袅十三余"，再巡为"碧玉破瓜年"，三巡以来，"绿叶成阴"矣。所以茶注宜小，小则再巡已终，宁使余芬剩馥尚留叶中，犹堪饭后供啜嗽之用。

人必各手一瓯，毋劳传送。再巡之后，清水涤之。

若巨器屡巡，满中泻饮，待停少温，或求浓苦，何异农匠作劳但资口腹，何论品赏，何知风味乎？

《煮泉小品》：唐人以对花啜茶为杀风景，故王介甫诗云"金谷千花莫漫煎"。其意在花，非在茶也。余意以为金谷花前，信不宜矣；若把一瓯对山花啜之，当更助风景，又何必羞儿酒也。

茶如佳人，此论最妙，但恐不宜山林间耳。昔苏东坡诗云"从来佳茗似佳人"，曾茶山诗云"移人尤物众谈夸"，是也。若欲称之山林，当如毛女麻姑，自然仙风道骨，不浼烟霞。若夫桃脸柳腰，亟宜屏诸销金帐中，毋令污我泉石。

茶之团者、片者，皆出于碾硙之末，既损真味，复加油垢，即非佳品。总不若今之芽茶也，盖天然者自胜耳。曾茶山《日铸茶》诗云"宝铐自不乏，山芽安可无"，苏子瞻《壑源试焙新茶》诗云"要知玉雪心肠好，不是膏油首面新"，是也。且末茶瀹之有屑，滞而不爽，知味者当自辨之。

煮茶得宜，而饮非其人，犹汲乳泉以灌蒿莸，罪莫大焉。饮之者一吸而

茶道修习的法则——静

尽，不暇辨味，俗莫甚焉。

人有以梅花、菊花、茉莉花荐茶者，虽风韵可赏，究损茶味。如品佳茶，亦无事此。今人荐茶，类下茶果，此尤近俗。是纵佳者能损茶味，亦宜去之。且下果则必用匙，若金银，大非山居之器，而铜又生铏，皆不可也。若旧称北人和以酥酪，蜀人入以白土，此皆蛮饮，固不足责。

罗廪《茶解》：茶通仙灵，然有妙理。

山堂夜坐，汲泉煮茗，至水火相战，如听松涛，倾泻入杯，云光潋滟。此时幽趣，故难与俗人言矣。

顾元庆《茶谱》：品茶八要：一品，二泉，三烹，四器，五试，六候，七侣，八勋。

张源《茶录》：饮茶以客少为贵，众则喧，喧则雅趣乏矣。独啜曰幽，二客曰胜，三四曰趣，五六曰泛，七八曰施。

酾不宜早，饮不宜迟。酾早则茶神未发，饮迟则妙馥先消。

《云林遗事》：倪元镇素好饮茶，在惠山中，用核桃、松子肉和真粉成小块如石状，置于茶中饮之，名曰清泉白石茶。

闻龙《茶笺》：东坡云："蔡君谟嗜茶，老病不能饮，日烹而玩之。可发来者之一笑也。"孰知千载之下有同病焉。余尝有诗云："年老耽弥甚，脾寒量不胜。"去烹而玩之者几希矣。因忆老友周文甫，自少至老，茗碗薰炉，无时暂废。饮茶日有定期：旦明、晏食、禺中、晡时、下春、黄昏，凡六举，而客至烹点不与焉。寿八十五，无疾而卒。非宿植清福，乌能毕世安享？视好而不能饮者，所得不既多乎！尝蓄一龚春壶，摩挲宝爱，不啻掌珠。用之既久，外类紫玉，内如碧云，真奇物也，后以殉葬。

《快雪堂漫录》：昨同徐茂吴至老龙井买茶，山民十数家，各出茶。茂吴以次点试，皆以为赝，曰：真者甘香而不冽，稍冽便为诸山赝品。得一二两以为真物，试之。果甘香若兰。而山民及寺僧反以茂吴为非，吾亦不能置辩。伪物乱真如此。茂吴品茶，以虎丘为第一，常用银一两余购其斤许。寺僧以茂吴精鉴，不敢相欺。他人所得虽厚价，亦赝物也。子晋云：本山茶叶微带黑，不甚青翠。点之色白如玉，而作寒豆香，宋人呼为白云茶。稍绿便为天池物。天池茶中杂数茎虎丘，则香味迥别。虎丘其茶中王种耶！芥茶精者，庶几妃后；天池、龙井便为臣种，其余则民种矣。

熊明遇《芥山茶记》：茶之色重、味重、香重者，俱非上品。松萝香重；六安味苦，而香与松萝同；天池亦有草莱气，龙井如之。至云雾则色重而味浓矣。尝啜虎丘茶，色白而香似婴儿肉，真称精绝。

邢士襄《茶说》：夫茶中着料，碗中着果，譬如玉貌加脂，蛾眉染黛，翻累本色矣。

冯可宾《芥茶笺》：茶宜无事、佳客、幽坐、吟咏、挥翰、徜徉、睡起、宿醒、清供、精舍、会心、赏鉴、文僮。茶忌不如法、恶具、主客不韵、冠裳苛礼、荤肴杂陈、忙冗、壁间案头多恶趣。

谢在杭《五杂俎》："昔人谓：'扬子江心水，蒙山顶上茶。'蒙山在蜀雅州，其中峰顶尤极险秽，虎狼蛇虺所居，采得其茶，可蠲百疾。今山东人以蒙阴山下石衣为茶当之，非矣。然蒙阴茶性亦冷，可治胃热之病。""凡花之奇香者，皆可点汤。《遵生八笺》云：'芙蓉可为汤。'然今牡丹、蔷薇、玫瑰、桂、菊之属，采以为汤，亦觉清远不俗，但不若茗之易致耳。""北方柳芽初苗者，采之入汤，云其味胜茶。曲阜孔林楷木，其芽可以烹饮。闽中佛手、柑、橄榄为汤，饮之清香，色味亦旗枪之亚也。又或以绿豆微炒，投沸汤中顷之，其色正绿，香味亦不减新茗。偶宿荒村中觅茗不得者，可以此代也。"

《谷山笔麈》：六朝时，北人犹不饮茶，至以酪与之较，惟江南人食之甘。至唐始兴茶税。宋元以来，茶目遂多，然皆蒸干为末，如今香饼之制，乃以入贡，非如今之食茶，止采而烹之也。西北饮茶不知起于何时。本朝以茶易马，西北以茶为药，疗百病皆瘥，此亦前代所未有也。

《金陵琐事》：思屯乾道人，见万镃手软膝酸，云："系五藏皆火，不必服药，惟武夷茶能解之。"茶以东南枝者佳，采得烹以涧泉，则茶竖立，若以井水即横。

《六研斋笔记》：茶以芳冽洗神，非读书谈道，不宜亵用。然非真正契道之士，茶之韵味，亦未易评量。尝笑时流持论，贵嘶声之曲，无色之茶。嘶近于哑，古之绕梁遏云，竟成钝置。茶若无色，芳冽必减，且芳与鼻触，冽以舌受，色之有无，目之所审。根境不相摄，而取衷于彼，何其悖耶，何其谬耶！

虎丘以有芳无色，擅茗事之品。顾其馥郁不胜兰芷，与新剥豆花同调，鼻之消受，亦无几何。至于入口，淡于勺水，清泠之渊，何地不有，乃烦有司章程，作僧

辽代备茶壁画

流極楚哉。

《紫桃轩杂缀》：天目清而不醲，苦而不螫，正堪与缁流漱涤。笋蕨、石濑则太寒俭，野人之饮耳。松萝极精者方堪入供，亦浓辣有余，甘芳不足，恰如多财贾人，纵复蕴藉，不免作蒜酪气。分水贡芽，出本不多。大叶老根，泼之不动，入水煎成，番有奇味。荐此茗时，如得千年松柏根作石鼎薰燎，乃足称其老气。

"鸡苏佛""橄榄仙"，宋人咏茶语也。鸡苏即薄荷，上口芳辣。橄榄久咀回甘。合此二者，庶得茶蕴，曰仙、曰佛，当于空玄虚寂中，嘿嘿证入。不具是舌根者，终难与说也。

赏名花不宜更度曲，烹精茗不必更焚香，恐耳目口鼻互牵，不得全领其妙也。

精茶不宜泼饭，更不宜沃醉。以醉则燥渴，将灭裂吾上味耳。精茶岂止当为俗客吝？倘是日泪泪尘务，无好意绪，即烹就，宁俟冷以灌兰，断不令俗肠污吾茗君也。

罗山庙后芥精者，亦芬芳回甘。但嫌稍浓，乏云露清空之韵。以兄虎丘则有余，以父龙井则不足。

天地通俗之才，无远韵，亦不致呕哕寒月。诸茶晦黯无色，而彼独翠绿媚人，可念也。

屠赤水云："茶于谷雨候、晴明日采制者，能治痰嗽、疗百疾。"

《类林新咏》：顾彦先曰："有味如臛，饮而不醉；无味如茶，饮而醒焉。"醉人何用也。

徐文长《秘集致品》：茶宜精舍，宜云林，宜磁瓶，宜竹灶，宜幽人雅士，宜衲子仙朋，宜永昼清谈，宜寒宵兀坐，宜松月下，宜花鸟间，宜清流白石，宜绿藓苍苔，宜素手汲泉，宜红妆扫雪，宜船头吹火，宜竹里飘烟。

《芸窗清玩》：茅一相云："余性不能饮酒，而独耽味于茗。清泉白石可以濯五脏之污，可以澄心气之哲。服之不已，觉两腋习习，清风自生。吾读《醉乡记》，未尝不神游焉。而间与陆鸿渐、蔡君谟上下其议，则又爽然自释矣。"

明·沈周《清园图》

《三才藻异》：雷鸣茶产蒙山顶，雷发收之，服三两换骨，四两为地仙。

《闻雁斋笔记》：赵长白自言："吾生平无他幸，但不曾饮井水耳。"此老于茶，可谓能尽其性者。今亦老矣，甚穷，大都不能如曩时，犹摩挲万卷中作《茶史》，故是天壤间多情人也。

袁宏道《瓶花史》：赏花，茗赏者上也，谭赏者次也，酒赏者下也。

《茶谱》：《博物志》云："饮真茶令人少眠。"此是实事，但茶佳乃效，且须末茶饮之。如叶烹者，不效也。

清·杨晋《豪家佚乐图》（局部）

《藜床潘余》：长安妇女有好事者，曾侯家睹彩笺曰："一轮初满，万户皆清。若乃狎处衾帏，不惟辜负蟾光，窃恐嫦娥生妒。涓于十五、十六二宵，联女伴同志者，一茗一炉，相从卜夜，名曰'伴嫦娥'。凡有冰心，仝垂玉允。朱门龙氏拜启。"［陆浚原。］

沈周《跋茶录》：樵海先生真隐君子也。平日不知朱门为何物，日偃仰于青山白云堆中，以一瓢消磨半生。盖实得品茶三昧，可以羽翼桑苎翁之所不及，即谓先生为茶中董狐可也。

王晫《快说续记》：春日看花，郊行一二里许，足力小疲，口亦少渴。忽逢解事僧邀至精舍，未通姓名，便进佳茗，踞竹床连啜数瓯，然后言别，不亦快哉。

卫泳《枕中秘》：读罢吟余，竹外茶烟轻扬；花深酒后，铛中声响初浮。个中风味谁知，卢居士可与言者；心下快活自省，黄宜州岂欺我哉。

江之兰《文房约》：诗书涵圣脉，草木栖神明。一草一木，当其含香吐艳，倚槛临窗，真足赏心悦目，助我幽思。亟宜烹蒙顶石花，悠然啜饮。

扶舆沉瀣，往来于奇峰怪石间，结成佳茗。故幽人逸士，纱帽笼头，自煎自吃。车声羊肠，无非火候，苟饮不尽，且漱弃之，是又呼陆羽为茶博士之流也。

高士奇《天禄识余》：饮茶或云始于梁天监中，见《洛阳伽蓝记》，非也。按《吴志·韦曜传》："孙皓每宴飨，无不竟日，曜不能饮，密赐茶荈以当酒。"如此言，则三国时已知饮茶矣。逮唐中世，榷茶遂与煮梅相抗，迄今国计赖之。

王复礼《茶说》：花晨月夕，贤主嘉宾，纵谈古今，品茶次第，天壤间更有何乐？奚俟脍鲤炰羔，金罍玉液，痛饮狂呼，始为得意也？范文正公云："露芽错落一番荣，缀玉含珠散嘉树。斗茶味兮轻醍醐，斗茶香兮薄兰芷。"沈心斋云:"香含玉女峰头露,润带珠帘洞口云。"可称岩茗知己。

陈鉴《虎丘茶经注补》:鉴亲采数嫩叶,与茶侣汤愚公小焙烹之,真作豆花香。昔之鬻虎丘茶者,尽天池也。

陈鼎《滇黔记游》:贵州罗汉洞,深十余里,中有泉一泓,其色如黝,甘香清冽。煮茗则色如渥丹,饮之唇齿皆赤,七日乃复。

《瑞草论》云:茶之为用,味寒。若热渴、凝闷胸、目涩、四肢烦、百节不舒,聊四五啜,与醍醐甘露抗衡也。

《本草拾遗》:茗味苦微寒,无毒,治五脏邪气,益意思,令人少卧,能轻身、明目、祛痰、消渴、利水道。

蜀雅州名山茶有露钱芽、箓芽,皆云火之前者,言采造于禁火之前也。火后者次之。又有枳壳芽、枸杞芽、枇杷芽,皆治风疾。又有皂荚芽、槐芽、柳芽,乃上春摘其芽,和茶作之。故今南人输官茶,往往杂以众叶,惟茅芦、竹箬之类,不可以入茶。自余山中草木、芽叶,皆可和合,而椿、柿叶尤奇。真茶性极冷,惟雅州蒙顶出者,温而主疗疾。

李时珍《本草》:服葳灵仙、土茯苓者,忌饮茶。

《群芳谱》:疗治方:气虚、头痛,用上春茶末,调成膏,置瓦盏内覆转,以巴豆四十粒,作一次烧,烟熏之,晒干碾细,每服一匙。别入好茶末,食后煎服立效。又赤白痢下,以好茶一斤,炙捣为末,浓煎一二盏服,久痢亦宜。又二便不通,好茶、生芝麻各一撮,细嚼,滚水冲下,即通。屡试立效。如嚼不及,擂烂,滚水送下。

《随见录》:《苏文忠集》载,宪宗赐马总治泄痢腹痛方:以生姜和皮切碎如粟米,用一大钱并草茶相等煎服。元祐二年,文潞公得此疾,百药不效,服此方而愈。

【译文】

卢仝《茶歌》:太阳高照我还在熟睡中,军将的敲门声惊醒了我的美梦。仆人传话说谏议来信了,白色绢布上斜斜地盖了三个大封印,打开就如同见到谏议的人一样,用手抚摩三百片月团新茶。信中说新年过后进到山里,天上开始打雷刮春风,连皇上都还没有品尝过阳羡茶,百草也不敢擅自开花。柔风吹过蓓蕾暗结,刚开春就抽出了黄金芽。趁新鲜摘下来焙好密封包裹,又精致又美好而且不显得浪费。王公贵族这样的人士，为了什么事情来到普通人家呢？反关柴门不让俗气的客人进来，纱帽还戴在头上就自己煎茶吃起来，清风吹拂下，茶的白花浮在碗里就像有一层光似的。一碗能滋润人的喉咙；两碗能消除人的孤寂；三碗下去搜索枯肠，只有文字五千卷；四碗能让人发出一点汗水，生平所有的不平之事，都从毛孔散发出去了；五碗能使筋骨清爽；六碗简直可以直通仙境；七碗就不能再喝了，只感觉两边腋下清风习习。

唐冯贽《记事珠》里记载：建安人把斗茶叫作茗战。

《荈赋》中说：喝茶能调节精神、调解脾胃、消除困乏、去除慵懒。

《续博物志》记载：南方人喜欢喝茶。孙皓以茶水给韦曜代酒，谢安造访陆纳，只摆出茶水和水果。北方人开始的时候不懂喝茶，唐朝开元年间，泰山灵岩寺有降魔法师教学禅的人不睡觉的方法，就是让人多喝茶，因此就成了风俗。

《大观茶论》：泡的茶水不同，可分为轻、清、重、浊，看起来稀稠适合，就可以了。《桐君录》中说：喝茶对人来说有好处，而且也很便宜。

对于茶来说味道最重要，香、甘、重、滑就算是味之全了。只有北苑、壑源这样的品种才有。好的品种，是真正的香味，当然就不一样了。

茶真正的香味，不是龙麝的香味可以相比的。需要蒸熟后压榨它，等到干了的时候再碾细，碾细后再进行制作，这样一来就会调和美味了。放进杯子里到处弥漫着醉人的香气，让人感觉非常清爽。

苏轼像及其《一夜帖》
苏轼，宋代著名文学家。《一夜帖》是苏轼写给朋友的信。信中提到他寄一饼团茶给友人。可见宋时人们问茶、饮茶之风甚盛。

浸泡的茶水，颜色纯白是最好的，青白的略微差一点，灰白的比青白的差，黄白的就更差了。既得天时，又有一定的制茶技艺，茶叶必会纯白。如果是青白，是因为蒸压得有点生。灰白的，是蒸压得过熟了。如果蒸压的茶叶膏不干的话，颜色就变得青暗。如果焙火烧得太大，颜色就会变得昏黑。

《苏文忠集》里记载：我离开黄冈十七年，又同彭城的张圣途、丹阳的陈辅之结伴前来。寺院里的。和尚梵英修整的屋子，比以前更干净了，茶水也芳香清冽。我问："这是新茶叶吗？"梵英说："茶叶在新旧交替的时候香味会更浓。"我曾经听懂琴的人说，琴不超过百年，桐木的自然属性就没有失尽，琴的音色常跟天气和季节的变化相呼应。这个道理跟茶很相近，所以就一起记下来了。

王焘的文集《外台秘要》中有一首《代茶饮子》的诗，格调高雅，只有隐居的雅士才能做出来。我按照这个方法做过，它的确能调和机理，我才相信了这种说法。而它的气味只要一次就煮得散失了，同茶没有什么关系。

《月兔茶》诗中说："环非环，玦非玦，中有迷离玉兔儿，一似佳人裙上月。月圆还

《茶录书卷》

缺缺还圆，此月一缺圆何年。君不见，斗茶公子不忍斗小团，上有双衔绥带双飞鸾。"

苏东坡游览过杭州各个寺庙，一天，喝了七碗浓茶，就写下了："示病维摩原不病，在家灵运已忘家。何须魏帝一丸药，且尽卢仝七碗茶。"

《侯鲭录》：东坡说茶，认为茶可以除去烦恼和油腻。虽然世上不可以一天没有茶，但是茶暗中也害了不少人，所以就有人顾及这个不去饮茶。前人说：自从喝茶这种风气盛行后，人们就容易患上呼吸和气色上的疾病，虽说损益参半，但是消阴壮阳，益不偿损。我有一个方法，可以保护自己，每次吃饭以后，就用浓茶漱口，夹杂的油腻也一起没有了，而且脾脏和肠胃不受影响。如果牙齿之间还残留有肉等杂物的话，经过茶的过滤，就会全部消缩，不知不觉就去掉了，不用再挑了。因为牙齿的本性适应苦味，所以就会越来越坚固致密，里面的疾病就可以痊愈了。平时就用普通的茶，毕竟上等最好的茶也不常有。隔几天喝一次，也没有什么危害。这很有好处，但是知道的人很少，所以在这里详细地记述。

白玉蟾在《茶歌》中说：味道像甘露一样比醍醐还好，喝下以后顿时觉得其他的杂物都沉积下去了。一身清爽飘飘欲仙，不知道天上有没有茶叶。

唐庚《斗茶记》记载：政和三年三月壬戌的时候，几个人相约到寄傲斋去斗茶。我特意用龙塘水烹煮，可以提高茶的品味。我听说茶的外形从来不重视是团还是銙（銙，古代附在腰间的装饰品），主要是要求新茶；不用江水，只要活水。到千里以外去弄水，这样做虽然不知道是否可行，但是就算是真的，也不是活水了。现在我提着瓶子走到龙塘，距离还没有千步，这里的水适合泡茶，古人认为不比清远峡的水差。每年的新茶上市，三月就开始了。我在因罪被贬的情况下，能够同各位在这里从容谈笑，打水煮茶，可以痛快一时，这其实不是我的原因，是茶的缘故啊。

蔡襄在《茶录》中说：白色的茶叶最难得，但是饼状的茶叶多是用珍膏涂在它上面，所以有青黄紫黑这些颜色的变化。善于识茶的人，就像相士辨别人的气色一样，默然观察它的内部，有肉理那样滋润的是上品。其他的都差一些，黄白色的受水以后变得昏重，青白色的受水以后颜色就会很清晰，所以建安地方的人比试茶叶，是青白胜过黄白。

据张淏《云谷杂记》记载：不知道是从什么时候兴起喝茶的。欧阳修《集古录跋》里说："历史上有关茶的记载，是魏晋以后才有的。"我根据《晏子春秋》的记载，晏婴做齐景公的宰相的时候，吃的也不过是米饭、鸡蛋、蔬菜和茶水。另外汉朝王褒的《僮约》里面有"五阳（原注：有的说是武都）买茶"这句话，这样看来，魏晋以前就有茶了。但是当时虽然知道饮茶，却没有后来这样风行。考证到郭璞注释的《尔雅》里有这样的句子："树似栀子，冬生，叶

这是北宋青白瓷盖托，景德镇窑出产。

可煮作羹饮。"但是茶叶到了冬天味道就会变苦，又怎么能作为汤饮用呢？喝茶后，会让人睡眠减少，张华得到茶叶后，认为是奇闻，就把它写进了《博物志》。说明当时不但喝茶的人少，能够认识茶叶的人也很少。到了唐代陆羽所著《茶经》三篇，说茶能够滋补身体，人们才渐渐知道饮茶了。此后饮茶成了风气。回纥人来到京城，开始用马换茶。德宗建中年间，赵赞开始征收茶税。兴元初年皇上准奏免了茶税，贞元九年，张滂再上奏恢复，一年就得到茶税钱四十万两。现在茶税同盐酒税一起交给国家，所得到的收入不知道是唐朝的多少倍啊！

《品茶要录》中说：我曾说过茶叶最精绝的，是白色的叶子还没有开，像麦芽一样细，这是因为它享受着春天清新的空气和温暖的阳光。又因为那里的山上多的是砂石，能称为上等茶叶的，都在山的南面，有充足的阳光照耀。我曾在空闲的时候找到一处很明净的地方，在亭轩里歇息，把茶拿来一一品尝。感觉从华池取来的水，又甘甜又清澈，对发挥茶性有帮助。

以前听说陆羽精通茶，但陆羽知道的茶，都是今天所说的茶草。为什么呢？如果像陆羽说的那样蒸煮茶笋和叶子，不让它里面的汁水流失，这是因为茶草的味道很淡，所以怕去掉它里面的汁水。建茶后劲很足而且很甘甜，所以要去掉它里面的汁水。陆羽论述福建的茶时说"知之不详，但得到的茶叶，味道都很好"。这样看来，陆羽并没有到过建安。

谢宗《论茶》：等到蟾背饼茶发出诱人的芳香，所烧的水中泛出虾眼一样的水泡。开始仔细烹点，使茶汤表面水花泛起，云气蒸腾，所有的烦恼和疲惫，喝一口香茶就可以消散了。

《黄山谷集》中记载：一个人品茶可以品到其中的神韵，两个人品茶可以品出茶的趣味，三个人品茶可以品出茶的味道，六七个人那就是施舍茶了。

炒青绿茶加工揉捻工艺以冷揉为主，可保持色泽与香气。

沈括（字存中）在《梦溪笔谈》中说：古人把茶叶叫作雀舌、麦颗，这是说茶叶非常鲜嫩。现在的好茶，质量好，加上种植茶叶的土壤很肥沃，新芽只要一出来，就有一寸多长，像针一样细。只有芽长的茶才是最好的，这跟它的水分、土壤的状况都有关系。像雀舌、麦颗这样的茶，只不过是最次的了。只是北方人不会辨别茶叶，误认为它是上好的茶叶才这样说。我住山里时曾作过《茶论》，而且还有《尝茶》诗："谁把嫩香名雀舌，定来北客未曾尝；不知灵草天然异，一夜风吹一寸长。"

《遵生八笺》记载：茶叶很香，味道也非常好，有很好的颜色。烹煮泡茶的时候，不应该在里面夹上水果。会夺走它香味的东西有松子、柑橙、莲心、木瓜、梅花、茉莉、蔷薇、木樨等。会污染它颜色的东西有柿饼、胶枣、火桃、杨梅、橘饼之类。凡是想喝到好茶的，去除果子才觉得清爽，掺杂了其他的东西，味道就没有办法辨认了。如果实在想用，只能用核桃、榛子、瓜仁、杏仁、榄仁、栗子、鸡头、银杏这些东西。

徐渭在《煎茶七类》中说：要先用第一口茶漱口，然后再喝，这样才能品出它真正的味道。如果掺进其他花果，香味就会被夺走。

喝茶适合在凉台静室里，窗明几净，或是和尚和道士居住的地方，有风中松林和月下的竹影，端坐伴唱，读书清谈。

喝茶适宜文人雅士，脱离尘世进行修炼的人，潇洒闲逸的人，或是满腹诗书、超凡脱俗的人。

喝茶能够消除烦恼去掉污垢，解渴提神，去除疲倦，茶的功劳，不比唐代供在凌烟阁的功臣小啊！

许次杼在《茶疏》中说：手里拿着茶叶，将开水倒进壶里，随手也把茶叶放进去。茶叶沉淀到底以后，再倒出来喝，那样茶水就会很清爽，香气会萦绕在鼻子的周围。可以去病，也可消除疲劳。

一壶茶，只能泡两次，第一次味道鲜美，第二次味道甘醇，第三次味道就没了。我曾跟客人开玩笑说，第一次就像是婷婷袅袅的十三岁少女，第二次就像是刚嫁为人妇的小家碧玉，三次以后就像是生了一堆孩子，已绿叶成荫了。所以泡茶时每次应少泡，少的话再喝就没有了，宁可让残留的香味留在叶子当中，还可以在饭后漱口用。

一人一个茶杯，不能传送。喝过第二遍，用清水洗干净。

如果装茶的器具太大，倒满了会不容易喝完，放置的时间太长水就会冷了，味道就会浓苦，这就和农民劳作累了后为了解渴喝茶没有什么区别，哪里还谈得上品尝，又怎么能知道它的味道呢？

《煮泉小品》中记载：唐代的人认为对着花喝茶是很煞风景的，所以王安石（字介甫）有这样的诗"金谷千花莫漫煎"。人的心在花上而不在茶上。我不赞同这种说法；如果拿着茶杯对着山花品赏，应当更有助于风景，为什么还要喝羔儿酒呢？

茶就像是美人，这种比喻很好，但只怕不适合山林间。以前苏东坡曾经有诗"从来佳茗似佳人"，曾几有诗说"移人尤物众谈夸"，都是这个意思。如果这样的比喻用在山野林间，那就只有像尼姑那样的人，仙风道骨，不会玷污烟霞了。如果是桃面柳腰的女子，那就赶快放进销金帐中吧，不要污染了我的泉石。

茶叶中的团、片都是由碾碎后的粉末做成的，损失了它真正的味道，再加上油垢，不会是好茶。无论如何也比不上今天的茶叶，是以天然品质取胜。曾几有《日铸茶》诗这样说："宝銙自不乏，山芽安可无。"苏轼《壑源试焙新茶》诗中说："要知玉雪心肠好，不是膏油首面新"，说的就是这个意思。如果是不好的茶，冲的时候会有细末，喝起来口感不清爽，懂喝茶的人应该注意分辨。

茶煮得好但喝茶的人不懂得品尝，就像把甘甜的泉水浇灌了野草一样，罪过太大了。如果喝茶的人一饮而尽，不去辨别它的味道，那就太俗气了。

有人将梅花、菊花、茉莉花放在茶中，虽然风韵还值得欣赏，但是会损害茶的味道。如果想品尝真正的好茶，就不要这样做。现在的人烹茶还有放果子的，这是最低俗的做法。再好的东西只要会损茶的味道，都应该去掉。况且放果子在里面，必须用勺子，如果是金银的话，又不是山里人可以用的，但铜又容易生锈气，都不可以用。如果像从前的北方人那样往里面加进酥酪，或者像蜀地的人那样往里面加进白土，都是野蛮的喝法，不值得提倡。

罗廪《茶解》中说：茶有仙人的灵气，的确有很奇妙的道理。

晚上坐在依山的屋子里，打水煮茶。这样可以水火相互作用，就像听着松涛的声音一样，倒入杯中，云光激滟。此时情趣的幽雅，是无法与普通人说清楚的。

顾元庆《茶谱》中说：品茶有八大要素：一是品，二是水，三是烹，四是器具，五是试茶，六是火候，七是茶伴，八是功劳。

张源在《茶录》里说：喝茶的时候人少为最好，人多了就会有些吵闹，如果吵闹，就一点情调都没有了。一个人喝茶可以称为幽；两个人可以称为胜；三四个人称为趣，五六个人就感觉多了，七八个人的话就是喝茶了。

倒茶的时候不应该太早，喝的时候不应该太迟，过早的话，茶的神韵还没有发出来，喝迟了的话那些美妙的味道已经挥发尽了。

《云林遗事》中记载：倪元镇向来喜欢喝茶，在惠山的时候，用核桃、松子肉加上真粉一起做成像石头一样的块状，放在茶叶里喝，取名清泉白石茶。

闻龙《茶笺》里记载：苏东坡说："蔡君谟喜欢喝茶，老了以后因为病痛的原因不能喝茶，每天烹茶玩。可以博得宾客一笑。"怎么会知道千年以后有人跟他同病相怜呢！我曾经有这样的诗："年老耽弥甚，脾寒量不胜。"煮茶为了玩的人很少。所以想起了老友周文甫，从小时候到现在，茶碗熏炉，几乎没有停止过。每天喝茶有固定的时候：清晨、早餐时、中午、下午、太阳落山前、黄昏，这六个时间一定要烹茶，客人来了泡茶还不计在内。活到了八十五岁，没有得病而老死。如果不是整天享受这样的清福，又怎么能安享晚年呢？比起看着茶好却不能喝的，所得到的不是很多吗？他曾经有一个供春茶壶，平日爱不释手，就像掌上明珠。用得久了，外面像紫玉，里面像碧玉一样，真是件奇特的物品啊！后来跟着他一起安葬了。

《快雪堂漫录》：昨天和徐茂吴一同到老龙井买茶叶，那里几十家山民都种植茶叶。茂吴逐个品尝，都是不好的品种，他说：真的甘甜清香却不洌口，略微有一点洌的就是这些山上的赝品。得到了一二两真品，试过，果然甘甜香美像兰花一样。但是山民和寺庙里的和尚都说茂吴的说法是不正确的，我也不能辨别谁对谁错。假的东西就能够冒充到这种程度。茂吴品尝茶叶，认为虎丘最好，常常花一两多银子买一斤左右的茶叶。寺庙中的和尚知道茂吴善于鉴定真假，都不敢欺骗他。别人得到的茶叶虽然价格昂贵，但仍然是假货。子晋说：当地山中的茶叶略微带着一点黑色，不是特别的青翠。冲泡了之后颜色白得像玉一样，叫作寒豆香，宋朝的人称它为白云茶。再绿的就是天池。在天池茶中夹杂一些虎丘茶香味就会很特别。虎丘茶难道是茶中的王种吗？茶中的精品，简直可以称为茶叶中的皇后，天池、龙井都是臣种，其他的茶就好比是普通的老百姓。

熊明遇《岕山茶记》中记载：颜色太深、味道太重、香气太浓的茶叶，都不是上好的品种。松萝的茶香气很重；六安的茶味道很苦涩，但是香气类似于松萝；天池的茶中仍有丛生的野草的气味，龙井跟它一样；至于云雾茶的颜色就是太深而且味道很浓。曾喝过虎丘茶，颜色又白又香就像婴儿的肌肤一样，真可谓是绝品了。

邢士襄《茶说》：如果茶叶中放调料，碗中放果子，就像在美丽的外表涂蜡抹粉，描眉画目，反在中国古代，茶是道家最为主要的修行辅助物之一。

而失去了原来的颜色。

冯可宾《岕茶笺》中记载：喝茶适合在闲暇的时候、有尊贵的客人的时候、单独坐着的时候、吟诵诗歌的时候、写字的时候、徜徉的时候、睡醒的时候、睡觉之前、清供的时候、在精美的房子里、心情好的时候、鉴赏的时候、写文章的时候。喝茶最忌讳的是不注重要领、使用粗俗的茶具、主人和客人都没有雅兴、衣冠不整、荤菜杂放、匆忙的时候、房间案头摆放不高雅的东西的时候。

谢在杭在《五杂俎》中说：古人曾说"扬子江心水，蒙山顶上茶。"蒙山在蜀地的雅州，它的峰顶是最险峻的，老虎、豺狼、毒蛇都爱居住在那里，采到那里的茶，可治百病。现在的山东人用蒙阴山下的石衣冒充茶叶，其实那不是。但是蒙阴茶性质很冷，可以治愈胃热的毛病。

凡是很香的花，都可以泡成茶水。《遵生八笺》说："芙蓉可以做成汤。"像牡丹、蔷薇、玫瑰、桂、菊之类的花，采摘下来泡茶，也会觉得清远不俗，但是不像茶叶那样容易冲泡出香味来。

北方的柳芽刚萌发时，采摘之后煮水，据说味道比茶还好。曲阜孔林里的楷木，它的新芽也可以泡茶喝。福建的佛手、柑橘、橄榄都可以泡成茶水，喝下之后感觉味道清香，颜色和味道也不比旗枪差。也可以把绿豆微微翻炒，放到开水中，它的颜色很绿，香味也不比新茶次。偶尔在荒村里找不到茶叶的时候，可以用这个来代替。

《谷山笔麈》记载：六朝的时候，北方人还不爱喝茶，都是用酥酪来代替的，只有江南人喝完觉得很甘甜。一直到唐代才开始征收茶税。宋代和元代以来，茶叶的品种逐渐变得多了，但都是把它蒸干成为粉末，现在制作的这种饼状的茶叶，都是用来作贡品的，并不像今天我们喝的茶，只要采来就可以喝。不知道西北地方的人是什么时候开始喝茶的。我朝用茶叶去换马，西北却把茶当药，能够治很多病，这是从前没有过的。

《金陵琐事》中记载：南宋乾道年间一个叫思屯的人，看见万镃手软膝酸，就说："那是因为你五脏里都是火气，不用服用药物，只需要喝武夷的茶叶就可以消除此时的症状。"长在东南方向的茶叶最好，采来后用山涧里的水煮，茶叶就会竖立起来，如果用井水煮就横起来。

《六研斋笔记》记载：茶因为芳香纯洌能够修身养神，不是读书论道，不应随便亵渎去用。但如果不是真正能够悟道的人，对茶的韵味，也不应该做轻易的评论。我曾经嘲笑世俗之辈的观点，以声音嘶哑的曲调为贵，以没有颜色的茶叶为贵。但嘶哑的声音和哑差不多，这样一来，古代所谓余音绕梁、响遏行云的声音，岂不废弃了。如果茶叶没有颜色，香气一定会减少，而且香气是用鼻子来闻的，味道是用舌头来感受的，有没有颜色，那是要用眼睛来看的。它们之间互不联系，如果非把它们放在一起，多么反常、多么荒谬啊！

虎丘茶因为有香味而没有颜色，是茶叶中的出众者。它的芳香比不上兰芷，和新剥的豆花放在一起调制，用鼻子闻起来，也差不了什么。至于到了口中，像水一样淡，清冷的水，哪里没有呢？还要劳烦这么烦琐的程序，让僧流之辈糟蹋呢！

图为清代掐丝珐琅缠枝莲纹茶具。清宫内院初期以调饮（奶茶）为主，后期才逐渐改为清饮。

《紫桃轩杂缀》里这样说：天目茶清而不淡，苦却不涩，正好可以用来漱洗。笋蕨、石濑就太寒酸了，那是乡下人喝的。松萝茶的精品可以充当贡品，不过茶味太浓，甘香不足，就像很有钱财的商贾，再怎么掩饰，也难免会有铜臭气。分水贡芽，出产的不多。大叶的老根，用开水泼它它也不动，放进水里煎，更具有一番风味。制造这种茶叶的时候，如果得到了千年的松柏根来熏烧石鼎，就可以烹出茶叶的老气来。

"鸡苏佛""橄榄仙"，是宋朝人这样赞茶的称呼。鸡苏就是薄荷，进口之后会感觉有些香辣。橄榄多咀嚼一会儿就会变得甘甜。把这两样合起来，才算得到了茶叶蕴藏的风味。要说仙啊佛的应该在很玄妙孤寂的时候，默默求证的。不都是舌头根部的感觉，最终很难说清楚。

欣赏名花时不应该演奏音乐，煮名茶不应该烧香，主要是怕耳朵、眼睛、嘴巴、鼻子互相牵制，不能领会到其中最美妙的地方。

好茶不适合浇饭，更不适合大醉的时候喝。因为醉酒后干燥口渴，肯定要损坏好茶的味道。上等的茶岂止对普通的客人小气呢？如果整天忙碌在世俗的事务中，没有好的情绪，即使煮好了茶，宁可让它冷却后浇灌兰花，也千万不可以让凡夫俗子玷污了茶君。

罗山庙后的茶是茶中的精品，也同样芬芳甘甜。但是过浓了一点，缺乏白云、露水这样的神韵。和它的兄弟虎丘相比要好，但要跟它的父亲龙井相比就差了。

天地之间通俗的东西没有雅趣，但也不致弄脏了寒月。其他的茶叶都晦暗无色，它却独自翠绿动人，令人感叹啊。

屠赤水说："茶叶在谷雨节气中天气晴朗的日子里、晴月时采摘的，能够治疗咳嗽，有利于治愈百病。"

《类林新咏》载：顾彦先说："有味道的东西像肉汤，喝了以后也不会醉；无味道的饮品像茶，喝了以后能使人头脑清醒。"喝醉了的人还有什么用。

徐文长《秘集致品》中说：喝茶应该在精舍、云林中，用瓷瓶、竹灶，适合文人雅士、僧人道士，适合彻夜清谈，也可以在寒冷的夜晚，独自坐在松树月光下、花鸟间，辅以清澈的河水、洁白的石头、绿色的苔藓，适合用干净的手去汲取泉水，浓妆后去扫雪，适合在船头上吹火，竹子里飘烟。

《芸窗清玩》里记载：茅一相说："我天生不能喝酒，但却沉醉迷恋于品茶。清泉白石可以洗清五脏里的污垢，可以澄清心底里的浮躁。喝完，感觉两边的腋下习习

袁宏道像

生风。我读《醉乡记》，何尝不神游其间，与陆羽、蔡君谟这些人一起谈论，又觉得很痛快。"

《三才藻异》里记载：雷鸣茶出产在蒙山的顶部，春雷响后采摘它，喝下三两就感觉像脱胎换骨了一样，喝下四两简直就可以羽化成仙了。

《闻雁斋笔记》记载：赵长白自己说过："我平生没有别的幸事，就是没有喝过井水。"他对于茶，可以说是品尝到了它的本性。现在他已经老了，还很穷，很多时候不能跟从前一样，但仍博览群书，编撰了《茶史》，因此是天地之间的多情之人。

袁宏道《瓶花史》中说：对于赏花，喝着茶赏花是最好的，清谈差一点，喝酒是最不好的。

《茶谱》中记载：《博物志》中说："喝纯正的茶能使人少睡觉。"这是真实的事情，但必须是好茶才有效果，而且要碾碎了喝。烹煮叶子的，没有效果。

《藜床瀋余》中记载：长安有好事的妇女，在王侯家看到彩色的请柬上说："月亮圆的时候，所有的地方都会明亮。如果到时赖在床上，不光是辜负大好时光，就怕天上的嫦娥也会妒忌。请于十五、十六两天的晚上，和女伴一起，一茶一炉，相伴来过夜，名叫'伴嫦娥'。如果你不嫌弃的话，还请答应。朱门龙氏拜启。"

沈周在《跋茶录》中说：樵海先生是真正的隐士。平日不知道富贵是什么东西，每天看着青山白云，用喝茶来消磨时间。实在是领会到了茶中真正的韵味，可以说陆羽都比不上他，所以就把他称为茶中的董狐。

王晫在《快说续记》中说：春天看花，往野外走一二里，脚步有些疲倦，口中也有点渴。偶尔遇到好心的和尚被邀请到他住的地方，还没有相互告诉姓名就上了好茶，坐在竹床上连喝了几杯，然后道别出来，非常高兴。

卫泳《枕中秘》中说：读书以外的闲余时候，竹林外烹茶的清烟轻轻飞扬；在鲜花深处喝酒后，茶铛中水开的声音开始响起。这中间的风味又有谁能知道呢？唐代的卢仝是可以领会的；而心里的快乐自得，宋代的黄庭坚怎么会欺骗我呢？

江之兰《文房约》中说：诗书中包含着非常深刻的道理，草木中也蕴藏着神明。一草一木，当它们含着香气开放，倚靠着栏杆看着窗外，真的可以称为赏心悦目，有助于我内心的思绪。此时的情景非常适合煮蒙顶石花这样的好茶悠闲地品尝。

乘着车子沐浴着露水，在奇峰怪石之间来回走，以求摘到好茶叶。所以隐士贤人，头上戴着帽子，自己煎茶自己喝。车子走在羊肠般的小道上，也不注重什么火候，如果不能喝完，就把它倒掉，这些是叫陆羽为茶博士之类的人。

高士奇在《天禄识余》中说：有人说喝茶开始于梁朝天监年间，见于《洛阳伽蓝记》，其实不是。《吴志·韦曜传》中说："孙皓每天都会宴请客人，没有一天间断，因为韦曜不会喝酒，孙皓暗中赏赐他茶当作酒。"按照这样的说法，三国的时候就已经知道喝茶了。后来到了唐代中期，喝茶就可以和煮梅抗衡了，到如今国家生计都要依靠它。

王复礼《茶说》中记载：花晨月下，圣明的君主和嘉宾一起纵谈古今，品味茶叶的好坏，天地之间还有其他的乐趣吗？难道必须要脍鱼炖肉、金樽美酒、痛饮狂欢，才算正合心意吗？范仲淹说："露芽错落一番荣，缀玉含珠散嘉树。斗茶味兮轻醍醐，斗茶香兮薄兰芷。"沈心斋说："香含玉女峰头露，润带珠帘洞口云。"可以说是岩茶的知音。

陈鉴所著《虎丘茶经注补》记载：我亲自采摘一些鲜嫩的茶叶与茶友汤愚公一起用小火煮，发出了豆花一样的香味。以前所卖的虎丘茶，全是天池。

陈鼎在《滇黔记游》中说：贵州的罗汉洞，有十几里深，中间有一汪清泉，颜色很黑，气味香甜甘冽。煮出的茶水颜色如同朱砂一样，喝完唇部和牙齿都变红了，一个星期以后才能恢复。

《瑞草论》中说："茶叶的味道略微寒冷，如果燥热口渴、胸闷、目光青涩、四肢乏力、身体不舒服，喝下四五杯，可以与醍醐、甘露抗衡。"

《本草拾遗》中说：茶叶味道稍微有点苦寒，没有什么毒害，可以调治五脏里的邪气，对身心有好处，能减少人的睡眠，还能使人浑身轻松、眼睛明亮、消痰、解渴、利尿。

蜀地雅州著名的茶叶有露锁芽、篾芽，都说是火前茶，就是说采摘在禁火以前。火后茶要差一点。还有枳壳芽、枸杞芽、枇杷芽，都能治疗风疾。还有皂荚芽、槐芽、柳芽，开春摘下它的芽，跟茶叶一起制作。所以今天南方送官茶的人，往往会夹杂一些其他的叶子，只有茅庐、竹叶这些东西，不可以加进茶里。其他的像山中的草木、芽叶，都可以和在一起，特别是椿树、柿树的叶子更加特别。真正的茶叶是凉性的，只有雅州蒙顶山出产的茶叶，才是暖性的，可以治疗疾病。

李时珍在《本草纲目》中说：服用了葳灵仙、土茯苓的人，不能喝茶。

《群芳谱》里面记载：治病方子：气虚、头痛，用春天的茶末，调制成膏，放在瓦罐里反复搅动，用四十粒巴豆，一次烧了，用烟熏它，晒干碾碎，每次服用一调羹。要是用好的茶叶，饭后煎了冲服很快就能有疗效。还有赤白痢下，将一斤好茶叶捣成碎末，煎成很浓的一两杯，冲服后，病很快就好了。如果是大小便不通的话，用上等茶叶、生芝麻各一小撮，慢慢咀嚼，用开水冲服，马上见效。此方多次试用都很有效。若来不及咀嚼，也可以捣烂和开水一起服用。

《随见录》中说：《苏文忠集》中记载，宪宗赐给马总治泻痢、腹痛的方法：用生姜和皮一起切碎成粟米大小，用一大钱跟一样多的草茶一起煎服。元祐二年，潞国公文彦博患了这个病，所有的药都不见效，服用这个方子很快就痊愈了。

七、茶之事

【原文】

《晋书》：温峤表遣取供御之调，条列真上茶千片，茗三百大薄。

《洛阳伽蓝记》：王肃初入魏，不食羊肉及酪浆等物，常饭鲫鱼羹，渴饮茗汁。京师士子道肃一饮一斗，号为漏卮。后数年，高祖见其食羊肉酪粥甚多，谓肃曰："羊肉何如鱼羹？茗饮何如酪浆？"肃对曰："羊者是陆产之最，鱼者乃水族

《洛阳伽蓝记》书影

之长，所好不同，并各称珍，以味言之，甚是优劣。羊比齐鲁大邦，鱼比邾莒小国，惟茗不中，与酪作奴。"高祖大笑。彭城王勰谓肃曰："卿不重齐鲁大邦，而爱邾莒小国，何也？"肃对曰："乡曲所美，不得不好。"彭城王复谓曰："卿明日顾我，为卿设邾莒之食，亦有酪奴。"因此呼茗饮为酪奴，时给事中刘缟慕肃之风，专习茗饮。彭城王谓缟曰："卿不慕王侯八珍，而好苍头水厄。海上有逐臭之夫，里内有学颦之妇，以卿言之，即是也。"盖彭城王家有吴奴，故以此言戏之。后梁武帝子西丰侯萧正德归降时，元义欲为设茗，先问："卿于水厄多少？"正德不晓义意，答曰："下官生于水乡，而立身以来，未遭阳侯之难。"元义与举座之客皆笑焉。

《海录碎事》：晋司徒长史王濛，字仲祖，好饮茶，客至辄饮之。士大夫甚以为苦，每欲候濛，必云："今日有水厄。"

《续搜神记》：桓宣武有一督将，因时行病后虚热，更能饮复茗，一斛二斗乃饱，才减升合，便以为不足，非复一日。家贫，后有客造之，正遇其饮复茗，亦先闻世有此病，仍令更进五升，乃大吐，有一物出如升大，有口，形质缩皱，状似牛肚。客乃令置之于盆中，以一斛二斗复浇之，此物噏之都尽，而止觉小胀。又增五升，便悉混然从口中涌出。既吐此物，其病遂瘥，或问之："此何病？"客答云："此病名斛二瘕。"

《潜确类书》：进士权纾文云："隋文帝微时，梦神人易其脑骨，自尔脑痛

不止。后遇一僧曰：'山中有茗草，煮而饮之当愈。'帝服之有效，由是人竞采嚍。因为之赞。其略曰：'穷《春秋》，演河图，不如载茗一车。'"

唐·鸳鸯莲瓣纹金碗

《唐书》：太和七年，罢吴蜀冬贡茶。太和九年，王涯献茶，以涯为榷茶使，茶之有税自涯始。十二月，诸道盐铁转运榷茶使令狐楚奏："榷茶不便于民。"从之。

陆龟蒙嗜茶，置园顾渚山下，岁取租茶，自判品第。张又新为《水说》七种，其二惠山泉、三虎丘井、六淞江水。人助其好者，虽百里为致之。日登舟设篷席，赍束书、茶灶、笔床、钓具往来。江湖间俗人造门，罕觏其面。时谓江湖散人，或号天随子、甫里先生，自比涪翁、渔父、江上丈人。后以高士征，不至。

《国史补》：故老云，五十年前多患热黄，坊曲有专以烙黄为业者。灞浐诸水中，常有昼坐至暮者，谓之浸黄。近代悉无，而病腰脚者多，乃饮茶所致也。

韩晋公滉闻奉天之难，以夹练囊盛茶末，遣健步以进。

常鲁使西番，烹茶帐中，番使问："何为者？"鲁曰："涤烦消渴，所谓茶也。"番使曰："我亦有之。"取出以示曰："此寿州者，此顾渚者，此蕲门者。"

唐赵璘《因话录》：陆羽有文学，多奇思，无一物不尽其妙，茶术最著。始造煎茶法，至今鬻茶之家，陶其像，置炀突间，祀为茶神，云：宜茶足利。巩县为瓷偶人，号"陆鸿渐"，买十茶器得一鸿渐，市人沽茗不利，辄灌注之。复州一老僧是陆僧弟子，常诵其《六羡歌》，且有《追感陆僧》诗。

唐吴晦《撅言》：郑光业策试，夜有同人突入，吴语曰："必先必先，可相容否？"光业为掇半铺之地。其人曰："仗取一勺水，更托煎一碗茶。"光业欣然为取水、煎茶。居二日，光业状元及第，其人启谢曰："既烦取水，更便煎茶。当时不识贵人，凡夫肉眼；今日俄为后进，穷相骨头。"

唐李义山《杂纂》：富贵相：捣药碾茶声。

唐冯贽《烟花记》：建阳进茶油花子饼，大小形制各别，极可爱。宫嫔缕金于面，皆以淡妆，以此花饼施于鬓上，时号北苑妆。

唐《玉泉子》：崔蠡知制诰丁太夫人忧，居东都里第时，尚苦节啬，四方寄遗茶药而已，不纳金帛，不异寒素。

《颜鲁公帖》：廿九日南寺通师设茶会，咸来静坐，离诸烦恼，亦非无益。

颜真卿法帖

足下此意，语虞十一，不可自外耳。颜真卿顿首顿首。

《开元遗事》：逸人王休居太白山下，日与僧道异人往还。每至冬时，取溪冰敲其晶莹者煮建茗，供宾客饮之。

《李邺侯家传》：皇孙奉节王好诗，初煎茶加酥椒之类，遗泌求诗，泌戏赋云："旋沫翻成碧玉池，添酥散出琉璃眼。"奉节王即德宗也。

《中朝故事》：有人授舒州牧，赞皇公李德裕谓之曰："到彼郡日，天柱峰茶可惠数角。"其人献数十斤，李不受。明年罢郡，用意精求，获数角投之。李阅而受之曰："此茶可以消酒食毒。"乃命烹一瓯，沃于肉食内，以银合闭之。诘旦视其肉，已化为水矣。众服其广识。

段公路《北户录》：前朝短书杂说，呼茗为薄，为夹。又梁《科律》有薄茗、千夹云云。

唐苏鹗《杜阳杂编》：唐德宗每赐同昌公主馔，其茶有绿华、紫英之号。

《凤翔退耕传》：元和时，馆阁汤饮待学士者，煎麒麟草。

温庭筠《采茶录》：李约字存博，汧公子也。一生不近粉黛，雅度简远，有山林之致。性嗜茶，能自煎，尝谓人曰："当使汤无妄沸，庶可养茶。始则鱼目散布，微微有声；中则四际泉涌，累累若贯珠；终则腾波鼓浪，水气全消。此谓老汤三沸之法，非活火不能成也。"客至不限瓯数，竟日蒸火，执持茶器弗倦。曾奉使行至陕州硖石县东，爱其渠水清流，旬日忘发。

《南部新书》：杜豳公悰，位及人臣，富贵无比。尝与同列言平生不称意有三，其一为澧州刺史，其二贬司农卿，其三自西川移镇广陵，舟次瞿塘，为骇浪所惊，左右呼唤不至，渴甚，自泼汤茶吃也。

大中三年，东都进一僧，年一百二十岁。宣皇问服何药而致此，僧对曰："臣少也贱，不知药。性本好茶，至处惟茶是求。或出，日过百余碗，如常日亦不下四五十碗。"因赐茶五十斤，令居保寿寺，名饮茶所曰茶寮。

有胡生者，失其名，以钉铰为业，居雪溪而近白苹洲。去厥居十余步有古坟，胡生每瀹茗必奠酹之。尝梦一人谓之曰："吾姓柳，平生善为诗而嗜茗。及死，葬室在子今居之侧，常衔子之惠，无以为报，欲教子为诗。"胡生辞以不能，柳强之曰："但率子言之，当有致矣。"既寤，试构思，果若有冥助者。厥后遂工焉，时人谓之"胡钉铰诗。"柳当是柳恽也。[又一说。]列子终于郑，今墓在效数，谓贤者之迹，而或禁其樵牧焉。里有胡生者，性落魄。家贫，少为洗镜、锼钉之业。遇有甘果名茶美醴，辄祭于列御寇之祠垄，以求聪慧而思学道。历稔，忽梦一人，取刀划其腹，以一卷书置于心腑。及觉，而吟咏之意，皆工美之词，所得不由于师友也。既成卷轴，尚不弃于猥贱之业，真隐者之风。远近号为"胡钉铰"云。

张又新《煎茶水记》：代宗朝，李季卿刺湖州，至维扬逢陆处士鸿渐。李素熟陆名，有倾盖之欢，因之赴郡，泊扬子驿，将食，李曰："陆君善于茶，盖天下闻名矣，况扬子南零水又殊绝。今者二妙，千载一遇，何旷之乎？"命军士谨信者操舟挈瓶，深诣南零。陆利器以俟之。俄水至，陆以勺扬其水曰："江则江矣，非南零者，似临岸之水。"使曰："某操舟深入，见者累百，敢虚给乎？"陆不言，既而倾诸盆，至半，陆遽止之，又以勺扬之曰："自此南零者矣。"使蹶然大骇，伏罪曰："某自南零赍至岸，舟荡覆半，至，惧其鲜，挹岸水增之，处士之鉴，神鉴也，其敢隐乎。"李与宾从数十人皆大骇愕。

《茶经》本传：羽嗜茶，著《经》三篇。时鬻茶者，至陶羽形置炀突间，祀为茶神。有常伯熊者，因羽论，复广著茶之功。御史大夫李季卿宣慰江南，次临淮，知伯熊善煮茗，召之。伯熊执器前，季卿为再举杯。其后尚茶成风。

明仇英《松溪论画图》

《金銮密记》：金銮故例，翰林当直学士，春晚人困，则日赐成像殿茶果。

《梅妃传》：唐明皇与梅妃斗茶，顾诸王戏曰："此梅精也，吹白玉笛，作惊鸿舞，一座光辉，斗茶今又胜吾矣。"妃应声曰："草木之戏，误胜陛下。设使调和四海，烹饪鼎鼐，万乘自有宪法，贱妾何能较胜负也。"上大悦。

杜鸿渐《送茶与杨祭酒书》：顾渚山中紫笋茶两片，一片上太夫人，一片充昆弟同歠，此物但恨帝未得尝，实所叹息。

《白孔六帖》：寿州刺史张镒，以饷钱百万遗陆宣公赟。公不受，止受茶一串，曰："敢不承公之赐。"

《海录碎事》：邓利云："陆羽，茶既为癖，酒亦称狂。"

《侯鲭录》：唐右补阙綦毋煛〔音英〕，博学有著述才，性不饮茶，尝著《伐茶饮序》，其略曰："释滞消壅，一日之利暂佳；瘠气耗精，终身之累斯大。获益则归功茶力，贻患则不咎茶灾。岂非为福近易知，为祸远难见欤。"煛在

刘禹锡像

集贤，无何以热疾暴终。

《苕溪渔隐丛话》：义兴贡茶非旧也。李栖筠典是邦，僧有献佳茗，陆羽以为冠于他境，可荐于上。栖筠从之，始进万两。

《合璧事类》：唐肃宗赐张志和奴婢各一人，志和配为夫妇，号渔童、樵青。渔童捧钓收纶，芦中鼓枻；樵青苏兰薪桂，竹里煎茶。

《万花谷》：《顾渚山茶记》云："山有鸟如鸲鹆而小，苍黄色，每至正二月作声云'春起也'，至三四月作声云'春去也'。采茶人呼为报春鸟。"

董逌《陆羽点茶图跋》：竟陵大师积公嗜茶久，非渐儿煎奉不向口。羽出游江湖四五载，师绝于茶味。代宗召师入内供奉，命宫人善茶者烹以饷，师一啜而罢。帝疑其诈，令人私访，得羽召入。翌日，赐师斋，密令羽煎茗遗之，师捧瓯喜动颜色，且赏且啜，一举而尽。上使问之，师曰："此茶有似渐儿所为者。"帝由是叹师知茶，出羽见之。

《蛮瓯志》：白乐天方斋，刘禹锡正病酒，乃以菊苗虀、芦菔鲊馈乐天，换取六斑茶以醒酒。

《诗话》：皮光业字文通，最耽茗饮。中表请尝新柑，筵具甚丰，簪绂丛集。才至，未顾尊罍，而呼茶甚急，径进一巨觥，题诗曰："未见甘心氏，先迎苦口师。"众噱云："此师固清高，难以疗饥也。"

《太平清话》：卢仝自号癖王，陆龟蒙自号怪魁。

《潜确类书》：唐钱起，字仲文，与赵莒为茶宴，又尝过长孙宅，与朗上人作茶会，俱有诗纪事。

《湘烟录》：闵康侯曰："羽著《茶经》，为李季卿所慢，更著《毁茶论》。其名疾，字季疵者，言为季所疵也。事详传中。"

《吴兴掌故录》：长兴啄木岭，唐时吴兴、毗陵二太守造茶修贡，会宴于此。上有境会亭，故白居易有《夜闻贾常州崔湖州茶山境会欢宴》诗。

包衡《清赏录》：唐文宗谓左右曰："若不甲夜视事，乙夜观书，何以为君？"尝召学士于内庭，论讲经史，较量文章，宫人以下侍茶汤饮馔。

《名胜志》：唐陆羽宅在上饶县东五里。羽本竟陵人，初隐吴兴苕溪，自号桑苎翁，后寓新城时，又号东冈子。刺史姚骥尝诣其宅，凿沼为滇渤之状，积石为嵩华之形。后隐士沈洪乔葺而居之。

《饶州志》：陆羽茶灶在余干县冠山右峰。羽尝品越溪水为天下第二，故思居禅寺，凿石为灶，汲泉煮茶。曰丹炉，晋张氲作，元大德时总管常福生，从方士搜炉下，得药二粒，盛以金盒，及归开视，失之。

《续博物志》：物有异体而相制者，翡翠屑金，人气粉犀，北人以针敲冰，南人以线解茶。

《太平山川记》：茶叶寮，五代时于履居之。

《类林》：五代时，鲁公和凝，字成绩，在朝率同列，递日以茶相饮，味劣者有罚，号为汤社。

《浪楼杂记》：天成四年，度支奏，朝臣乞假省觐者，欲量赐茶药，文班自左右常侍至侍郎，宜各赐蜀茶三斤，蜡面茶二斤，武班官各有差。

马令《南唐书》：丰城毛炳好学，家贫不能自给，入庐山与诸生留讲，获镪即市酒尽醉。时彭会好茶，而炳好酒，时人为之语曰："彭生作赋茶三片，毛氏传诗酒半升。"

《十国春秋·楚王马殷世家》：开平二年六月，判官高郁请听民售茶，北客收其征以赡军，从之。秋七月，王奏运茶河之南北，以易缯纩、战马，仍岁贡茶二十五万斤，诏可。由是属内民得自摘山造茶而收其算，岁入万计。高另置邸阁居著，号曰八床主人。

《荆南列传》：文了，吴僧也，雅善烹茗，擅绝一时。武信王时来游荆南，延住紫云禅院，日试其艺，王大加欣赏，呼为汤神，奏授华亭水大师。人皆目为乳妖。

《谈苑》：茶之精者北苑，名白乳头。江左有金蜡面。李氏别命取其乳作片，或号曰"京挺""的乳"二十余品。又有研膏茶，即龙品也。

释文莹《玉壶清话》：黄夷简雅有诗名，在钱忠懿王俶幕中，陪樽俎二十年。开宝初，太宜赐俶"开吴镇越崇文耀武功臣制诰"。俶遣夷简入谢于朝，归而称疾，于安溪别业保身潜遁。著《山居》诗，有"宿雨一番蔬甲嫩，春山几焙茗旗香"之句。雅喜治宅，咸平中，归朝为光禄寺少卿，后以寿终焉。

《五杂俎》：建人喜斗茶，故称茗战。钱氏子弟取雪上瓜，各言其中子之的数，剖之以观胜负，谓之瓜战。然茗犹堪战，瓜则俗矣。

《潜确类书》：伪闽甘露堂前，有茶树两株，郁茂婆娑，宫人呼为清人树。每春初，嫔嫱戏于其下，采摘新芽，于堂中设倾筐会。

《宋史》：绍兴四年初，命四川宣抚司支茶博马。

旧赐大臣茶有龙凤饰，明德太

唐·刻花玉杯

后曰:"此岂人臣可得。"命有司别制入香京挺以赐之。

《宋史·职官志》:茶库掌茶,江、浙、荆、湖、建、剑茶茗,以给翰林诸司赏赍出鬻。

《宋史·钱俶传》:太平兴国三年,宴俶长春殿,令刘铱、李煜预坐。俶贡茶十万斤,建茶万斤,及银绢等物。

《甲申杂记》:仁宗朝,春试进士集英殿,后妃御太清楼观之。慈圣光献出饼角以赐进士,出七宝茶以赐考官。

《玉海》:宋仁宗天圣三年,幸南御庄观刈麦,遂幸玉津园,宴群臣,闻民舍机杼,赐织妇茶彩。

陶谷《清异录》:有得建州茶膏,取作耐重儿八枚,胶以金缕,献于闽王曦,遇通文之祸,为内侍所盗,转遗贵人。

符昭远不喜茶,尝为同列御史会茶,叹曰:"此物面目严冷,了无和美之态,可谓冷面草也。"

孙樵《送茶与焦刑部书》云:"晚甘侯十五人遣侍斋阁。此徒皆乘雷而摘,拜水而和,盖建阳丹山碧水之乡,月涧云龛之品,慎勿贱用之。"

汤悦有《森伯颂》,盖名茶也。方饮而森然严乎齿牙,既久,而四肢森然,二义一名,非熟乎汤瓯境界者谁能目之。

吴僧梵川,誓愿燃顶供养双林博大士,自往蒙顶山上结庵种茶,凡三年,味方全美。得绝佳者曰"圣杨花""吉祥蕊",共不逾五斤,持归供献。

宣城何子华邀客于剖金堂,酒半,出嘉阳严峻所画陆羽像悬之,子华因言:"前代感骏逸者为马癖,泥贯索者为钱癖,爱子者有誉儿癖,耽书者有《左传》癖,若此叟溺于茗事,何以名其癖?"杨粹仲曰:"茶虽珍,未离草也,宜追目陆氏为甘草癖。"一座称佳。

《类苑》:学士陶谷得党太尉家姬,取雪水烹团茶以饮,谓姬曰:"党家应不识此"?姬曰:"彼粗人安得有此,但能于销金帐中浅斟低唱,饮羊膏儿酒耳。"陶深愧其言。

宋·佚名《卖浆图页》

图绘六商贩在卖茶之余休息品茶的情景。众人皆头系软巾,身穿齐膝短衣,捋袖至肘。有的端杯细品,有的凝神注目,有的提壶注茶,有的提桶回首,形神各异,栩栩如生,道出了商贩们生活的细节,为反映民俗生活的特写佳作。

胡峤《飞龙涧饮茶》诗云："沾牙旧姓余甘氏，破睡当封不夜侯。"陶谷爱其新奇，令犹子彝和之。彝应声云："生凉好唤鸡苏佛，回味宜称橄榄仙。"彝时年十二，亦文词之有基址者也。

《延福宫曲宴记》：宣和二年十二月癸巳，召宰执亲王学士曲宴于延福宫，命近侍取茶具，亲手注汤击拂。少顷，白乳浮盏面，如疏星淡月，顾诸臣曰："此自烹茶。"饮毕，皆顿首谢。

《宋朝纪事》：洪迈选成《唐诗万首绝句》，表进，寿皇宣谕："阁学选择甚精，备见博洽，赐茶一百铐，清馥香一十贴，薰香二十贴，金器一百两。"

《乾淳岁时纪》：仲春上旬，福建漕司进第一纲茶，名"北苑试新"，方寸小铐，进御止百铐，护以黄罗软盝，借以青箬，裹以黄罗，夹复臣封朱印，外用朱漆小匣镀金锁，又以细竹丝织笈贮之，凡数重。此乃雀舌水芽，所造一铐之值四十万，仅可供数瓯之啜尔。或以一二赐外邸，则以生线分解转遗，好事以为奇玩。

《南渡典仪》：车驾幸学，讲书官讲讫，御药传旨宣坐赐茶。凡驾出，仪卫有茶酒班殿侍两行，各三十一人。

《司马光日记》：初除学士待诏李尧卿宣召称："有敕。"口宣毕，再拜，升阶，与待诏坐，啜茶。盖中朝旧典也。

欧阳修《龙茶录后序》：皇祐中，修起居注，奏事仁宗皇帝，屡承天问，以建安贡茶并所以试茶之状谕臣，论茶之舛谬。臣追念先帝顾遇之恩，览本流涕，辄加正定，书之于石。以永其传。

《随手杂录》：子瞻在杭时，一日中使至，密谓子瞻曰："某出京师辞官家，官家曰：辞了娘娘来。某辞太后殿，复到官家处，引某至一柜子旁，出此一角密语曰：赐与苏轼，不得令人知。遂出所赐，乃茶一斤，封题皆御笔。"子瞻具札，附进称谢。

潘中散适为处州守，一日作醮，其茶百二十盏皆乳花，内一盏如墨，诘之，则酌酒人误酌茶中。潘焚香再拜谢过，即成乳花，僚吏皆惊叹。

《石林燕语》故事：建州岁贡大龙凤、团茶各二斤，以八饼为斤。仁宗时，蔡君谟知建州，始别择茶之精者为小龙团，十斤以献，斤为十饼。仁宗以非故事，命劾之，大臣为请，因留而免劾，然自是遂为岁额。熙宁中，贾清为福建运使，又取小团之精者为密云龙，以二十饼为斤，而双袋谓之双角团茶。大小团袋皆用绯，通以为赐也。密云龙独用黄盖，专以奉玉食。其后又有瑞云翔

司马光像

龙者。宣和后，团茶不复贵，皆以为赐，亦不复如向日之精。后取其精者为铵茶，岁赐者不同，不可胜纪矣。

《春渚记闻》：东坡先生一日与鲁直、文潜诸人会，饭既，食骨饂儿血羹。客有须薄茶者，因就取所碾龙团遍啜坐客。或曰："使龙茶能言，当须称屈。"

魏了翁《先茶记》：眉山李君铿，为临邛茶官，吏以故事，三日谒先茶。君诘其故，则曰："是韩氏而王号，相传为然，实未尝请命于朝也。"君曰："饮食皆有先，而况茶之为利，不惟民生食用之所资，亦马政、边防之攸赖。是之弗图，非忘本乎！"于是撤旧祠而增广焉，且请于郡，上神之功状于朝，宣赐荣号，以侈神赐。而驰书于靖，命记成役。

《扪掌录》：宋自崇宁后复榷茶，法制日严。私贩者固已抵罪，而商贾官券清纳有限，道路有程。纤悉不如令，则被击断，或没货出告。昏愚者往往不免。其侪乃目茶笼为草大虫，言伤人如虎也。

《苕溪渔隐丛话》：欧公《和刘原父扬州时会堂绝句》云："积雪犹封蒙顶树，惊雷未发建溪春。中州地暖萌芽早，入贡宜先百物新。"［时会堂，造贡茶所也。］余以陆羽《茶经》考之，不言扬州出茶，惟毛文锡《茶谱》云："扬州禅智寺，隋之故宫，寺傍蜀冈，其茶甘香，味如蒙顶焉。"第不知入贡之因，起何时也。

《卢溪诗话》：双井老人以青沙蜡纸裹细茶寄人，不过二两。

《青琐诗话》：大丞相李公昉尝言，唐时目外镇为粗官，有学士贻外镇茶，有诗谢云："粗官乞与真虚掷，赖有诗情合得尝。"［外镇即薛能也。］

《玉堂杂记》：淳熙丁酉十一月壬寅，必大轮当内直，上曰："卿想不甚饮，比赐宴时，见卿面赤。赐小春茶二十铵，叶世英墨五团，以代赐酒。"

陈师道《后山丛谈》：张忠定公令崇阳，民以茶为业。公曰："茶利厚，官将取之，不若早自异也。"命拔茶而植桑，民以为苦。其后榷茶，他县皆失业，而崇阳之桑皆已成，其为绢而北者，岁百万匹矣。［又见《名臣言行录》］

文正李公既薨，夫人诞日，宋宣献公时为侍从。公与其僚二十余人诣第上寿，拜于帘下，宣献前曰："太夫人不饮，以茶为寿。"探怀出之，注汤以献，复拜而去。

宋神宗

张芸叟《画墁录》：有唐茶品，以阳羡为上供，建溪、北苑未著也。贞元中，常衮为建州刺史，始蒸焙而研之，谓研膏茶。其后稍为饼样，而穴其中，故谓之一串。陆羽所烹，惟是草茗尔。迨本朝建溪独盛，采焙制作，前世所未有也，士大夫珍尚鉴别，亦过古先。丁晋公为福建转运使，始制为凤团，后为龙团，贡不过四十饼，专拟上供，即近臣之家，徒闻之而未尝见也。天圣中，又为小团，其品迥嘉于大团。赐两府，然止于一斤，惟上大斋宿两府，八人共赐小团一饼，缕之以金。八人析归，以侈非常之赐，亲知瞻玩，赓唱以诗，故欧阳永叔有《龙茶小录》。或以大团赐者，辄剖方寸，以供佛、供仙、奉家庙，已而奉亲并待客享子弟之用。熙宁末，神宗有旨，建州制密云龙，其品又加于小团。自密云龙出，则二团少粗，以不能两好也。予元祐中详定殿试，是年分为制举考第，各蒙赐三饼，然亲知分遗，殆将不胜。

熙宁中，苏子容使北，姚麟为副，曰："盍载些小团茶乎？"子容曰："此乃供上之物，畴敢与北人。"未几有贵公子使北，广贮团茶以往，自尔北人非团茶不纳也，非小团不贵也。彼以二团易蕃罗一匹，此以一罗酬四团，少不满意，即形言语。近有贵貂守边，以大团为常供，密云龙为好茶云。

《鹤林玉露》：岭南人以槟榔代茶。

彭《黑客挥犀》：蔡君谟，议茶者莫敢对公发言，建茶所以名重天下，由公也。后公制小团，其品尤精于大团。一日，福唐蔡叶丞秘教召公啜小团，坐久，复有一客至，公啜而味之曰："此非独小团，必有大团杂之。"丞惊，呼童诘之，对曰："本碾造二人茶，继有一客至，造不及，即以大团兼之。"丞神服公之明审。

《鹤林玉露》书影

王荆公为学士时，尝访君谟，君谟闻公至，喜甚，自取绝品茶，亲涤器，烹点以待公，冀公称赏。公于夹袋中取消风散一撮，投茶瓯中，并食之。君谟失色，公徐曰："大好茶味"。君谟大笑，且叹公之真率也。

鲁应龙《闲窗括异志》：当湖德藏寺有水陆斋坛，往岁富民沈忠建每设斋，施主虔诚，则茶现瑞花，故花俨然可睹，亦一异也。

周辉《清波杂志》：先人尝从张晋彦觅茶，张答以二小诗云："内家新赐密云龙，只到调元六七公。赖有山家供小草，犹堪诗老荐春风。""仇池诗里识焦坑，风味官焙可抗衡。钻余权幸亦及我，十辈遣前公试烹。"诗总得偶病，此诗俾其子代书，后误刊《于湖集》中。焦坑产庾岭下，味苦硬，久方回甘。如"浮石已干霜后水，焦坑新试雨前茶"，东坡《南还回至章贡显圣寺》诗也。后屡得之，初非精品，特彼人自以为重，包裹钻权幸，亦岂能望建溪之胜？

《东京梦华录》：旧曹门街北山子茶坊内，有仙洞、仙桥，仕女往往夜游，吃茶于彼。

《五色线》：骑火茶，不在火前，不在火后故也。清明改火，故曰骑火茶。

《梦溪笔谈》：王城东素所厚惟杨大年。公有一茶囊，惟大年至，则取茶囊具茶，他客莫与也。

《华夷花木考》：宋二帝北狩，到一寺中，有二石金刚并拱手而立。神像高大，首触桁栋，别无供器，止有石盂、香炉而已。有一胡僧出入其中，僧揖坐问："何来？"帝以南来对。僧呼童子点茶以进，茶味甚香美。再欲索饮，胡僧与童子趋堂后而去。移时不出，入内求之，寂然空舍。惟竹林间有一小室，中有石刻胡僧像，并二童子侍立，视之俨然如献茶者。

马永卿《懒真子录》：王元道尝言：陕西子仙姑，传云得道术，能不食，年约三十许，不知其实年也。陕西提刑阳翟李熙民逸老，正直刚毅人也，闻人所传甚异，乃往青平军自验之。既见道貌高古，不觉心服，因曰："欲献茶一杯可乎？"姑曰："不食茶久矣，今勉强一啜。"既食，少顷垂两手出，玉雪如也。须臾，所食之茶从十指甲出，凝于地，色犹不变。逸老令就地刮取，且使尝之，香味如故，因大奇之。

《朱子文集·与志南上人书》：偶得安乐茶，分上廿瓶。

《陆放翁集·同何元立蔡肩吾至丁东院汲泉煮茶》诗云：云芽近自峨眉得，不减红囊顾渚春。旋置风炉清樾下，他年奇事属三人。

《周必大集·送陆务观赴七闽提举常平茶事》诗云：暮年桑苎毁《茶经》，应为征行不到闽。今有云孙持使节，好因贡焙祀茶人。

《梅尧臣集》：有《晏成续太祝遗双井茶五品，茶具四枚，近诗六十篇，因赋诗为谢》。

《黄山谷集》：有《博士王扬休碾密云龙，同事十三人饮之戏作》。

《晁补之集·和答曾敬之秘书招能赋堂烹茶》诗：一碗分来百越春，玉溪小暑却宜人。红尘他日同回首，能赋堂中偶坐身。

《苏东坡集》：《送周朝议守汉川诗》

梅尧臣像

云：茶为西南病，眊俗记二李。何人折其锋，矫矫六君子。[二李，杞与稷也。六君子谓师道与侄正儒、张永徽、吴醇翁、吕元钧、宋文辅也。盖是时蜀茶病民，二李乃始敝之人，而六君子能持正论者也。]

清明上河图（局部）

仆在黄州，参寥自吴中来访，馆之东坡。一日，梦见参寥所做诗，觉而记其两句云："寒食清明都过了，石泉槐火一时新。"后七年，仆出守钱塘，而参寥始仆居西湖智果寺院，院有泉出石缝间，甘冷宜茶。寒食明日，仆与客泛湖自孤山来谒参寥，汲泉钻火烹黄蘗茶。忽悟所梦诗，兆于七年之前。众客皆惊叹。知传记所载，非虚语也。

东坡《物类相感志》："芽茶得盐，不苦而甜。"又云："吃茶多腹胀，以醋解之。"又云："陈茶烧烟，蝇速去。"

《杨诚斋集·谢傅尚书送茶》：远饷新茗，当自携大瓢，走汲溪泉，束涧底之散薪，然折脚之石鼎，烹玉尘，啜香乳，以享天上故人之惠。愧无胸中之书传，但一味搅破菜园耳。

郑景龙《续宋百家诗》：本朝孙志举，有《访王主簿同泛菊茶》诗。

吕元中《丰乐泉记》：欧阳公既得酿泉，一日会客，有以新茶献者。公敕汲泉瀹之。汲者道仆覆水，伪汲他泉代。公知其非酿泉，诘之，乃得是泉于幽谷山下，因名丰乐泉。

《侯鲭录》：黄鲁直云："烂蒸同州羊，沃以杏酪，食之以匕，不以箸。抹南京面作槐叶冷淘，糁以襄邑熟猪肉，炊共城香稻，用吴人鲙松江之鲈。既饱，以康山谷帘泉烹曾坑斗品。少焉，卧北窗下，使人诵东坡《赤壁》前后赋，亦足少快。"[又见《苏长公外纪》。]

《苏舜钦传》：有兴则泛小舟出盘、阊二门，吟啸览古，渚茶野酿，足以消忧。

《过庭录》：刘贡父知长安，妓有茶娇者，以色慧称。贡父惑之，事传一时。贡父被召至阙，欧阳永叔去城四十五里迓之，贡父以酒病未起。永叔戏之曰："非独酒能醉人，茶亦能醉人多矣。"

《合璧事类》：觉林寺僧志崇制茶有三等：待客以惊雷荚，自奉以萱草带，供佛以紫茸香。凡赴茶者，辄以油囊盛余沥。

江南有驿官，以干事自任。白太守曰："驿中已理，请一阅之"。刺史乃往，初至一室为酒库，诸酝皆熟，其外悬一画神，问："何也？"曰："杜康。"刺史曰："公有余也。"又至一室为茶库，诸茗毕备，复悬画神，问："何也？"曰："陆鸿渐。"刺史益喜。又至一室为菹库，诸俎咸具，亦有画神，问："何也？"曰："蔡伯喈。"刺史大笑，曰："不必置此。"

江浙间养蚕，皆以盐藏其茧而缫丝，恐蚕蛾之生也。每缫毕，即煎茶叶为汁，捣米粉搜之。筛于茶汁中煮为粥，谓之洗缸粥。聚族以啜之，谓益明年之蚕。

《经锄堂杂志》：松声、涧声、禽声、夜虫声、鹤声、琴声、棋声、落子声、雨滴阶声、雪洒窗声、煎茶声，皆声之至清者。

《松漠纪闻》：燕京茶肆设双陆局，如南人茶肆中置棋具也。

《梦粱录》：茶肆列花架，安顿奇松、异桧等物于其上，装饰店面，敲打响盏。又冬月添卖七宝擂茶、馓子葱茶。茶肆楼上专安着妓女，名曰花茶坊。

《南宋市肆记》：平康歌馆，凡初登门，有提瓶献茗者。虽杯茶，亦犒数千，谓之点花茶。

诸处茶肆，有清乐茶坊、八仙茶坊、珠子茶坊、潘家茶坊、连三茶坊、连二茶坊等名。谢府有酒名胜茶。

宋《都城纪胜》：大茶坊皆挂名人书画，人情茶坊本以茶汤为正。水茶坊，乃娼家聊设果凳，以茶为由，后生辈甘于费钱，谓之干茶钱。又有提茶瓶及龊茶名色。

《臆乘》：杨炫之作《洛阳伽蓝记》，曰食有酪奴，盖指茶为酪粥之奴也。

《琅嬛记》：昔有客遇茅君，时当大暑，茅君于手巾内解茶叶，人与一叶，客食之五内清凉。茅君曰："此蓬莱穆陀树叶，众仙食之以当饮。"又有宝文之蕊，食之不饥，故谢幼贞诗云："摘宝文之初蕊，拾穆陀之坠叶。"

杨南峰《手镜》载：宋时姑苏女子沈清友，有《续鲍令晖香茗赋》。

孙月峰《坡仙食饮录》：密云龙茶极为甘馨，宋廖正，一字明略，晚登苏门，子瞻大奇之。时黄、秦、晁、张号苏门四学士，子瞻待之厚，每至必令侍妾朝云取密云龙烹以饮之。一日，又命取密云龙，家人谓是四学士，窥之乃明略也。山谷诗有"矞云龙"，亦茶名。

《嘉禾志》：煮茶亭在秀水县西南湖中，景德寺之东禅堂。宋学士苏轼与文长老尝三过湖上，汲水煮茶，后人因建亭以识其胜。今遗址尚存。

《名胜志》：茶仙亭在滁州琅琊山，宋

南宋刘松年《卢仝烹茶图》

时寺僧为刺史曾肇建，盖取杜牧《池州茶山病不饮酒》诗"谁知病太守，犹得作茶仙"之句。子开诗云："山僧独好事，为我结茅茨。茶仙榜草圣，颇宗樊川诗。"盖绍圣二年肇知是州也。

陈眉公《珍珠船》：蔡君谟谓范文正曰："公《采茶歌》云：黄金碾畔绿尘飞，碧玉瓯中翠涛起。今茶绝品，其色甚白，翠绿乃下者耳，欲改为'玉尘飞''素涛起'，如何？"希文曰"善"。又，蔡君谟嗜茶，老病不能饮，但把玩而已。

《潜确类书》：宋绍兴中，少卿曹戬之母喜茗饮。山初无井，戬乃斋戒祝天，斫地才尺，而清泉溢涌，因名孝感泉。大理徐恪，建人也，见贻乡信铤子茶，茶面印文曰"玉蝉膏"，一种曰"清风使"。

蔡君谟善别茶，建安能仁院有茶生石缝间，盖精品也。寺僧采造得八饼，号石岩白。以四饼遗君谟，以四饼密遣人走京师遗王内翰禹玉。岁余，君谟被召还阙，过访禹玉，禹玉命子弟于茶筒中选精品碾以待蔡，蔡捧瓯未尝，辄曰："此极似能仁寺石岩白，公何以得之？"禹玉未信，索帖验之，乃服。

《月令广义》：蜀之雅州名山县蒙山有五峰，峰顶有茶园，中顶最高处曰上清峰，产甘露茶。昔有僧病冷且久，尝遇老父询其病，僧具告之。父曰："何不饮茶？"僧曰："本以茶冷，岂能止乎？"父曰："是非常茶，仙家有所谓雷鸣者，而亦闻乎？"僧曰："未也。"父曰："蒙之中顶有茶，当以春分前后多构人力，俟雷之发声，并手采摘，以多为贵，至三日乃止。若获一两，以本处水煎服，能祛宿疾。服二两，终身无病。服三两，可以换骨。服四两，即为地仙。但精洁治之，无不效者。"僧因之中顶筑室，以俟及期，获一两余，服未竟而病瘥。惜不能久住博求。而精健至八十余岁，气力不衰。时到城市，观其貌若年三十余者，眉发绀绿。后入青城山，不知所终。今四顶茶园不废，惟中顶草木繁茂，重云积雾，蔽亏日月，鸷兽时出，人迹罕到矣。

《太平清话》：张文规以吴兴白苎、白萍洲、明月峡中茶为三绝。文规好学，有文藻。苏子由、孔武仲、何正臣诸公，皆与之游。

夏茂卿《茶董》：刘煜，字子仪，尝与刘筠饮茶，问左右："汤滚也未？"众曰："已滚。"筠云："金曰鲦哉。"煜应声曰："吾与点也。"

黄鲁直以小龙团半铤，题诗赠晁无咎，有云："曲几蒲团听煮汤，煎成车声绕羊肠。鸡苏胡麻留渴羌，不应乱我官焙香。"东坡见之曰："黄九恁地怎得不穷。"

陈诗教《灌园史》：杭妓周韶有诗名，好蓄奇茗，尝与蔡公君谟斗胜，题品风味，君谟屈焉。

江参，字贯道，江南人，形貌清癯，嗜香茶以为生。

《博学汇书》：司马温公与子瞻论茶墨云："茶与墨二者正相反，茶欲白，墨欲黑；茶欲重，墨欲轻；茶欲新，墨欲陈。"苏曰："上茶妙墨俱香，是其德同也；皆坚，是其操同也。"公叹以为然。

元耶律楚材诗《在西域作茶会值雪》，有"高人惠我岭南茶，烂赏飞花雪没车"之句。

《云林遗事》：光福徐达左，构养贤楼于邓尉山中，一时名士多集于此。元镇为尤数焉，尝使童子入山担七宝泉，以前桶煎茶，以后桶濯足。人不解其意，或问之，曰："前者无触，故用煎茶，后者或为泄气所秽，故以为濯足之用。"其洁癖如此。

陈继儒《妮古录》：至正辛丑九月三日，与陈征君同宿愚庵师房，焚香煮茗，图石梁秋瀑，翛然有出尘之趣。黄鹤山人王蒙题画。

周叙《游嵩山记》：见会善寺中有元雪庵头陀茶榜石刻，字径三寸，遒伟可观。

钟嗣成《录鬼簿》：王实甫有《苏小郎夜月贩茶船》传奇。

《吴兴掌故录》：明太祖喜顾渚茶，定制岁贡止三十二斤，于清明前二日，县官亲诣采茶，进南京奉先殿焚香而已，未尝别有上供。

《七修汇稿》：明洪武二十四年，诏天下产茶之地，岁有定额，以建宁为上，听茶户采进，勿预有司。茶名有四：探春、先春、次春、紫笋，不得碾揉为大小龙团。

明太祖朱元璋曾诏令："诏建宁岁贡上供茶，罢造龙团……天下茶额惟建宁为上，其品有四：探春、先春、次春、紫笋，置茶户五百，免其役。"

杨维桢《煮茶梦记》：铁崖道人卧石床，移二更，月微明，及纸帐梅影，亦及半窗，鹤孤立不鸣。命小芸童汲白莲泉，燃槁湘竹，授以凌霄芽为饮供。乃游心太虚，恍兮入梦。

陆树声《茶寮记》：园居敞小寮于啸轩埤垣之西，中设茶灶，凡瓢汲、罂、注、濯、拂之具咸庀。择一人稍通茗事者主之，一人佐炊汲。客至，则茶烟隐隐起竹外。其禅宾过从予者，与余相对结跏趺坐，啜茗汁，举无生话。时杪秋既望，适园无诤居士，与五台僧演镇、终南僧明亮，同试天池茶于茶寮中。漫记。

《墨娥小录》：千里茶，细茶一两五钱，孩儿茶一两，柿霜一两，粉草末六钱，薄荷叶三钱。右为细末调匀，炼蜜丸如白豆大，可以代茶，便于行远。

汤临川《题饮茶录》：陶学士谓"汤者，茶之司命"，此言最得三味。冯祭酒精于茶政，手自料涤，然后饮客。客有笑者，余戏解之云："此正如美人，又如古法书名画，度可着俗汉手否！"

陆钱《病逸漫记》：东宫出讲，必使左右迎请讲官。讲毕，则语东宫官云："先生吃茶。"

《玉堂丛语》：愧斋陈公，性宽坦，在翰林时，夫人尝试之。会客至，公呼："茶！"夫人曰："未煮。"公曰："也罢。"又呼曰："干茶！"夫人曰："未买。"公曰："也罢。"客为捧腹，时号"陈也罢"。

沈周《客坐新闻》：吴僧大机所居古屋三四间，洁净不容唾。善瀹茗，有古井清冽为称。客至，出一瓯为供饮之，有涤肠渝胃之爽。先公与交甚久，亦嗜茶，每入城必至其所。

沈周《书岕茶别论后》：自古名山，留以待羁人迁客，而茶以资高士，盖造物有深意。而周庆叔者为《岕茶别论》，以行之天下。度铜山金穴中无此福，又恐仰屠门而大嚼者未必领此味。庆叔隐居长兴，所至载茶具，邀余素瓯黄叶间，共相欣赏。恨鸿渐、君谟不见庆叔耳，为之覆茶三叹。

冯梦桢《快雪堂漫录》：李于鳞为吾浙按察副使，徐子与以岕茶之最精饷之。比看子与于昭庆寺问及，则已赏皂役矣。盖岕茶叶大梗多，于鳞北士，不遇宜也。纪之以发一笑。

闵元衡《玉壶冰》：良宵燕坐，篝灯煮茗，万籁俱寂，疏钟时闻，当此情景，对简编而忘疲，彻衾枕而不御，一乐也。

《瓯江逸志》：永嘉岁进茶芽十斤，乐清茶芽五斤，瑞安、平阳岁进亦如之。

雁山五珍：龙湫茶、观音竹、金星草、山乐官、香鱼也。茶即明茶。紫色而香者，名玄茶，其味皆似天池而稍薄。

王世懋《二酉委谭》：余性不耐冠带，暑月尤甚，豫章天气畚热，而今岁尤甚。春三月十七日，觞客于滕王阁，日出如火，流汗接踵，头涔涔几不知所措。归而烦闷，妇为具汤沐，便科头裸身赴之。时西山云雾新茗初至，张右伯适以见遗，茶色白大，作豆子香，几与虎邱埒。余时浴出，露坐明月下，亟命侍儿汲新水烹尝之。觉沆瀣入咽，两腋风生。念此境味，都非宦路所有。琳泉蔡先生老而嗜茶，尤甚于余。时已就

明·青玉灵芝耳寿字乳丁纹杯

寝，不可邀之共啜。晨起复烹遗之，然已作第二义矣。追忆夜来风味，书一通以赠先生。

《涌幢小品》：王琎，昌邑人，洪武初，为宁波知府。有给事来谒，具茶。给事为客居间，公大呼："撤去！"给事惭而退。因号"撤茶太守"。

《临安志》：栖霞洞内有水洞，深不可测，水极甘洌，魏公尝调以瀹茗。

《西湖志余》：杭州先年有酒馆而无茶坊，然富家燕会，犹有专供茶事之人，谓之茶博士。

《潘子真诗话》：叶涛诗极不工而喜赋咏，尝有《试茶》诗云："碾成天上龙兼凤，煮出人间蟹与虾。"好事者戏云："此非试茶，乃碾玉匠人尝南食也。"

董其昌《容台集》：蔡忠惠公进小团茶，至为苏文忠公所讥，谓与钱思公进姚黄花同失士气。然宋时君臣之际，情意蔼然，犹见于此。且君谟未尝以贡茶干宠，第点缀太平世界一段清事而已。东坡书欧阳公滁州二记，知其不肯书《茶录》。余以苏法书之，为公忏悔。否则蛰龙诗句，几临汤火，有何罪过。凡持论不大远人情可也。

金陵春卿署中，时有以松萝茗相贻者，平平耳。归来山馆得啜尤物，询知为闵汶水所蓄。汶水家在金陵，与余相及，海上之鸥，舞而不下，盖知希为贵，鲜游大人者。昔陆羽以精茗事，为贵人所侮，作《毁茶论》，如汶水者，知其终不作此论矣。

李日华《六研斋笔记》：摄山栖霞寺有茶坪，茶生榛莽中，非经人剪植者。唐陆羽入山采之，皇甫冉做诗送之。

《紫桃轩杂缀》：泰山无茶茗，山中人摘青桐芽点饮，号女儿茶。又有松苔，极饶奇韵。

《钟伯敬集》：《茶讯》诗云："犹得年年一度行，嗣音幸借采茶名。"伯敬与徐波元叹交厚，吴楚风烟相隔数千里，以买茶为名，一年通一讯，遂成佳话，谓之茶讯。

尝见《茶供说》云：娄江逸人朱汝圭，精于茶事，将以茶隐，欲求为之记，愿岁岁采渚山青芽，为余作供。余观楞严坛中设供，取白牛乳、砂糖、纯蜜之类。西方沙门婆罗门，以葡萄、甘蔗浆为上供，未有以茶供者。鸿渐长于苾刍者也，杼山禅伯也，而鸿渐《茶经》、杼山《茶歌》俱不云供佛。西土以贯花燃香供佛，不以茶供，斯亦供养之缺典也。汝圭益精心治办茶事，金芽素瓷，清净供佛，他生受报，往生香国。经诸妙香而作佛事，岂但如丹丘羽人饮茶，生羽翼而已哉。余不敢当汝圭之茶供，请以茶供佛。后之精于茶道者，以采茶供佛、为佛事，则自余之谂汝圭始，爰作《茶供说》以赠上。

《五灯会元》：摩突罗国有一青林枝叶茂盛地，名曰优留茶。

僧问如宝禅师曰："如何是和尚家风？"师曰："饭后三碗茶。"僧问谷泉禅师曰："未审客来，如何祇待？"师曰："云门胡饼赵州茶"。

《渊鉴类函》：郑愚《茶诗》："嫩芽香且灵，吾谓草中英。夜臼和烟捣，寒炉对雪烹。"因谓茶曰草中英。

素馨花曰裨茗，陈白沙《素馨记》以其能少裨于茗耳。一名那悉茗花。

《佩文韵府》：元好问诗注："唐人以茶为小女美称。"

《黔南行记》：陆羽《茶经》纪黄牛峡茶可饮，因令舟人求之。有媪卖新茶一笼，与草叶无异，山中无好事者故耳。

元好问像

初余在峡州问士大夫黄陵茶，皆云粗涩不可饮。试问小吏，云："惟僧茶味善。"令求之，得十饼，价甚平也。携至黄牛峡，置风炉清樾间，身自候汤，手揩得味。既以享黄牛神，且酹元明尧夫云："不减江南茶味也。"乃知夷陵士大夫以貌取之耳。

《九华山录》：至化城寺，谒金地藏塔，僧祖瑛献土产茶，味可敌北苑。

冯时可《茶录》：松郡余山亦有茶，与天池无异，顾采造不如。近有比丘来，以虎丘法制之，味与松萝等。老衲巫逐之曰："毋为此山开膻径而置火坑。"

冒巢民《岕茶汇钞》：忆四十七年前，有吴人柯姓者，熟于阳羡茶山，每桐初露白之际，为余入岕，箬笼携来十余种，其最精妙者，不过斤许数两耳。味老香深，具芝兰金石之性。十五年以为恒。后宛姬从吴门归余，则岕片必需半塘顾子兼，黄熟香必金平叔，茶香双妙，更入精微。然顾、金茶香之供，每岁必先虞山柳夫人、吾邑陇西之旧姬与余共宛姬，而后他及。

金沙于象明携岕茶来，绝妙。金沙之于精鉴赏，甲于江南，而岕山之棋盘顶，久归于家，每岁其尊人必躬往采制。今夏携来庙后、棋顶、涨沙、本山诸种，各有差等，然道地之极真极妙，二十年所无。又辨水候火，与手自洗，烹之细洁，使茶之色香性情，从文人之奇嗜异好，一一淋漓而出。诚如丹丘羽人所谓饮茶生羽翼者，真衰年称心乐事也。

吴门七十四老人朱汝圭，携茶过访。与象明颇同，多花香一种。汝圭之嗜茶自幼，如世人之结斋于胎年，十四入岕，迄今，春夏不渝者百二十番，夺食色以好之。有子孙为名诸生，老不受其养。谓不嗜茶，为不似阿翁。每辣骨入山，卧游虎虺，负笼入肆，啸傲瓯香。晨夕涤瓷洗叶，啜弄无休，指爪齿颊与

清·吴昌硕《品茗图》

吴昌硕爱梅也爱茶，常将茶与梅作为题材，造成奇特的意境。在这幅《品茗图》中，一丛梅枝斜出，生动有致；作为画面主角的茶壶、茶杯则充满拙趣。所题"梅梢春雪活火煎，山中人分仙乎仙"，则表达了作者希望摆脱人间尘杂，与二三子品茗赏梅的内心世界。

语言激扬赞颂之津津，恒有喜神妙气与茶相长养，真奇癖也。

《岭南杂记》：潮州灯节，饰姣童为采茶女，每队十二人或八人，手挈花篮，迭进而歌，俯仰抑扬，备极妖研。又以少长者二人为队首，擎彩灯，缀以扶桑、茉莉诸花。采女进退作止，皆视队首。至各衙门或巨室唱歌，赍以银钱、酒果。自十三夕起至十八夕而止。余录其歌数首，颇有《前溪》《子夜》之遗。

郎瑛《七修类稿》：歙人闵汶水，居桃叶渡上，予往品茶其家，见其水火皆自任，以小酒盏酌客，颇极烹饮态，正如德山担青龙钞，高自矜许而已，不足异也。秣陵好事者，尝诮闽无茶，谓闽客得闽茶咸制为罗囊，佩而嗅之以代旃檀。实则闽不重汶水也。闽客游秣陵者，宋比玉、洪仲章辈，类依附吴儿强作解事，贱家鸡而贵野鹜，宜为其所诮欤。三山薛老亦秦淮汶水也。薛尝言汶水假他味作兰香，究使茶之真味尽失。汶水而在，闻此亦当色沮。薛尝住圬岘，自为剪焙，遂欲驾汶水上。余谓茶难以香名，况以兰定茶，乃咫尺见也，颇以薛老论为善。

延邵人呼制茶人为碧竖，富沙陷后，碧竖尽在绿林中矣。

蔡忠惠《茶录》石刻在瓯宁邑庠壁间。予五年前拓数纸寄所知，今漫漶不如前矣。

闽酒数郡如一，茶亦类是。今年予得茶甚夥，学坡公义酒事，尽合为一，然与未合无异也。

李仙根《安南杂记》：交趾称其贵人曰翁茶。翁茶者，大官也。

《虎丘茶经补注》：徐天全自金齿谪回，每春末夏初，入虎丘开茶社。

罗光玺作《虎丘茶记》，嘲山僧有"替身茶"。

吴匏庵与沈石田游虎丘，采茶手煎对啜，自言有茶癖。

《渔洋诗话》：林确斋者，亡其名，江右人。居冠石，率子孙种茶，躬亲畚锸负担，夜则课读《毛诗》《离骚》。过冠石者，见三四少年，头着一幅布，赤脚挥锄，琅然歌出金石，窃叹以为古图画中人。

《尤西堂集》有《戏册茶为不夜侯制》。

朱彝尊《日下旧闻》：上巳后三日，新茶从马上至，至之日宫价五十金，外价二三十金。不一二日，即二三金矣。见《北京岁华记》。

《曝书亭集》：锡山听松庵僧性海，制竹火炉，王舍人过而爱之，为作山水横幅，并题以诗。岁久炉坏，盛太常因而更制，流传都下，群公多为吟咏。顾梁汾典籍仿其遗式制炉，及来京师，成容若侍卫以旧图赠之。丙寅之秋，梁汾携炉及卷过余海波寺寓，适姜西溟、周青士、孙恺似三子亦至，坐青藤下，烧炉试武夷茶，相与联句成四十韵，用书于册，以示好事之君子。

蔡方炳《增订广舆记》：湖广长沙府攸县，古迹有茶王城，即汉茶陵城也。

葛万里《清异录》：倪元镇饮茶用果按者，名清泉白石。非佳客不供。有客请见，命进此茶。客渴，再及而尽，倪意大悔，放盏入内。

黄周星九烟梦读《采茶赋》，只记一句云：施凌云以翠步。

《别号录》：宋曾几吉甫，别号茶山。明许应元子春，别号茗山。

《随见录》：武夷五曲朱文公书院内有茶一株，叶有臭虫气，及焙制出时，香逾他树，名曰臭叶香茶。又有老树数株，云系文公手植，名曰宋树。

［补］《西湖游览志》：立夏之日，人家各烹新茗，配以诸色细果，馈送亲戚比邻，谓之七家茶。

南屏谦师妙于茶事，自云得心应手，非可以言传学到者。

刘士亨有《谢璘上人惠桂花茶》诗云：金粟金芽出焙篝，鹤边小试兔丝瓯。叶含雷信三春雨，花带天香八月秋。味美绝胜阳羡种，神清如在广寒游。玉川句好无才续，我欲逃禅问赵州。

李世熊《寒支集》：新城之山有异鸟，其音若箫，遂名曰箫曲山。山产佳茗，亦名箫曲茶。因作歌纪事。

《禅元显教篇》：徐道人居庐山天池寺，不食者九年矣。畜一墨羽鹤，尝采山中新茗，令鹤衔松枝烹之。遇道流，辄相与饮几碗。

张鹏翀《抑斋集》有《御赐郑宅茶赋》云：青云幸接于后尘，白日捧归乎深殿。从容步缓，膏芬齐出螭头；肃穆神凝，乳滴将开蜡面。用以濡毫，可媲文章之草；将之比德，勉为精白之臣。

【译文】

《晋书》中说：温峤上奏要求调取御用所需要的茶叶，在上面列举了真正上好的茶叶上千种，茶名写了三百大簿。

《洛阳伽蓝记》中说：王肃刚刚到魏国的时候，不吃羊肉和酪浆之类的东西，常常将鲫鱼羹当饭吃，渴了就喝茶水。京师里的人说王肃一喝就是一斗，被称为有漏洞的盛茶器。几年后，高祖看见他吃羊肉和酪粥很多，就对王肃说："羊肉跟鱼羹相比哪样更好些呢？茶跟酪浆相比怎么样呢？"王肃回答说："羊是陆地上所出产最好的，而鱼是水中的灵长，两者的特点不同，并且各有自己珍贵的地方，根据味道来说，那更是有很大的区别了。羊就好比是齐鲁大国，鱼就好比邾莒小国，只有茗不重用，所以才成为了酪的奴隶。"高祖大笑。彭城王回答王肃说："你不重视齐鲁大国，却偏偏爱邾莒小国，这是为什么呢？"王肃回答说："自己的故土才是最好的。"彭城王又说："你明日到我家，我为你设邾莒之食，也有酪奴。"因此叫茗饮为酪奴。那时候给事中刘缟因为仰慕王肃的为人，因此专门向他学习，也来喝茶。彭城王又对刘缟说："你不仰慕王侯将相的珍馐佳肴，却去爱好什么苍头的水厄。海上有追逐臭味的人，市井有效颦的妇人，听了你的话看来你就是这样的人。"因为彭城王家里有吴地的奴隶，所以才出此戏言。后来梁武帝的儿子西丰侯萧正德归降，那时元乂想为他设置茶水，先问他："你需要多少水厄呢？"正德不明白元乂话中所包含的意思，回答说："下官生于水乡，但是出生以来，从来就没有遭受阳侯（指波涛之神）这样的灾难。"元乂和在座所有的客人都笑了起来。

《海录碎事》记载：晋朝的司徒长史王濛，字仲祖，喜欢喝茶，来了客人总是让他们饮茶。士大夫觉得喝茶很苦，所以每次要去见王濛的时候就会说："今天有水灾了。"

《续搜神记》中说：桓宣武有一个有名的督将，因生病后身体虚热，更能喝茶了。要喝一斛二斗才行，才少喝了十分之一，就觉得没有喝足，像这样已经不止一天了。

晋朝的司徒长史王濛，来了客人总是让他们饮茶。士大夫们觉得喝茶很苦，所以每次要去见王濛的时候就会说："今日有水厄。"

家里贫穷以后，一天有客人造访，正好碰见他正在喝茶，在此之前，客人听说了他有这种毛病，便让他再喝五升，于是他大吐，吐出了一个像升那样大的物体，而且还长着嘴巴，看起来全身收缩褶皱，就像牛的肚子一样。客人叫他把它放进盆中，再加上一斛二斗的水，这东西将水都喝干了，看起来才有点胀。再增加五升，它就再也喝不下去了。吐出了这个东西之后，他的病很快就好了，有人问："这是什么病呢？"客人回答说："这种病的名字就叫作'斛二瘕'。"

《潜确类书》载：进士权纾文说："隋文帝年轻时，梦见神人改变了他的脑骨，从此脑袋开始不断地疼痛。后来遇见了一个和尚说：'山里面有一种茗草，煮了喝之后应该可以痊愈。'隋文帝饮用之后果然有效，于是大家就竞相去采摘饮用。因此有人写诗赞叹，大概说：'穷春秋，演河图，还比不上载茗一车。'"

《唐书》记载：太和七年取消了吴蜀两地冬天进贡的茶叶。太和九年王涯进贡茶，于是任命王涯为榷茶使，茶叶收税就是从他开始的。在十二月的时候，盐铁转运榷茶使叫令狐楚上告皇上："对茶叶征税对老百姓是不利的。"皇上就听从他的建议。

陆龟蒙喜欢喝茶，在顾渚山下置办了园子，每年从茶叶中收取茶租，等级自己评判。张又新做了《水说》七种，第二是惠山泉，第三是虎丘井，第六是淞江水。有的人为了满足他的嗜好，即使是百里远的地方也为他送水来。每天在船上搭篷，带着书籍、茶灶、笔床、钓具往来。一般的人来造访他，很少有能够见到他的。那时候称他为江湖散人，或者称为天随子、甫里先生，他自比为涪翁、渔夫、江上丈人。后来官府任命他为高士召集，他也不去。

《国史补》载：老人们说：五十年前很多人患热黄病，民间出现了专门以烙黄为业的人。在瀍水、浐水诸河中，经常有人从早坐到晚，被称为浸黄。近代没有了，而得腰腿病的人却多了，这都是喝茶造成的。

晋国公韩滉听说有奉天之难，就用夹练囊装上茶末，派遣走路快的仆人进奉给皇上。

常鲁出使西番的时候，在帐篷中煮茶，番人问："这是什么？"常鲁说："去烦止渴，这就是茶。"番人说："我也有。"取出茶叶给他看，说："这是寿州的，这是顾渚的，这是蕲门的。"

唐赵璘在《因话录》中说：陆羽很有文采，常常有很多奇思妙想，没有一件事不精通，尤其精通茶术。他发明了煎茶的方法，至今卖茶的人家，还把他的陶像供奉在灶头上，当茶神祭祀。说：能保佑茶好多赚钱。巩县出产一种瓷偶人，称为"陆鸿渐"，买十件茶器送一个瓷鸿渐，商人茶卖得不好，就往瓷人里灌水。复州一个老和尚是陆羽的弟子，经常背诵陆羽的《六羡歌》，还作有《追感陆僧》诗。

唐代吴晦在《摭言》中说：郑光业参加策试时，夜里有同样参加策试的人突然进来，用吴地的方言说："先来的人，能不能容我住下？"光业为他腾出半铺的地方。此人又说："既然借取了一瓢水，就请再代煎一碗茶吧。"光业欣然为他取水煎茶。住了两天，光业考中了状元，这个人开始道谢说："既麻烦你为我取水，还让你煎茶。当时不识贵人，真是凡夫肉眼；今天我立刻就落榜了，骨子里都是穷相。"

唐代李义山所著《杂纂》中说：富贵人家的标志：有捣药碾茶的声音。

唐代冯贽《烟花记》记载：建阳向宫中进献了茶油花子饼，它们大小形状都不一样，特别可爱。宫中的嫔妃在脸上描金，都以淡色为主，把这种茶油花子饼插在鬓角上，当时号称为北苑妆。

唐代《玉泉子》一书记载：崔蠡担任知制诰，为母亲守孝，住在东都里府第的时候，生活清苦节俭，各地寄送的物品只有药品和茶叶而已，不接受金银锦缎，生活一直清寒朴素。

《颜鲁公帖》说：二十九日南寺的通师大师举行茶会，都来静坐，祛除烦恼，这也不是没有好处。足下的盛情，可以精度十之一二，不要把自己当外人啊。颜真卿顿首拜谢。

李商隐像

《开元遗事》记载：王休隐居在太白山下，每天与和尚、道士、异人交往。每到冬天的时候，就敲取晶莹的溪冰煮建茶，与宾客一起饮用。

《李邺侯家传》记载：皇帝的孙子奉节王爱好诗歌，开始煎茶会加酥椒之类的东西，送给李泌，求他作诗，李泌作诗取笑他说："旋沫翻成碧玉池，添酥散出琉璃眼。"奉节王就是德宗啊。

《中朝故事》载：有人任舒州牧的时候，赞皇公李德裕对他说："等你到了舒州，天柱峰的茶叶可以惠赠我一点。"那个人向他进献了几十斤，李德裕不肯接受。第二年那个人让郡里的人精益求精，送给他几两。李德裕欣然接受，说："这种茶叶可以解除酒的危害。"于是让人烹煮了一酒杯，放在肉食里面，用银盒子封闭起来。第二天再来看肉，已经化成水了。众人都佩服他的见识。

段公路《北户录》中说：前朝有一些文章把茗称为薄，称为夹。又有梁朝的《科律》称它为薄茗、千夹等。

唐代苏鹗《杜阳杂编》记载：唐德宗每次赏赐给同昌公主的茶，其中有叫作绿华、紫英的。

《凤翔退耕传》记载：在元和年间，馆阁煮麒麟草来招待学士。

温庭筠《采茶录》记载：李约字存博，是李汧的儿子。他一生不近女色，风度优雅，有山林隐逸的雅致。特别喜欢喝茶，能够自己煎煮，曾经对人说："不要使水一味地沸腾，这样才可以养茶。开始的时候水泡就像是散布在上面的鱼眼睛，有很小的声音；然后就像泉水一样四围喷涌，泛起成串的珠子；最后就像澎湃的波浪，水气全部消散了。这就是所谓的老汤三沸的办法，不是活火是不能达到这种效果的。"客人来的时候不限制瓯数，整天烧火，不停地拿着茶器都不觉得疲倦。曾经奉命出行经过陕州硖石县东边，因为爱那里清澈的渠水，十几天都忘记出发。

《南部新书》记载：幽国公杠悰，地位显赫，非常富贵。曾与同行人说起平生不如意的事情有三件：第一是为澧州的刺史，第二是被贬为司农卿，第三是从西川到广陵，船经过瞿塘江的时候，被大风浪所惊吓，却没有办法呼唤到一个人，特别渴，于是自己煎茶喝。

大中三年，东都来了一个和尚，有一百二十岁。宣皇问他服用了什么药这样长寿？和尚回答说："我出身低贱，不曾吃药。一生喜欢喝茶，每到一处都化求茶水，有的时候一天求的茶超过了上百碗，就是最平常的时候也喝不少于四五十碗。"因此宣皇赏赐给他五十斤茶叶，让他居住在保寿寺，将喝茶的地方称为茶寮。

有姓胡的人，他的名字已经不知道了，以做钉子、剪子为职业，居住在云溪且靠近白苹洲的地方。距离他家十几步有一座古坟，胡生每次喝茶必定要对古坟奠祭一杯。后来梦到一个人对他说："我姓柳，善于作诗且喜欢喝茶。死了之后，埋葬在你现在居所的旁边，经常得到你的恩惠，我没有什么可以回报的，想教你作诗。"胡生推辞说他不行，柳坚持说："你尽管率性而作就行了，到时必然可以。"胡生醒了之后，尝试着去构思作诗，果然觉得好像有人在暗中帮助一样。以后他的诗写得很工整，后来的人称他的诗为"胡钉铰诗"。这里所指的柳应该是柳恽。还有一种说法是，列子在郑国去世，现在他的墓地在郊外杂草丛生的地方，作为贤者的墓地，不允许人到那里砍柴放

陆羽辨水

牧。当地有一个姓胡的人，生性落魄。家里很贫穷，小的时候从事洗镜、做钉子的工作。每当有甘甜的果子、好的茶水和美味佳肴，就把它们拿到列子的祠堂里面去祭祀，以求变得聪明而懂道理。有一天他忽然梦见一个人，用刀划开他的腹部，将一卷书放在他的心肺里面。等到醒来，就有作诗的冲动，结果作出来的都是非常工美的词句，都不是从老师和朋友那里学来的。他既具备了这样的才华，也不放弃以前的工作，真是具有隐者的风度。远近的人都称他为"胡钉铰"。

张又新在《煎茶水记》中说：代宗朝的时候，李季卿任湖州的刺史，到维阳的时候碰到了陆羽。李季卿本来对陆羽的名字很熟，有仰慕之意，因此前去拜访，在扬子驿馆，快要吃饭的时候，李季卿说："陆处士善于煮茶水，这是天下闻名的，何况扬子南零的水又很不一般。现在碰到这两种妙处，真是千载难逢的好机会，怎么能错过呢？"于是让军中亲信拿着瓶子划着船，去南零取水。陆羽准备好器具等着。过了一会儿水到了，陆羽用勺子舀起水说："江水倒是江水，并不是南零的水，好像是岸边的水。"那名亲信说："我划船深入到里面，超过上百的人看见，难道还有假吗？"陆羽不再说话，然后把水往盆子里倒，倒到一半的时候，陆羽才停住，又用勺子舀起水来说："从这里开始才是南零的水了。"亲信顿时大吃一惊，马上认罪说："我从南零运水到岸边时，船一晃洒掉了一半，怕水太少了，于是将岸边的水加到了里面，处士的判别能力，真是圣明，我怎么还敢隐瞒呢！"李季卿和他的随从几十人都感到很惊愕。

《茶经》本传中说：陆羽喜欢喝茶，著有《茶经》三篇。当时喜欢煮茶的人，将陆羽的陶像放在灶窠间，作为茶神祭祀。有个叫常伯熊的，因为受陆羽的影响，也写文章说茶的好处。御史大夫李季卿到江南的时候，次日到了淮水，知道伯熊擅长煮茶，于是把他叫来。伯熊在茶器前煮茶，李季卿喝了好几杯。后来喝茶就成了风气。

《金銮密记》中说：金銮以前的惯例，翰林院值班的学生，在春天的傍晚容易犯困，于是每天赐给像殿茶果。

《梅妃传》中说：唐明皇与梅妃斗茶，对各位王爷开玩笑说："这人是梅精，吹白玉制成的笛子，像惊鸟一样地舞蹈，使满座生辉，现在斗茶又赢了我。"妃子回答说："草木这样的游戏，偶然胜了陛下。假若论治理天下，处理国家大事，万岁自然有自己的好办法，我就不能和您比较胜负了。"皇上听了十分开心。

杜鸿渐《送茶与杨祭酒书》中说：取顾渚山里面的紫笋茶叶两片，一片送给太夫人，一片送给你，这

《梅妃》

清·任霞《山水人物图》

种东西皇上没有品尝，实在有些令人叹息。

《白孔六帖》中记载：寿州刺史张镒，送给陆宣公百万两银钱。陆宣公拒绝接受百万两银钱，只接受了一串茶叶说："怎么敢不接受你的赏赐呢！"

《海录碎事》中记载：邓利说："陆羽在饮茶上可以称为癖，在喝酒上也可以称为狂。"

《侯鲭录》中记载：唐代的右补阙綦毋煛，博学多才且有很多著作，但不喜欢喝茶，曾经著有《伐茶饮序》，他在书中说："茶能消除体内的阻滞和疲劳，一天的好处还只是短暂的；消耗精气，累及终身的危害才算大。只要是好处就归功于茶，获得坏处却不去追究茶叶的责任。难道不是福近容易知道，祸远却难以看到。"綦毋煛活着的时候十分贤明，却因为热疾而暴病身亡。

《苕溪渔隐丛话》记载：义兴的贡茶并不是过去就有的。李栖筠在此当官的时候，有和尚进献上好的茶叶，陆羽认为这种茶叶比其他地方的品种要好，可以作为贡品献给皇上。李栖筠采纳了他的说法，才开始进贡万两贡茶。

《合璧事类》记载：唐肃宗赐给张志和一个奴一个婢，志和将他们结为夫妇，称为渔童、樵青。渔童负责整理渔具，芦中划船；樵青主要负责砍柴伐薪，竹林中煎茶。

《万花谷》载：《顾渚山茶记》中说："山中有像鸲鹆一样的苍黄色的小鸟但比鸲鹆要小，每到正二月发出'春起也'的叫声，到三四月的时候发出'春去也'的叫声。采茶人把它叫作报春鸟。"

董逌在《陆羽点茶图跋》中说：竟陵大师积公虽然喜欢喝茶已经很久了，但是不是陆羽煎的茶他尝都不尝。在陆羽出游五湖四海的四五年中，大师拒绝喝茶。代宗把大师请进大内伺候，让宫里善于煮茶的人烹煮好茶给他尝试，竟陵大师喝一口就不喝了。皇上怀疑他有诈，让人私自去寻访，将陆羽请进宫中。第二天，暗中命令将陆羽所煎制的茶水给他，大师捧着茶瓯喜形于色，一边欣赏一边喝，一下子就喝光了。皇上让人去问他，大师说："这茶好像是陆羽所泡的啊。"皇上于是赞叹大师对茶有研究，让陆羽出来和他相见。

《蛮瓯志》记载：在白居易斋戒期间，刘禹锡喝醉了，于是用菊苗酱、芦菔干送给白乐天，以换取六斑茶叶来醒酒。

《诗话》中说：皮光业字文通，最喜欢喝茶。他的表亲请他品尝新鲜的柑橘，筵席很丰盛，到了很多有身份的人。文通一到，不看酒杯就大声叫茶。径直喝了一大杯茶之后，题诗道："未见甘心氏，先迎苦口师。"众人都笑着说："此师固清高，难以疗饥也。"

《太平清话》中记载：卢仝自己号称为癖王，陆龟蒙自己号称为怪魁。

《潜确类书》中说：唐钱起字仲文，跟赵莒一起举行茶宴，曾经到长孙家，又跟朗上人一起举行茶会，这些事情都是有诗记载的。

《湘烟录》中说：闵康侯说："陆羽著作《茶经》，但被李季卿所看不起，所以著有《毁茶论》。他名疾，字季疵，就是说为季所疵。此事详细记在他的传记里面。"

《吴兴掌故录》记载：长兴的啄木岭，唐朝时候吴兴、毗陵两太守造茶修贡于此，曾经在这里举行宴会。上面有个境会亭，所以白居易有《夜闻贾常州崔湖州茶山境会欢宴》诗。

包衡《清赏录》中记载：唐文宗对旁边的人说："如果不在上半夜处理事情，下半夜看书，怎么可以为君王呢？"曾经招学士在内庭，谈论经史，比试文章，宫里的下人服侍他们喝茶吃饭。

《名胜志》记载：唐朝陆羽的房子在上饶县东面五里左右的地方。陆羽本来是竟陵人，开始隐居在吴兴苕溪，自称为桑苎翁；后来住在新城时，又号称为东冈子。刺史姚骥曾经看过他的宅子，内有人工开凿的湖，垒石而成的假山。后来隐士沈洪乔修葺之后居住在里面。

《饶州志》记载：陆羽的茶灶建在余干县冠山的右峰上。陆羽品尝了越溪的水之后评为天下第二，所以想居住在禅寺里面，将石头凿成灶，汇集泉水煮茶。有一个炉子被称为丹炉，是晋朝时期的张氲制作的，元朝大德时期的总管常福生，跟从方士搜寻该炉，得到了两粒丹药，盛放在金盒子里面。回家再打开来看的时候，已经不见了。

《续博物志》记载：不同的物体之间可以相互制约，翡翠可以使黄金成为粉屑，人气可以将犀角变成粉末，北方的人用针来敲冰，南方的人用线将茶叶分解开。

《太平山川记》中说：茶叶寮，五代时期的于履居住在里面。

《类林》中说：五代时候，鲁国公和凝，字成绩，在朝中率领同僚，整天喝茶，味道不好的要处罚，被称为汤社。

《浪楼杂记》中说：天成四年，度支在奏章中说，朝臣请假省亲的，要适当地赐给茶药，文官从左右常侍到侍郎，每个人赏赐蜀茶三斤，蜡面茶叶二斤，武官根据不同的情况赐给茶药。

马令《南唐书》中记载：丰城的毛炳喜欢学习，家里贫穷不能养活自己，就到庐山教书，获得钱财就到市集上去买酒喝，直到醉了。那时的彭会喜欢茶而毛炳喜欢酒，所以人们说："彭生作赋茶三片，毛氏传诗酒半升。"

《十国春秋·楚王马殷世家》中记载：开平二年六月，判官高郁请求让老百姓买卖茶叶，对北方商人收税以补给军队，这个意见被采纳。七月的时候，王奏请在南北之间通过水路运送茶叶，来换取丝绸、战马，每年进贡茶叶二十五万斤，皇上准许。从此以后管辖之内的百姓到山里去制造茶叶，按照他们的收入来征税，每年收入数以万计。高郁还另建房屋放茶，称为八床主人。

《荆南列传》中载：吴国有个和尚叫文了，有烹煮茶叶的雅致，可以称为一时之绝。武信王到荆南来游玩的时候，暂时住在紫云禅院，每天看他的茶艺，武信王大加赞赏，把他称为汤神，奏请将他授封为华亭水大师。别人都把他看成乳妖。

《谈苑》中载：茶叶最好的产自北苑，名字叫作白乳头。江左有茶叶名叫金蜡面。李氏命人取它的乳芽制作成茶片，称为"京挺""的乳"等二十多个品种。还有研膏茶，就是所谓的龙品。

释文莹《玉壶清话》中说：黄夷简有善于作诗的美名，在吴越后主钱俶府中做幕僚二十年。开宝年初，太祖赐钱俶"开吴镇越崇文耀武功臣制诰"。钱俶派黄夷简入朝去谢恩，回来之后就患病了，到安溪隐居修养身心。著有《山居》诗，有"宿雨一番蔬甲嫩，春山几焙茗旗香"这样的句子。他喜欢置办住宅，在咸平年间回到朝廷，被封为光禄寺少卿，后来以高寿终年。

《五杂俎》载：建州人喜欢斗茶，因此称为茗战。姓钱的子弟摘取蔓上的瓜，各自说出其中瓜子的数目，剖开之后来分辨胜负，所以被称为瓜战。然而茗可以战，瓜就显得有些俗气了。

《潜确类书》载：在伪闽王宫甘露堂的前面，有两棵茶树，茂盛婆娑，宫里的人把它叫作清人树。每年初春的时候，宫中的嫔妃都在它们的下面嬉戏，采摘新生长出来的茶芽，到屋子里面开设倾筐会。

《宋史》载：绍兴四年初，朝廷让四川的宣抚司支取茶叶交换马匹。

以前封赐给大臣的茶叶上面有龙凤的装饰，明德太后说："这种茶叶哪是身为人臣可以得到的呢？"命令有司另外制作叫京挺的茶送进宫中以赐给大臣们。

《宋史·职官志》载：茶库是负责管理江、浙、荆、湖、建、剑等地出产的茶叶，以便赏赐给诸位翰林。

《宋史·钱俶传》中说：太平兴国三年，皇上在长春殿设宴款待钱俶，命刘铢、李煜陪坐，钱俶进献贡茶十万斤，建茶万斤，以及银钱布匹等东西。

《甲申杂记》中说：仁宗年间，春试的时候进士聚集在大殿之上，后宫嫔妃们在楼上观看。太后拿出饼角来赏赐进士，拿七宝茶来赏赐考官。

《玉海》中记载：宋仁宗天圣三年，皇上到南御庄视察割麦，随后到了玉津园，摆宴款待群臣，老百姓听说后放下手中的活计出来观看，皇上赏赐茶叶给织布的妇女们。

陶谷《清异录》中记载：有得到建州茶膏的人，取来做成八枚小块，把金丝贴在上面，献给闽王曦，后来发生通文之祸，被内侍偷走，转送给贵人。

符昭远不喜欢喝茶，御史们举行茶会，他说："这种东西面目最为冷峻，看起来没有一点儿和美之意，可以称为冷面草了。"

孙樵在《送茶与焦刑部书》中说："晚甘侯（指茶叶）十五人被派到待斋阁。这些茶叶都是春雷响动之时采来的，煎水调和。它们都是来自建阳丹山碧水之地，月涧云龛之间的上品，千万不要将它们贱用。"

汤悦著作有《森伯颂》，讲的都是名茶，刚饮时觉得口中森严，时间长了之后四肢觉得很清爽，一种茶有两种感觉，如果不是熟悉汤瓯的人谁能够分辨得出来呢？

吴地的和尚梵川，发誓要燃顶修行，供养创建双林寺的傅大士，自发前往蒙顶盖庵房，种茶树，三年之后，才开始散发出非常美好的味道。其中最好的，被称为"圣杨花""吉祥蕊"，总共不超过五斤，拿回来进献。

宣城何子华邀请客人到剖金堂，酒喝到一半的时候，拿出嘉阳严峻所画的陆羽像挂起来，子华因此说："前代爱好马的叫马癖，喜欢聚敛钱财的叫钱癖，喜爱儿子的叫誉儿癖，爱书的人有《左传》癖，像这个人沉溺于茗事，那应该叫什么癖呢？"杨粹仲说："茶叶虽然珍贵，但是仍然离不开草木的本质，应该将陆羽追奉为甘草癖。"满座的人都认为很好。

《类苑》中说：学士陶谷得到了党太尉家的家姬，拿来雪水烹煮团茶喝，对家姬说："党家应该不认识这个东西。"姬说："他们都是粗人怎么会有这些东西呢？只能在销金帐中浅斟低唱，喝羊膏酒罢了。"陶谷为自己的话感到深深的愧疚。

胡峤在《飞龙涧饮茶》诗说："沾牙旧姓余甘氏，破睡当封不夜侯。"陶谷喜爱这新奇的诗句，让侄子彝来对诗，陶彝应声说："生凉好唤鸡苏佛，回味宜称橄榄仙。"陶彝那时候十二岁，文辞已有了一定的基础。

《延福宫曲宴记》中说：宣和二年十二月癸巳，皇上召集宰相、执事、亲王、学士到延福宫里参加宴席，命令身边的侍从取来茶具，皇上亲手泡茶。过了一会儿，杯子上面浮现了乳白色的泡沫，像流星淡月一样，皇上回头对大臣们说："这是我自己煮的茶。"喝完之后，大臣们都点头谢恩。

《宋朝纪事》中说：洪迈选编《唐诗万首绝句》上朝进献，宋孝宗称赞他："阁学选择得很精当，评点广博恰当，赏赐茶叶一百铸，清馥香十帖，薰香二十帖，金器一百两。"

《乾淳岁时纪》中说：在仲春上旬，福建漕运司进献第一批茶，名字叫作"北苑试新"，方寸大小的铸，进贡给皇上的也只有百铸，把它们放在黄罗里面，盖上青色的竹叶，再在外面裹上黄罗，再盖上大红封印，用红漆小盒子装上，再加一把镀金锁，用细竹丝织的箱子储存，一般都要经过这些步骤。这就是所说的雀舌水芽，最早出来的一铸能值四十万，却只能喝几瓯而已。皇上也只偶尔赏赐一点给外面的官员，而且要用生线将茶分开来送，好事的人认为是奇特的玩意。

《南渡典仪》中说：皇上亲临学堂时，在讲学官讲完了之后，御药传圣旨让讲学官坐下并赐茶。只要圣驾出巡，司仪卫队中就有茶酒班的殿侍分侍在两旁，各有三十一个人。

《司马光日记》中记载：刚被任命为学士的待

南宋刘松年《文会图》

诏李尧卿宣召："皇上有旨。"宣召完毕，再拜，走上台阶，与待诏坐在一起喝茶。这些都是朝中的旧典了。

欧阳修《龙茶录后序》记载：皇祐年间，我编撰起居注，向仁宗皇帝启奏事情的时候，多次被皇上询问，皇上告诉我建安贡茶及试茶的情况，论及有关茶叶的谬误。我想起先帝知遇之恩，看了批阅后的文本感激落泪，于是加以更正，将它刻在石头上。以便能够永远流传下去。

《随手杂录》载：苏轼在杭州的时候，有一天宫中派出的使者，来到杭州，悄悄对他说："我离开京师向皇上辞行的时候，皇上说：辞了娘娘再来。于是我辞别了太后，再来到皇上那里，皇上把我拉到一个柜子的旁边，拿给我一件东西悄悄说：将这个赏赐给苏轼，不能让别的人知道。于是拿出所赏赐的东西，原来是1斤茶叶，上面封题都是御笔。"苏轼便写下一封奏疏称谢。

潘中散当处州守的时候，一天做祭礼，一百二十个杯茶里都是白色的水花，中间有一杯是黑色的，责问下人，原来是倒酒的人把酒倒入了茶里面。潘中散焚香再拜谢过，茶水就成了白色的水花，手下的人都非常惊叹。

《石林燕语》载：以前，每年建州进贡大龙凤、团茶各二斤，八块为一斤。仁宗时，蔡君谟任建州知府，开始采摘茶叶之中的精品，制造成小龙团，10斤进献，10块为一斤。仁宗认为有违惯例，要处罚，大臣们为他求情，因此才留下来免予处罚，然而从那以后小龙团就变成每年进贡的物品。熙宁年间，贾清任福建转运使，又挑出小团之中上好的制作成密云龙，用二十块为一斤，分为双袋，被称为双角团茶。大小团袋都用绯红色的，可以作为赏赐的物品。密云龙只用黄色的盖子，专门用它来供奉给皇上饮用。后来又有被称为瑞云翔龙的品种。宣和年间之后，团茶不再那么贵重，都用它来作为赠送的物品，也没有以前那么精致。后来将团茶好的挑选出来制成銙茶，每年赏赐的人不一样，简直没有办法记录了。

《春渚记闻》中说：东坡先生有一天与黄庭坚、张来等人相约会面，吃完饭后，又吃了骨髓儿血羹。有客人说需要喝淡茶才行，于是就取出碾细的龙团茶分给在座的宾客饮用。有人说："要是龙团能说话，必定要叫屈。"

魏了翁在《先茶记》中记载：眉山的李君铿任临邛的茶官的时候，官吏说按规矩，每隔三天要拜谒茶祖。李君铿问他原因，他说："这是韩氏为王时传下来的一贯做法，但实际还没有请命于朝廷。"李君铿说："饮食都有先祖，何况茶叶这种东西，不只是百姓衣食所依靠，就是马政、边防对它都有依赖。不去谋划这件事，难道不是忘本吗？"于是拆掉以前的祠堂进行扩建，并且奏请郡守，向朝廷陈述茶祖的功劳，希望能够赏赐一个名号，以此来告慰神灵。并送信给我，命我就把这件事情记下来。

《拊掌录》中载：宋朝从崇宁年间之后开始专营茶叶，管理的法律非常严格。私自贩运茶叶的人要抓捕定罪，而官府对商贾的管理是有限的，道路遥远不好管理。但是如果有知道而不遵从法令的，就会被截下，将货物没收并出示布告。昏愚的人往往免不了遭殃。他们的同类把茶全部称为草大虫，意思是说伤人如虎。

《苕溪渔隐丛话》中说：欧公在《和刘原父扬州时会堂绝句》中写道："积雪犹封蒙顶树，惊雷未发建溪春。中州地暖萌芽早，入贡宜先百物新。"［时会堂就是制造贡茶的地方。］我用陆羽的《茶经》来考证，没有说过扬州出产茶叶，只有毛文锡在

《茶谱》里面说："扬州的禅智寺，是隋朝时期的旧宫殿，寺庙依傍着山冈，茶味甘甜清香，跟蒙顶的味道一样。"但是就是不知道入贡的起因并且是从什么时候开始的。

《卢溪诗话》中说：双井老人将细茶包裹在青沙蜡纸里面寄给别人，不超过二两。

《青琐诗话》中说：大丞相李公昉曾经说过，唐朝的时候别人把外镇看成是粗官，经常有学士赠送茶叶给外镇，因此有诗回谢说："粗官乞与真虚掷，赖有诗情合得尝。"[外镇就是薛能。]

《玉堂杂记》中说：淳熙丁酉年十一月壬寅，周必大在大内值班，皇上说："你应该是不太会喝酒，赏赐宴席的时候，我看见你面色赤红。赏赐你小春茶二十铐，叶世英墨五团，用它们来代替酒。"

陈师道在《后山丛谈》中说："张咏任崇阳县令的时候，老百姓以种茶为职业。张忠公说："茶叶的利润很丰厚，官府将要收取，不如早点改种其他的东西。"于是下令拔掉茶叶种植桑树，老百姓认为深受其苦。后来治理茶叶的时候，其他地方的百姓都失业了，而崇阳的桑已经制成了绢卖到了北方，每年上万匹。

李昉去世以后，夫人过生日，宋绶那时是侍从。他与自己的同僚二十多个人一起去为她祝寿，在帷外跪拜，宋绶上前说："太夫人不喝酒，现在我就用茶为您祝寿。"从怀里面拿出茶来，冲水献上，再拜辞而去。

张芸叟在《画墁录》中说：唐朝的茶叶之中，以阳羡的最好，建溪、北苑的茶叶还不怎么著名。贞元年间，常衮任建州刺史的时候，才开始蒸焙碾细它，被称为研膏茶。后来做成饼的样子，而在中间穿上洞，所以称为一串。陆羽所烹煮的，只不过是草茗。到了本朝，建溪的茶叶开始变得兴盛起来，其采摘烘焙制作，是以前所没有见过的，士大夫对茶的珍惜品鉴，也是从前没有过的。丁谓任福建转运使的时候，才开始制造凤团，后来是龙团，每年贡品也只有四十块，专门用来上贡，就是附近当官的人家，也只是听说而没有见过。天圣年间又制造了小团，这个品种比大团更好。赏赐给两府的，也只有一斤，只有皇上大斋宿

贡茶，就是古时专门作为贡品进献皇室供帝王享用的茶叶。

两府，八个人才总共赏赐小团一块，在上面用金丝装饰起来。八个人分开拿回去，认为这是非常珍贵的赏赐，把它看成是很珍稀的观赏物品，用诗歌来赞美它，所以欧阳修有《龙茶小录》。有的赏赐的是大团，也只是割取一点用来供佛、供仙、供奉家庙，然后用来招待亲友、客人和赏给自己的子弟用。熙宁末年，神宗有旨，建州制造密云龙，它的品质又比小团更好。自从白色的密云龙出来之后，龙团、凤团就显得有点粗糙了，因为不能做到两种都好。我在元祐年间制定殿试之制，那一年分为制举考第，各自蒙皇上赏赐得到三块茶饼，然而分送给亲知都不够。

熙宁年间，苏颂出使北方的时候，姚麟为副手，姚麟说："你带了小团茶叶吗？"子容说："这是进贡给皇上的物品，怎么敢赠送给北方的人呢？"过了不久有贵公子出使到北方，带了大量团茶过去，从此以后北方的人非团茶不收，不是小团茶就不觉得

珍贵。他们用两团换一匹蕃马，而这里却一匹蕃马可换四团，嫌少不满意，立即就翻脸吵起来。近来有皇上亲贵驻守边关，以大龙团作为常供，而以密云龙作为好茶而已。

《鹤林玉露》中记载：岭南人经常用槟榔来代替茶叶。

彭乘写的《黑客挥犀》中说：蔡君谟，议论茶的人在他的面前不敢说话，建茶之所以名满天下，都是因为他的缘故。后来他制造的小团，品质又比大团要好。有一天，福唐蔡叶丞秘密让人去叫他来喝小团，坐了很长时间，又有一位客人来了，蔡君谟喝了茶说："这里面不只有小团，一定还夹带有大团。"蔡叶丞立即把童子叫来责问，童子回答说："本来只碾造了两个人的茶叶，后来又来了一位客人，已经来不及再来制造了，于是就在里面掺杂了大团。"蔡叶丞为蔡君谟的神明判断而折服不已。

王安石为翰林学士的时候，曾经拜访过蔡君谟，蔡君谟听说他来了，非常高兴，自己取来上等的好茶，亲自洗干净器具，煮水泡茶来招待他，希望得到王安石的称赞。王安石从夹袋里面取出一撮消风散，放进茶杯中，一起喝了下去。蔡君谟大惊失色，他却慢慢地说："茶叶的味道真好。"蔡君谟大笑，感叹王安石实在是很坦率。

鲁应龙《闲窗括异志》中说：当湖德藏寺有水陆斋坛，以前的富民沈忠建每次来这里设斋，如果施主虔诚，那么茶水就会呈现出祥瑞的花纹，而且里面的花仿佛能够看得见，这也是一种很奇怪的现象。

周辉在《清波杂志》中记载：我的先人曾经从张晋彦那里找茶叶，张晋彦用两首小诗来回答他："内家新赐密云龙，只到调元六七公。赖有山家供小草，犹堪诗老荐春风。""仇池诗里识焦坑，风味官焙可抗衡。钻余权幸亦及我，十辈遣前公试烹。"那时候张晋彦刚好病了，这首诗是让他的儿子代写的，后来误刊在《于湖集》里面。焦坑茶产于庾岭下面，味道苦硬，时间放长了味道才变得甘甜。就像是苏东坡《南还回至章贡显圣寺》诗中"浮石已干霜后水，焦坑新试雨前茶"所说的一样。后来多次得到它，开始的时候并不是精品，但是那里的人都觉得很贵重，把它包裹起来专门送给有权势的人，那怎么能比建溪的好呢？

古代士大夫常常进行茶墨之辩一类的风雅游戏，也是件快意之事。

《东京梦华录》中说：旧曹门街北山子茶坊里面有仙洞、仙桥，仕女往往晚上到那里去喝茶游玩。

《五色线》记载：骑火茶之所以叫这个名字，是因为它不在火前，也不在火后的缘故。清明时期能消除火气，所以称为骑火茶。

《梦溪笔谈》中记载：王城东一向只对杨大年比较器重。他有一个茶囊，只有大年到来的时候，才把茶囊取出来泡茶，其他的客人是不可能享受这种待遇的。

《华夷花木考》中记载：宋二帝到北面去狩猎，来到一所寺庙，里面有两个石制的金刚并排拱手站立在那里。神像十分高大，头部都快碰到了屋顶的横木，没有其他的贡器，只有石盂和香炉。有一个胡僧从里面出来，作揖问："你从哪里来呢？"皇上用从南面来回答他。和尚让童子泡茶，茶水的味道十分香美。想要再喝的时候，胡僧和童子往堂后去了。很长时间都没有出来，到里面去看，发现是一座空的房舍。山林之间只有一座很小的房子，里面有一个石头刻成的胡僧像，两个童子侍立在两旁，看起来就像献茶的人。

马永卿《懒真子录》中说：王元道曾经说：据说陕西的子仙姑，得到了法术，能够不吃东西，大约有三十多岁，但是不知道她的实际年龄。陕西提刑阳翟人李熙民逸老，是一位正直刚毅的人，听别人说得很奇异，于是亲自到青平军去查证。看到她道貌高古，不觉心里折服，因此说："我想献给你一杯茶可以吗？"仙姑说："很久没有喝茶了，今天暂且喝一口吧！"喝了之后，一会儿垂下两手，手指白如玉雪。过了一会，所喝的茶水都从十指之间流出，滴落在地上凝住了，颜色还没有改变。逸老让人就地刮起来，再品尝之后，觉得香味跟以前一样，因此觉得非常惊奇。

《朱子文集·与志南上人书》中记载：偶尔得到安乐茶，分成二十瓶。

《陆放翁集·同何元立蔡肩吾至丁东院汲泉煮茶》诗中写道：云芽近自峨眉得，不减红囊顾渚春。旋置风炉清樾下，他年奇事属三人。

《周必大集·送陆务观赴七闽提举常平茶事》诗中写道：暮年桑苎毁《茶经》，应为征行不到闽。今有云孙持使节，好因贡焙祀茶人。

《梅尧臣集》中有《晏成续太祝遗双井茶五品，茶具四枚，近诗六十篇，因赋诗为谢》。

《黄山谷集》中有《博士王扬休碾密云龙，同事十三人饮之戏作》。

《晁补之集·和答曾敬之秘书招能赋堂烹茶》诗中写道：一碗分来百越春，玉溪小暑却宜人。红尘他日同回首，能赋堂中偶坐身。

茶韵中的风雅、苦节不仅与陆游脾性相似，更是他创作诗词的源泉。

《苏东坡集》：《送周朝议守汉川诗》中说："茶为西南病，岷俗记二李。何人折其锋，矫矫六君子。"［二李指的是李杞与李稷。六君子指的是陈师道和陈正儒、张永徽、吴醇翁、吕元钧、宋文辅。蜀地当时实行茶 *，危害于民，二李是始作俑者，而六君子是能保持正确言论的人。

我在黄州，参寥从吴中来访，居住在东坡。一天，梦见参寥作的诗句，醒来还记得其中的两句："寒食清明都过了，石泉槐火一时新。"七年后，我到钱塘去任职，而参寥当时居住在西湖智果寺院，院子里面的石缝中间有泉水流出，味道甘冷很适宜泡茶。寒食节的第二天，我与客人一起从湖中孤山坐船来看望参寥，汲取泉水放在火上烹煮黄檗茶。忽然想起以前梦见的诗，那是发生在七年以前的事情。在座的客人都感觉到非常吃惊。知道传记上所记载的，并不是虚构的。

东坡《物类相感志》中记载："茶芽中放进盐，不显得苦反而会显得很甜。"又说："喝茶容易导致腹部胀痛，可以用醋解掉这种症状。"又说："用陈茶叶烧烟，很快就能驱赶苍蝇。"

《杨诚斋集·谢傅尚书送茶》记载：到远处去尝试新茶，应当自己携带大瓢，汲取溪底的泉水，将散柴火放在水的下面，选择有脚的石鼎，烹煮这样香甜的茶水，用来享受天上故人的恩惠。可惜胸中没有书可以流传，只是一味在菜园里面翻腾而已。

郑景龙《续宋百家诗》：本朝的孙志举，写有《访王主簿同泛菊茶》诗。

吕元中《丰乐泉记》中说：欧阳修访得酿泉，一天会见客人的时候，有人送给他新茶叶。欧阳修让仆人汲取泉水来泡茶叶。半路汲水的人把水洒了，便用其他泉水代替。欧阳修知道他汲取的不是酿泉的水，责问他，原来水是幽谷山下的，因此把它叫作丰乐泉。

《侯鲭录》：黄庭坚说："把同州羊蒸烂，再在上面浇上杏酪，用刀子切着吃，不用筷子。抹南京面做槐叶冷淘，加上襄邑的熟猪肉，煮共城的香稻，吃吴人的鲙鱼和松江的鲈鱼。饱了之后，用康山谷帘泉烹煮曾坑斗品茶。一会儿，卧在北窗下，让人来诵读东坡的前后《赤壁赋》，也是件愉快的事情。"〔又见《苏长公外纪》。〕

《苏舜钦传》中说：有兴致的时候就乘小船出盘、闾两道门，谈古论今，江边的茶、乡村的酒，足以消除忧虑了。

《过庭录》中说：刘攽在长安任职的时候，妓女当中有个叫茶娇的，以美色和聪慧而著称。因此刘攽受到了迷惑，事情过了一段时间刘攽被召至京城，欧阳修到城外四十五里去迎接他，刘攽因为喝醉酒没有起来。欧阳修调侃他说："不只酒能醉人，茶也能让人迷惑很长时间啊。"

《合璧事类》中说：觉林寺和尚志崇制作茶叶有三个等级：招待客人用惊雷荚，自己喝用萱草带，供佛的时候用紫茸草。凡是来喝茶的人，都用油囊来装剩下来的茶水。

江南有驿官，以干事自居。对太守说："驿馆中的事情已经料理完毕，请你一一过目。"刺史于是就来了，开始到的一间屋子是酒库，酿造的酒都还是热的，它的外面悬挂着一张神像，问："这是谁呀？"回答："杜康。"刺史说："他确实可以称得上酒神。"又到了一间房子是茶库，各种出名的茶叶里面都有，也悬挂着一张神像，问："这是谁呢？"回答说："陆鸿渐。"刺史也很高兴。又到一间屋子，是放咸菜的，各种咸菜都有，也悬挂了一张神像，问："这是谁？"答："蔡伯喈。"刺史大笑，说："这张神像就不必挂了。"

江浙那里养蚕，都将盐藏在茧里面再去缫丝，这是为了防止蚕茧生出了蚕蛾。每次缫完了之后，就把茶叶煎成汁水，将米粉捣细，筛在茶水里面煮为粥，称为洗缸粥。让整个族的人都来喝它，据说是对明年的蚕有好处。

《经锄堂杂志》记载：松声、涧声、禽声、夜虫声、鹤声、琴声、棋声、落子声、雨滴台阶的声音、雪落在窗户上的声音、煎茶声，都是清雅的声音。

《松漠纪闻》记载：北京的茶肆里面设置了双陆局，比如南方人的茶肆那里就准备了棋具。

《梦粱录》记载：茶肆里面安置了花架，把奇松、异桧等东西放在上面，用它来装饰门面，敲打响盏。到了冬天的时候添卖七宝擂茶、馓子葱茶。茶肆的楼上还专门安置有妓女，名叫花茶坊。

《南宋市肆记》中说：平康歌馆里面，凡是初次登门的，都有人提着瓶子来献茶。即使是一杯茶，也要犒劳几千钱，被称为点花茶。

各地方的茶肆，有清乐茶坊、八仙茶坊、珠子茶坊、潘家茶坊、连三茶坊、连二茶坊等名称。

谢府有种酒名字叫胜茶。

宋朝《都城纪胜》中说：大茶坊里面都挂有名人的书画，人情茶坊，本来应该是以茶水为主。水茶坊是娼家所设置的地方，随便放些果盘座椅，以茶为由，一些人心甘情愿付钱，被称为干茶钱。还有提茶瓶和龊茶等名色。

《臆乘》中记载：杨炫之作的《洛阳伽蓝记》说食有酪奴，指的就是茶是酪粥的辅助食品。

《琅環记》中记载：以前有人遇到茅君，那时候正是最炎热的大暑，茅君在手巾里面拿出茶叶，给每个人一点茶叶，客人吃了之后五脏六腑都觉得很清凉。茅君说："这是蓬莱穆陀树的叶子，仙人把它当饭吃。"还有宝文之蕊，吃了它不会感到饥饿，所以谢幼贞诗中说："摘宝文之初蕊，拾穆陀之坠叶。"

杨南峰《手镜》记载：宋朝时期姑苏的女子沈清友，作有《续鲍令晖香茗赋》。

孙月峰《坡仙食饮录》中说：密云龙茶特别甘甜清香，宋廖正，又字明略，晚年才到苏府，苏轼觉得特别惊奇。那时黄、秦、晁、张号称是苏门四学士，苏轼待他们很好，每次来的时候必定要让侍妾朝云取密云龙烹饮款待。一天，朝云又来取密云龙，家里的人以为是招待四学士，偷看了之后才知是廖正。黄庭坚诗中有"乔云龙"，也是茶叶的名字。

《嘉禾志》中说：煮茶亭在秀水县西南湖中，景德寺的东禅堂。宋代学士苏轼与文长老曾经三次经过湖上，汲取湖水煮茶，后人在此建造亭子作为标志。现在遗址仍然存在。

《名胜志》中说：茶仙亭位于滁州的琅琊山，是宋朝时期寺里的和尚为刺史曾肇所建造的，它的名字来自杜牧《池州茶山病不饮酒》诗里面的"谁知病太守，犹得作茶仙"一句。曾肇有诗写道："山僧独好事，为我结茅茨。茶仙榜草圣，颇宗樊川诗。"曾肇担任滁州刺史是绍圣二年的事。

陈眉公《珍珠船》载：蔡君谟对范仲淹说："你在《采茶歌》中说：黄金碾畔绿尘飞，碧玉瓯中翠涛起。现在茶叶中上好的品种，颜色很白，翠绿是不好的，因此想改成'玉尘飞''素涛起'怎么样？"范文正认为很不错。

还有，蔡君谟好茶，到了老年病得不能喝茶，只能把玩罢了。

《潜确类书》记载：在宋朝绍兴年间，少卿曹戬的母亲非常喜欢喝茶。开始的时候山中是没有井的，曹戬虔诚地向上天祈祷，在地上挖了才一尺，清澈的泉水就溢满奔涌了出来，因此把它叫作孝感泉。大理的徐恪，是建州人，见面就送家乡的信铤子茶，茶叶的上面印着文字说叫"玉蝉膏"，另一种叫"清风使"。

蔡君谟善于辨别茶叶，建安的能仁院有茶叶生长在石缝之间，那是精品。寺庙里的和尚采摘制作了八块，称为

《烹仙茶图》

元·赵孟頫《斗茶图》
市井斗茶是茶叶贩子为招揽生意而进行的一种活动。

石岩白。将四块送给蔡君谟，将另外四块暗中派人到京城送给翰林学士王珪。一年之后，蔡君谟被召回了朝廷，过去访问王珪，王珪让弟子在茶筒中精选好的茶叶碾碎来招待蔡君谟，蔡君谟捧着茶瓯没有喝就说："这特别像是能仁寺的石岩白，你是怎么得到的呢？"王珪不信，把帖子拿过来检验，这才折服。

《月令广义》中记载：蜀地雅州的名山县的蒙山有五座山峰，山峰顶部有茶园，中顶最高的地方被称为上清峰，出产甘露茶。曾经有和尚患上冷病已经很久了，遇见我的父亲，父亲询问他的病，和尚将病情据实相告。父亲说："为什么不喝茶呢？"和尚说："茶水本身就是凉性的，又怎么能治病呢？"父亲回答说："不是一般的茶叶，是仙家所说的雷鸣茶，你听说过吗？"和尚说："没有。"父亲说："蒙山的中顶有茶，应当在春分前后多叫一些人力，等有雷声之后，再用手去采摘，越多越好，到三日后就要停止。如果获得了一两，用本地的水煎服，能够祛除积存很长时间的病痛。服食二两的话，全身就没有病痛了。如果服食了三两，简直可以被称为脱胎换骨。服四两，就可以为地仙了。只要制作得精细洁净，没有不能见效的。"和尚因此在中顶建造房屋，等到了那个时候，获得了一两多，没有服用完病就已经痊愈了。只可惜不能在那里久住多求。而身体康健到八十多岁，气力仍旧没有衰弱。那时他到城里来，看他的外貌就像是三十多岁的样子，眉毛和头发都呈黑绿色。后来进了青城山，不知道最后去了哪里。现在四顶茶园仍然还在，只有中顶草木茂盛，上面有重重的积雾，遮挡住了日月，时常有猛兽出没，是人迹罕至的地方。

《太平清话》中说：张文规以吴兴白苎、白苹洲、明月峡中的茶叶为三绝。文规好学，很有文采。苏子由、孔武仲、何正臣等人，都与他一起游玩。

夏茂卿《茶董》记载：刘煜，字子仪，曾经和刘筠一起喝茶，问旁边的人："水开了吗？"众人说："开了。"刘筠说："都说开了。"刘煜应声说："我来点。"

黄庭坚在半块小龙团上题诗赠送给晁补之，说："曲几薄团听煮汤，煎成车声绕羊肠。鸡苏胡麻留渴羌，不应乱我官焙香。"东坡见了之后说："黄九怎么这样有兴致呢？"

陈诗教《灌园史》记载：杭州的妓女周韶善于作诗，特别喜欢储存好茶，曾经与蔡君谟比试，品题茶的风味，蔡君谟认输。

江参字贯道，江南人，相貌清瘦，嗜好香茶就像是自己的生命一样。

《博学汇书》中说：司马光跟苏轼讨论茶叶和墨时说："茶与墨二者正好相反，茶要白，而墨要黑；茶要重，而墨要轻；茶要新，而墨要陈。"苏子瞻说："上好的茶和好的墨都很香，是因为它们有相同的品行；都很坚硬，因此它们有着相同的本质。"司马光也是这样认为的。

元朝耶律楚材的诗《在西域作茶会值雪》中，有"高人惠我岭南茶，烂赏飞花雪没车"这样的优美诗句。

《云林遗事》中说：光福乡人徐达左在邓尉山中建造了养贤楼，当时很多有名的人士集聚在这里。倪瓒尤其出名，他曾经派童子到山里面去挑七宝泉的水，用前桶里的水来煎茶，用后桶里的水洗脚。别人不理解他的意思，有人问他，他回答说："刚开始的水没有被任何东西接触过，所以用来煎茶，后面的水可能被挑水人排出来的气息污染了，因此用它来洗脚。"他爱干净到了这种程度。

陈继儒《妮古录》中说：至正辛丑年九月三日，和陈征一起住在愚庵师的房中，烧香煮茶，画山石和秋天的瀑布，悠然有脱离尘世的情趣。黄鹤山人王蒙题画。

周叙在《游嵩山记》中记载：看见会善寺里面有元雪庵头陀茶榜石刻，字径三寸，笔迹苍劲有力值得欣赏。

钟嗣成《录鬼簿》中说：王实甫作有传奇《苏小郎夜月贩茶船》。

《吴兴掌故录》中说：明太祖喜欢喝顾渚茶，规定每年只需要进贡三十二斤，清明节前两日，县官亲自去指挥采茶，进奉到南京奉先殿去焚香而已，也没有到别的地方去上供。

《七修汇稿》中说：明朝洪武二十四年，昭告天下采茶的地方，每年都有一定的数量，以建宁的最好，让茶户采摘，不准随便地采摘。茶叶有四种名字：探春、先春、次春、紫笋，不要碾揉制成大小龙团。

杨维桢《煮茶梦记》中说：铁崖道人卧在石床上，到了二更，月亮有一点明亮，帐子上面显现出了梅花的影子，照在半扇窗户上，野鹤孤立不鸣。让小云童子汲取白莲泉水，燃烧枯槁湘竹，把凌霄芽煮了喝。这才收敛心神，渐渐进入了梦乡。

陆树声《茶寮记》中说：有一个小茶寮在啸轩矮墙的西面，敞开的园子中间设置有茶灶、瓢、罂、注、濯、拂这些器具都有。挑选一个稍微懂一点有关茶的事情的人来管理它，另一个帮着烧火汲水。客人来了，茶烟就会隐隐升起在竹林的外面。如果是出家人来到这里，就和我一起相对而坐，喝着茶水，就没有什么见外的话了。正是秋天快到的时候，正好无净居士来了，和五台的和尚演镇、终南的和尚明亮，一起在茶寮中品尝天池茶，并被随意记录下来。

《墨娥小录》中说：千里茶，细茶一两五钱，孩儿茶一两，柿霜一两，粉草末六钱，薄荷叶三钱，碾成细末调配均匀，炼成像白豆一样大的蜜丸，可以用来代替茶叶，便于出远门携带。

汤临川《题饮茶录》中说：陶学士说："汤，是茶叶的灵魂。"这种说法最能体现它的味道。冯祭酒精通茶艺，亲手烹煮，然后让客人饮用。客人当中有笑他的，我开玩笑说："这就像美人一样，又像古代的有名书画，怎么可以让俗人的手所玷污呢？"

明·螭纹白玉水盂

陆钛《病逸漫记》中说：太子上课，必定让左右侍从去迎接讲官。讲完了以后，对讲官说："先生吃茶。"

《玉堂丛语》中说：陈音（号愧斋），性格宽厚坦白，在翰林的时候，他的夫人曾经试探他。客人来了，他喊："上茶！"夫人回答说："还没有煮。"他说："也罢。"又喊："干茶！"夫人回答："还没有买。"他说："也罢。"客人捧腹大笑，因此将他叫作"陈也罢。"

沈周《客坐新闻》中记载：吴地的和尚大机所居住的古屋有三四间，干净得不容许你在那里吐唾沫。他善于茶事，有清澈甘洌的古井供他使用。客人来的时候，拿出一瓯茶来给客人喝，能够洗涤肠胃令人非常清爽。先公跟他交往的时间很长，也喜欢喝茶，每次到城里去必定要到他那里。

沈周《书岕茶别论后》中记载：自古以来名山是留给旅客游人游玩的，而茶是留给高雅之士品尝的，所以造物是有着一定深意的。而周庆叔著《岕茶别论》，以流传天下。我猜想住在铜山金穴里的人没有这种福气，恐怕吃大鱼大肉的人未必能领略到其中的意味。庆叔隐居在长兴，走到哪里都带着茶具，他邀请我在素瓯黄叶之间，共同欣赏。只可惜鸿渐、君谟没有看见庆叔啊，为此我盖上茶长叹三声。

冯梦桢在《快雪堂漫录》中记载：李攀龙在浙江任按察副使的时候，徐子与把岕茶中最精致的赠送给他。等到子与在昭庆寺遇到他问到这件事情，他已经赏赐给皂役们了。因为岕茶叶子大梗比较多，对于李攀龙这样的北方人来说，不识货也是很正常的。所以写下来聊发一笑。

闵元衡在《玉壶冰》中记载：这么好的夜晚，烧火煮茶，四周十分静寂，远处的钟声不时传来，此情此景，看书而忘记疲劳，即使不睡觉也不觉得疲惫，真是一件快乐的事情。

《瓯江逸志》载：永嘉年间进献茶芽十斤，乐清茶芽五斤，瑞安、平阳年间进贡的茶芽也是如此。

雁山五珍指的是：龙湫茶、观音竹、金星草、山乐官、香鱼。茶就是明茶。紫色而带着香气的，就叫玄茶，它的味道都跟天池茶很相近，只是稍微淡一点。

王世懋在《二西委谭》中说：我生性不耐冠带，尤其是天气炎热的时候，南昌的天气燥热，而今年更加突出。三月十七日，和客人一起在滕王阁喝酒，太阳出来像火一样，汗水流到了脚跟，头上涔涔的汗水让人不知所措。回来之后非常烦闷，妻子为我烧水沐浴，于是就裸着身体进去。西山的云雾新茶正好到了，张右伯留下来给我，茶叶白而大，发出豆子一样的香味，几乎跟虎丘茶差不多。一会儿我就沐浴完了，坐

赵朴初茶诗书法

在外面的明月下面，让服侍的童子汲取新水来烹煮茶叶。喝下去之后，只觉得两边腋下就像生了风一样。想到这样的意境，连官场前途都不能跟它比。琳泉蔡先生老了之后喜欢喝茶，比我还要厉害。可惜已经到了睡觉的时间，不能邀请他一起来喝茶。早晨起来再烹煮送给他，已经是不同的味道。回想起昨天晚上的风味，因此书写下来赠送给他。

元·龙泉窑瓷碗

《涌幢小品》载：王琏，昌邑人，洪武初年，任宁波知府。有给事来拜访，茶准备好了。给事为客人居间说情，王琏大叫："撤去！"给事因为惭愧而退下。因此被称为"撤茶太守"。

《临安志》记载：栖霞洞里面有水洞，深不可测，水特别甘甜清冽，魏公曾经将它调试用来泡茶。

《西湖志余》载：杭州以前有酒馆而没有茶坊，但是富贵人家聚会，有专门负责茶事的人，这种人被称为茶博士。

《潘子真诗话》中说：叶涛的诗特别不工整而又偏偏喜欢作诗，曾经在《试茶》诗中写："碾成天上龙兼凤，煮出人间蟹与虾。"好事的人开玩笑说："这不是试茶，是碾玉的工匠品尝南方的食品。"

董其昌在《容台集》中记载：蔡君谟进献小团茶，导致被苏轼所讥讽，说他跟钱思进献姚黄花一样有失士气。然而宋朝时期的君臣之间，情意非常浓厚，在这里可以体现出来。而且蔡君谟也曾经因贡茶求得皇上恩宠，点缀出一段太平世界的清雅之事。苏轼曾书写欧阳修的滁州二记，知道他不肯写《茶录》。我就以苏轼的书法来书写《茶录》为蔡公忏悔。否则苏轼因为"蛰龙的诗句，几乎濒临汤火"，有什么过错呢？（苏轼曾因写"根到九曲无曲处，世间惟有蛰龙知下狱。"下狱后作的绝命诗中有"魂飞汤火命如鸠"一句。）只要所持的言论不要跟人情相隔太远就行了。

在金陵春卿署（即南京礼部）中，时常有人互赠松萝茶，滋味平平。我回来住在山馆喝到了特别好的茶，询问之后才知道是闵汶水所藏的。汶水的家在金陵，与我很近，海上的鸥鸟，飞着不下来，是因为知道物以稀为贵，很少与富贵之人交游。以前陆羽因为精通茶事，被贵人所忤逆，作《毁茶论》。像汶水这样的人，知道他肯定不会这样说了。

李日华在《六研斋笔记》中说：摄山栖霞寺中有茶坪，茶叶生长在杂草中间，没有经过人工的修剪处理。唐代的陆羽到山上去采摘，皇甫冉写诗来送他。

《紫桃轩杂缀》载：泰山没有茶叶，山中居住的人采摘青桐芽泡着喝，叫作女儿茶。还有松苔，韵味很特别。

《钟伯敬集》载：《茶讯》诗中说："犹得年年一度行，嗣音幸借采茶名。"钟伯敬与徐波（字元叹）交往很深厚，吴楚之间相隔几千里，以买茶为名，一年通一次消息，于是就成了佳话，被称为茶讯。

曾经看到《茶供说》中说：娄江逸人朱汝圭，对茶事非常精通，愿意每年采摘渚山中的青芽，送给我作为供品。我看楞严坛中所设置的供品，都是白牛乳、砂糖、纯蜜之类的东西。西方的沙门、婆罗门，用葡萄、甘蔗浆作为上供的物品，没有用茶来进贡的。陆羽是生长于寺院中的人，诗僧皎然是修禅的人，而陆羽的《茶经》、皎然的《茶歌》都没有说过用茶供佛的事情。西方用贯花焚香供佛，不用茶供，用茶供养说来是没有记录的。朱汝圭一向对茶的事情很精细，用很好的茶芽、素净的瓷器，清静供佛，来生能够得到回报，往生到天国去。用这么多的好香来作佛事，难道仅是如同丹丘羽人喝茶，生出了羽翼一样吗？我不敢当朱汝圭的茶供对象，用茶供佛吧。后来精通茶道的人，采茶来供佛、作佛事，那就是从朱汝圭开始的，所以我写《茶供说》送给他。

《五灯会元》中说：摩突罗国有一块林木茂盛的地方，名叫优留茶。

和尚问如宝禅师说："什么是和尚的家风？"如宝禅师回答说："饭后三碗茶。"和尚问谷泉禅师说："如果有客人来的话，怎么接待？"谷泉禅师说："云门胡饼赵州茶。"

《渊鉴类函》载：郑愚《茶诗》写道："嫩芽香且灵，吾谓草中英。夜臼和烟捣，寒炉对雪烹。"因此说茶是草中的英灵。

素馨花被称为神茗，陈白沙《素馨记》以其能少裨于茗。又被称为那悉茗花。

《佩文韵府》记载：元好问的诗注说："唐代的人用茶作为小女孩的美称。"

《黔南行记》记载：陆羽的《茶经》里面记载有黄牛峡的茶可以饮用，因此让船家去求取。有妇女卖新茶一笼，跟草叶没有什么区别，这是因为山中没有好茶事的人。

当初我在峡州问士大夫黄陵茶味道如何，都说味道粗涩不可以喝。试着问小吏，说："只有和尚的茶味道好。"让他去求取，最后得到了十块，价格不贵。带到黄牛峡，放在清凉树荫下的风炉上，自己来煮汤烹茶。用茶祭奠过黄牛神质，而且送给元明尧夫喝了之后说："不比江南的茶味道差。"这才知道夷陵的士大夫只是以貌取物罢了。

《九华山录》中记载：到达化城寺，拜访金地藏塔，和尚祖瑛献上当地产的土茶，味道可以胜过北苑。

冯时可《茶录》中记载：松郡佘山也有茶叶，与天池茶没有什么区别，只是采摘和制作比不上天池茶。最近有和尚来了，用虎丘茶的方法来制造，味道跟松萝茶差不多。老和尚把他赶走了说："不要用这种方法把这座山推到火坑里面去。"

冒襄《岕茶汇钞》中记载：记得四十七年前，有姓柯的吴地人，对阳羡的茶叶很熟悉，每次茶树刚刚露出白色的时候，他就进入茶园，用竹笼带回来十几种，其中最好的，不过一斤几两。味道清香，具备了芝兰金石的性质。十五年一直如此。后来董小婉从吴门回到我这里，岕茶必须由苏州半塘顾先生负责制作，黄熟香必须由金平叔负责制作，茶香双妙，更细致入微。但顾、金两家制作的茶和香，每年必须按照钱

建窑茶具

钧窑茶具

汝窑茶具

谦益夫人柳如是、我们同乡的陇西旧姬、我和小宛，然后再是其他人这样的顺序。

金沙的于象明携带着芥茶而来，真是太好了。金沙于家对茶叶鉴赏很精通，江南第一，而芥山的棋盘顶早就属于于家，每年他们家的长者必定要亲自去采摘制造。今年夏天又带来了庙后、棋顶、涨沙、本山等品种，各有差异，更是特别地道美好，可以说二十年都没有过。如果能掌握好水温和火候，自己将手洗干净之后用细小洁净的器具烹煮，那么茶叶的颜色和香味会更好，正好把文人的特殊爱好一一发挥出来。就像丹丘羽人所说的喝茶生出羽翼的人一样，真正是晚年最称心如意的事情了。

吴门七十四岁老人朱汝圭，带着茶叶来拜访。跟象明的差不多，只是多了一种花的香味。汝圭从小就喜欢喝茶，就像是与生俱来的习惯一样。从十四岁进入芥山，到现在经过了一百二十番春夏，始终不渝，超过了对食色的爱好。有子孙为著名的生员，但是老了也不需要他们来赡养，因为他们不爱喝茶，不像你们的爷爷。每次壮着胆子进山，跟老虎和虫兽们周旋，背着茶笼进入茶肆，啸傲茶香。早晚都在洗碗烹茶，没完没了，指爪齿颊留有余香，赞颂的言辞滔滔不绝，大有神情气色跟茶叶相提并论之势，真是很奇怪的癖好。

《岭南杂记》中说：潮州的灯节，把姣童打扮成采茶女，每一列队伍十二或者八个人，手里提着花篮，边走边唱着歌谣，跳着舞，特别好看。还将比较大的两人放在队伍前面，举着彩灯，戴上扶桑、茉莉等花。后面的人是进是退，都要看前面的队伍。到各个衙门或者大户人家唱歌，人家会赏赐给她们银钱、酒果。从正月十三晚上开始到正月十八的晚上结束。我记录下来她们的几首歌曲，很有《前溪》《子夜》的味道。

郎瑛《七修类稿》载：歙州人闵汶水居住在桃叶渡上面，我到他的家里去品茶，看见他的水和火都自己控制，用小酒杯来招待客人，很像烹茶的样子，就像德山挑着青龙钞，显得有一点清高罢了，不足以不同。秣陵好事的人，曾经讥讽福建没有茶叶，说福建的人得到福建的茶叶之后都制作成罗囊，佩带在身上并且闻它用来代替檀香。实际上是福建的人不重视汶水。闽人到秣陵游玩，像宋比玉、洪仲章等人，都靠吴人强作解事，不重视家鸡而重视野鹜，当然就被别人所嘲笑了。三山的薛老也是秦淮的闵汶水。薛老曾经说汶水借助别的味道而作兰花的香味，这样就导致茶叶的味道没有了。如果汶水在的话，听到这个应该也感到很沮丧了。薛老曾经住在为峭，自己挑选烘焙，想超过汶水。我说茶叶很难因为香而出名，何况在里面加上兰花，真是短见，我认为薛老说得很对。

延邵人把制造茶叶的人称为碧竖，富沙失陷后，制造茶叶的人都在绿林之中。

蔡君谟将《茶录》刻在瓯宁县城学校的墙上。五年前我曾经用几张纸拓下，寄给我认识的人，现在字迹漫漶已经不如从前清楚了。

福建几个郡的酒都一样，茶叶也是这样。今年我得到的茶叶有很多种，学习东坡处理酒的办法，将它们合而为一，却跟没有合之前是一样的。

李仙根在《安南杂记》中说：交趾称贵人为翁茶。翁茶，就是大官的意思。

《虎丘茶经补注》记载：徐有贞从金齿被贬回，每年春末夏初的时候，到虎丘去开茶社。

罗光玺著《虎丘茶记》来嘲笑山里的和尚有"替身茶"。

吴宽与沈周一起到虎丘去游玩，采摘茶叶之后亲自去煎着对饮，自己都说有茶癖。

《渔洋诗话》中说：林确斋，不知道其名字，江右人。居住在冠石，带领子孙一起种茶，自己亲自挖土挑担，晚上就读《毛诗》《离骚》。经过冠石的人，看见三四个头上戴着头巾，光着脚挥舞着锄头，唱着歌的少年，还以为是古代图画中的人物呢。

《尤西堂集》中有《戏册茶为不夜侯制》一文。

朱彝尊在《日下旧闻》中说：上巳后三天，新茶用马运来，那天宫里的价格是五十金，宫外的价格是二三十金。过不了一两天，就只有二三金了。见《北京岁华记》。

《曝书亭集》记载：锡山听松庵的和尚性海制作竹火炉，王舍人经过的时候看到了，很喜爱，为他画了幅山水横幅，并在上面题了诗。时间长了炉子坏了，盛太常仿照它的样子重新制作，流传到城里，各位公卿大夫为之题诗作赋。内阁典籍顾梁汾依据旧制做成竹炉，等来到了京城，侍卫成纳兰性德图赠送给他。丙寅的秋天，顾梁汾带着炉子和书来到我在海波寺的寓所，正好姜西溟、周青士、孙恺似三个人也来了，坐在青藤下面烧炉子品尝武夷的茶叶，一起联句成四十韵，将它写下来，用来给好事的君子看。

蔡方炳在《增订广舆记》中说：湖广长沙府的攸县，古迹叫茶王城，就是汉代的茶陵城。

葛万里在《清异录》中说：倪瓒喝茶要加进果子，叫作清泉白石。不是要好的客人不拿出来。有客人拜见，就让仆人拿出这种茶来。客人口渴，倒上茶就喝完了，倪瓒觉得很后悔，把杯子收到里面去了。

黄周星（字九烟）梦读《采茶赋》，只记得其中的一句："施凌云以翠步。"

《别号录》记载：宋朝的曾几，字吉甫，别号茶山。明朝的许应元字，子春，别号茗山。

《随见录》记载：武夷山五曲朱文公的书院内有一株茶树，叶子发出臭虫气，等到烘焙制造出来的时候，香气胜过了其他的茶树，名叫臭叶香茶。还有几棵老树，据说是文公亲自栽种的，名叫宋树。

《西湖游览志》记载："立夏那一天，每家人都各自煮自己的新茶，配上各种颜色的细果，赠送给亲戚邻居，叫作七家茶。

南屏山净慈寺的和尚谦师精通于茶事，自己认为得心应手，不是言传就可以学得到的。

刘士亨有《谢璘上人惠桂花茶》诗（见原文，此略）。

李世熊在《寒支集》中说：新城的山上有种异常的鸟，它的声音就像箫一样，于是把它的名字叫作箫曲山。山中出产好的茶叶，也叫箫曲茶，因此作歌记事。

《禅元显教篇》记载：徐道人住在庐山天池寺，不吃东西已经九年了。养了一只黑色羽毛的仙鹤，在山中采摘新茶，让仙鹤衔松枝来煮茶。遇到同道名流，就一起喝几碗。

张鹏翀的《抑斋集》有《御赐郑宅茶赋》（见原文，此略）。

八、茶之出

【原文】

《国史补》：风俗贵茶，其名品益众。剑南有蒙顶石花，或小方、散芽，号为第一。湖州有顾渚之紫笋，东川有神泉小团、绿昌明、兽目。峡州有小江园、碧涧寮、明月房、茱萸寮，福州有柏岩、方山露芽，婺州有东白、举岩、碧貌，建安有青凤髓，夔州有香山，江陵有楠木，湖南有衡山，睦州有鸠坑。洪州有西山之白露，寿州有霍山之黄芽。绵州之松岭，雅州之露芽，南康之云居，彭州之仙崖、石花，渠江之薄片，邛州之火井、思安，黔阳之都濡、高株，泸川之纳溪、梅岭，义兴之阳羡、春池、阳凤岭，皆品第之最著者也。

《文献通考》：片茶之出于建州者有龙、凤、石乳、的乳、白乳、头金、蜡面、头骨、次骨、末骨、粗骨、山挺十二等，以充岁贡及邦国之用。泪本路食茶，余州片茶，有进宝双胜、宝山两府出兴国军；仙芝、嫩蕊、福合、禄合、运合、脂合，出饶、池州；泥片出虔州；绿英、金片出袁州；玉津出临江军；灵川出福州；先春、早春、华英、来泉、胜金出歙州；独行灵草、绿芽片金、金茗出潭州；大拓枕出江陵、大小巴陵；开胜、开桊、小桊、生黄翎毛出岳州；双上绿牙、大小方，出岳、辰、澧州；东首、浅山薄侧出光州。总二十六名，其两浙及宣、江、鼎州止以上中下或第一至第五为号。其散茶，则有太湖、龙溪、次号、末号出淮南；岳麓、草子、杨树、雨前、雨后出荆湖；清口出归州；著子出江南。总十一名。

叶梦得《避暑录话》：北苑茶正所产为曾坑，谓之正焙；非曾坑为沙溪，谓之外焙。二地相去不远，而茶种悬绝。沙溪色白过于曾坑，但味短而微涩，识者一啜，如别泾渭也。余始疑地气土宜，不应顿异如此。及来山中，每开辟径路，刳治岩窦，有寻丈之间，土色各殊，肥瘠紧缓燥润，亦从而不同。并植两木于数步之间，

茶园

茶叶

封培灌溉略等，而生死丰悴如二物者。然后知事不经见，不可必信也。草茶极品惟双井、顾渚，亦不过各有数亩。双井在分宁县，其地属黄氏鲁直家也。元祐间，鲁直力推赏于京师，族人交致之，然岁仅得一二斤尔。顾渚在长兴县，所谓吉祥寺也，其半为今刘侍郎希范家所有。两地所产，岁亦止五六斤。近岁寺僧求之者，多不暇精择，不及刘氏远甚。余岁求于刘氏，过半斤则不复佳。盖茶味虽均，其精者在嫩芽。取其初萌如雀舌者，谓之枪。稍敷而为叶者，谓之旗。旗非所贵，不得已取一枪一旗犹可，过是则老矣。此所以为难得也。

《归田录》：腊茶出于剑建，草茶盛于两浙。两浙之品，日注为第一。自景祐以后，洪州双井白芽渐盛，近岁制作尤精，囊以红纱，不过一二两，以常茶十数斤养之，用避暑湿之气。其品远出日注上，遂为草茶第一。

《云麓漫钞》：茶出浙西，湖州为上，江南常州次之。湖州出长兴顾渚山中，常州出义兴君山悬脚岭北岸下等处。

《蔡宽夫诗话》：玉川子《谢孟谏议寄新茶》诗有"手阅月团三百片"及"天子须尝阳羡茶"之句。则孟所寄，乃阳羡茶也。

杨文公《谈苑》："蜡茶出建州，陆羽《茶经》尚未知之，但言福建等州未详，往往得之，其味极佳。江左近日方有蜡面之号。"丁谓《北苑茶录》云："创造之始，莫有知者。"质之三馆检讨杜镐，亦曰在江左日，始记有研膏茶。欧阳公《归田录》亦云"出福建"，而不言所起。按唐氏诸家说中，往往有蜡面茶之语，则是自唐有之也。

《事物记原》：江左李氏别令取茶之乳作片，或号京铤、的乳及骨子等，是则京铤之品，自南唐始也。《苑录》云："的乳以降，以下品杂炼售之，惟京师去者，至真不杂，意由此得名。"或曰，自开宝来，方有此茶。当时识者云，金陵僭国，惟曰都下，而以朝廷为京师。今忽有此名，其将归京师乎！

罗廪《茶解》：按唐时产茶地，仅仅如季疵所称。而今之虎丘、罗岕、天池、顾渚、松萝、龙井、雁宕、武夷、灵川、大盘、日铸、朱溪诸名茶，无一与焉。乃知灵草在有之。但培植不佳，或疏于采制耳。

《潜确类书·茶谱》：袁州之界桥，其名甚著，不若湖州之研膏、紫笋，烹之有绿脚垂下。又婺州有举岩茶，片片方细，所出虽少，味极甘芳，煎之如碧玉之乳也。

《农政全书》：玉垒关外宝唐山，有茶树产悬崖，笋长三寸五寸，方有一叶两叶。涪州出三般茶，最上宾化，其次白马，最下涪陵。

《煮泉小品》：茶自浙以北皆较胜。惟闽广以南，不惟水不可轻饮，而茶亦当慎之。昔鸿渐未详岭南诸茶，但云"往往得之，其味极佳"。余见其地多瘴疠之气，染着水草，北人食之，多致成疾，故谓人当慎之也。

《茶谱通考》：岳阳之含膏冷，剑南之绿昌明，蕲门之团黄，蜀川之雀舌，巴东之真香，夷陵之压砖，龙安之骑火。

《江南通志》：苏州府吴县西山产茶，谷雨前采焙极细者，贩于市，争先腾价，以雨前为贵也。

《吴郡虎丘志》：虎丘茶，僧房皆植，名闻天下。谷雨前摘细芽焙而烹之，其色如月下白，其味如豆花香。近因官司征以馈远，山僧供茶一斤，费用银数钱。是以苦于赍送。树不修葺，甚至刈斫之，因以绝少。

米襄阳《志林》：苏州穹隆山下有海云庵，庵中有二茶树，其二株皆连理，盖二百余年矣。

《姑苏志》：虎丘寺西产茶，朱安雅云："今二山门西偏，本名茶岭。"

陈眉公《太平清话》：洞庭中西尽处，有仙人茶，乃树上之苔藓也，四皓采以为茶。

《图经续记》：洞庭小青山坞出茶，唐宋入贡。下有水月寺，因名水月茶。

《古今名山记》：支硎山茶坞多种茶。

《随见录》：洞庭山有茶，微似芥而细，味甚甘香，俗呼为"吓杀人"。产碧螺峰者尤佳，名碧螺春。

《松江府志》：佘山在府城北，旧有佘姓者修道于此，故名。山产茶与笋，并美，有兰花香味。故陈眉公云："余乡佘山茶与虎丘相伯仲。"

《常州府志》：武进县章山麓有茶巢岭，唐陆龟蒙尝种茶于此。

《天下名胜志》：南岳古名阳羡山，即君山北麓。孙皓即封国后，遂禅此山为岳，故名。唐时产茶充贡，即所云南岳贡茶也。

常州宜兴县东南别有茶山。唐时造茶入贡，又名唐贡山，在县东

洞庭山，随着碧螺春声名鹊起。

南三十五里，均山乡。

《武进县志》：茶山路在广化门外十里之内，大墩小墩连绵簇拥，有山之形。唐代湖、常二守会阳羡造茶修贡，由此往返，故名。

《檀几丛书》：茗山在宜兴县西南五十里永丰乡，皇甫曾有《送羽南山采茶》诗，可见唐时贡茶在茗山矣。

唐李栖筠守常州日，山僧献阳羡茶。陆羽品为芬芳冠世，产可供上方。遂置茶舍于洞灵观，岁造万两入贡。后韦夏卿徙于无锡县罨画溪上，去湖㳇一里所。许有谷诗云："陆羽名荒旧茶舍，却教阳羡置邮忙"是也。

义兴南岳寺，唐天宝中有白蛇衔茶子坠寺前，寺僧种之庵侧，由此滋蔓，茶味倍佳，号曰蛇种。土人重之，每岁争先饷遗。官司需索，修贡不绝。迨今方春采茶，清明日，县令躬享白蛇于卓锡泉亭，隆厥典也。后来橇取，山农苦之，故袁高有"阴岭茶未吐，使者牒已频"之句。郭三益诗："官符星火催春焙，却使山僧怨白蛇。"卢仝《茶歌》："安知百万亿苍生，命坠颠崖受辛苦。"可见贡茶之累民，亦自古然矣。

《洞山茶系》：罗岕，去宜兴而南，逾八九十里。浙直分界，只一山冈，冈南即长兴山。两峰相阻，介就夷旷者，人呼为岕云。履其地，始知古人制字有意。今字书"岕"字，但注云"山名耳"。有八十八处，前横大洞，水泉清驶，漱润茶根，泄山土之肥泽，故洞山为诸岕之最。自西氿溯涨渚而入，取道茗岭，甚险恶。[县西南八十里。]自东氿溯湖㳇而入，取道瀔岭，稍夷，才通车骑。

所出之茶，厥有四品：第一品，老庙后。庙祀山之土神者，瑞草丛郁，殆比茶星胙馨矣。地不下二三亩，苕溪姚象先与婿分有之。茶皆古本，每年产不过二十斤，色淡黄不绿，叶筋淡白而厚，制成梗绝少。入汤色柔白如玉露，味甘，芳香藏味中，空濛深永，啜之愈出，致在有无之外。第二品，新庙后、棋盘顶、纱帽顶、毛巾条、姚八房及吴江周氏地，产茶亦不能多。香幽色白，味冷隽，与老庙不甚别，啜之差觉其薄耳。此皆洞顶岕也。总之岕品至此，清如孤竹，和如柳下，并入圣矣。今人以色浓香烈为岕茶，真耳食而眯其似也。第三品，庙后涨沙、大袁头、姚洞、罗洞、王洞、范洞、白石。第四品，下涨沙、梧桐洞、余洞、石场、丫头岕、留青岕、黄龙、岩灶、龙池，此皆平洞本岕也。外山之长潮、青口、箬庄、顾渚、茅山岕，俱不入品。

《岕茶汇钞》：洞山茶之下者，香清叶嫩，着水香消。棋盘顶、纱帽顶、雄鹅头、茗岭，皆产茶地。诸地有老柯、嫩柯，惟老庙后无二，梗叶丛密，香不外散，称为上品也。

《镇江府志》：润州之茶，傲山为佳。

《寰宇记》：扬州江都县蜀冈有茶园，茶甘旨如蒙顶。蒙顶在蜀，故以名冈。上有时会堂、春贡亭，皆造茶所，今废，见毛文锡《茶谱》。

《宋史·食货志》：散茶出淮南，有龙溪雨前、雨后之类。

《安庆府志》：六邑俱产茶，以桐之龙山、潜之闵山者为最。蒋茶源在潜山县。香茗山在太湖县。大小茗山在望江县。

《随见录》：宿松县产茶，尝之颇有佳种，但制不得法。倘别其地，辨其等，制以能手，品不在六安下。

《徽州志》：茶产于松萝，而松萝茶乃绝少，其名则有胜金、嫩桑、仙芝、来泉、先春、运合、华英之品，其不及号者为片茶八种。近岁茶名，细者有雀舌、莲心、金芽；次者为芽下白，为走林，为罗公；又其次者为开园，为软枝，为大方。制名号多端，皆松萝种也。

吴从先《茗说》：松萝，予土产也，色如梨花，香如豆蕊，饮如嚼雪。种愈佳，则色愈白，即经宿无茶痕，固足美也。秋露白片子更轻清若空，但香大惹人，难久贮，非富家不能藏耳。真者其妙若此，略混他地一片，色遂作恶，不可观矣。然松萝地如掌，所产几许，而求者四方云至，安得不以他混耶？

《黄山志》：莲花庵旁，就石缝养茶，多轻香冷韵，袭人断腭。

《昭代丛书》：张潮云："吾乡天都有抹山茶，茶生石间，非人力所能培植。味淡香清，足称仙品。采之甚难，不可多得。"

《随见录》：松萝茶近称紫霞山者为佳，又有南源、北源名色。其松萝真品殊不易得。黄山绝顶有云雾茶，别有风味，超出松萝之外。

《通志》：宁国府属宣、泾、宁、旌、太诸县，各山俱产松萝。

《名胜志》：宁国县鸦山在文脊山北，产茶充贡。《茶经》云"味与蕲州同"。宋梅询有"茶煮鸦山雪满瓯"之句。今不可复得矣。

《农政全书》：宣城县有丫山，形如小方饼横铺，茗芽产其上。其山东为朝日所烛，号曰阳坡，其茶最胜。太守荐之，京洛人士题曰"丫山阳坡横文茶"，一名"瑞草魁"。

《华夷花木考》：宛陵茗池源茶，根株颇硕，生于阴谷，春夏之交，方发萌芽。茎条虽长，旗枪不展，乍紫乍绿。天圣初，郡守李虚己同太史梅询尝试之，

明·崔子忠《杏园夜宴图》

品以为建溪、顾渚不如也。

《随见录》：宣城有绿雪芽，亦松萝一类。又有翠屏等名色。其泾川涂茶，芽细、色白、味香，为上供之物。

《通志》：池州府属青阳、石埭、建德，俱产茶。贵池亦有之，九华山闵公墓茶，四方称之。

《九华山志》：金地茶，西域僧金地藏所植，今传枝梗空筒者是。大抵烟霞云雾之中，气常温润，与地上者不同，味自异也。

《通志》：庐州府属六安、霍山，并产名茶，其最著惟白茅贡尖，即茶芽也。每岁茶出，知州具本恭进。

六安州有小岘山出茶，名小岘春，为六安极品。霍山有梅花片，乃黄梅时摘制，色香两兼而味稍薄。又有银针、丁香、松萝等名色。

《紫桃轩杂缀》：余生平慕六安茶，适一门生作彼中守，寄书托求数两，竟不可得，殆绝意乎。

陈眉公《笔记》：云桑茶出琅琊山，茶类桑叶而小，山僧焙而藏之，其味甚清。

广德州建平县雅山出茶，色香味俱美。

《浙江通志》：杭州钱塘、富阳及余杭、径山多产茶。

《天中记》："杭州宝云山出者，名宝云茶。下天竺香林洞者，名香林茶。上天竺白云峰者，名白云茶。"

田子艺云："龙泓今称龙井，因其深也。《郡志》称有龙居之，非也。盖武林之山，皆发源天目，有龙飞凤舞之谶，故西湖之山以龙名者多，非真有龙居之也。有龙，则泉不可食矣。泓上之阁，亟宜去之，浣花诸池尤所当浚。"

《湖壖杂记》：龙井产茶，作豆花香，与香林、宝云、石人坞、垂云亭者绝异。采于谷雨前者尤佳，啜之淡然，似乎无味，饮过后，觉有一种太和之气，弥沦于齿颊之间，此无味之味乃至味也。为益于人不浅，故能疗疾。其贵如珍，不可多得。

《坡仙食饮录》：宝严院垂云亭亦产茶，僧怡然以垂云茶见饷，坡报以大龙团。

陶谷《清异录》：开宝中，窦仪以新茶饷予，味极美，奁面标云龙陂山子茶。龙陂是顾渚山之别境。

《吴兴掌故》：顾渚左右有大小官山，皆为茶园。明月峡在顾渚侧，绝壁削立，大涧中流，乱石飞走，茶生其间，尤为绝品。张文规诗所谓"明月峡中茶始生"，是也。

顾渚山，相传以为吴王夫差于此顾望原隰可为城邑，故名。唐时，其左右大小官山皆为茶园，造茶充贡，故其下有贡茶院。

《蔡宽夫诗话》：湖州紫笋茶出顾渚，在常、湖二郡之间，以其萌苗紫而似笋也。每岁入贡，以清明日到，先荐宗庙，后赐近臣。

冯可宾《岕茶笺》：环长兴境，产茶者曰罗嶰、曰白岩、曰乌瞻、曰青东、曰顾渚、曰篠浦，不可指数。独罗嶰最胜。环嶰境十里而遥为嶰者，亦不可指数。嶰而曰岕，两山之介也。罗隐隐此，故名，在小秦王庙后，所以称庙后罗岕也。洞山之岕，南面阳光，朝旭夕辉，云滃雾浡，所以味迥别也。

《名胜志》：茗山在萧山县西三里，以山中出佳茗也。又上虞县后山，茶亦佳。

《方舆胜览》：会稽有日铸岭，岭下有寺，名资寿。其阳坡名油车，朝暮常有日，茶产其地，绝奇。欧阳文忠云："两浙草茶，日铸第一。"

《紫桃轩杂缀》：普陀老僧贻余小岩茶一裹，叶有白茸，瀹之无色，徐引觉凉透心腑。僧云："本岩岁止五六斤，专供大士，僧得啜者寡矣。"

《普陀山志》：茶以白华岩顶者为佳。

《天台记》：丹丘出大茗，服之生羽翼。

桑庄《茹芝续谱》：天台茶有三品：紫凝、魏岭、小溪是也。今诸处并无出产，而土人所需，多来自西坑、东阳、黄坑等处。石桥诸山，近亦种茶，味甚清甘，不让他郡，盖出自名山雾中，宜其多液而全厚也。但山中多寒，萌发较迟，兼之做法不佳，以此不得取胜。又所产不多，仅足供山居而已。

《天台山志》：葛仙翁茶圃在华顶峰上。

《群芳谱》：安吉州茶亦名紫笋。

《通志》：茶山在金华府兰溪县。

《广舆记》：鸠坑茶出严州府淳安县。方山茶出衢州府龙游县。

劳大与《瓯江逸志》：浙东多茶品，雁宕山称第一。每岁谷雨前三日，采摘茶芽进贡。一枪两旗而白毛者，名曰明茶；谷雨日采者，名雨茶。一种紫茶，其色红紫，其味尤佳，香气尤清，又名玄茶，其味皆似天池而稍薄。难种薄收，土人厌人求索，园圃中少种，间有之亦为识者取去。按卢仝《茶

宋·卢仝《煎茶七类》

唐·周昉《调琴啜茗图》

经》云："温州无好茶，天台瀑布水、瓯水味薄，惟雁宕山水为佳。"此茶亦为第一，曰去腥腻、除烦恼、却昏散、消积食。但以锡瓶贮者，得清香味，不以锡瓶贮者，其色虽不堪观，而滋味且佳，同阳羡山岕茶无二无别。采摘近夏，不宜早，炒做宜熟不宜生，如法可贮二三年。愈佳愈能消宿食醒酒，此为最者。

王草堂《茶说》：温州中墺及漈上茶皆有名，性不寒不热。

屠粹忠《三才藻异》：举岩，婺茶也，片片方细，煎如碧乳。

《江西通志》：茶山在广信府城北，陆羽尝居此。

洪州西山白露鹤岭，号绝品，以紫清香城者为最。及双井茶芽，即欧阳公所云"石上生茶如凤爪"者也。又罗汉茶如豆苗，因灵观尊者自西山持至，故名。

《南昌府志》：新建县鹅冈西有鹤岭，云物鲜美，草林秀润，产名茶异于他山。

《通志》：瑞州府出茶芽，廖暹《十咏》呼为雀舌香焙云。其余临江、南安等府俱出茶，庐山亦产茶。

袁州府界桥出茶，今称仰山、稠平、木平者佳，稠平者尤妙。

赣州府宁都县出林岕，乃一林姓者以长指甲炒之，采制得法，香味独绝，因之得名。

《名胜志》：茶山寺在上饶县城北三里，按《图经》，即广教寺。中有茶园数亩，陆羽泉一勺。羽性嗜茶，环居皆植之，烹以是泉，后人遂以广教寺为茶山寺云。宋有茶山居士曾吉甫，名几，以兄开忬秦桧，奉祠侨居此寺，凡七年，杜门不问世故。

《丹霞洞天志》：建昌府麻姑山产茶，惟山中之茶为上，家园植者次之。

《饶州府志》：浮梁县阳府山，冬无积雪，凡物早成，而茶尤殊异。金君卿诗云："闻雷已荐鸡鸣笋，未雨先尝雀舌茶。"以其地暖故也。

《通志》：南康府出匡茶，香味可爱，茶品之最上者。

九江府彭泽县九都山出茶，其味略似六安。

《广舆记》：德化茶出九江府。又崇义县多产茶。

《吉安府志》：龙泉县匡山有苦斋，章溢所居，四面峭壁，其下多白云，上多北风，植物之味皆苦。野蜂巢其间，采花蕊作蜜，味亦苦。其茶苦于常茶。

《群芳谱》：太和山骞林茶，初泡极苦涩，至三四泡，清香特异，人以为茶宝。

《福建通志》：福州、泉州、建宁、延平、兴化、汀州、邵武诸府，俱产茶。

《合璧事类》：建州出大片方山之芽，如紫笋，片大极硬。须汤浸之，方可碾。治头痛，江东老人多服之。

《天下名山记》：鼓山半岩茶，色香，风味当为闽中第一。不让虎丘、龙井也。雨前者每两仅十钱，其价廉甚。一云前朝每岁进贡，至杨文敏当国，始奏罢之。然近来官取，其扰甚于进贡矣。

柏岩，福州茶也。岩即柏梁台。

《兴化府志》：仙游县出郑宅茶，真者无几，大都以赝者杂之，虽香而味薄。

陈懋仁《泉南杂志》：清源山茶，青翠芳馨，超轶天池之上。南安县英山茶，精者可亚虎丘，惜所产不若清源之多也。闽地气暖，桃李冬花，故茶较吴中差早。

《延平府志》：棕毛茶出南平县，半岩者佳。

《建宁府志》：北苑在郡城东，先是建州贡茶首称北苑龙团，而武夷石乳之名未著。至元时，设场于武夷，遂与北苑并称。今则但知有武夷，不知有北苑矣。吴越间人颇不足闽茶，而甚艳北苑之名，不知北苑实在闽也。

宋无名氏《北苑别录》：建安之东三十里，有山曰凤凰，其下直北苑，旁联诸焙，厥土赤壤，厥茶惟上上。太平兴国中，初为御焙，岁模龙凤，以羞贡篚，盖表珍异。庆历中，漕台益重其事，品数日增，制度日精。厥今茶自北苑上者，独冠天下，非人间所可得也。方其春虫震蛰，群夫雷动，一时之盛，诚为大观。故建人谓至建安而不至北苑，与不诣者同。仆因摄事，得研究其始末，姑摭其大概，修为十余类目，曰《北苑别录》云。

御园：九窠十二陇，麦窠，壤园，龙游窠，小苦竹，苦竹里，鸡薮窠，苦竹，苦竹源，鼯鼠窠，教练陇，凤凰山，大小焊，横坑，猿游陇，张坑，带园，焙东，中历，东际，西际，官平，石碎窠，上下官坑，虎膝窠，楼陇，蕉窠，新园，天楼基，院坑，曾坑，黄际，马鞍山，林园，和尚园，黄淡窠，吴彦山，罗汉山，水桑窠，铜场，师姑园，灵滋，苑马园，高畬，大窠头，小山。右四十六

陆羽泉

所，广袤三十余里，自官平而上为内园，官坑而下为外园。方春灵芽萌坼，先民焙十余日，如九窠十二陇、龙游窠、小苦竹、张坑、西际，又为楚园之先也。

《东溪试茶录》：旧记建安郡官焙三十有八。

丁氏旧录云："官私之焙千三百三十有六，而独记官焙三十二。东山之焙十有四：北苑龙焙一，乳橘内焙二，乳橘外焙三，重院四，壑岭五，渭源六。"范源七，苏口八，东宫九，石坑十，建溪十一，香口十二，火梨十三，开山十四。南溪之焙十有二：下瞿一，濛洲东二，汾东三，南溪四，斯源五，小香六，际会七，谢坑八，沙龙九，南香十，中瞿十一，黄熟十二。西溪之焙四：慈善西一，慈善东二，慈惠三，船坑四。北山之焙二：慈善东一，丰乐二。外有曾坑、石坑、壑源、叶源、佛岭、沙溪等处。惟壑源之茶，甘香特胜。

茶之名有七：一曰白茶，民间大重，出于近岁，园焙时有之。地不以山川远近，发不以社之先后。芽叶如纸，民间以为茶瑞，取其第一者为斗茶。次曰柑叶茶，树高丈余，径头七八寸，叶厚而圆，状如柑橘之叶，其芽发即肥乳，长二寸许，为食茶之上品。三曰早茶，亦类柑叶，发常先春，民间采制为试焙者。四曰细叶茶，叶比柑叶细薄，树高者五六尺，芽短而不肥乳，今生沙溪山中，盖土薄而不茂也。五曰稽茶，叶细而厚密，芽晚而青黄。六曰晚茶，盖稽茶之类，发比诸茶较晚，生于社后。七曰丛茶，亦曰丛生茶，高不数尺，一岁之间发者数四，贫民取以为利。

《品茶要录》：壑源、沙溪，其地相背，而中隔一岭，其去无数里之遥，然茶产顿殊。有能出力移栽植之，亦为风土所化。窃尝怪茶之为草，一物耳，其势必犹得地而后异。岂水络地脉偏钟粹于壑源，而御焙占此大冈巍陇，神物伏护，得其余荫耶？何其甘芳精至而美擅天下也。观夫春雷一鸣，筠笼才起，售者已担簦挈囊于其门，或先期而散留金钱，或茶才入笪而争酬所直。故壑源之茶，常不足客所求。其有桀猾之园民，阴取沙溪茶叶，杂就家棬而制之。人耳其名，睨其规模之相若，不能原其实者，盖有之矣。凡壑源之茶售以十，则沙溪之茶售以五，其直大率仿此。然沙溪之园民，亦勇于觅利，或杂以松黄，饰其首面。凡肉理怯薄，体轻而色黄者，试时鲜白，不能久泛，香薄而味短者，沙溪之品也。凡肉理实厚，质体坚而色紫，试时泛盏凝久，香滑而味长者，壑源之品也。

《潜确类书》：历代贡茶以建宁为上，有龙团、凤团、石乳、滴乳、绿昌明、头骨、次骨、末骨、鹿骨、山挺等名，而密云龙最高，皆碾屑作饼。至国朝始用芽茶，曰探春、曰先春、曰次春、曰紫笋，而龙凤团皆废矣。

《名胜志》：北苑茶园属瓯宁县。旧《经》云："伪闽龙启中里人张晖，以所居北苑地宜茶，悉献之官，其名始著。"

《三才藻异》：石岩白，建安能仁寺茶也，生石缝间。

建宁府属浦城县江郎山出茶，即名江郎茶。

《武夷山志》：前朝不贵闽茶，即贡者亦只备宫中浣濯瓯盏之需。贡使类以价，货京师所有者纳之。间有采办，皆剑津廖地产，非武夷也。黄冠每市山下茶，登山贸之，人莫能辨。

茶洞在接笋峰侧，洞门甚隘，内境夷旷，四周皆穿崖壁立。土人种茶，视他处为最盛。

崇安殷令招黄山僧以松萝法制建茶，真堪并驾，人甚珍之，时有"武夷松萝"之目。

武夷山茶洞，因产岩茶而闻名天下。

王梓《茶说》：武夷山周回百二十里，皆可种茶。茶性，他产多寒，此独性温。其品有二：在山者为岩茶，上品；在地者为洲茶，次之。香清浊不同，且泡时岩茶汤白，洲茶汤红，以此为别。雨前者为头春，稍后为二春，再后为三春。又有秋中采者，为秋露白，最香。须种植、采摘、烘焙得宜，则香味两绝。然武夷本石山，峰峦载土者寥寥，故所产无几。若洲茶，所在皆是，即邻邑近多栽植，运至山中及星村墟市贾售，皆冒充武夷。更有安溪所产，尤为不堪。或品尝其味，不甚贵重者，皆以假乱真误之也。至于莲子心、白毫皆洲茶，或以木兰花熏成欺人，不及岩茶远矣。

张大复《梅花笔谈》:《经》云："岭南生福州、建州。"今武夷所产，其味极佳，盖以诸峰拔立。正陆羽所云"茶上者生烂石中"者耶！

《草堂杂录》：武夷山有三味茶，苦酸甜也，别是一种，饮之味果屡变，相传能解醒消胀。然采制甚少，售者亦稀。

武夷肉桂

武夷岩茶

《随见录》：武夷茶，在山上者为岩茶，水边者为洲茶。岩茶为上，洲茶次之。岩茶，北山者为上，南山者次之。南北两山，又以所产之岩名为名，其最佳者，名曰工夫茶。工夫之上，又有小种，则以树名为名。每株不过数两，不可多得。洲茶名色，有莲子心、白毫、紫毫、龙须、凤尾、花香、兰香、清香、奥香、选芽、漳芽等类。

《广舆记》：泰宁茶出邵武府。

福宁州大姥山出茶，名绿雪芽。

《湖广通志》：武昌茶，出通山者上，崇阳蒲圻者次之。

《广舆记》：崇阳县龙泉山，周二百里。山有洞，好事者持炬而入，行数十步许，坦平如室，可容千百众，石渠流泉清冽，乡人号曰鲁溪。岩产茶，甚甘美。

《天下名胜志》：湖广江夏县洪山，旧名东山，《茶谱》云：鄂州东山出茶，黑色如韭，食之已头痛。

《武昌郡志》：茗山在蒲圻县北十五里，产茶。又大冶县亦有茗山。

《荆州土地记》：武陵七县道出茶，最好。

《岳阳风土记》：滟湖诸山旧出茶，谓之滟湖茶。李肇所谓"岳州滟湖之含膏"是也。唐人极重之，见于篇什。今人不甚种植，惟白鹤僧园有千余本。土地颇类北苑，所出茶一岁不过一二十斤，土人谓之白鹤茶，味极甘香，非他处草茶可比并。茶园地色亦相类，但土人不甚植尔。

《通志》：长沙茶陵州，以地居茶山之阴，因名。昔炎帝葬于茶山之野。茶山即云阳山，其陵谷间多生茶茗故也。

长沙府出茶，名安化茶。辰州茶出溆浦。郴州亦出茶。

《类林新咏》：长沙之石楠叶，摘芽为茶，名栾茶，可治头风。湘人以四月四日摘杨桐草，捣其汁拌米而蒸，犹糕糜之类，必啜此茶，乃去风也。

《合璧事类》：谭郡之间有渠江，中出茶，而多毒蛇猛兽，乡人每年采撷不过十五六斤，其色如铁，而芳香异常，烹之无脚。

湘潭茶，味略似普洱，土人名曰芙蓉茶。

《茶事拾遗》：谭州有铁色，夷陵有压砖。

《通志》：靖州出茶油，蕲水有茶山，产茶。

《河南通志》：罗山茶，出河南汝宁府信阳州。

《桐柏山志》：瀑布山，一名紫凝山，产大叶茶。

《山东通志》：兖州府费县蒙山石巅，有花如茶，土人取而制之，其味清香，迥异他茶，贡茶之异品也。

《舆志》：蒙山一名东山，上有白云岩产茶，亦称蒙顶。〔王草堂云：乃石上之苔为之，非茶类也。〕

《广东通志》：广州、韶州、南雄、肇庆各府及罗定州，俱产茶。西樵山在郡城西一百二十里，峰峦七十有二，唐末诗人曹松，移植顾渚茶于此，居人遂以茶为生业。

韶州府曲江县曹溪茶，岁可三四采，其味清甘。

潮州大埔县、肇庆恩平县，俱有茶山。德庆州有茗山，钦州灵山县亦有茶山。

吴陈琰《旷园杂志》：端州白云山出云独奇，山故莳茶在绝壁，岁不过得一石许，价可至百金。

王草堂《杂录》：粤东珠江之南产茶，曰河南茶。潮阳有凤山茶，乐昌有毛茶，长乐有石茗，琼州有灵茶、乌药茶云。

《岭南杂记》：广南出苦橙茶，俗呼为苦丁，非茶也。茶大如掌，一片入壶，其味极苦，少则反有甘味，噙咽利咽喉之症，功并山豆根。

化州有琉璃茶，出琉璃庵。其产不多，香与峒岕相似。僧人奉客，不及一两。

罗浮有茶，产于山顶石上，剥之如蒙山之石茶，其香倍于广岕，不可多得。

清·玳瑁镶银里盖碗

《南越志》：龙川县出皋卢，味苦涩，南海谓之过卢。

《陕西通志》：汉中府兴安州等处产茶，如金州、石泉、汉阴、平利、西乡诸县各有茶园，他郡则无。

《四川通志》：四川产茶州县凡二十九处，成都府之资阳、安县、灌县、石泉、崇庆等；重庆府之南川、黔江、丰都、武隆、彭水等；夔州府之建始、开县等，及保宁府、遵义府、嘉定州、泸州、雅州、乌蒙等处。

东川茶有神泉、兽目，邛州茶曰火井。

《华阳国志》：涪陵无蚕桑，惟出茶、丹漆、蜜蜡。

《华夷花木考》：蒙顶茶受阳气全，故芳香。唐李德裕入蜀得蒙饼，以沃于汤瓶之上，移时尽化，乃验其真蒙顶。又有五花茶，其片作五出。

毛文锡《茶谱》：蜀州晋原、洞口、横原、珠江、青城，有横芽、雀舌、鸟觜、麦颗，盖取其嫩芽所造以形似之也。又有片甲、蝉翼之异。片甲者，早春黄芽，其叶相抱如片甲也；蝉翼者，其叶嫩薄如蝉翼也，皆散茶之最上者。

蒙顶山风光

《东斋纪事》：蜀雅州蒙顶产茶，最佳。其生最晚，每至春夏之交始出，常有云雾覆其上，若有神物护持之。

《群芳谱》：峡州茶有小江园、碧涧寮、明月房、茱萸寮等。

陆平泉《茶寮纪事》：蜀雅州蒙顶上有火前茶，最好，谓禁火以前采者。后者谓之火后茶，有露芽、谷芽之名。

《述异记》：巴东有真香茗，其花白色如蔷薇，煎服令人不眠，能诵无忘。

《广舆记》：峨眉山茶，其味初苦而终甘。又泸州茶可疗风疾。又有一种乌茶，出天全六番讨使司境内。

王新城《陇蜀余闻》：蒙山在名山县西十五里，有五峰，最高者曰上清峰。其巅一石大如数间屋，有茶七株，生石下，无缝罅，云是甘露大师手植。每茶时叶生，智炬寺僧辄报有司往视。籍记其叶之多少，采制才得数钱许。明时贡京师仅一钱有奇。环石别有数十株，曰陪茶，则供藩府诸司之用而已。其旁有泉，恒用石覆之，味精妙，在惠泉之上。

《云南记》：名山县出茶，有山曰蒙山，联延数十里，在西南。按《拾遗志》《尚书》所谓"蔡蒙旅平"者，蒙山也，在雅州。凡蜀茶尽在此。

《云南通志》："茶山在元江府城西北普洱界。太华山在云南府西，产茶色似松萝，名曰太华茶。""普洱茶出元江府普洱山，性温味香。儿茶出永昌府，俱作团。又感通茶出大理府点苍山感通寺。"

《续博物志》：威远州即唐南诏银生府之地，诸山出茶，收采无时，杂椒姜烹而饮之。

《广舆记》：云南广西府出茶。又湾甸州出茶，其境内孟通山所产，亦类阳羡茶，谷雨前采者香。

曲靖府出茶，子丛生，单叶，子可作油。

许鹤沙《滇行纪程》：滇中阳山茶，绝类松萝。

《天中记》：容州黄家洞出竹茶，其叶如嫩竹，土人采以作饮，甚甘美。[广西容县，唐容州。]

《贵州通志》：贵阳府产茶，出龙里东苗坡及阳宝山，土人制之无法，味不佳。近亦有采芽以造者，稍可供啜。咸宁府茶出平远，产岩间，以法制之，味亦佳。

《地图综要》：贵州新添军民卫产茶，平越军民卫亦出茶。

《研北杂志》：交趾出茶，如绿苔，味辛烈，名曰登。北人重译，名茶曰钗。

五代周文矩《重屏会棋图》

【译文】

《国史补》载：民间的习俗以茶为贵，因此茶的名字和品种有很多。剑南有蒙顶的石花，或叫小方、散芽，号称为第一。湖州有顾渚的紫笋，东川有神泉的小团、绿昌明、兽目，峡州有小江园、碧涧寮、明月房、茱萸寮，福州有柏岩、方山露芽，婺州有东白、举岩、碧貌，建安有青凤髓，夔州有香山，江陵有楠木，湖南有衡山，睦州有鸠坑，洪州有西山白露，寿州有霍山的黄芽；绵州的松岭，雅州的露芽，南康的云居，彭州的仙崖、石花，渠江的薄片，邛州的火井、思安，黔阳的都濡、高株，泸川的纳溪、梅岭，义兴的阳羡、春池、阳凤岭，都是最好的品种。

《文献通考》载：从建州出产的片茶有龙、凤、石乳、的乳、白乳、头金、蜡面、头骨、次骨、末骨、粗骨、山挺十二种，这些用来作为贡品以及供国家和地方使用。其余各州的片茶，有进宝双胜、宝山两府，都是出自兴国军；仙芝、嫩蕊、福合、禄合、运合、脂合都是出产于饶州池州；泥片出自虔州；绿英、金片出自于袁州；玉津出自临江军；灵川出自福州；先春、早春、华英、来泉、胜金出自歙州；独行灵草、绿芽片金、金茗出自潭州；大拓枕出自江陵、大小巴陵；开胜、开卷、小卷、生黄翎毛出自岳州；双上绿牙和大小方出自岳、辰、澧州；东首、浅山薄侧出自光州。总共二十六种，其中两浙和宣、江、鼎州只以上中下或者第一至第五为号。其中的散茶，则有太湖、龙溪、次号、末号，出自淮南；岳麓、草子、杨树、雨前、雨后，出自荆湖；清口出自归州；茗子出自江南。总共有十一种。

叶梦得在《避暑录话》中说：正宗北苑茶叶出产的地方是曾坑，被称为正焙；不是曾坑是沙溪的，就被称为外焙。这两个地方虽然距离不远，而茶叶品种相差得很大。沙溪比曾坑的茶叶颜色要白，但是味道淡而且有一点苦涩，内行人一尝，就能够分出个好坏来。我开始的时候认为即使土地不同，也不应该相差这么大啊。等到了山里，每次开辟道路的时候破开周围的岩石，在几丈方圆之间，土地的颜色各有不同，土地的肥沃干燥也各有不同。两棵树差不多，把它们种在一起，封土培植溉也差不多，但还是有的茂盛有的枯萎，从而知道事情没有亲眼看见，是不可以完全相信的。草茶之中最好的品种只有双井和顾渚，也不过各有几亩。双井在分宁县，其产地属于黄庭坚家。元祐年间，黄庭坚极力把茶推广到京城，家族的茶都交给他，但是一年也只不过一两斤罢了。顾渚在长兴县，就是所谓的吉祥寺，茶园的一半归现在的侍郎刘希范家所有。两地所出产的茶叶一年也只有五六斤。近年来寺庙里的和尚一味贪多，多数没有工夫去采摘精品，所出茶叶比刘氏的相差太多了。我每年向刘氏要，但是每次超过半斤就不会好。虽然茶叶的味道均匀，但是它最重要的地方在嫩芽。摘取其刚开始像雀舌的萌芽，被称为枪。上面覆盖着叶子的被称为旗。旗并不贵重，只要取一枪一旗就可以了，太多就老了。这就是好茶为什么很难得的原因。

《归田录》载：腊茶出产于剑建，草茶兴起于两浙。两浙的品种之中，日注是第一位。自景祐年间以后，洪州双井的白芽变得兴盛起来，近几年制作得更加精良，包装在红纱里面，不超过一二两，用十几斤普通的茶叶养着，以避免湿热之气。它的品质远远在日注之上，因此是草茶之中最好的。

《云麓漫钞》载：浙江西湖出产的茶叶最好，江南常州的要差一点。湖州茶出自长兴顾渚山，常州茶出自义兴君山悬脚岭北岸下的一些地方。

《蔡宽夫诗话》载：卢仝（号玉川子）《谢孟谏议寄新茶》诗中有"手阅月团三百片"和"天子须尝阳羡茶"的句子。这里说明孟所寄的就是阳羡茶了。

杨文公《谈苑》："蜡茶出产于建州，陆羽的《茶经》对此不太清楚，只是说福建等州具体不详，有时得到这种茶，味道很好。江左近日才有叫蜡面的茶。"丁谓在《北苑茶录》中说："开始的时候，并没有人知道。"问到三馆检讨杜镐，他也说在江左的时候，才开始记录有研膏茶。欧阳修的《归田录》中也说"出自福建"，也不说起源于哪里。在唐代各家的记载中，往往有蜡面茶的说法，那就说明是从唐代开始有的。

《事物记原》载：江左的李氏，让人取来茶乳制作成片，叫京铤、的乳和骨子等，那么说京铤的品种，就是从南唐开始的。《苑录》说："的乳以下的品种，是用下等的品种掺杂着提炼买卖的，只有供奉到京师去的，才是正宗的，没有掺杂，铤的名字应该就是这样来的。"有人说，从宋太祖开宝年间以来，才有这种茶叶。据当时有见识的人说，南唐李氏政权所在的金陵，是僭越之国，只能称为都下，而朝廷所在的汴京则为京师。今天忽然出现了这个名字，难道是南唐要归顺朝廷吗？

罗廪在《茶解》中说：唐代出产茶叶的地方，仅仅就像陆羽所说的那样。而现在的虎丘、罗岕、天池、顾渚、松萝、龙井、雁宕、武夷、灵川、大盘、日铸、朱溪等名茶，没有一个被记录的。因此才发现灵草到处都存在，只是培植得不当，或者是疏忽于采摘制造。

《潜确类书·茶谱》载：袁州的界桥茶，名声赫赫，不像湖州的研膏、紫笋，烹煮之后有绿色的细脚垂下。另外婺州的举岩茶，每一片都方正细小，所以虽然产量很少，味道却极其甘甜芳香，煎煮之后就像碧玉之乳。

《农政全书》载：玉垒关外的宝唐山，有长在悬崖上的茶树，枝芽长到三寸到五寸，才有一两片叶子。涪州出产三种茶叶，最好的是宾化，其次是白马，最差的是涪陵。

《煮泉小品》载：茶叶从浙江往北都比较好。只有闽广以南的地方，不但不能随便喝当地的泉水，而且茶也应当慎用。以前陆羽没有详细地说明岭南等地的茶，只是说"有时得到这种茶，味道很好"。我看见那些地方多有瘴疠之气，水草沾染上了这样的气息，北方人吃了，很容易导致疾病，所以说应该慎用。

《茶谱通考》载：岳阳的含膏冷，剑南的绿昌明，蕲门的团黄，蜀川的雀舌，巴东的真香，夷陵的压砖，龙安的骑火。

《江南通志》载：苏州府吴县西山出产茶叶，在谷雨之前采摘用火烘干。特别精细的，拿到市场上去卖，会被争先抢购，价格很高，因为在谷雨前的才算贵重。

《吴郡虎丘志》载：虎丘茶，寺院的储房都种植，闻名天下。在谷雨前采摘细芽，烘焙之后烹煮，颜色就像月下的白色一样，味道就像豆花一样香。近来因为官府征收馈送远方，山上的和尚每供奉一斤茶叶，要花费很多钱财。因为苦于供奉，茶树得不到修整，甚至被砍伐掉，所以虎丘茶越来越少了。

米带在《志林》中说：苏州的穹隆山下有一座海云庵，庵中有两棵茶树，这两棵树是生长在一起的，已经超过两百多年了。

《姑苏志》载：虎丘寺的西面出产茶叶，朱安雅说："现在二山门偏西的地方，原来的名字叫作茶岭。"

陈眉公在《太平清话》中说：洞庭往西的尽头，有种叫仙人的茶，其实是树上的苔藓，有四个白发老人将它采摘下来作为茶叶。

《图经续记》中说：洞庭小青山里面出产茶叶，唐宋时期作为供品进贡。因为下面有水月寺，所以叫作水月茶。

《古今名山记》中说：支硎山的茶坞里面种许多茶叶。

《随见录》载：洞庭山里有茶叶，细小的就像芥茶末，味道甘甜芳香，俗名叫作"吓杀人"。产于碧螺峰的更好，名叫碧螺春。

《松江府志》载：佘山在府城的北面，以前有姓佘的人在这里修道，由此得名。山里出产的茶叶和竹笋都很好，有兰花的香味。所以陈眉公说："余乡的佘山茶与虎丘茶不相上下。"

《常州府志》载：武进县章山的山脚有茶巢岭，唐代的陆龟蒙曾经在这里种茶。

《天下名胜志》记载：南岳古时叫阳羡山，就是君山的北麓。三国吴主孙皓封位后，就到这座山去封禅，称其为南岳。唐代时期产茶充当贡品，所说的就是南岳的贡茶。

常州宜兴县的东南有茶山。唐朝时候的人们采茶入贡，所以又叫作唐贡山，在县城东南三十五里的地方，那里都是山。

《武进县志》记载：茶山路在广化门外十里以内，大墩和小墩连起来簇拥在一起，形成山的形状。唐代的湖、常两地的太守，到阳羡制造茶叶来进贡，就从这里往返，由此而得名。

《檀几丛书》记载：茗山在宜兴县西南五十里的永丰乡，皇甫冉曾经作有《送羽南山采茶》诗，可见唐朝时期的贡茶就在茗山出产。

唐代李栖筠任常州太守的时候，山里的和尚进献阳羡茶。陆羽品尝后认为它的香味无与伦比，可以拿来进贡给皇上。于是李栖筠就在洞灵观里建造了一个茶舍，每年制造上万两进贡。后来韦夏卿将茶舍搬到无锡县的罨画溪上，距离水流分支的地方只有一里左右。许有谷诗中的"陆羽名荒旧茶舍，却教阳羡置邮忙"，说的就是这个。

义兴的南岳寺，唐朝天宝年间有白蛇衔的茶子落在寺庙的前面，寺里的和尚把它种植在寺旁，由此滋生蔓长，茶味极好，名叫蛇种。当地的人很重视它，每年争先恐后食用赠送，官府不断索要去作为贡品。直到现在每到春天便开始采茶，清明那一天，县令要亲自到卓锡泉亭去拜祭白蛇，典礼十分隆重。后来索取太多，山里的农

清·黄慎《湖亭秋兴图》

阳羡茶园

民深受其苦，所以袁高有"阴岭茶未吐，使者牒以频"的句子。郭三益诗中说："官符星火催春焙，却使山僧怨白蛇。"卢仝《茶歌》写："安知百万亿苍生，命坠颠崖受辛苦。"可见贡茶连累茶民，自古以来就是这样。

《洞山茶系》记载：罗岕，在宜兴的南面大约八九十里的地方。浙江与南南直隶分界，只有一座山冈，山冈的南面就是长兴山。两座山之间空旷的地方，人们叫作岕云。踏在这片土地上，才知道古人造的字很有深意。今天的"岕"字，注释上只说是"山名罢了"。有八十八个地方前面有一条特大的山洞横流，泉水特别清澈，滋润茶树的根部，使山上的土地很肥沃，所以说洞山茶是所有茶中最好的。从西汊逆流而上，经过茗岭，地势特别险恶。［在县城西南八十里的地方。］从东汊逆湖水分叉的地方进入，经过灊岭，稍平坦，才能够通过车辆。

罗岕所出产的茶叶，总共有四个品级：第一个品，出产于老庙后。庙里祭祀的是山上的土地神明，瑞草丛生，所以这里的茶都很好。总共也不过两三亩的面积，苕溪的姚象先和女婿两个人共同拥有。茶树都是古树，每年出产的不超过二十斤，颜色淡黄而不绿，叶子的筋脉淡白而且很厚，制成了梗很少。放入开水里面颜色柔白，就像玉露一样，味道很甘甜，芳香藏在味道中，特别深远，越喝越能够品出味来，让人如痴如醉。第二品，出产于新庙后、棋盘顶、纱帽顶、毛巾条、姚八房以及吴江周氏那里，出产的茶叶也不是很多。幽香色白，味道冷峻，与老庙的没有太大的区别，喝了之后觉得它味道有些淡。这些都是洞顶岕。总之岕茶的品质就是如此，清如孤竹君的儿子伯夷、叔齐，和似柳下惠。现在的人认为颜色很深香气很浓郁的是岕茶，只是听来觉得它很相似罢了。第三品，出产于庙后的涨沙、大袁头、姚洞、罗洞、王洞、范洞、白石。第四品，出产于下涨沙、梧桐洞、余洞、石场、丫头岕、留青岕、黄龙、岩灶、龙池，这些都是平洞本岕。外山的长潮、青口、箬庄、顾渚、茅山岕，都不能称为好的品种。

《岕茶汇钞》记载：洞山茶中比较差的，香味清新，叶子很嫩，放在水里面香味就消散了。棋盘顶、纱帽顶、雄鹅头、茗岭，都是出产茶叶的地方。这些地方有老柯、嫩柯，只有老庙后没有这两种。梗叶茂密，放在水里面香气不会往外面流散的，称为上品。

《镇江府志》记载：润州的茶叶，以傲山的最好。

《寰宇记》中说：扬州江都县蜀冈有茶园，茶叶甘甜，就像是蒙顶出产的。蒙顶在蜀地，所以用蒙来命名山。上面有时会堂、春贡亭，都是制造茶叶的地方，现在已经荒废了，见毛文锡《茶谱》。

《宋史·食货志》记载：散茶出自淮南，在龙溪有雨前、雨后之分。

《安庆府志》记载：六邑都出产茶叶，以桐地的龙山、潜地的闵山为最好。�茶源在潜山县。香茗山在太湖县。大小茗山在望江县。

《随见录》记载：宿松县出产茶叶，经过品尝后发现有好的品种，但是制造的时候方法不对。如果是别的地方，分出它们的等级，让内行的能手来制作，品味不在六安之下。

明·陈洪绶《烹茶图》

《徽州志》记载：松萝县出产，而能被称作松萝茶却很少，其有名的只有胜金、嫩桑、仙芝、来泉、先春、运合、华英这些品种，另外还有不知道具体名字的被统称为片茶八种。近年来的茶叶，好的有雀舌、莲心、金芽；稍微差一点的有芽下白、走林、罗公；再差一点的是开园、软枝、大方。名称虽然很多，但是都是松萝的品种。

吴从先《茗说》中记载：当地生产的松萝子，颜色就像是梨花一样，香味就像是豆蕊，喝起来就像是在吃雪。品种越好颜色就越白，如果被搁置一个晚上还没有茶痕的，那就是很好的品种了。秋露白片子更加清新可人，但是香味浓得熏人，很难长期储存，不是富裕的人家是没有办法贮藏的。真正像这样好的东西，如果混杂有其他地方产的茶叶一片，颜色就会变坏，简直不能看了。然而出产松萝的地方有限，产量很少，而四面八方的人都来求索，怎么能够不掺杂其他的品种呢？

《黄山志》载：莲花庵的附近，在石头的缝隙里面种植茶叶，多半清香冷韵，喝起来香气醉人。

《昭代丛书》载：张潮说："我的家乡天都出产抹山茶，茶树生长在石头之间，不是人力所能栽培的。味道香甜清淡，可以称得上是极品，采摘起来很困难，不容易多得。"

《随见录》载：近来据说紫霞山的松萝茶最好，还有南源、北源这些有名的品种。它们之中真正的松萝实在是不容易得到。黄山的顶峰有云雾茶，别有风味，比松萝更好。

明·文徵明《真赏斋图》

《通志》载：宁国府所治理的宣、泾、宁、旌、太等县，各个山上都出产松萝茶。

《名胜志》载：宁国县的鸦山在文脊山的北面，出产的茶叶可充当贡品。《茶经》中说"味道跟蕲州的一样"。宋代的梅询有"茶煮鸦山雪满瓯"的句子，现在不可能再得到了。

《农政全书》载：宣城县的丫山，形状就像是横铺着的小方饼一样，那里出产茶叶。山的东面早上就被太阳照射，名叫阳坡，那里的茶叶最好。

齐白石《梅花茶具图》

太守将它推荐给别人，京城的人士为它题词说"丫山阳坡横文茶"，又叫"瑞草魁"。

《华夷花木考》载：宛陵茗池出产的茶叶，根部很丰硕，生长在背阴的山谷，春夏交替的时候，才萌发出新芽。茎和枝条虽然很长，但是叶子并不展开，带点紫绿色。天圣初年，郡守李虚己和太史梅询曾经尝试过，认为建溪、顾渚都比不上它。

《随见录》载：宣城有绿雪芽，也属于松萝茶的一种。还有翠屏等各种名茶。其中泾川的涂茶，茶芽很细、颜色很白、味道很香，这都是进贡的品种。

《通志》记载：池州府治下的青阳、石埭、建德，都出产茶叶。贵池也生产茶叶，九华山的闵公墓茶，来自四面八方的人都称赞它。

《九华山志》记载：金地茶，是西域的和尚金地藏种植的，今天人们传说的枝梗里面是空的就是它。大概是因为生长在烟霞云雾之中，气候温暖湿润，所以与地上的不一样，味道自然就不同了。

《通志》记载：庐州府管辖的六安、霍山，都出产好的茶叶，其中最著名的只有白茅贡尖，就是所说的茶芽。每年茶芽出来的时候，知州就拟好奏章进献。

六安州的小岘山出产茶叶，名叫小岘春，是六安中最好的品种。霍山的梅花片，在黄梅季节采摘制造，颜色和香味都具备了，只是味道稍微有点淡。还有银针、丁香、松萝等著名的品种。

《紫桃轩杂缀》记载：我生平最喜欢六安茶，恰好有一个学生在那里做中守，就写信过去想求取几两，竟然得不到，这一愿望恐怕无法实现了。

陈眉公在《笔记》中说：云桑茶出自琅琊山，茶叶就像桑叶那样小，山里的和尚烘干储藏，味道非常清爽。

广德州建平县雅山出产茶叶，色香味都很好。

《浙江通志》载：杭州的钱塘、富阳以及余杭的径山等山都出产茶叶。

《天中记》："杭州宝云山出产名叫宝云的茶叶。下天竺香林洞里出产名叫香林的茶叶。上天竺白云峰出产名叫白云的茶叶。"

田子艺说："龙泓现在称为龙井，因为它很深的缘故。《郡志》说里面有龙居住，其实没有。其实杭州的山，都是发源于天目，古人认为它有龙飞凤舞的气势，所以西湖的山用龙来命名的很多，不是真的有龙居住在里面。如果有龙的话，那泉水就不能喝了。井上的房子，应该拆去，浣花池更应当清理。"

《湖壖杂记》中说：龙井出产的茶叶，发出豆花一样的香味，与香林、宝云、石人坞、垂云亭出产的都不相同。在谷雨之前采摘的更好，喝的时候觉得味道很淡，好像没有味道一样，饮用之后，有一种很调和的气息，在牙齿和两颊之间游走，这种好像没有味道的味道，才是最好的味道。有益于人的身心健康，所以能够治疗疾病。它贵重得就像珍珠一样，很难得到。

《坡仙食饮录》载：宝严院垂云亭也出产茶叶，和尚高兴地用垂云茶赠送苏轼，苏轼回赠给他大龙团。

陶谷在《清异录》中说：开宝年间，窦仪把新茶赠送给我，味道特别好，盒子的上面标有"龙陂山子茶"。龙陂是顾渚山外的地方。

《吴兴掌故》载：顾渚山的两旁有大小官山，都是茶园。明月峡在顾渚的旁边，陡峭的山峰耸立，宏大的洞水从中间流过，石头杂乱无章，茶叶就生长在这里面，所以更好了。张文规诗中所说的"明月峡中茶始生"，说的就是这个。

顾渚山，传说吴王夫差当年在这里瞭望着平原，说可以建为城池，才这样命名的。唐朝的时候，它的旁边大小官山都是茶园，制造茶叶来作为贡品，所以它的下面有贡茶院。

《蔡宽夫诗话》中说：湖州的紫笋茶出产于顾渚，在常、湖两郡之间，因为它萌芽时是紫色而且很像笋子，因此而得名。每年进贡，要在清明的时候送到，皇上先祭奠祖宗，然后再赏赐给最亲近的臣子。

冯可宾在《岕茶笺》中说：环绕着长兴境内，出产茶叶的地方被称为罗嶰、白岩、乌瞻、青东、顾渚、篠浦，没有办法全部列举出来，只有罗嶰最好。罗嶰境内方圆十里的地方，被称为罗嶰的，也没有办法全部列举出来。嶰而又叫作岕，意思是指两山之间。罗隐在这里隐居，所以将它命名为罗嶰，在小秦王庙的后面，被称为庙后罗岕。洞山的岕茶，南面向着阳光，早上迎接初升的太阳，晚上沐浴在夕阳的余晖之下，接受了雨雾的精华，所以味道很特别。

《名胜志》记载：茗山在萧山县西面约三里的地方，因为山里面出产很好的茶叶，所以叫茗山。另外上虞县的后山，茶叶也非常好。

《方舆胜览》记载：会稽山有日铸岭，岭下有寺庙，名叫资寿。山的北面称为油车，早晚都有太阳，那里产的茶，特别的好。欧阳文忠公说："两浙茶草，日铸第一。"

此图表现了中国古代货郎们为了在竞争中获胜，而进行斗茶的表演。

《紫桃轩杂缀》记载：普陀山的老和尚送给我一包小白岩茶，叶子上面有白色的茸毛，泡的时候没有颜色，慢慢品味就会觉得凉透了心肺。和尚说："这种茶叶本山每年只出产五六斤，专门用来供奉菩萨，和尚很少能够喝到。"

《普陀山志》记载：茶叶属白华岩顶的为上品。

《天台记》中说：丹丘出产的大茗，服用之后能够生出羽翼。

桑庄《茹芝续谱》记载：天台山的茶叶有三个品种：就是紫凝、魏岭、小溪。现在每个地方并没有产出，而当地人所用的，大多数来自西坑、东阳、黄坑等地方。石桥等山，近来也种植茶叶，味道甘甜清香，不比其他的地方差，因为出自名山雾中，汁液多而厚实。但是山中的寒气很重，萌发得也很晚，加上制造的方法不恰当，因此不能取胜。又因为所出产不多，只能供给山上的居民使用。

《天台山志》记载：葛仙翁的茶园在华顶峰上。

《群芳谱》记载：安吉州的茶叶也叫紫笋。

《通志》记载：茶山在金华府兰溪县。

《广舆记》中说：鸠坑茶出产于严州府淳安县。方山茶出产于衢州府的龙游县。

劳大与在《瓯江逸志》中说：浙江的东面多出产茶叶，雁宕山可以称为第一。在每年谷雨前三天，采摘茶芽来进贡。一枪两旗而且有白色的毛的，名叫明茶；谷雨当天采摘的，被称为雨茶。另外还有一种紫茶，颜色红紫，味道很好，香气很清新，所以又叫作玄茶，它的味道比天池茶稍淡一点。因为又难种且收得少，当地的人很讨厌别人来求索，茶园里种得少，即使有一点也被熟人拿去了。按照卢仝《茶经》里面说的："温州没有好的茶，天台的瀑布水、温州的水，水味很淡，只有雁宕山的水最好。"这种茶也是一等的，可以除腥腻、除烦恼、去昏散、消除积食。用锡瓶来储存的，味道清香，不用锡瓶储存的，颜色不好看但滋味很好，跟阳羡山的茶没什么区别。在接近夏天的时候采摘，不适合过早，炒的时候应该熟而不应该生，像这样的方法制作的茶可以储存两三年。越是好的茶叶越是能够消化食物和解酒，这是最具效果的。

王草堂在《茶说》中说：温州的中墺和漈上的茶叶都很出名，品性不冷也不热。

《卖茶图》

屠粹忠《三才藻异》记载：举岩，就是婺茶，每一片都很方正细小，煎煮出来就像碧乳一样。

《江西通志》记载：茶山在广信府的城北，陆羽曾经在那里居住。

洪州西山的白露鹤岭，号称绝品，以紫清香城的为最好。还有双井茶芽，就是欧阳修所说的"石上生茶如凤爪"。还有像豆苗一样的罗汉茶，因为是灵观尊者从西山带到这里来的，所以才如此命名。

《南昌府志》记载：新建县鹅冈西

面有鹤岭，物品鲜美，草木秀丽，所出产的名茶跟其他地方的不一样。

《通志》记载：瑞州府出产的茶芽，廖遥在《十咏》中把它称为雀舌香焙。其他像临江、南安等府都出产茶叶，庐山也出产茶叶。

浮梁茶山

袁州府界桥出产的茶叶，现在被称为仰山、稠平、木平的很好，稠平的最好。

赣州府宁都县出产林岕，是一个姓林的人用长指甲炒的，采摘和制作的方法很恰当，香味也很特别，所以才得到了这个名称。

《名胜志》记载：茶山寺在上饶县城北三里的地方，按照《图经》的记载，就是广教寺。里面有几亩茶园、陆羽泉一眼。陆羽喜欢喝茶，居住的四周都种植着茶叶，用泉水来煮，于是后来的人就把广教寺称为茶山寺。宋代有被称为茶山居士的曾吉甫，名几，因为他的哥哥得罪了秦桧，所以建造了祠堂在这里居住，七年以来，闭门不问世事。

《丹霞洞天志》记载：建昌府的麻姑山出产茶叶，只有山里的茶叶是上品，家园种植的差一点。

《饶州府志》记载：浮梁县阳府山，冬天没有积雪，所有的物产都提前成熟，而茶叶尤其特殊。金君卿的诗中说："闻雷已荐鸡鸣笋，未雨先尝雀舌茶。"就是因为这个地方很暖和的缘故。

《通志》记载：南康府出产的匡茶，味道清香可爱，茶叶的品质是最好的。

九江府彭泽县九都山出产的茶叶，它的味道跟六安的茶有点相似。

《广舆记》中说：德化茶出自九江府。还有崇义县多出产茶叶。

《吉安府志》记载：龙泉县匡山有一个苦斋，是章溢居住的地方，四面都是峭壁，下面有很多白云，上面多刮北风，所有植物的味道都是苦的。野蜜蜂在里面筑巢，采花蕊酿蜜，味道也很苦。那里的茶叶比一般的都要苦。

《群芳谱》记载：太和山骞林茶，第一次泡的时候味道特别苦涩，泡了三四回之后，就觉得特别清香，人们都认为它是茶宝。

《福建通志》记载：福州、泉州、建宁、延平、兴化、汀州、邵武等地方，都生产茶叶。

《合璧事类》中说：福州出产大片的方山茶叶，如紫笋，叶片非常大而且特别硬。需要浸在开水里面，才可以碾细。它能够治疗头痛，很多江东的老人都服用它。

《天下名山记》中说：鼓山的半岩茶，颜色和风味，都称得上闽中第一，不比虎丘、龙井差。雨前的每一两仅值十钱，价钱十分便宜。又有人说以前的朝代每年都要进贡，到杨文敏的时候，才开始奏请废除这种规矩。然而近来官府索取茶叶，扰民的程度比进贡更加厉害。

柏岩，是福州出产的茶叶。岩就是柏梁台。

《兴化府志》记载：仙游县所出产的郑宅茶，真正的没有多少，大都掺杂着赝品，虽然很香但是味道却很淡。

陈懋仁在《泉南杂志》中说：清源的山茶，颜色青翠，味道芳馨，比天池茶要好。南安县的英山茶，其中最好的能够比得上虎丘茶，可惜所出产的没有清源的多。福建那里气候温暖，桃李冬天就能够开花，所以茶叶比吴地的要早。

《延平府志》记载：棕毛茶出产于南平县，半山上生长的最好。

《建宁府志》记载：北苑在郡城的东面，建州贡茶开始叫北苑龙团，而武夷石乳并不出名。到元朝的时候，在武夷扩大了生产规模，于是才能和北苑齐名。现在的人只知道有武夷，而不知道有北苑。吴越那里的人很不重视闽茶，而特别羡慕北苑的名声，却不知道北苑其实就是闽茶。

宋朝无名氏《北苑别录》记载：建安东面三十里的地方，有一座凤凰山，它的下面就是北苑，旁边有许多烘焙的地方，土壤肥沃，种茶是最好的。太平兴国年间，开始烘焙是为了制造贡品，每年做成龙凤的模样，用圆形的竹筐装着，看起来很珍贵。庆历年间，漕运总督也很重视此事，品种数量逐渐增加，制造得也更加精致。现在北苑的上等茶叶，是天下最好的，不是普通人可以得到的。当春天到来的时候，很多人一起出动，一时之间，很是壮观。所以建安人说到建安而不到北苑，跟没有到是一样的。我因为负责这件事，得以研究它的前后始末，现在摘录它的大概情况，把它分成十几种类别，遍成《北苑别录》。

御园：九窠十二陇，麦窠，壤园，龙游窠，小苦竹，苦竹里，鸡薮窠，苦竹，苦竹源，鼯鼠窠，教练陇，凤凰山，大小焊，横坑，猿游陇，张坑，带园，焙东，中历，东际，西际，官平，石碎窠，上下官坑，虎膝窠，楼陇，蕉窠，新园，天楼基，院坑，曾坑，黄际，马鞍山，林园，和尚园，黄淡窠，吴彦山，罗汉山，水桑窠，铜场，师如园，灵滋，苑马园，高畲，大窠头，小山。共有四十六处，方圆三十多里，从官平往上的是内园，官坑往下的是外园。当春天的茶叶开始萌发的时候，官焙比茶农要早十几天烘焙，如九窠十二陇、龙游窠、小苦竹、张坑、西际，烘焙又在楚园之前。

《东溪试茶录》记载：以前记载的建安郡的官焙总共有三十八处。

丁氏旧录中说：官府和私人烘焙的总共有一千三百三十六处。但是只记载着 32 种官焙。东山的烘焙有 14 处：一是北苑龙焙，二是乳橘内焙，三是乳橘外焙，四是重院，五是壑岭，六是渭源，七是范源，八是苏口，九是东宫，十是石坑，十一是建溪，十二是香口，十三是火梨，十四是开山。南溪的官焙总共有十二处：下瞿，濛州东，汾东，南溪，斯源，小香，际会，谢坑，沙龙，南香，中瞿，黄熟。西溪的官焙有四个地方：慈善西，慈善东，慈惠，船坑。北山的官焙有两个：慈善东，丰乐。外焙则有曾坑、石坑、壑源、叶源、佛岭、沙溪等地。其中只有壑源的茶叶，特别甘香。

茶叶的名字有七种：一是白茶，民间很重视，是近几年出产的，茶园时有生产。它的产地不论山川的远近，萌发不论社火前后。其芽叶就像纸一样白，民间认为很吉祥，所以选取其中最好的作为斗茶。其次是柑叶茶，树高一丈多，直径七八寸，叶子厚且圆，就像柑橘的叶子，发出的芽就是肥乳，长二寸多，是茶叶之中上好的品种。三是早茶，也跟柑橘叶很相似，经常在早春的时候萌发，民间采制这种茶来试焙。四是细叶茶，叶子比柑橘叶细薄，树高的有五六尺，茶芽短而不肥厚，现在生长在沙溪山里面，因为土地贫瘠所以不茂盛。五是稽茶，叶子细小且厚密，茶芽出来的比较晚而且呈青黄色。六是晚茶，属于稽茶一类，发芽比其他的茶叶都要晚，生长在社火以后。七是丛茶，也叫丛生茶，树高不过几尺，一年能够发出四次新芽，贫民拿它来卖钱。

紫笋茶

《品茶要录》记载：壑源、沙溪这两个地方背靠背，中间隔着一道山岭，相距没有几里路，然而出产的茶叶差别却很大。有人赶费力气移植壑源的茶树，也被沙溪的水土所同化。我曾暗自奇怪，茶叶这种草木，不过是一种植物，可必须先要得到土地的优势而后才能显得不一样。难道是水络地脉偏偏钟情于壑源吗？而御焙占据了这样的大冈巍陇，神物伏护，难道不是得到了庇护吗？不然它怎能甘芳美味甲天下呢？春雷一响，竹笼才开始挑出去，而要购买的人已经拿着扁担到了门口，有的人预先留下一点定金，或者茶叶刚刚挑回来就争着报价。所以壑源的茶，常常供不应求。其中有狡猾的茶农，暗地里拿沙溪的茶叶夹杂在里面一起制作。人们只是听说过壑源茶的名声，而茶的外表看起来又差不多，因此弄不清真假的人是有的。如果壑源茶的售价是十，那么沙溪茶的售价就是五，它们的价值基本上是这样。然而沙溪的茶农，也争着牟利，有的在里面掺杂上松黄，来装饰它的表面。凡是肉理很薄、很轻而且颜色很黄的，试的时候颜色鲜白，不能长久浮在上面，香味很淡而且保持的时间不长的，就是沙溪茶。凡是肉理厚实、质地坚硬而且带着紫色的，试的时候在茶杯上漂浮的时间很长的，香味纯正而且持续时间很长，就是壑源的茶。

《潜确类书》记载：历代的贡茶都认为建宁的最好，名称有龙团、凤团、石乳、的乳、绿昌明、头骨、次骨、末骨、鹿骨、山挺等，而密云龙最好，都是把茶碾碎做成饼。到我朝的时候才开始用芽茶，名为探春、先春、次春、紫笋，而龙凤团都已经没有了。

《名胜志》记载：北苑的茶园从属于瓯宁县。从前的《茶经》中说："伪闽王龙启年间人张晖，将自己居住的北苑的茶叶进献给官府，它才开始有名。"

《三才藻异》记载：石岩白，是出产于建安能仁寺里面的茶，生长在石缝之间。

建宁府所管辖的浦城县江郎山出产的茶叶，叫作江郎茶。

《武夷山志》记载：从前的朝代不注重福建的茶叶，即使进贡也只是宫里面清洗茶杯用。贡使将茶叶分类定价，在京师按价收购进贡朝廷。偶尔直接采办，都是采购剑州津廖那些地方所出产的，并不要武夷的。道士每年买山下的茶叶，再到山上去卖，人们也够分辨不出来。

茶洞在接笋峰的旁边，洞门相当狭窄，里面很空旷，四周都是悬崖峭壁。当地人种植茶，认为那个地方长得最好。

明·陈洪绶《停琴品茗图》

崇安殷县令让黄山的和尚用松萝茶的制法来制作建茶，可以跟松萝茶相提并论，人们都觉得它很珍贵，所以当时有"武夷松萝"这样的称呼。

王梓在《茶说》中记载：武夷山的周围方圆一百二十里，都可以种植茶叶。别的地方出产的茶，多半是寒性的，而只有这里是温性的。它们的品种有两个：山上的是岩茶，是最好的；长在地上的是洲茶，略微差一点。香味浊清不一样，泡的时候岩茶水的颜色是白色的，而洲茶的水却是红色的，这就是不同之处。雨前的是初春，往后是二春，再往后就是三春；还有秋天采摘的，是秋露白，最为馨香。必须要种植、采摘、烘焙得都很到位，则香气和味道才能两绝。然而武夷山本来就是石头山，山峦之上土很少，所以产量很低。如果是洲茶，到处都是，就是邻近的县城也都有栽种，把它运到山里面的乡村、集市上去卖，用来顶替武夷茶。更有安溪所出产的茶，特别不好。有人品尝它的味道，不是很看重它的，都是以假来乱真造成的。至于莲子心、白毫这些洲茶，有的用木兰花熏成来欺骗，那跟岩茶的味道就相差得很远了。

张大复《梅花笔谈》：《经》中说："岭南茶出产于福州、建州。"如今武夷所出产的茶，味道很好，这是因为这些山峰很挺拔。就像陆羽所说的"上好的茶生长在烂石中"。

《草堂杂录》记载：武夷山有三味茶，即苦酸甜，是很特别的一种，喝了之后味道果然是多次变化，相传能够解酒还能消除腹胀。但是采制的很少，出售的人也很少。

《随见录》记载：武夷茶，在山上生长的是岩茶，水边生长的是洲茶。岩茶比较好，而洲茶次之。岩茶在北山上生长的要好一点，而在南山上生长的要差一点。南北两座山，又根据所出产的茶叶的名字来命名。其中最好的茶，被叫作工夫茶。比工夫茶还好的，还有小种，则用树的名字来命名。每一棵树不过生产几两，不能多得。洲茶的品种，有莲子心、白毫、紫毫、龙须、凤尾、花香、兰香、清香、奥香、选芽、漳芽等品种。

《广舆记》中说：泰宁茶出自邵武府。

福宁州大姥山出产茶叶，称为绿雪芽。

《湖广通志》中说：武昌的茶叶，通山的比较好，崇阳蒲圻出产的稍差一点。

《广舆记》中说：崇阳县龙泉山，方圆二百里地。山中有洞，好事的人拿着火把进去，走进去几十步远，里面平坦得就像卧室一样，可以容纳上千人，石渠流出的泉水很清澈，乡里的人都把它叫作鲁溪。岩上出产的茶叶，很是甘甜味美。

《天下名胜志》记载：湖广江夏县的洪山，以前叫东山，《茶谱》中说：鄂州东山生产的茶叶，黑色，外形像韭菜一样，饮用之后可以治疗头痛。

《武昌郡志》记载：茗山距蒲圻县北十五里远的地方，出产茶叶。另外大冶县内也有茗山。

《荆州土地记》中说：武陵七个县都出产茶叶，质量都好。

《岳阳风土记》中说：溈湖周围的山从前都出产茶叶，叫作溈湖茶。李肇所说的"岳州溈湖之含膏"就是这个。唐朝的人非常重视，多次把它记录到了书上。现在的人不太种植，只有白鹤僧园里面还有上千棵。这里的土地跟北苑的很接近，所出产的茶叶每年也不超过一二十斤，当地的人把它称为白鹤茶，味道特别甘香，不是别的地方的茶叶可以相比的。茶园土地的颜色也很相似，只是当地的人不多种植而已。

《通志》记载：长沙茶陵州，因为地处茶山阴面，所以得名。从前炎帝被埋葬在茶山之野。茶山就是云阳山，因为山谷间多出产茶叶而得名。

长沙府出产的茶叶，名叫安化茶。辰州茶出自溆浦。郴州也出产茶叶。

《类林新咏》中说：长沙的石楠叶，摘取它的芽做成茶，名叫栾茶，可以治疗头风。湖南人在四月四日的时候摘取杨桐草，捣出它的汁和米拌在一起蒸熟，就像是蒸烂了的米糕，一定要喝这种茶，才可以治愈头风。

《合璧事类》载：谭州之间面有渠江，渠江出产茶叶，而且毒蛇猛兽很多，乡下人每年采摘的不过十五六斤，它的颜色就像铁一样，但是味道芳香异常，烹煮之后没有梗。

湘潭的茶叶，味道有点像普洱茶，当地的人把它称为芙蓉茶。

《茶事拾遗》载：谭州有铁色茶，夷陵有压砖茶。

《通志》载：靖州出产茶油，蕲水有茶山，生产茶叶。

《河南通志》载：罗山茶，产于河南汝宁府信阳州。

《桐柏山志》载：瀑布山，又叫紫凝山，出产大叶茶。

《山东通志》记载：兖州府费县蒙山顶上，有花像茶叶一样，当地的人摘取下来制成茶叶，味道清香，跟其他的茶叶不同，这是贡茶中的异品。

《舆志》记载：蒙山又叫东山，上面的白云岩出产茶叶，也称为蒙顶。〔王草堂说：只是石头上的苔藓而已，并不是茶叶。〕

《广东通志》记载：广州、韶州、南雄、肇庆各府以及罗定州，都出产茶叶。西樵山距广州西面一百二十里的地方，有七十二座山峰，唐朝末年的诗人曹松，将顾渚茶树移植到了这里，这里的人从此就以种植茶叶为生。

韶州府曲江县曹溪茶，每年可以采摘三四次，它的味道特别清香甘甜。

潮州的大埔县、肇庆的恩平县，都有茶山。德庆州有茶山，钦州灵山县同样有茶山。

启功茶诗立轴：七碗神功说玉川，生风枉讬地行仙。赵州一语吃茶去，截断群流三字禅。

苦丁茶

吴陈琰在《旷园杂志》中说：端州白云山上的云很独特，当地人故意把茶叶种植在峭壁上，每年不过得到一担多一点，可以值上百金。

王草堂在《杂录》中说：粤东珠江的南面产茶，又叫河南茶。潮阳有凤山茶，乐昌有毛茶，长乐有石茗茶，琼州有灵茶、乌药茶等。

《岭南杂记》中说：广南出产苦橙茶，俗称为苦丁，并不是茶叶。这种茶叶很大，就像手掌一样，放一片在壶里面，味道特别苦涩，放少点反而有甜味，含着能治疗咽喉病痛，效果就和山豆根一样。

化州有琉璃茶，出自琉璃庵。数量不多，香气跟峒岕很类似。和尚拿它来招待客人，还不足一两。

罗浮有一种茶，生长在山顶的石头上，剥开之后就像是蒙山的石茶，香味比广岕的好，数量很少。

《南越志》载：龙川县出产皋卢，味道非常苦涩，南海称为过卢。

《陕西通志》载：汉中府兴安州等地方出产茶叶，如金州、石泉、汉阴、平利、西乡等县都有茶园，别的地方没有。

《四川通志》载：四川生产茶叶的州县有二十九处，成都府的资阳、安县、灌县、石泉、崇庆等；重庆府的南川、黔江、丰都、武隆、彭水等；夔州府的建始、开县等，还有保宁府、遵义府、嘉定州、泸州、雅州、乌蒙等地方。

东川茶有神泉、兽目等品种，邛州茶叫火井。

《华阳国志》载：涪陵没有蚕桑，只出产有茶叶、丹漆、蜜蜡。

《华夷花木考》载：蒙顶茶吸收阳光多，所以很香。唐朝的李德裕到蜀地之后得到了蒙顶茶饼，把它泡在汤瓶上面，一会儿就都化了，以此来检验蒙顶的真假。另外还有五花茶，其叶片分为五瓣。

毛文锡在《茶谱》中说：蜀州的晋原、洞口、横原、珠江、青城，有横芽、雀舌、鸟觜、麦颗，这些都是采摘茶的嫩芽制造的，以它们的形状命名。还有片甲、蝉翼的差别。所谓片甲，是早春的黄芽，叶子拥抱在一起像片甲一样。所谓蝉翼，是指它的叶子嫩薄得就像蝉翼一样，都是散茶当中最好的。

《东斋纪事》中说：蜀地雅州蒙顶出产的茶叶最好。它发芽很晚，每年春夏交替时开始出现，常常有云雾笼罩在树上，就像有神灵保护一样。

《群芳谱》：峡州的茶有小江园、碧涧寮、明月房、茱萸寮等。

陆平泉在《茶寮纪事》中说：蜀雅州蒙顶山上出产的火前茶最好，是在禁火以前采摘的。后者被称为火后茶，有露芽、谷芽的叫法。

《述异记》中说：巴东有真正的香茶，花的颜色白得就像蔷薇一样，煎服之后能够让人减少睡眠，增强记忆力。

《广舆记》中说：峨眉山的茶叶，开始的时候味道是苦涩的，而后来却有点甜。还有泸州的茶叶可以治疗风疾。还有一种乌茶是出产于天全六番讨使司所管辖的境内。

王新城在《陇蜀余闻》中说：蒙山在名山县西面十五里的地方，有五座山峰，最高的叫作上清峰。山顶一块大石有几间屋子大，有七棵茶树生长在石头下，没有缝隙，据说是甘露大师亲手栽种的。每当茶叶长出来，智炬寺的和尚立即就报告有司去查看，记下它的叶子有多少，采摘制造之后所得不过几钱罢了。明朝时期进贡给京师的也只有一钱多一点。围绕着石头还有几十棵，被称为陪茶，供藩府诸司的官员所用。它的旁边有山泉，一直用石头压着，味道特别精妙，比惠泉还好。

《云南记》中说：名山县出产茶叶，有一座蒙山，连绵几十里路，在西南方向。按照《拾遗志》《尚书》中所记载的"蔡蒙旅平"，指的就是蒙山，在雅州。只要是蜀地的茶叶都产自这里。

《云南通志》记载：茶山在元江府城西北的普洱境内。太华山在云南府的西面，所出产的茶叶颜色就像松萝一样，名叫太华茶。

普洱茶出自于元江府普洱山，性质温和、味道清香。儿茶出自永昌府，都制作成团状。另外感通茶是大理府点苍山感通寺出产的。

《续博物志》记载：威远州就是唐代南诏银生府的所在地，那里各山都出产茶叶，收获和采摘没有固定的时间，可以配上椒、姜烹煮饮用。

《广舆记》中说：云南广西府出产茶叶。另外湾甸州也出产茶叶，它的境内孟通山所出产的茶，类似阳羡茶，在谷雨前采摘的最香。

曲靖府出产的茶叶，丛生，单叶，茶籽可用来榨油。

许鹤沙在《滇行纪程》中说：云南中阳山所出产的茶叶，跟松萝很相像。

《天中记》中说：容州黄家洞出产竹茶，它的叶子就像嫩竹一样，当地的人采摘回来当茶喝，味道很好。[广西容县，就是唐代的容州。]

《贵州通志》记载：贵阳府出产茶叶，产自龙里东苗坡和阳宝山，因为当地人制作的方法不得当，所以味道不是很好。最近有采摘茶芽制造的，稍好一些。咸宁府的茶叶产自平远，长在岩石之间，如果制作的方法恰当的话，味道也很好。

《地图综要》记载：贵州新添军民卫出产茶叶，平越军民卫也出产茶叶。

《研北杂志》记载：交趾出产茶叶，如绿苔一样，味道辛烈，名叫登茶。北方人，把茶名翻译作钗。

普洱小沱茶及其茶汤、叶底

九、茶之略

茶事著述名目

【原文】

《茶经》三卷，唐太子文学陆羽撰。

《茶记》三卷，前人，见《国史·经籍志》。

《顾渚山记》二卷，前人。

《煎茶水记》一卷，江州刺史张又新撰。

《采茶录》三卷，温庭筠撰。

《补茶事》，太原温从云、武威段碣之。

《茶诀》三卷，释皎然撰。

《茶述》，裴汶。

《茶谱》一卷，伪蜀毛文锡。

《大观茶论》二十篇，宋徽宗撰。

《建安茶录》三卷，丁谓撰。

《试茶录》二卷，蔡襄撰。

《进茶录》一卷，前人。

《品茶要录》一卷，建安黄儒撰。

《建安茶记》一卷，吕惠卿撰。

《北苑拾遗》一卷，刘异撰。

《北苑煎茶法》，前人。

《东溪试茶录》，宋子安集，一作朱子安。

《补茶经》一卷，周绛撰。又一卷，前人。

《北苑总录》十二卷，曾伉录。

《茶山节对》一卷，摄衢州长史蔡宗颜撰。

《茶谱遗事》一卷，前人。

《宣和北苑贡茶录》，建阳熊蕃撰。

《宋朝茶法》，沈括。

《茶论》，前人。

《北苑别录》一卷，赵汝砺撰。

《北苑别录》，无名氏。

《造茶杂录》，张文规。

《茶杂文》一卷，集古今诗及茶者。

《壑源茶录》一卷，章炳文。

《北苑别录》，熊克。

《龙焙美成茶录》，范逵。

《茶法易览》十卷，沈立。

《建茶论》，罗大经。

《煮茶泉品》，叶清臣。

《十友谱·茶谱》，失名。

《品茶》一篇，陆鲁山。

《续茶谱》，桑庄茹芝。

《茶录》，张源。

《煎茶七类》，徐渭。

《茶寮记》，陆树声。

《茶谱》，顾元庆。

《茶具图》一卷，前人。

《茗笈》，屠本畯。

《茶录》，冯时可。

《岕山茶记》，熊明遇。

《茶疏》，许次杼。

《八笺·茶谱》，高濂。

《煮泉小品》，田艺蘅。

《茶笺》，屠隆。

《岕茶笺》，冯可宾。

《峒山茶系》，周高起伯高。

《水品》，徐献忠。

《竹嬾茶衡》，李日华。

《茶解》，罗廪。

《松寮茗政》，卜万祺。

《茶谱》，钱友兰翁。

《茶集》一卷，胡文焕。

《茶记》，吕仲吉。

明·陈洪绶《授徒图》

《茶笺》，闻龙。

《岕茶别论》，周庆叔。

《茶董》，夏茂卿。

《茶说》，邢士襄。

《茶史》，赵长白。

《茶说》，吴从先。

《武夷茶说》，袁仲儒。

《茶谱》，朱硕儒。［见《黄舆坚集》］

《岕茶汇钞》，冒襄。

《茶考》，徐㷆。

《群芳谱·茶谱》，王象晋。

《佩文斋广群芳谱·茶谱》。

《茶史》书影

【译文】

（略）

诗文名目

【原文】

杜毓《荈赋》

顾况《茶赋》

吴淑《茶赋》

李文简《茗赋》

梅尧臣《南有嘉茗赋》

黄庭坚《煎茶赋》

程宣子《茶铭》

曹晖《茶铭》

苏廙《仙芽传》

汤悦《森伯传》

苏轼《叶嘉传》

支廷训《汤蕴之传》

徐岩泉《六安州茶居士传》

吕温《三月三日茶宴序》

熊禾《北苑茶焙记》

赵孟頫《武夷山茶场记》

暗都剌《喊山台记》

文德翼《庐山免给茶引记》

茅一相《茶谱序》

清虚子《茶论》

何恭《茶议》

汪可立《茶经后序》

吴旦《茶经跋》

童承叙《论茶经书》

赵观《煮泉小品序》

【译文】

（略）

诗文摘句

【原文】

《合璧事类·龙溪除起宗制》有云：必能为我讲摘山之制，得充厩之良。

胡文恭《行孙谄制》有云：领算商车，典领茗轴。

唐武元衡有《谢赐新火及新茶表》。刘禹锡、柳宗元有《代武中丞谢赐新茶表》。

韩翃《为田神玉谢赐茶表》，有"味足蠲邪，助其正直；香堪愈疾，沃以勤劳。吴主礼贤，方闻置茗；晋臣爱客，才有分茶"之句。

《宋史》：李稷重秋叶、黄花之禁。

宋《通商茶法诏》，乃欧阳修笔。《代福建提举茶事谢上表》，乃洪迈笔。

谢宗《谢茶启》：比丹丘之仙芽，胜乌程之御荈。不止味同露液，白况霜华。岂可为酪苍头，便应代酒从事。

《茶榜》：雀舌初调，玉碗分时茶思健；龙团捶碎，金渠碾处睡魔降。

刘言史《与孟郊洛北野泉上煎茶》，有诗。

僧皎然寻陆羽不遇，有诗。

白居易有《睡后茶兴忆杨同州》诗。

皇甫曾有《送陆羽采茶》诗。

刘禹锡《石园兰若试茶歌》有云：欲知花乳清冷味，须是眠云跂石人。

郑谷《峡中尝茶》诗：入座半瓯轻泛绿，开缄

柳宗元像

杜牧像

数片浅含黄。

杜牧《茶山》诗：山实东南秀，茶称瑞草魁。

施肩吾诗：茶为涤烦子，酒为忘忧君。

秦韬玉有《采茶歌》。

颜真卿有《月夜啜茶联句》诗。

司空图诗：碾尽明昌几角茶。

李群玉诗：客有衡山隐，遗余石廪茶。

李郢《酬友人春暮寄枳花茶》诗。

蔡襄有《北苑茶垄采茶、造茶、试茶诗》五首。

《朱熹集·香茶供养黄檗长老悟公塔》，有诗。

文公《茶坂》诗：携籝北岭西，采叶供茗饮。一啜夜窗寒，跏趺谢衾枕。

苏轼有《和钱安道寄惠建茶》诗。

《坡仙食饮录》：有《问大冶长老乞桃花茶栽》诗。

《韩驹集·谢人送凤团茶》诗：白发前朝旧史官，风炉煮茗暮江寒；苍龙不复从天下，拭泪看君小凤团。

苏辙有《咏茶花诗》二首，有云：细嚼花须味亦长，新芽一粟叶间藏。

孔平仲《梦锡惠墨，答以蜀茶》，有诗。

岳珂《茶花盛放满山》诗，有"洁躬淡薄隐君子，苦口森严大丈夫"之句。

《赵抃集·次谢许少卿寄卧龙山茶》诗，有"越芽远寄入都时，酬唱争夸互见诗"之句。

文彦博诗：旧谱最称蒙顶味，露芽云液胜醍醐。

张文规诗："明月峡中茶始生。"明月峡与顾渚联属，茶生其间者，尤为绝品。

孙觌有《饮修仁茶》诗。

韦处厚《茶岭》诗：顾渚吴霜绝，蒙山蜀信稀。千丛因此始，含露紫茸肥。

《周必大集·胡邦衡生日以诗送北苑八铐日注二瓶》：贺客称觞满冠霞，悬知酒渴正思茶。尚书八饼分闽焙，主簿双瓶拣越芽。又有《次韵王少府送焦坑茶》诗。

陆放翁诗：寒泉自换菖蒲水，活火闲煎橄榄茶。又《村舍杂书》：东山石上茶，鹰爪初脱韝。雪落红丝硙，香动银毫瓯。爽如闻至言，余味终日留。不知叶家白，亦复有此否。

刘诜诗：鹦鹉茶香堪供客，荼蘼酒熟足娱亲。

王禹偁《茶园》诗：茂育知天意，甄收荷主恩。沃心同直谏，苦口类嘉言。

《梅尧臣集·宋著作寄凤茶》诗：团为苍玉璧，隐起双飞凤。独应近日颁，岂得常寮共。又《李求仲寄建溪洪井茶七品》云：忽有西山使，始遗七品茶。末品无水晕，六品无沉楂。五品散云脚，四品浮粟花。三品若琼乳，二品罕所加。绝品不可议，甘香焉等差。又《答宣城梅主簿遗鸦山茶》诗云：昔观唐人诗，茶咏鸦山嘉。鸦衔茶子生，遂同山名鸦。又有《七宝茶》诗云：七物甘香杂蕊茶，浮花泛绿乱于霞。啜之始觉君恩重，休作寻常一等夸。又《吴正仲饷新茶》《沙门颖公遗碧霄峰茗》，俱有吟咏。

戴复古《谢史石窗送酒并茶》诗曰：遗来二物应时须，客子行厨用有余。午困政需茶料理，春愁全仗酒消除。

费氏《宫词》：近被宫中知了事，每来随驾使煎茶。

杨廷秀有《谢木舍人送讲筵茶》诗。

叶适有《寄谢王文叔送真日铸茶》诗云：谁知真苦涩，黯淡发奇光。

杜本《武夷茶》诗云：春从天上来，嘘咈通寰海。纳纳此中藏，万斛珠蓓蕾。

刘秉忠《尝云芝茶》诗云：铁色皱皮带老霜，含英咀美入诗肠。

高启有《月团茶歌》，又有《茶轩》诗。

杨慎有《和章水部沙坪茶歌》，沙坪茶出玉垒关外，实唐山。

董其昌《赠煎茶僧》诗：怪石与枯槎，相将度岁华。凤团虽贮好，只吃赵州茶。

娄坚有《花朝醉后为女郎题品泉图》诗。

程嘉燧有《虎丘僧房夏夜试茶歌》。

《南宋杂事诗》云：六一泉烹双井茶。

朱隗《虎丘竹枝词》：官封茶地雨前开，皂隶衙官搅似雷。近日正堂偏体贴，监茶不遗掾曹来。

绵津山人《漫堂咏物》有《大食索耳茶杯》云诗：粤香泛永夜，诗思来悠然。〔武夷有粤香茶。〕

薛熙《依归集》有《朱新庵今茶谱序》。

【译文】

（略）

宋·《东坡博古图》

十、茶之图

历代图画名目

【原文】

唐张萱有《烹茶仕女图》，见《宣和画谱》。

唐周昉寓意丹青，驰誉当代，宣和御府所藏有《烹茶图》一。

五代陆滉《烹茶图》一，宋中兴馆阁储藏。

宋周文矩有《火龙烹茶图》四，《煎茶图》一。

宋李龙眠有《虎阜采茶图》，见题跋。

宋刘松年绢画《卢仝煮茶图》一卷，有元人跋十余家。范司理龙石藏。

王齐翰有《陆羽煎茶图》，见王世懋《澹园画品》。

董逌《陆羽点茶图》，有跋。

元钱舜举画《陶学士雪夜煮茶图》，在焦山道士郭第处，见詹景凤《东冈玄览》。

史石窗名文卿，有《煮茶图》，袁桷作《煮茶图诗序》。

冯璧有《东坡海南烹茶图并诗》。

严氏《书画记》，有杜柽居《茶经图》。

汪珂玉《珊瑚网》，载《卢仝烹茶图》。

明文徵明有《烹茶图》。

沈石田有《醉茗图》，题云：酒边风月与谁同，阳羡春雷醉耳聋。七碗便堪酬酪酊，任渠高枕梦周公。

沈石田有《为吴匏庵写虎丘对茶坐雨图》。

《渊鉴斋书画谱》，陆包山治有《烹茶图》。

宋·刘松年《撵茶图》

（补）元赵松雪有《宫女啜茗图》，见《渔洋诗话·刘孔和诗》。

【译文】

（略）

茶具十二图

【原文】

韦鸿胪

赞曰：祝融司夏，万物焦烁，火炎昆冈，玉石俱焚，尔无与焉。乃若不使山谷之英堕于涂炭，子与有力矣。上卿之号，颇著微称。

【译文】

韦鸿胪（即"竹茶笼"）

赞语：火神统治夏天，烈日曝晒山冈，玉石俱焚，怎么能够没有你呢？假如不想让山谷之英毁于涂炭，全靠你的作用了。上卿的称号，很适合称呼你。

韦鸿胪

【原文】

木待制

上应列宿，万民以济，禀性刚直，摧折强梗，使随方逐圆之徒，不能保其身，善则善矣。然非佐以法曹，资之枢密，亦莫能成厥功。

【译文】

木待制（即"木椎"）

与天上的星宿相对应，救助天下的黎民百姓，禀性刚直，可以折断强硬的板梗，使随波逐流之徒不能保全其身，好是好。如果没有法曹辅助的话，也不能发挥这样大的作用。

木待制

【原文】

金法曹

柔亦不茹，刚亦不吐，圆机运用，一皆有法，使强梗者不得殊轨乱辙，岂不韪与！

【译文】

金法曹（即"金属茶碾"）

柔性的不会淌出来，强硬的也能够装得下，随机运用起来，都很合适，使那些强硬的东西不能够扰乱秩序，从而不会违背意愿。

金法曹

【原文】

石转运

抱坚质，怀直心，啖嚅英华，周行不怠。斡摘山之利，操漕权之重。循环自常，不舍正而适他，虽没齿无怨言。

【译文】

石转运（即"石磨"）

质地坚硬，内怀耿直之心，吸取精华，来回运转不停。磨的是采自山上的有用的东西，做的是官府重视的事情。来回不停地转动，不会丢弃本职而干别的，虽然没有牙齿但也没有怨言。

石转运

【原文】

胡员外

周旋中规而不逾其间，动静有常而性苦其卓，郁结之患悉能破之。虽中无所有，而外能研，其精微不足以望圆机之士。

【译文】

胡员外（即"葫芦水勺"）

外圆内直不会超越它的中线，经常使用它，使它为没有卓越的功能而烦恼，沉积太多容易把它弄破。虽然里面没有什么其他的东西，但是外面却值得研究，它的精细微妙比不过圆滑机灵之士。

胡员外

【原文】

罗枢密

机事不密则害成。今高者抑之，下者扬之，使精粗不致于混淆，人其难诸。奈何矜细行而事喧哗，惜之。

【译文】

罗枢密（即"茶罗"）

不致密的话那就容易导致失败。好的自然会留在上面，差的就掉落到下面，这样就能使好的与差的不至于被混淆，人力很难做到这些事情。行事谨慎却大声喧哗，可惜啊。

罗枢密

【原文】

宗从事

孔门高弟，当洒扫应对事之末者，亦所不弃。又况能萃其既散，拾其已遗，运寸毫而使边尘不飞，功亦善哉。

宗从事

【译文】

宗从事（即"棕茶帚"）

孔子的得意学生，应当对清扫这些最细微的事也不会忽视。更何况能够把已经分散的东西收集到一起，把已经丢失的东西重新收拾起来，运用一寸长的毛发就能使旁边的尘土不至于随意飞舞，它的功劳也很大啊。

【原文】

漆雕秘阁

危而不持，颠而不扶，则吾斯之未能信。以其弹执热之患，无坳堂之覆，故宣辅以宝文而亲近君子。

漆雕秘阁

【译文】

漆雕秘阁（即"漆雕茶盏托"）

虽然高危但是并不害怕，虽然颠簸但并不需要人去扶持，我们未必会信。用它可以避免拿起来时的烫热，避免在屋子里面摔碎杯子，所以适宜于辅助茶碗。因此特别讨君子喜欢。

【原文】

陶宝文

出河滨而无苦窳，经纬之象，刚柔之理，炳其彌中。虚己待物，不饰外貌，休高秘阁，宜无愧焉。

陶宝文

【译文】

陶宝文（即"陶制茶碗"）

出自河边却没有腐烂变苦，泾渭分明，纹理刚柔相济，里面很光亮。中间的可以装东西，就算不装饰外表，把它放在高阁之上，也不觉得有什么不合适的。

【原文】

汤提点

养浩然之气，发沸腾之声，以执中之能，辅成汤之德，斟酌宾主间，功迈仲叔圉。然未免外烁之忧，复有内热之患，奈何？

汤提点

【译文】

汤提点（即"水瓶"）

蓄养向上的水汽，能发出沸腾的声音，凭借执中的能力，造就辅助加工成茶水的功德，在宾主间斟酌，功劳超过仲叔圉。然而不免有外面烁热的顾虑，里面过于滚热的忧虑，那有什么办法呢？

【原文】

竺副帅

首阳饿夫，毅谏于兵沸之时，方今鼎扬汤能探其沸者几希。子之清节，独以身试，非临难不顾者，畴见尔。

竺副帅

【译文】

竺副帅（即"竹制茶筅"）

伯夷、叔牙毅然在叛军进犯的时候提出意见，才知道能探试鼎中开水沸腾的人很少。你的高风亮节，就在于以身试法，可想而知，不是临危不顾的是不会这样做的。

【原文】

司职方

互乡童子，圣人犹与其进。况端方质素，经纬有理，终身涅而不缁者，此孔子所以与洁也。

【译文】

司职方（即"茶巾"）

互乡的童子，圣人都向他学习。更何况这样端庄素丽、泾渭分明、全身被黑色所染却不变黑的东西，这就是孔子与高洁者在一起的原因。

司职方

竹炉并分封茶具六事

【原文】

苦节君

铭曰：肖形天地，匪冶匪陶。心存活火，声带湘涛。一滴甘露，涤我诗肠。清风两腋，洞然八荒。

【译文】

苦节君

有记载说：以天地为形，非铁非陶。心存活火，声带湘涛。一滴甘甜的茶水，能够洗涤我的诗肠。清爽的风从两腋吹过，就进入得意忘形的境界。

苦节君

【原文】

苦节君行省

茶具六事，分封悉贮于此，侍从苦节君于泉石山斋亭馆间执事者，故以行省名之。陆鸿渐所谓都篮者，此其是与？

【译文】

苦节君行省（即"装茶具的篮子"）

茶具有六种用品，都被存放在它的里面，因为要协助苦节君在泉石山斋亭馆里行事，所以叫行省这个名字。陆鸿渐所说的都篮，指的就是这个吗？

苦节君行省

【原文】

建城

茶宜密裹，故以箬笼盛之，今称建城。按《茶录》云："建安民间以茶为尚。"故据地以城封之。

【译文】

建城

茶叶要密封才能保存好，所以用竹笼装起来，现在被称为建城。按照《茶录》所说："建安地区民间以喝茶为时尚。"所以用建城这个名字叫它。

建城

【原文】

云屯

泉汲于云根，取其洁也。今名云屯，盖云即泉也，贮得其所，虽与列职诸君同事，而独屯于斯，岂不清高绝俗而自贵哉？

【译文】

云屯

从山石中汲取泉水，是因为那里的水清洁。现在叫它云屯，云就是泉水，泉水储在这样的地方才是最好。虽然它和其他东西并列职务，而只把泉水储存在这里面，岂不是超凡脱俗很值得自豪吗？

云屯

【原文】

乌府

炭之为物，貌玄性刚，遇火则威灵气焰，赫然可畏，苦节君得此甚利于用也。况其别号乌银，故特表章其所藏之具曰乌府，不亦宜哉。

【译文】

乌府

炭这种东西，外貌很黑但性格刚烈，遇到明火就会燃烧，冒出火焰，看起来很可怕的样子，苦节君得到这些东西能够很好地加以利用。况且它的别号为乌银，所以特意将储存它的器具称之为乌府，这也是非常合适的。

乌府

【原文】

水曹

茶之真味，蕴诸旗枪之中，必浣之以水而后发也。凡器物用事之余，未免残沥微垢，皆赖水沃盥，因名其器曰水曹。

水曹

【译文】

水曹

茶叶真正的味道，蕴藏在芽叶之中，必须经过水的浸泡才能散发出来。所有的器物用过之后，难免残留有细小的污垢，都要依赖水来清洗，所以这种清洗的器具称为水曹。

【原文】

器局

一应茶具，收贮于器局。供役苦节君者，故立名管之。

器局

【译文】

器局

所有的茶具，都储藏在器局里面，供苦节君使用，所以为它设立名目进行管理。

【原文】

品司

茶欲啜时，入以笋、榄、瓜、仁、芹、蒿之属，则清而且佳，因命湘君，设司检束。

品司

【译文】

品司

在饮茶的时候，加入笋、榄、瓜、仁、芹、蒿这些东西，那么味道就会显得清香，因此让湘君设立品司来检点约束。

罗先登续文房图赞

【原文】

玉川先生

毓秀蒙顶，蜚英玉川，搜搅胸中，书传五千。儒素家风，清淡滋味，君子之交，其淡如水。

【译文】

玉川先生

葱茏秀毓的蒙顶的上面，河流里面蕴藏着美丽的景色，搜搅在胸中，诗书有五千。门风儒雅，滋味清淡，君子之交，其淡如水。

茶道与茶艺

一　茶与茶道基础知识

为什么说茶道起源于中国？

　　"道"是中国哲学的最高范畴，一般指宇宙法则、终极真理、事物运动的总体规律、万物的本质或本源。茶道指的就是以茶艺为载体，以修行得道为宗旨的饮茶艺术，包含茶礼、礼法、环境、修行等要素。

　　据考证，茶道始于中国唐代。《封氏闻见记》中即已提到："又因鸿渐之论，广润色之，于是茶道大行。"唐代刘贞亮在饮茶十德中也明确提出："以茶可行道，以茶可雅志。"

茶道的重点在于"道"，即通过茶艺修身养性、参悟大道。

中国茶道的基本含义是什么？

　　我国近代学者吴觉农认为：茶道是"把茶视为珍贵、高尚的饮料，饮茶是一种精神上的享受，是一种艺术，或是一种修身养性的手段"。庄晚芳将中国的茶道精神归纳为"廉、美、和、敬"，解释为：廉俭育德、美真廉乐、和诚处世、敬爱为人。陈香白先生则认为：中国茶道包含茶艺、茶德、茶礼、茶理、茶情、茶学说、茶道引导七种义理，中国茶道精神的核心是"和"。

参禅图轴

中国茶道的"四谛"是什么?

中国茶道的四谛,即"和、静、怡、真"。

和,是儒、佛、道所共有的理念,源自于《周易》"保合大和",即世间万物皆由阴阳而生,阴阳协调,方可保全大和之元气。在泡茶之时,则表现为"酸甜苦涩调太和,掌握迟速量适中"。

静,是中国茶道修习的必由途径。中国茶道是修身养性,追寻自我之道。茶须静品,宋徽宗赵佶在《大观茶论》中说:"茶之为物……冲淡闲洁,韵高致静。"静则明,静则虚,静可虚怀若谷,静可内敛含藏,静可洞察明澈,体道入微。

怡,是指茶道中的雅俗共赏、怡然自得、身心愉悦,体现的是道家"自恣以适己"的随意性。王公贵族讲"茶之珍",文人雅士讲"茶之韵",佛家讲"茶之德",道家讲"茶之功",百姓讲究"茶之味"。无论何人,都可在茶事中获得精神上的享受。

真,是茶道的终极追求。茶道中的真,范围很广,表现在茶叶上,真茶、真香、真味;环境上,真山、真水、真迹;器具上,真竹、真木、真陶、真瓷;态度上,真心、真情、真诚、真闲。

静,恬淡宁静的氛围,空灵虚静的心境。

怡,和悦之美,怡然自得。

真,志存高远,率性求真。

和,是一种恰到好处的中庸之道。

中国茶道的四字守则是什么?

中国茶道,是由原浙江农业大学茶学系教授庄晚芳先生所提倡。它的总纲为四字守则:廉、美、和、敬。其含义是:廉俭育德,美真康乐,和诚处世,敬爱为人。

清茶一杯,推行清廉,勤俭育德,以茶敬客,以茶代酒,大力弘扬国饮。

清茶一杯,名品为主,共品美味,共尝清香,共叙友情,康乐长寿。

清茶一杯,德重茶礼,和诚相处,以茶联谊,美好人际关系。

清茶一杯,敬人爱民,助人为乐,器净水甘,妥用茶艺,茶人修养之道。

廉,廉俭育德。

美,美真康乐。

和,和诚处世。

敬,敬爱为人。

茶人精神是什么?

茶人,最早现于唐代诗人皮日休、陆龟蒙《茶中杂咏》的诗中。刚开始是指采茶制茶的人,后来又扩展到从事茶叶贸易、教育、科研等相关行业的人,现在也指爱茶之人。

茶人精神即是以茶树喻人,指的是茶人应有的形象或茶人应有的精神风貌,提倡一种心胸宽广、默默奉献、无私为人的精神。这个概念是原上海茶叶学会理事长钱梁教授在 20 世纪 80 年代初所提出,从茶树的风格与品性引申而来,即为:"默默地无私奉献,为人类造福。"

茶树,不计较环境的恶劣,不怕酷暑与严寒,绿化大地;春天抽发新芽,任人采用,年复一年,给人们带来健康。

怎样对茶道进行分类?

中华茶道是以养生修心为宗旨的饮茶艺术,包含有"饮茶有道、饮茶修道、饮茶即道"三重含义。大体而言,茶道由环境、礼法、茶艺、修行四方面所构成。

由于分类方法的不同,茶道划分不尽相同。如以茶为主体可分为乌龙茶道、绿茶茶道等;从功能上可分为修行类茶道、茶艺类茶道等;还可分为表演型茶道、非表演型茶道;从茶人身份上,可分为宫廷茶道、文士茶道、宗教茶道、民间茶道。

历史发展中的中华茶道形式变化过程

形式 / 煎茶道 / 点茶道 / 泡茶道 / 时间 / 唐 宋 元 明 清 今天 / ⊗ 消亡 / ✓ 延续

什么是修行类茶道?

修行类茶道形成于唐代,它的宗旨是通过饮茶而得道,以诗僧皎然和卢仝为代表人物。这个道,可能是参禅修行的道,也可能是得道成仙的道。该茶道类型是以饮茶、品茗作为一种感悟"道"的手段,是从人的生理至心理直至心灵的多层次感受,有一个量变渐进的过程。

从观赏茶器、茶叶及沏茶的过程,到观茶色、嗅闻茶香、品味茶汤……品茗感受的过程是茶与心灵的和谐过程,使人返璞归真,从而体验类似羽化成仙或超凡入圣的美妙境界。

修行类茶道,是把饮茶活动作为修行悟道的一条捷径,借助于饮茶来达到物我两忘的境界。

什么是修身类茶道？

古时候，一些文人把饮茶当作陶冶情操、修身养性的一种手段，他们通过茗饮活动体悟大道、调和五行，不伍于世流，不污于时俗。他们的饮茶之道被称为修身类茶道。

修身类茶道，作为一种茶文化，室内的茶道场地要洁净雅致，装饰风格要有意境，物品、壁画都要有情趣。室外的场地也要讲究，如风景秀美的山林野地、松石泉边、茂林修竹、皓月清风。茶道环境包括茶室建筑风格、装饰格调空间的感觉意境、陈列物品、壁面布置等。

修身类茶道的茶人，往往表现为志向高远、仪表端庄、气质高雅、待人真诚、举止优雅大气、谈吐儒雅、虚怀若谷等气质。修身类茶道，蕴含着中华民族精神和五行生克思想，揭示了中国古代文人修身、齐家、治国、平天下的传统思想以及朴素的世界观与方法论。

修身类茶道不仅需要茶好、水美、器雅，还需要与茶道活动相适应的环境。

什么是礼仪类茶道？

礼仪性茶道是偏重于礼仪、礼节，以表达主客之间诚恳、热情与谦恭的一种茶道类型。中国自古以来，即有"礼仪之邦"的美誉，人们在彼此相待、迎来送往过程中特别注重敬茶的习俗，这更像是知书达理的准绳或主客沟通的纽带，作为一种约定俗成的规范多少年来一直延续到今天。在这些礼仪性的茶道活动中，人们的服饰、妆容、言语、举止，甚至表情都有着较为严格的约定。潮汕的工夫茶、昆明的九道茶、白族三道茶等都是较为著名的礼仪性茶道。

外表、肢体语言等表现出的诚恳、谦逊、大度都能体现出主客双方的道德品质与文化修养。

什么是表演类茶道？

表演类茶道是为了满足观众观摩和欣赏需要而进行演示的一种茶道类型。表演类茶道是展示与传授沏茶技法和品饮艺术的一种方式，也是人们了解茶文化和中国传统文化的一条途径。

表演类茶道也是一种综合的艺术活动，表演中的动作、乐器、器具、整体环境都需要精心设计。表演类茶道种类繁多：宗教类的有佛教的禅茶、童子茶、佛茶、观音茶，民俗类的有白族三道茶、阿婆茶、傣族竹筒茶等。

什么是绿茶?

绿茶,又称不发酵茶,是以适宜茶树的新梢为原料,经过杀青、揉捻、干燥等典型工艺制成的茶叶。由于干茶的色泽和冲泡后的茶汤、叶底均以绿色为主调,因此称为绿茶。

绿茶是历史上最早的茶类,古代人类采集野生茶树芽叶晒干收藏,可以看作是绿茶加工的发始,距今至少有三千多年。绿茶为我国产量最大的茶类,产区分布于各产茶区。其中以浙江、安徽、江西三省产量最高,质量最优,是我国绿茶生产的主要基地。中国绿茶中,名品最多,如西湖龙井、洞庭碧螺春、黄山毛峰、信阳毛尖等。

嫩绿的叶芽。

汤色清雅。

绿茶较多地保留了鲜叶内的天然物质,茶多酚、咖啡因保留了鲜叶的85%以上,叶绿素保留了50%左右。

什么是炒青绿茶?

我国茶叶生产,以绿茶为最早。自唐代我国便采用蒸气杀青的方法制造团茶,到了宋代又进而改为蒸青散茶。到了明代,我国又发明了炒青制法,此后便逐渐淘汰了蒸青。

绿茶加工过程是:鲜叶→杀青→揉捻→干燥。干燥的方法有很多,有的用烘干机或烘笼烘干,有的用锅炒干,有的用滚桶炒干。炒青绿茶,因干燥方式采用"炒干"的方法而得名。

由于在干燥过程中受到作用力的不同,成茶形成了长条形、圆珠形、扁平形、针形、螺形等不同的形状,分别称为长炒青、圆炒青、扁炒青等。长炒青形似眉毛,又称为眉茶,条索紧结,色泽绿润,香高持久,滋味浓郁,汤色、叶底黄亮;圆炒青形如颗粒,又称为珠茶,具有圆紧如珠、香高味浓、耐泡等品质特点;扁炒青又称为扁形茶,具有扁平光滑、香鲜味醇的特点。

手工揉搓、捻压使其外观呈扁形。

茶叶内部的精华与香气得以保留。

极品西湖龙井,外形上扁平光滑、苗锋尖削,色泽嫩绿,随着茶品级别的下降,外形色泽有着由嫩绿→青绿→墨绿的细微变化。

什么是烘青绿茶？

烘青绿茶，因其干燥是采取烘干的方式，因此得名。烘青绿茶，又称为茶坯，主要用于熏制各类花茶，如茉莉花、白兰花、代代花、珠兰花、金银花、槐花等。

烘青绿茶产区分布较广，产量仅次于眉茶。以安徽、浙江、福建三省产量较多，其他产茶省也有少量生产。烘青绿茶除了用于花茶之外，在市场上也有素烘青销售。素烘青的特点是外形完整、稍弯曲，锋苗显露，翠绿鲜嫩；香清味醇，有烘烤之味；其汤色叶底，黄绿清亮。烘青工艺是为提香所为，适宜鲜饮，不宜长期存放。

茶芽

什么是蒸青绿茶？

蒸青绿茶是我国古人最早发明的一种茶类。据陆羽在《茶经》中记载，其制法为："晴，采之，蒸之，捣之，拍之，焙之，穿之，封之，茶之干矣。"即，将采来的新鲜茶叶，经过蒸青软化后，揉捻、干燥、碾压、造型而成。蒸青绿茶的香气较闷，且带青气，涩味也较重，不如炒青绿茶鲜爽。南宋时期佛家茶仪中所使用的"抹茶"，即是蒸青的一种。

绿茶茶汤

什么是晒青绿茶？

晒青绿茶是指在制作过程中干燥方式采用日光晒干的绿茶。晒茶的方式起源于三千多年前，由于太阳晒的温度较低，时间较长，因此较多地保留了鲜叶的天然物质，制出的茶叶滋味浓重，且带有一股日晒特有的味道。

条索粗壮肥硕，香味醇厚，耐冲泡。

晒青绿茶是制紧压茶的原料，如砖茶、沱茶等。

什么是红茶？

红茶是在绿茶的基础上经过发酵而成，即以适宜的茶树新芽为原料，经过杀青、揉捻、发酵、干燥等工艺而成。 制成的红茶其鲜叶中的茶多酚减少 90% 以上，新生出茶黄素、茶红素以及香气物质等成分，因其干茶的色泽和冲泡的茶汤以红色为主调，故名红茶。

红茶的发源地在我国的福建省武夷山茶区。自 17 世纪起，西方商人成立东印度公司，用茶船将红茶从我国运往世界各地，深受不同国度王室贵族的青睐。红茶是我国第二大出产茶类，出口量占我国茶叶总产量的 50% 左右，销往世界 60 多个国家和地区。

尽管世界上的红茶品种众多，产地很广，但多数红茶品种都是由我国红茶发展而来。世界四大名红茶分别为祁门红茶、阿萨姆红茶、大吉岭红茶和锡兰高地红茶。

红茶茶汤

什么是白茶?

白茶是中国六大茶类之一，为福建的特产，主要产区在福鼎、政和、松溪、建阳等地。基本工艺是萎凋、烘焙（或阴干）、拣剔、复火等工序。白茶的制法既不破坏酶的活性，又不促进氧化作用，因此具有外形芽毫完整、满身披毫、毫香清鲜、汤色黄绿清澈、滋味清淡回甘的品质特点。它属于轻微发酵茶，是我国茶类中的特殊珍品，因其成品茶多为芽头，满披白毫，如银似雪而得名。

白茶因茶树品种、鲜叶采摘的标准不同，可分为叶茶（如白牡丹、新白茶、贡眉、寿眉）和芽茶（如白毫银针）。其中，白牡丹是采自大白茶树或水仙种的短小芽叶新梢的一芽一二叶制成的。

白毫密披，色白如银。

外形粗壮，挺直如针。

白毫银针是白茶中最名贵的品种，其香气清新，汤色杏黄，滋味鲜爽。

白毫银针是采自大白茶树的肥芽制成，制作工艺虽简单，但对细节要求极高。

什么是黄茶?

人们在炒青绿茶的过程中发现，由于杀青、揉捻后干燥不足或不及时，叶色会发生变黄的现象，黄茶的制法也就由此而来。

黄茶属于发酵茶类，其杀青、揉捻、干燥等工序与绿茶制法相似，关键差别就在于闷黄的工序。大致做法是，将杀青和揉捻后的茶叶用纸包好，或堆积后以湿布盖之，促使茶坯在水热作用下进行非酶性的自动氧化，形成黄色。按采摘芽叶范围与老嫩程度的差别，黄茶可分为黄芽茶、黄小茶和黄大茶三类。

"黄叶黄汤"是黄茶显著的特点。

细致匀齐

采摘单芽或一芽一叶加工而成的黄芽茶。

黄茶在发酵过程中，会产生大量的消化酶，对人体的脾胃功能大有好处。

什么是乌龙茶?

乌龙茶,又名青茶,属半发酵茶类,基本工艺过程是晒青、晾青、摇青、杀青、揉捻、干燥,以其创始人苏龙(绰号乌龙)而得名。乌龙茶结合了绿茶和红茶的制法,其品质特点是,既具有绿茶的清香和花香,又具有红茶醇厚的滋味。

乌龙茶的主要产地在福建(闽北、闽南)及广东、台湾三个省。名品有铁观音、黄金桂、武夷大红袍、武夷肉桂、冻顶乌龙、闽北水仙、奇兰、本山、毛蟹、梅占、大叶乌龙、凤凰单枞、凤凰水仙、岭头单枞、台湾乌龙等。

乌龙茶是中国茶类中具有鲜明特色的品种,由宋代贡茶龙凤饼演变而来,创制于清朝雍正年间。其药理作用表现在分解脂肪、减肥健美等方面。在日本被称为"美容茶""健美茶"。

乌龙茶及其茶汤

什么是黑茶?

作为一种利用菌发酵方式制成的茶叶,黑茶属后发酵茶,基本工艺是杀青、揉捻、渥堆和干燥四道工序。按照产区的不同和工艺上的差别,黑茶可分为湖南黑茶、湖北老青茶、四川边茶和滇桂黑茶。

最早的黑茶是由四川生产的,是绿毛茶经蒸压而成的边销茶,主要运输到西北边区,由于当时交通不便,必须减少茶叶的体积,蒸压成团块。在加工成团块的过程中,要经过二十多天的湿坯堆积,毛茶的色泽由绿变黑。黑茶中以云南的普洱茶最为著名,由它制成的沱茶和砖茶深受蒙藏地区人们的青睐。

由于堆积发酵时间较长,叶片大多呈现暗褐色。

茶叶较为粗老。

黑茶口味浓醇,在我国云南、四川、广西等地广为流行。

什么是普洱茶?

普洱茶,是采用绿茶或黑茶经蒸压而成的各种云南紧压茶的总称,包括沱茶、饼茶、方茶、紧茶等。产普洱茶的植株又名野茶树,在云南南部和海南均有分布,自古以来即在云南省普洱一带集散,因而得名。

普洱茶的分类,从加工程序上,可分为直接加工为成品的生普和经过人工速成发酵后再加工而成的熟普;从形制上,又分散茶和紧压茶两类。由于云南常年适宜的气温及高地土壤养分富裕,使得普洱茶的营养价值颇高,被国内及海外侨胞当作养生滋补珍品。

古时普洱茶饼常被制成南瓜形状,作为清朝皇室的贡品运往京城。

滋味醇厚回甘,具有独特的陈香味儿。

普洱茶可暖胃养气、解腻消脂,有着"茶中之茶"的赞誉。

什么是六堡茶?

六堡茶,是指原产于广西苍梧县六堡乡的黑茶,后发展到广西二十余县,产地制茶历史可追溯到一千五百多年前,清嘉庆年间就已被列为全国名茶。

人们白天摘取茶叶,放于篮篓中,晚上置于锅中炒至极软,等到茶叶内含黏液、略起胶时,即提取出来,趁其未冷,用器搓揉,搓之愈熟,则叶愈收缩而细小,再用微火焙干,待叶色转为黑色即成。六堡茶的品质要陈,存放越久品质越佳,凉置陈化是制作六堡茶过程中的重要环节。为了便于存放,六堡茶通常压制加工成圆柱状,也有的制成块状、砖状,还有散状的。

六堡茶以"红、浓、陈、醇"四绝著称——
红:茶汤色泽红艳明净;
浓:茶黄素、茶红素等有色物质浓厚,色如同琥珀;
陈:品质愈陈愈佳;
醇:滋味浓醇甘和,有特殊的槟榔香气。

什么是花茶?

花茶,又称熏花茶、香花茶、香片,是中国特有的香型茶。花茶始于南宋,已有千余年的历史,最早出现在福州。它是利用茶叶善于吸收异味的特点,将有香味的鲜花和新茶一起闷,待茶将香味吸收后再把干花筛除,花茶乃成。

茉莉花茶

明代顾元庆在《茶谱》一书中详细记载了熏制花茶的方法:"诸花开时,摘其半含半放之香气全者,量茶叶多少,摘花为茶。花多则太香,而脱茶韵;花少则不香,而不尽美。"

最常见的花茶是茉莉花茶,根据茶叶中所用的鲜花不同,还有玉兰花茶、桂花茶、珠兰花茶、代代花茶等。普通花茶都是用绿茶作为茶坯,也有用红茶或乌龙茶制作的。

什么是工艺花茶?

工艺花茶,是采用高山茶树嫩芽和多种天然的干鲜花为原料,经过精心的手工制作而成。其工艺复杂而讲究,外形奇特而繁多,让人在品味茶香的同时,又能欣赏杯中如画的景象,尽享典雅与情趣,且有保健作用。工艺花茶的冲泡特别讲究,要使用高透明度的耐热玻璃壶或玻璃杯。玻璃杯或壶的高度要在9厘米以上,直径为6～7厘米,若使用底部为弧形的玻璃容器冲泡更佳。冲泡的开水,要达到沸点,刚烧开的水为佳。

什么是紧压茶？

紧压茶，是以黑毛茶、老青茶、做庄茶等原料，经过渥堆、蒸、压等典型工艺过程加工而成的砖形或块状的茶叶。

紧压茶生产历史悠久，其蒸压方法与古代蒸青饼茶的制法相似。大约于 11 世纪前后，四川的茶商即将绿毛茶蒸压成饼，运销西北等地。到 19 世纪末期，湖南的黑砖茶、湖北的青砖茶相继问世。紧压茶茶味醇厚，有较强的消食除腻功能，还具有较强的防潮性能，便于长途运输和贮藏。

紧压茶一般都是销往蒙藏地区，这些地区牧民多肉食，日常需大量消耗茶。紧压茶喝时需用水煮较长时间，因此茶汤中鞣酸含量高，非常有利于消化，同时会使人体产生饥饿感，因此，喝茶时通常要加入有营养的物质。蒙古人习惯加入奶，叫奶茶；藏族人习惯加入酥油，为酥油茶。

底部中间有一个圆形的凹陷。

云南七子饼茶外观酷似满月。

紧压茶的多数品种比较粗老，干茶色泽黑褐，汤色橙黄或橙红。

什么是砖茶？

砖茶，又称蒸压茶，是紧压茶中很有代表性的一种。它是用各种毛茶经过筛、扇、切、磨等过程，成为半成品，再经过高温汽蒸压成砖形的茶块。砖茶是以优质黑毛茶为原料，其汤如琥珀，独具菌花香，长期饮用砖茶能够帮助消化，促进调节人体新陈代谢，对人体有一定的保健作用。

砖茶的种类很多，有云南产的紧茶、小方砖茶；四川产的康砖茶；湖北产的青砖茶；湖南产的黑砖茶、茯砖茶、花砖茶等。也有用红茶做成的红砖茶，俗称米砖

砖茶滋味醇厚，香气纯正，数百年来与奶、肉一起，成为西北各族人民的生活必需品。

茶。所有的砖茶都是用蒸压的方式成型，但成型方式有所不同。如黑砖、花砖、茯砖、青砖、米砖茶是用机压成型；康砖茶则是用棍锤筑造成型。在茯砖茶的压制技术中，独有汽蒸沤堆工序，还有"发金花"的过程，让金黄色的黄霉菌在上面生长，霉花多者为上品。

什么是沱茶？

沱茶是一种制成圆锥窝头状的紧压茶，原产于云南景谷县，又称"谷茶"，通常用黑茶制造。关于沱茶的名字，说法很多。有的说，古时沱茶均销往四川沱江一带，因而得名；也有说法称，沱茶古时称团茶，"沱"音是由"团"音转化而来。

沱茶的历史悠久，早在明代万历年间的《滇略》上已有此茶之记载。清代末叶，云南茶叶集散市场逐渐转移到交通方便的下关。茶商把团茶改制成碗状的沱茶，经昆明运往重庆、叙府（今宜宾）、成都等地销售，故又称叙府茶。

沱茶从上面看似圆面包，从底下看似厚壁碗，中间下凹，颇具特色。

沱茶的种类，依原料不同可分为绿茶沱茶和黑茶沱茶。绿茶沱茶是以较细嫩的晒青绿毛茶为原料，经蒸压制成；黑茶沱茶是以普洱茶为原料，经蒸压制成。用晒青绿茶压制而成的，又称为"云南沱茶"；用普洱散茶压制而成的，又称"云南普洱沱茶"或"普洱沱茶"。云南沱茶，香气馥郁，滋味醇厚，喉味回甘，汤色橙黄明亮；普洱沱茶，外形紧结，色泽褐红，有独特的陈香。

什么是萃取茶？

萃取茶，是以成品茶或半成品茶为原料，用热水萃取茶叶中的可溶物，过滤掉茶渣后取得的茶汁；有的还要经过浓缩、干燥等工序，制成固态或液态茶，统称为萃取茶。萃取茶主要有罐装饮料茶、浓缩茶和速溶茶三种。

罐装饮料茶是用成品茶加一定量的热水提取过滤出茶汤，再加一定量的抗氧化剂（维生素C等），不加糖、香料，然后装罐、封口、灭菌而制成，其浓度约2%，开罐即可饮用。

浓缩茶是用成品茶加一定量的热水提取过滤出茶汤，再进行减压浓缩或反渗透膜浓缩，到一定浓度后装罐灭菌而制成。直接饮用时需加水稀释，也可作罐装饮料茶的原汁。

速溶茶，又称可溶茶，是用成品茶加一定量的热水提取过滤出茶汤，浓缩后加入环糊精，并充入二氧化碳气体，进行喷雾干燥或冷冻干燥后，制成粉末状或颗粒状的速溶茶。加入热水或冷水即可冲饮，十分方便。

萃取茶

什么是香料茶?

香料茶,就是指在茶叶中加入天然香料而成的再加工茶。香料茶是从西方传来的,是西方人喜爱的一种茶饮。香料一般用肉桂粉,也可以用小豆口、丁香、豆蔻等。

香料茶所选用的茶叶一般用斯里兰卡 BP 茶、锡兰茶、阿萨姆 CTC 茶等,这些茶叶的叶片细小,很适合做香料茶。

肉桂依形状的不同分为条状和粉末状,选择肉桂时,以粉末状为佳,肉桂粉的香气和味道相对来说比较浓,适合煮茶用,而肉桂条则适合做冰肉桂茶。

肉桂又称玉桂,味甜辛辣,性温,可散寒止痛,补火助阳,暖脾胃,通血脉,杀虫止痢。

各种香料是西方人饮食中的常见之物,其中肉桂以具有浓烈而独特香气的越南肉桂为最佳。

什么是果味茶?

果味茶,就是指用新鲜水果烘干而成的茶。这种茶依然保有水果的甜蜜风味,喝起来酸中带甜,口味独特。有些果味茶会加入一些烘干的花草茶,做成花果茶。

苹果营养丰富、滋味甜美,深爱人们的喜爱。

红莓果、蓝莓果往往会加入一些玫瑰和紫罗兰做成花果茶,苹果、柠檬会单独制作成果味茶。果味茶可以根据自己的口味自由搭配,喜欢酸味的,可以多加一些柠檬,喜欢甜味的可以多加一些苹果等,同时也可以在茶中加入白砂糖、蜂蜜等佐料。

将切好的带皮苹果配以少许肉桂,投入清水中煮沸后,加入红茶包即可饮用。

什么是保健茶?

保健茶是从西方流行开来的,但西方的保健茶是以草药为原料,不含茶叶成分,只是借用"茶"的名称而已。中国的保健茶则不同,是以绿茶、红茶或乌龙茶为主要原料,配以确有疗效的单味或复方中药制成;也有用中药煎汁喷在茶叶上干燥而成;或者药液茶液浓缩后干燥而成。

传统的保健茶主要有三种:①单味茶,即用一味茶或一味药物经冲泡或煎煮后饮用,如绿茶、红茶、乌龙茶、独参茶、枸杞茶等;②茶加药,是既有茶成分又有药物成分的保健茶,经冲泡或煎煮后饮用,如午时茶、川芎茶调散等;③药代茶,是指将药物煎煮或冲泡后代茶饮用,并不含茶成分。

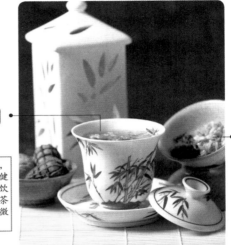

以茶为主。

配有适量中药。

保健茶,是一种有保健治疗作用的饮料,既有茶味,又有轻微药味。

什么是含茶饮料?

含茶饮料,又叫茶饮料,是用水浸泡茶叶,经抽提、过滤、澄清等工艺制成的茶汤或在茶汤中加入水、糖液、酸味剂、食用香精、果汁或植(谷)物抽提液等调制加工而成的饮品。

从成分上看,茶饮料可分为茶汤饮料、果汁茶饮料、果味茶饮料和其他茶饮料几类。其中茶汤饮料指将茶汤(或浓缩液)直接灌装到容器中的饮品;果汁茶饮料指在茶汤中加入水、原果汁(或浓缩果汁)、糖液、酸味剂等调制而成的饮品,成品中原果汁含量不低于5.0%(M/V);果味茶饮料指在茶汤中加入水、食用香精、糖液、酸味剂等调制而成的饮品;其他茶饮料指在茶汤中加入植(谷)物抽提液、糖液、酸味剂等调制而成的制品。

从消费习惯来说,人们往往把茶饮料分为绿茶、红茶、乌龙茶、花茶等几类。从产品的物态来看,茶饮料又可分为液态茶饮料和速溶固体茶饮料两种。在液态的茶饮料中又有加气(一般为二氧化碳)和不加气之分。

混入茶汤、糖等。

冰块使茶温迅速降低。

冰茶饮料冰凉、舒爽,在较为炎热的地区尤为盛行。

什么是名茶？

名茶，顾名思义，是指在国内甚至国际上有相当知名度的茶叶。名茶的成名原因各有不同，有的是因为优良的茶树品种或精湛的制茶工艺，有的则是因为特殊的文化风格或历代文人的诗词烘托。

现代的名茶，可分为四个方面：①饮用者共同喜爱，认为其与众不同。②历史上的贡茶，流传至今。③国际博览会上获奖茶叶。④新制名茶全国评比受到好评的。

历史上流传至今的贡茶，有西湖龙井、洞庭碧螺春等；曾经消失在历史中，现在又恢复身份的名茶，有徽州松罗茶、蒙山甘露茶等；近现代新创、受到广泛喜爱的名茶，有江西名茶、高桥银峰等。

名茶通常具有脍炙人口的品质、独具特色的韵味、闻名海内外的声名或是有着悠久的历史文化底蕴。

什么是历史名茶？

中国有数千年的饮茶历史，当茶成为一种日常所需的商品之后，特别是当茶叶成为贡品之后，全国各地的优秀茶种也被渐渐发掘出来。在各个历史朝代不断涌现出一些珍品茶叶，经过时间的沉淀，它们便成了闻名于世的历史名茶。

历史名茶，不但有着卓绝的品质和口味，往往还有着相关的文化背景。比如：产于杭州西湖的西湖龙井，历史上曾分为"狮、龙、云、虎"四个品类，其历史可追溯到唐代，而北宋时龙井茶区已初具规模，苏东坡曾有"白云峰下两旗新，腻绿长鲜谷雨春"的诗句。

武夷岩茶具有绿茶之清香，红茶之甘醇，虽未经熏花，却有浓郁的花香。

西湖龙井以"色绿、香郁、味醇、形美"四绝著称于世。

产于闽北名山武夷山的武夷岩茶，茶树生长在岩缝之中，是中国乌龙茶中之极品。18世纪传入欧洲后，备受喜爱，曾有"百病之药"的美誉。而据史料记载，唐代民间就已将其作为馈赠佳品；宋、元时被列为"贡品"茶叶；元时还在武夷山设立了"御茶园"。

总之，中国的历史名茶不仅有着悠久的文化背景，更是经过时间考验的茶中珍品。

唐代的名茶有哪些？

　　据唐代陆羽的《茶经》和其他历史资料，唐代的名茶共有下列50余种，大多是蒸青团饼茶，少量是散茶。

蒸青制法使茶色泽深绿、茶汤浅绿、茶底青绿，唐朝人更注重追求茶所固有的天然青涩之美。

茶　名	产　地	茶　名	产　地
顾渚紫笋（顾渚茶、紫笋茶）	湖州（浙江长兴）	阳羡茶、紫笋茶（义兴紫笋）	常州（江苏宜兴）
寿州黄芽（霍山黄芽）	寿州（安徽霍山）	靳门团黄	湖北靳春
蒙顶石花（蒙顶茶）	剑南（四川蒙山顶）	神泉小团	东川（云南东川）
方山露芽（方山生芽）	福州	仙茗	越州泉岭（浙江余姚）
香雨（其香、香山）	夔州（重庆奉节）	邕湖含膏	岳州（湖南岳阳）
东白	婺州（浙江东白山）	鸠坑茶	睦州桐庐（浙江淳安）
西山白露	洪州（南昌西山）	仙崖石花	彭州（四川彭州）
绵州松岭	绵州（四川绵阳）	仙人掌茶	荆州（湖北当阳）
夷陵茶	峡州（湖北夷陵）	紧阳茶	陕西紫阳
义阳茶	义阳郡（河南信阳）	六安茶、小岘春	寿州盛唐（安徽六安）
黄冈茶	黄州黄冈（湖北麻城）	天柱茶	寿州霍山（安徽霍山）
雅山茶	宣州宣城（安徽宣城）	天目山茶	杭州天目山
径山茶	杭州（浙江余姚）	歙州茶	歙州（江西婺源）
衡山茶	湖南省衡山	赵坡茶	汉州广汉（四川绵竹）
界桥茶	袁州（江西宜春）	剡溪茶	越州剡县（浙江嵊州）
蜀冈茶	扬州江都	庐山茶	江州庐山（江西庐山）
唐茶	福州	柏岩茶（半岩茶）	福州鼓山
九华英	剑阁以东蜀中地区	昌明茶、兽目茶	四川绵阳

宋代的名茶有哪些？

宋代茶文化兴盛，根据《宋史·食货志》《大观茶论》等古籍记载，仅宫殿贡茶就有贡新、试新、白茶、云叶、雪英等40多种；而地方名茶，则达90多种。

宋代茶具

茶 名	产 地	茶 名	产 地
建安茶（北苑茶）	建州	临江玉津	江西清江
顾渚紫笋	湖州（浙江长兴）	袁州金片（金观音）	江西宜春
日铸茶（日注茶）	浙江绍兴	青凤髓	建安（福建建瓯）
阳羡茶	常州义兴（江苏宜兴）	纳溪梅岭	泸州（四川泸县）
巴东真香	湖北巴东	五果茶	云南昆明
龙芽	安徽六安	普洱茶	云南西双版纳
方山露芽	福州	鸠坑茶	浙江淳安
径山茶	浙江余杭	西庵茶	浙江富阳
天台茶	浙江天台	石笕岭茶	浙江诸暨
天尊岩贡茶	浙江分水（桐庐）	瑞龙茶	浙江绍兴
谢源茶	歙州婺源（江西婺源）	雅安露芽、蒙顶茶	蒙山（四川雅安）
虎丘茶（白云茶）	苏州虎丘山	峨眉白芽茶（雪芽）	四川峨眉山
洞庭山茶	江苏苏州	武克茶	福建武夷山
灵山茶	浙江宁波部县	卧龙山茶	越州（浙江绍兴）
沙坪茶	四川青城	修仁茶	修仁（广西荔浦）
邓州茶	四川耶县	龙井茶	浙江杭州
宝云茶	浙江杭州	仙人掌茶	湖北当阳
白云茶（龙湫茗）	浙江雁荡山	紫阳茶	陕西紫阳
月兔茶	四川涪州	信阳茶	河南信阳
花坞茶	越州兰亭（浙江绍兴）	黄岭山茶	浙江临安

元代的名茶有哪些?

元代名茶在数量、质量上日趋平淡,根据元代马端陆的《文献通考》和其他古文资料,元代的名茶共有 40 多种。

武夷茶

茶 名	产 地	茶 名	产 地
绿英、金片	袁州(江西宜春)	龙井茶	浙江杭州
东首、浅山、薄侧	光州(河南潢川)	武夷茶	福建武夷山
大石枕	江陵(湖北江陵)	阳羡茶	江苏宜兴
双上绿芽、小大方	澧州(湖南澧县)	清口	归州(湖北秭归)
雨前、雨后、杨梅、草子、岳麓	荆湖(湖北武昌至湖南长沙一带)	头金、骨金、次骨、末骨、粗骨	建州(福建建既)和剑州(福建南平)
早春、华英、来泉、胜金	歙州(安徽歙县)	独行、灵草、绿芽、片金、金茗	潭州(湖南长沙)

明代的名茶有哪些?

到了明代,开始废除团茶,昌兴散茶,因此蒸青团茶数量渐少,而蒸青和炒青的散芽茶渐多。根据《茶谱》《茶笺》《茶疏》等古籍记载,明代的名茶共有 50 多种。

茶 名	产 地	茶 名	产 地
蒙顶石花、玉叶长春	剑南(四川蒙山)	顾渚紫笋	湖州(浙江长兴)
碧涧、明月	峡州(湖北宜昌)	火井、思安	邓州(四川邓州)
薄片	渠江(四川达州)	真香	巴东(重庆奉节)
柏岩	福州(福建闽侯)	白露	洪州(江西南昌)
阳羡茶	常州(江苏宜兴)	举岩	婺州(浙江金华)
阳坡	了山(安徽宣城)	罗岕	浙江长兴
骑火	龙安(四川龙安)	武夷岩茶	福建武夷山
都儒、高株	黔阳(四川泸州)	云南普洱	云南西双版纳
麦颗、乌嘴	蜀州(四川雅安)	黄山云雾	安徽歙县、黄山
云脚	袁州(江西宜春)	新安松罗	安徽松罗山
绿花、紫英	湖州(浙江吴兴)	余姚瀑布茶	浙江余姚
白芽	洪州(江西南昌)	石埭茶	安徽石台

清代的名茶有哪些？

清代继承并发扬了前代茶文化的特色，各类绿茶、乌龙茶、白茶、黄茶、黑茶、红茶中的领军品种异军突起，传承或诞生出不少至今仍弥久不衰的传统名茶，共有40多种。

茶　名	产　地	茶　名	产　地	茶　名	产　地
武夷岩茶	福建武夷山	黄山毛峰	安徽黄山	青城山茶	四川都江堰
徽州松罗	安徽休宁	西湖龙井	浙江杭州	蒙顶茶	四川雅安
普洱茶	云南	闽红	福建	峨眉白芽茶	四川峨眉山
祁门红茶	安徽祁门	庐山云雾	江西庐山	务川高树茶	贵州铜仁
婺源绿茶	江西婺源	君山银针	岳阳君山	贵定云雾茶	贵州贵定
洞庭碧螺春	苏州太湖	安溪铁观音	福建安溪	湄潭眉尖茶	贵州湄潭
石亭豆绿	福建南安	苍梧六堡茶	广西苍梧	严州苞茶	浙江建德
敬亭绿雪	安徽宣城	屯溪绿茶	安徽休宁	莫干黄芽	浙江余杭
涌溪火青	安徽泾县	桂平西山茶	广西桂平	富田岩顶	浙江富阳
六安瓜片	安徽六安	南山白毛茶	广西横县	九曲红梅	浙江杭州
太平猴魁	安徽太平	恩施玉露	湖北恩施	温州黄汤	浙江平阳
信阳毛尖	河南信阳	天尖	湖南安化	泉岗辉白	浙江嵊州
紫阳毛尖	陕西紫阳	白毫银针	福建政和	鹿苑茶	湖北远安
舒城兰花	安徽舒城	凤凰水仙	广东潮安		
老竹大方	安徽歙县	闽北水仙	福建建阳		

青花压手杯（清康熙）
以十二月份的当令花卉为题，十二件一套。

中国十大名茶是哪些茶？

中国的"十大名茶"版本很多，众说纷纭，以1959年全国"十大名茶"评选为例，分别是：西湖龙井、洞庭碧螺春、黄山毛峰、庐山云雾、六安瓜片、君山银针、信阳毛尖、武夷岩茶、安溪铁观音、祁门红茶。

其他知名的茶叶也经常上榜各种"十大名茶"的评比榜单，例如，在1988年中国首届食品博览会上，还有1999年昆明世博会上获奖的名茶除去以上十种之外，还有湖南蒙洱茶、云南普洱茶、冻顶乌龙、歙县茉莉花茶、四川峨眉竹叶青、蒙顶甘露、都匀毛尖、太平猴魁、屯溪绿茶、雨花茶、滇红、惠明茶。

茶　名	类别	产　地
西湖龙井	绿茶	浙江省杭州西湖
洞庭碧螺春	绿茶	江苏省苏州太湖洞庭山
黄山毛峰	绿茶	安徽省歙县
庐山云雾	绿茶	江西省庐山
六安瓜片	绿茶	安徽省六安、金寨、霍山三县
君山银针	黄茶	湖南省岳阳洞庭湖君山
信阳毛尖	绿茶	河南省信阳市
武夷岩茶	乌龙茶	福建省武夷山区
安溪铁观音	乌龙茶	福建省安溪县
祁门红茶	红茶	安徽省祁门县及其周边

怎样选购茶叶？

茶叶是生活中的必需品，怎么选择上好的茶叶、选择哪种茶叶显得尤其重要，下面介绍相关茶叶选购常识。

1. 检查茶叶的干燥度 以手轻握茶叶微感刺手，轻捏会碎的茶叶，表示茶叶干燥程度良好，茶叶含水量在 5% 以下。

2. 观察茶叶叶片整齐度 茶叶叶片形状、色泽整齐均匀的较好，茶梗、簧片、茶角、茶末和杂质含量比例高的茶叶，一般会影响茶汤品质，多是次级品。

3. 试探茶叶的弹性 以手指捏叶底，一般以弹性强者为佳，表示茶菁幼嫩，制造得宜；而触感生硬者为老茶菁或陈茶。

汤色澄清鲜亮带油光。

4. 检验发酵程度 红茶是全发酵茶，叶底应呈红鲜艳为佳；乌龙茶属半发酵茶，绿茶镶红边以各叶边缘有红边，叶片中部淡绿为上；清香型乌龙茶及包种茶为轻度发酵茶，叶在边缘锯齿稍深位置呈红边，其他部分呈淡绿色为正常。

茶汤以没有混浊或沉淀物产生者为佳。

5. 看茶叶外观色泽 各种茶叶成品都有其标准的色泽。一般来说，以带有油光宝色或有白毫的乌龙及部分绿茶为佳，包种茶以呈现有灰白点之青蛙皮颜色为贵。茶叶的外形条索则随茶叶种类而异，如龙井呈剑片状，文山包种茶为条形自然卷曲，冻顶茶呈半球形紧结，铁观音茶则为球形，香片与红茶呈细条或细碎形。

6. 闻茶叶香气 绿茶清香，包种茶花香，乌龙茶的熟果香，红茶的焦糖香，花茶则应有熏花之花香和茶香混合之强烈香气。如茶叶中有油臭味、焦味、菁臭味、陈旧味、火味、闷味或其他异味者，为劣品。

冲泡后茶叶逐次舒展。

7. 尝茶滋味 以少苦涩、带有甘滑醇味，能让口腔有充足的香味或喉韵者为好茶。苦涩味重、陈旧味或火味重者，则非佳品。

8. 观茶汤色 一般绿茶呈蜜绿色，红茶鲜红色，白毫乌龙呈琥珀色，冻顶乌龙呈金黄色，包种茶呈蜜黄色。

9. 看泡后茶叶叶底 冲泡后很快展开的茶叶，多是粗老之茶，条索不紧结，泡水薄，茶汤多平淡无味，且不耐泡。冲泡后叶面不开展或经多次冲泡仍只有小程度之开展的茶叶，不是焙火失败就是已放置一段时间的陈茶。

此类茶多由幼嫩鲜叶所制成，且制造技术良好，茶汤浓郁。

茶叶的鉴别标准是什么？

茶叶的鉴别标准主要有五个方面，即嫩度、条索、色泽、整碎和净度。

1. 嫩度　茶叶品质的基本因素就是嫩度，一般来说嫩度好的茶叶，外形也很符合茶叶的要求，锋苗好，白毫比较明显。嫩度差的茶叶，即使做工很好，可是茶条上也没有锋苗和白毫。

2. 条索　条索就是指各类茶的外形规格，例如炒青条形、珠茶圆形、龙井扁形、红碎茶颗粒形等。长条形茶，从松紧、弯直、壮瘦、圆扁、轻重来看；圆形茶从颗粒的松紧、匀正、轻重、空实来看；扁形茶，要看平整和光滑的程度。

3. 色泽　从茶叶的色泽可以看出茶叶的嫩度和加工技术。一般来说，好的茶叶色泽一致，光泽明亮，油润鲜活，如果出现色泽不一，有深有浅，暗淡无光的情况，那么茶叶质量必然不佳。

4. 整碎　整碎指的是茶叶的外形和断碎程度，匀整的为好，断碎的为次。

5. 净度　净度就是看茶叶中的杂物含量，例如茶片、茶梗、茶末、茶子以及在制作过程中混入的竹屑、木片、石灰、泥沙等杂物，好的茶叶应当是不含任何杂质的。

怎样辨别新茶与陈茶？

看色泽。由于茶叶在储藏的过程中，构成茶叶色泽的一些物质会在光、气、热的作用下，发生缓慢分解或氧化，失去原有的色泽。如新绿茶色泽青翠碧绿，汤色黄绿明亮；陈茶则叶绿素分解、氧化，色泽变得枯灰无光，汤色黄褐不清。

捏干湿。取一两片茶叶用大拇指和示指稍微用劲一捏，能捏成粉末的是足干的新茶。

闻茶香。构成茶香的醇类、酯类、醛类等特质会在不断挥发和缓慢氧化，时间越久，茶香越淡，由新茶的清香馥郁变成陈茶的低闷混浊。

品茶味。茶叶中的酚类化合物、氨基酸、维生素等构成滋味的特质会逐步分解挥发、缩合，使滋味醇厚鲜爽的新茶变成淡而不爽的陈茶。

怎样识别春茶?

历代文献都有"以春茶为贵"的说法，由于春季温度适中，雨量充沛，加上茶树经头年秋冬季的休养，使得春茶芽叶硕壮饱满，色泽润绿，条索结实，身骨重实，所泡的茶浓醇爽口，香气高长，叶质柔软，无杂质。

叶脉细密，叶片边缘锯齿不明显。

春茶冲泡后，香浓味厚，汤色清澈明亮，叶底厚实。

怎样识别夏茶?

夏季炎热，茶树新梢芽叶迅速生长，使得能溶解于水浸出物含量相对减少，因此夏茶的茶汤滋味没有春茶鲜爽，香气不如春茶浓烈，反而增加了带苦涩味的花青素、咖啡因、茶多酚的含量。从外观上看，夏茶叶肉薄，且多紫芽，还夹杂着少许青绿色的叶子。

外观略松散，叶质轻飘。

夏茶香气欠缺，叶脉尽显，叶底叶片边缘锯齿明显。

怎样识别秋茶?

秋天温度适中，且茶树经过春夏两季生长、采摘，新梢内物质相对减少。从外观上看，秋茶多丝筋，身骨轻飘。所泡成的茶汤淡，味平和，微甜，叶质柔软，单片较多，叶张大小不一，茎嫩，含有少许铜色叶片。

条索紧细、轻薄。

色泽黄绿，大小不一。

怎样识别花茶?

花茶的外形一般都是条索紧实，色泽明亮均匀，如果外形粗松不整，色泽暗淡，则为劣质茶；优质的花茶一般没有杂质，掂量时会有沉实的感觉，如果杂质很多，掂量时感觉很轻，则为劣质茶。

勿因茶中带花而高估其质量，很可能有其形而无其香。

花茶一般香气浓郁持久，纯正而鲜爽，只有花香，没有其他异味。

怎样识别高山茶与平地茶?

高山茶和平地茶的生态环境有很大差别,除了茶叶形态不同,茶叶的质地也有很大差别。

高山茶的外形肥壮紧实,色泽翠绿,茸毛较多,节间长,鲜嫩度良好,成茶有特殊的花香,条索紧实肥硕,茶骨较重,茶汤味道浓稠,冲泡时间长;平地茶一般叶子短小,叶底硬薄,茶叶表面平展,呈黄绿色没有光泽,成茶香味不浓郁,条索瘦长,茶骨相对于高山茶较轻,茶汤滋味较淡。

高山茶最显著的特征在于其香高味浓、尤耐冲泡。

怎样识别劣变茶?

识别劣变茶的方法有以下几个:

1. **烟味**　冲泡出的茶汤嗅时烟味很重,品尝时也带有烟味则为劣变茶。

2. **焦味**　干茶叶散发有很重的焦味,冲泡后仍然有焦味而且焦味持久难消则为劣变茶。

3. **酸馊味**　无论是热嗅、冷嗅和品尝茶叶都有一股严重的酸馊味则为劣变茶,不能饮用。

4. **霉味**　茶叶干嗅时有很重的霉味,茶汤的霉味更加明显则为劣变茶,不能饮用。

如有轻微的日晒气则为次品茶,如日晒气很重则为劣变茶。

怎样甄别真假茶叶?

真茶和假茶,一般都是通过眼看、鼻闻、手摸、口尝的方法来综合判断。

1. **眼看**　绿茶呈深绿色,红茶色泽乌润,乌龙茶色泽乌绿,茶叶的色泽细致均匀,则为真茶。如果茶叶颜色不一,则可能为假茶。

2. **鼻闻**　如果茶叶的茶香很纯,没有异味,则为真茶;如果茶叶茶香很淡,异味较大,则为假茶。

3. **手摸**　真茶一般摸上去紧实圆润,假茶都比较疏松;真茶用手掂量会有沉重感,而假茶则没有。

4. **口尝**　冲泡后,真茶的香味浓郁醇厚,色泽纯正;假茶香气很淡,颜色略有差异,没有茶滋味。

茶香纯正、无异味。

真茶色泽自然、均匀。

手感紧实。

将茶叶放在白纸或白盘子中,将茶叶摊开。

古代人择水的标准是什么？

尽管地域环境、个人喜恶的差别造成古人择水标准说法不一，但对水品"清""轻""甘""洌""鲜""活"的要求都是不谋而合。

1. 水要甘甜洁净　古人认为泡茶的水首要就是洁净，只有洁净的水才能泡出没有异味的茶，而甘甜的水质会让茶香更加出色。宋蔡襄在《茶录》中说道："水泉不甘，能损茶味。"赵佶的《大观茶论》中说过："水以清轻甘洁为美。"

2. 水要鲜活清爽　古人认为水质鲜活清爽会使茶味发挥更佳，死水泡茶，即使再好的茶叶也会失去茶滋味。明代张源在《茶录》中指出："山顶泉清而轻，山下泉清而重，石中泉清而甘，砂中泉清而洌，土中泉清而白。流于黄石为佳，泻出青石无用。流动者愈于安静，负阴者胜于向阳。真源无味，真水无香。"

水质清澈、洁净是古人择水的基本标准，在此基础上求真的诉求则更贴合茶道的初衷。

3. 适当的贮水方法　古代的水一般都要储存备用，如果在储存中出现差错，会使水质变味，影响茶汤滋味。明代许次杼在《茶疏》中指出："水性忌木，松杉为甚，木桶贮水，其害滋甚，洁瓶为佳耳。"

现代人的水质标准是什么？

现代科学越来越发达了，人们的生活层次也在不断提高，对水质的要求也提出了新的指标。现代科学对水质提出了以下四个指标：

1. 感官指标　水的色度不能超过15度，而且不能有其他异色；混浊度不能超过5度，水中不能有肉眼可见的杂物，不能有臭味异味。

2. 化学指标　微量元素的要求为氧化钙不能超过250毫克/升，铁不能超过0.3毫克/升，锰不能超过0.1毫克/升，铜不能超过1.0毫克/升，锌不能超过1.0毫克/升，挥发酚类不能超过0.002毫克/升，阴离子合成洗涤剂不能超过0.3毫克/升。

3. 毒理学指标　水中的氟化物不能超过1.0毫克/升，适宜浓度0.5～1.0毫克/升，氰化物不能超过0.05毫克/升，砷不能超过0.04毫克/升，镉不能超过0.01毫克/升，铬不能超过0.5毫克/升，铅不能超过0.1毫克/升。

4. 细菌指标　每1毫升水中的细菌含量不能超过100个；每1升水中的大肠菌群不能超过3个。

饮用水的pH值应当为6.5～8.5，硬度不能高于25度。

二　茶的一般冲泡流程

　　茶叶的冲泡过程有一定的顺序，虽然可繁可简，但也要根据具体情况来定。一般说来，冲泡的顺序为投茶、洗茶、第一次冲泡、第二次冲泡、第三次冲泡等几个过程。每个阶段都有其各自的特点及注意事项，并不难掌握。

初识最佳出茶点

　　出茶点是指注水泡茶之后，茶叶在壶中受水冲泡，经过一段时间之后，我们开始将茶水倒出来的那一刹那，而最佳出茶点则被认为在这一瞬间倒茶最恰当，得到的茶汤品质最佳。

寻找最佳出茶点

　　常泡茶的人也许会发现，在茶叶量相同、水质水温相同、冲泡手法等方面完全相同的情况下，自己每次泡的茶味道也并不是完全相同，有时会感觉特别好，而有时则相对一般。这正是由于每次的出茶点不同，也许有时离这个最佳的点特别近，有时又有偏差导致的。

　　其实，最佳出茶点只是一种感觉罢了。这就像是形容一件东西，一个人一样，说他哪里最好，哪里最美，每个人的感觉都是不同的，最佳出茶点也是如此。它只是一个模糊的时间段，在这短短的时间段中，如果我们提起茶壶倒茶，那么得到的茶水自然是味道最好的，而一旦错过，味道也会略微逊些。

　　既然无法做到完全准确地找到最佳出茶点，那么我们只要接近它就好了。我们虽然有时候会偶然间"碰到"这样的一个点，但多数时候，如果技术不佳，感悟能力还未提升到一定层次时，寻找起来仍比较困难。万事万物都需要尝试，只要我们常泡茶、常品茶，在品鉴其他人泡好的茶时多感受一些，相信自己的泡茶技巧也会不断提升。

　　当我们的泡茶、鉴赏、品茶的水平达到一定层次时，这样再用相同的手法泡茶，又会达到一个全新的高度和领域。也许在某一次我们泡出的茶味道很美，那么就继续这个冲泡水平，稳定自己的技巧，并以这个标准严格要求自己，再接下来的一次次尝试中不断超越自己。久而久之，我们自然会离这个"最佳出茶点"更近，泡出的茶味道也自然会达到最好。

投茶与洗茶

　　投茶也称为置茶，是泡茶程序之一，即将称好的一定数量的干茶置入茶杯或茶壶，以备冲泡。投茶的关键就是茶叶用量，这也是泡茶技术的第一要素。

由于茶类及饮茶习惯、个人爱好各不相同，每个人需要的茶叶都略有些不同，我们不可能对每个人都按照统一标准去做。但一般而言，标准置茶量是以 1 克茶叶搭配 50 毫升的水。现代评茶师品茶按照 3 克茶叶对 150 毫升水这一标准来判断茶叶的口感。当然，如果有人喜欢喝浓茶或淡茶，也可以适当增加或减少茶叶量。

投茶

因此，泡茶的朋友需要借助这两样工具：精确到克的小天平或小电子秤和带刻度的量水容器。有人可能会觉得量茶很麻烦，其实不然，只有茶叶量标准，泡出的茶才会不浓不淡，适合人们饮用。

有的时候，我们选用的茶叶不是散茶，而是像砖茶、茶饼一类的紧压茶，这个时候就需要采取一定的方法处理。我们可以把紧压茶或是茶饼、茶砖拆散成叶片状，除去其中的茶粉、茶屑。还有另一种方法，就是不拆散茶叶，将它们直接投入到茶具中冲泡。两种方法各有其利弊，前者的优势为主动性程度高，弊端是损耗较大；后者的优势是茶叶完整性高，但弊端是无法清除里面夹杂的茶粉与茶屑，这往往需要大家视情况而定。

接下来要做的就是将茶叶放置茶具中。如果所用的茶具为盖杯，那么可以直接用茶则来置茶；如果使用茶壶泡茶，就需要用茶漏置茶，接着用手轻轻拍一拍茶壶，使里面的茶叶摆放得平整。

人们在品茶的时候有时会发现，茶汁的口感有些苦涩，这也许与茶中的茶粉和茶屑有关。那么在投茶的时候，我们就需要将这些杂质排除在外，将茶叶筛选干净，避免带入这些杂质。

当茶叶放入茶具中之后，下一步要做的就是洗茶了。洗茶是一个笼统说法。好茶相对比较干净，要洗的话，也只是洗去一些黏附在茶叶表面的浮尘、杂质，再就是通过洗茶把茶粉、茶屑进一步去除。

注水洗茶之后，干茶叶由于受水开始舒张变软，展开成叶片状，茶叶中的茶元素物质也开始析出。沸水蕴含着巨大的热能注入茶器，茶叶与开水的接触越均匀充分，其展开过程的质量就越高。因此，洗茶这一步骤做得如何，将直接影响到第一道茶汤的质量。

我们在洗茶时应该注意以下几点：

（1）洗茶注水时要尽量避免直冲茶叶，因为好茶都比较细嫩，直接用沸水冲泡会使茶叶受损，直接导致茶叶中含有的元素析出质量下降。

（2）水要尽量高冲，因为冲水时，势能会形成巨大的冲力，茶器里才能形成强大的旋转水流，把茶叶带动起来，随着水平面上升。这一阶段，茶叶中所含的浮尘、杂质、茶粉、茶屑等物

洗茶

质都会浮起来，这样用壶盖就可以轻而易举地刮走这些物质。

（3）洗茶的次数根据茶性决定。茶叶的茶性越活泼，洗茶需要的时间就越短。例如龙井、碧螺春这样的嫩叶绿茶，几乎是不需要洗茶的，因为它们的叶片从跟开水接触的那一刻起，其中所含的茶元素等物质就开始快速析出；而陈年的普洱茶，洗茶一次可能还不够，需要再洗一次，它才慢吞吞地析出茶元素物质。总之，根据茶性不同，我们可以考虑是否洗茶或多加一次洗茶过程。

说了这么多，洗茶究竟有什么好处呢？首先，洗茶可以保持茶的干净，在洗茶的过程中，能够洗去茶中所含的杂质与灰尘；其次，洗茶可以诱导出茶的香气和滋味；最后，洗茶能去掉茶叶中的湿气。所以说，洗茶这个步骤往往是不可缺少的。

第一次冲泡

投茶洗茶之后，我们就可以开始进入第一次冲泡了。

冲泡之前别忘了提前把水煮好，至于温度只需根据所泡茶的品质决定即可。洗过茶之后，要记得冲泡注水前将壶中的残余茶水滴干，这样做对接下来的泡茶极其重要。因为这最后几滴水中往往含有许多苦涩的物质，如果留在壶中，会把这种苦涩的味道带到茶汤中，从而影响茶汤的品质。

接下来，将合适的水注入壶中，接着盖好壶盖，静静地等待茶叶舒展，将茶元素慢慢析出来，释放到水中。这个过程需要我们保持耐心，在等待的过程中，注意一定不要去搅动茶水，应该让茶元素均匀平稳地析出。这个时候我们可以凝神静气，或是与客人闲聊几句，以打发等候的时间。

一般而言，茶的滋味是随着冲泡时间延长而逐渐增浓的。据测定，用沸水冲泡陈茶首先浸出来的是维生素、氨基酸、咖啡因等，大约到3分钟时，茶叶中浸出的物质浓度才最佳。因此，对于那些茶元素析出较慢的茶叶来说，第一次冲泡需要在3分钟左右时饮用为好。因为在这段时间，茶汤品饮起来具有鲜爽醇和之感。也有些茶叶例外，例如冲泡乌龙茶，人们在品饮的时候通常用小型的紫砂壶，用茶量也较大，因此，第一次冲泡的时间大概在1分钟左右就好，这时的滋味算得上最佳。

对于有些初学者来说，在时间的把握上并不十分精准，这个时候最好借助手表来看时

第一次冲泡步骤

间。虽然看时间泡茶并不是个好方法，但对于入门的人来说还是相当有效的，否则时间过了，茶水就会变得苦涩；而时间不够，茶味也没有挥发出来。我们可以先通过手表时间来计算茶叶的冲泡时间，等到经验丰富之后，再凭借自己的感觉把握时间，这样才是最好的办法。

以上就是茶叶的第一次冲泡过程，在这个阶段，需要我们对茶叶的舒展情况、茶汤的质量做出一个大体的评鉴，这对后几次冲泡时的水温和冲泡时间都有很大的作用。

第二次冲泡

在第二次冲泡之前，我们应该回忆一下上一泡茶的各方面特色，例如茶的香气如何，茶叶的舒展情况如何，这些都关系到第二次冲泡时的各方面要求。

回味茶香是必要的，因为有大量信息都蕴藏在香气中。如果茶叶采摘的时间是恰当的，茶叶的加工过程没有问题，茶叶在制成后保存得当，那冲泡出来的茶香必定清新活泼，有植物本身的气息，有加工过程的气息，但没有杂味，没有异味。如果我们闻到的茶香散发出来的是扑鼻而来的香气，那么就说明这种茶中茶元素的物质活性高，析出速度快，因此在第二次冲泡的时候，就不要过分地激发其活性，否则会导致茶汤品质下降；如果茶香味很淡，是一点点散发出来的香气，那么我们就需要在第二次冲泡过程中注意充分激发它的活性，使它的气味以及特色能够充分散发出来。

回味完茶香之后，我们需要检查泡茶用水。观察水温是十分必要的，在每次冲泡之前都需要这样做。如果第二次冲泡与前一次之间的时间间隔很短，那么就不要再给水加温了，这样做可以保持水的活性，也可以使茶叶中的茶元素尽快地析出。需要注意的是，泡茶用水不适宜反复加热，否则会降低水中的含氧量。

当我们对第一次冲泡之后的茶水做出综合评判之后，就可以分析第二次冲泡茶叶的时间以及手法了。由于第一次冲泡时，茶叶的叶片已经舒展开，所以第二次冲泡就不需要冲泡太长时间，大致上与第一次冲泡时间相当即可，或是稍短些也无妨；如果第一次冲泡之后茶叶还处于半展开状态，那么第二次冲泡的时间应该比前一次略长一些。

第二次冲泡的过程，需要我们对前一次的茶叶形态、水温等方面做出判断，这样才会在第二次冲泡掌握好时间。

第二次冲泡步骤

第三次冲泡

我们在第三次冲泡之前同样需要回忆一下第二次冲泡时的各种情况，例如水温高低，茶香是否挥发出来，综合分析之后才能将第三次冲泡时的各项因素把控好。

在经过前两次冲泡之后，茶叶的活性已经被激发出来。经过第二次冲泡，叶片完全展开，进入全面活跃的状态。此时，茶叶从沉睡中被唤醒，在进入第三次冲泡的时候渐入佳境。

首先，冲泡之前我们还是需要掌握好水温。注意与前一次冲泡的时间间隔，如果时间间隔较长，此时的水温一定会降低许多，这时就需要让它提高一些，否则会影响冲泡的效果；如果两次时间间隔较短，就可以直接冲泡了。

此时茶具中的茶叶片应该处于完全舒展的状态了，经过了前两次冲泡，茶叶中的茶元素析出物应该减少了许多。我们按照析出时间的先后顺序，可以将析出物分为速溶性析出物和缓溶性析出物两类。顾名思义，速溶性析出物释放速度较快，最大析出量发生在茶叶半展开状态到完全展开状态的这个区间内；而缓溶性析出物大概发生在茶叶展开状态之后，且需要通过适当时间的冲泡才能慢慢析出。

由几次冲泡时间来看，速溶性析出物大概在第一、二次冲泡时析出；而缓溶性析出物大概在第三次冲泡开始析出。因此，前两次冲泡的时间一定不能太长，否则会导致速溶性析出物由于析出过量，茶汤变得苦涩，而缓溶性析出物的质量也不会很高。

至于第三次冲泡的时间则因情况而定，完全取决于前两次冲泡后茶叶的舒展情况以及茶叶的本身的特点。比第二次冲泡时间略长、略短或与其持平，这三种情况完全有可能，我们可以依照实际情况判断。

只要掌握好各种因素，第三次冲泡也不会太难，而冲泡出来的茶汤品质也是相当高的。

第三次冲泡步骤

茶的冲泡次数

我们经常看到这样几种喝茶的人：有的投一点茶叶之后，反复冲泡，一壶茶可以喝一天；有的只喝一次就倒掉，过会儿再喝时，还要重新洗茶泡茶。虽然不能说他们的做法一定是错误的，但茶的冲泡次数确实有些讲究，要因茶而异。

据有关专家测定，茶叶中各种有效成分的析出率是不同的。一壶茶冲泡之后，最容易析出的是氨基酸和维生素 C，它们大概在第一次冲泡时就可以析出；其次是咖啡因、茶多酚和可溶性糖等。也就是说，冲泡前两次的时候，这些容易析出的物质就已经融入茶汤之中了。

以绿茶为例，第一次冲泡时，茶中的可溶性物质能析出 50% 左右；第二次冲泡时能析出 30% 左右；第三次冲泡时，能析出 10% 左右。由此看来，冲泡次数越多，其可溶性物质的析出率就越低。相信许多人一定有所体会，冲泡绿茶太多次数之后，其茶汤的味道就与白开水相差不多了。

名优绿茶通常只能冲泡 2 ~ 3 次，因为其芽叶比较细嫩，冲泡次数太多会影响茶汤品质；红茶中的袋泡红碎茶，冲泡 1 次就可以了；白茶和黄茶一般也只能冲泡 2 ~ 3 次；而大宗红、绿茶

优质绿茶六安瓜片三次冲泡的茶汤

可连续冲泡 5 ~ 6 次，乌龙茶甚至能冲泡更多次，可连续冲泡 5 ~ 9 次，所以才有"七泡有余香"之美誉；至于陈年的普洱茶，有的能泡到 20 多次，因为其中所含的析出物释放速度非常慢。

除了冲泡的次数之外，茶叶冲泡时间的长短，跟茶叶内含有的有效成分的利用也有很大的关系。任何品种的茶叶都不宜冲泡过久，最好是即泡即饮，否则有益成分被氧化，不但降低营养价值，还会泡出有害物质。此外，茶也不宜太浓，浓茶有损胃气。

由此看来，茶叶的冲泡次数不仅影响着茶汤品质的好坏，更与我们的身体健康有关，实在不能忽视。

生活中的泡茶过程

千百年来，茶一直是中国人生活中的必需品。无论有没有客人，爱茶之人都习惯冲泡一壶好茶，慢慢品饮，自然别有一番风趣。

生活中的泡茶过程很简单，每个人都可以在闲暇时间坐下来，为自己或家人冲泡一壶茶，解渴怡情的同时，也能增加生活趣味。一般来说，生活中的泡茶过程大体可分为 7 个步骤：

1 清洁茶具

清洁茶具不仅是清洗那么简单，同时也要进行温壶。首先，用沸水烫洗一下各种茶具，这样可以保证茶具被清洗得彻底，因为茶具的清洁度直接影响着茶汤的成色和质量好坏。在这个过程中，需要注意的是沸水一定要注满茶壶，这样才能使整个茶壶均匀受热，以便在冲泡过程中保住茶性不外泄；另

1-1

清洁茶具的步骤

外，整个茶壶都受热之后，冲泡用的水也不会因茶壶而温度下降，影响水温。

2 置茶

置茶时需要注意茶叶的用量和冲泡的器具。茶叶量需要统计人数，并且按照每个人的口味喜好决定茶叶的用量。

一般来说，在生活中泡茶往往会选择茶壶和茶杯两种容器。当容器是茶壶时，我们可以先从茶叶罐中取出适量茶叶，然后用茶匙将茶叶拨入茶壶中；当容器是茶杯时，我们可以按照一茶杯一匙的标准进行茶叶的放置。

置茶的步骤

3 注水

向容器中注水之前一定要保证水的温度，如果需要中温泡茶，那么经过前两步之后，我们需要确保此时水的温度恰好在中温。注水的过程中，需要等到泡沫从壶口处溢出时才能停下。

注水的步骤

4 倒茶汤

冲泡一段时间之后，我们就可以将茶汤倒出来了。首先，刮去茶汤表面的泡沫，接着再将壶中的茶倒进公道杯中，使茶汤均匀。

倒茶汤的步骤

5 分茶

将均匀的茶汤分别倒入茶杯中，注意不能将茶倒得太满，以七分满为最佳。

分茶的步骤

6 敬茶

分茶之后，我们可以分别将茶杯奉给家人品尝，也可以由每个人自由端起茶杯。如果我们是自己品饮，这个步骤自然可以忽略。

敬茶的步骤

7 清理

这个过程包括两部分，清理茶渣和清理茶具。品茶完毕之后，我们需要将冲泡过程中产生的茶渣从茶壶中清理出去，可以用茶匙清理；清理过茶渣之后，我们一定不要忘记清理茶具，要用清水将它们冲洗干净。否则时间久了，茶汤会慢慢变成茶垢，不仅影响茶具美观，其中所含的有害物质还会影响人的身体健康。

简简单单的 7 个过程，让我们领略了生活中泡茶的惬意美感。那么下一次如果有闲暇时间，别忘了为自己和家人泡一壶茶，尽享难得的休闲时光。

清理的步骤

待客中的泡茶过程

客来敬茶一直是我国从古至今留下来的习惯，无论是在家庭待客还是办公室中待客，我们都需要掌握泡茶的过程及礼仪。

泡茶的过程并没有太多的变化，只需要我们注意自己的手法，不能太过敷衍随意，否则会影响客人对我们的印象。待客中的泡茶过程需要注意以下几点：

1 泡茶器具

待客的茶具虽然不一定要多么精致昂贵，但要尽可能干净整齐一些，若是单位则要配置成套茶具为好。

另外，如果来访的客人人数不多，停留时间不长，我们可以选择使用茶杯，保证一人一杯就可以了。如果人数超过5人，泡茶器就是最佳的选择。

下面是对泡茶器的简单介绍：泡茶器一般可以分为壶形和杯形两种。通常情况下，壶形泡茶器中都会有一层专门的滤网。

准备茶具

我们可以将茶叶放在滤网之上进行冲泡。这样，茶叶和茶汤是分开的，第一次冲泡完成之后，还可以将滤网连同茶叶取出，以备进行第二次冲泡。

而杯形泡茶器的盖子比较灵活。只需轻轻一按，茶汤就会立刻流入下层，接下来就可以将流入下层的茶汤倒进茶杯，敬献给客人。

2 选取茶叶

如果家中茶叶种类丰富，那么我们可以在投放茶叶之前询问客人的喜好及口味，为不同的客人选择不同的茶叶。

茶叶量投放多少也要根据客人的喜好及人数决定，有的客人喜欢喝浓茶，我们自然可以多放一些茶叶；如果客人喜欢清淡的，我们就需要减少茶叶量。如果客人较少可以选择用茶包。另外，如果客人人数较多就必须要在茶壶或者泡茶器中放入与它们容量相当的茶叶，并注意不要因为客人较多就盲目增加茶叶投入的数量。

选取茶叶

3 泡茶、奉茶时的注意事项

我们的手法不需要多么完美无缺，但一定要注意许多泡茶中的忌讳问题，例如：放置茶壶的时候不能将壶嘴对准他人，否则表示请人赶快离开；茶杯要放在茶垫上面，一是尊重传统泡茶中的礼仪，二是保持桌面的洁净、庄严；进行回旋注水、斟茶、温杯、烫壶等动作时用到单手回旋时，右手必须按逆时针方向、左手必须按顺时针方向动作，类似于招呼手势，寓意"来、来、来"表示欢迎，反之则变成暗示"去、去、去"了。斟茶的时候只可斟七分满，暗寓"七分茶三分情"之意；要用托盘将茶端上来，不要用手直接碰触，这样做既表示对客人的尊敬之意，另外也表示隆重。

待客中的泡茶过程虽然与生活中的比较相近，但还是需要注意以上几点，这样才不会

泡茶

奉茶

让客人觉得我们款待不周。在下一次客人来访的时候，请面带笑容，将一杯杯香茶奉上，表示我们对客人的尊敬与肯定吧。

办公室中的泡茶过程

生活在职场中的人们，常常会感觉到身心疲惫，尤其是午后，更是昏昏欲睡，毫无精神。这时，如果为自己泡一杯鲜爽的清茶或一杯浓浓的奶茶，不仅会提神健脑，解除疲劳，同时又能使办公室的生活更加惬意舒适，重新投入工作时才会更有活力。

那么，现在我们就开始学习在办公室中如何泡茶吧。

1 选择茶叶及茶具

由于办公室空间有限，并不能像在家中一样方便各种冲泡流程，所以我们可以选择简单的原料及茶具，例如袋泡茶和简单的茶杯。这样做的好处是：我们可以根据自己的爱好和口味选择茶包中的茶品，也可以免去除茶渣的麻烦。原材料虽然简单，但却可以在最短的时间内为自己泡上一杯好茶，其功效往往不会减少。

以奶茶为例，假设我们此时需要泡一杯香浓的奶茶，那么首先要选择的原料有：袋泡茶、牛奶、糖和玻璃杯。一般来说，人们常常将红茶与奶混合，因为红茶的茶性最温和，可以起到暖胃养身的效果。因此，许多上班族都喜欢随身携带红茶包，以便工作之余冲泡饮用。

2 泡茶

办公室中的泡茶过程较其他几种要简单得多。首先，我们可以向茶杯中冲入沸水，大约占杯子的1/3即可。接下来，将红茶包浸入杯中。过一两分钟之后，提起茶叶包上的棉线上下搅动，这样可以使茶叶充分接触到沸水，可以有效地使茶性散发出来，也就相当于传统泡茶中的"闷香"过程。在棉线上下搅拌的时候，茶性也就更容易扩散了。

需要注意的是，有些人并不喜欢奶茶，而是选择冲泡袋装茶。其实，袋装茶的冲制过程比简易奶茶还要简单，不过

泡茶

必须注意一点：冲泡袋装茶时一定要先将开水注入杯中再放入茶包。如果先放茶包再注水会严重影响茶汤的品质和滋味。

3 加入牛奶和糖

经过泡茶的过程之后，茶性此时已经得到了充分的散发。接下来，我们可以加入牛奶，牛奶的加入量取决于每个人的口味。但一般来说，加入浓茶的不超过 30 毫升，加入中度茶的不超过 20 毫升，加入淡茶的不超过 15 毫升。

加糖的时候要注意根据个人的喜好，并不一定要加糖才能得到香醇的奶茶，有些人不适宜服用太多的糖，这时就需要我们酌情减少或不添加。

在办公室中泡茶的过程就是这么简单，只需要以上三步即可。工作之余，我们完全可以为自己冲泡一杯香浓的茶，忙碌的同时也不要忘了享受生活才对。

泡茶加入牛奶和糖

商家销售泡茶过程

有些人在茶店买完茶叶，回家冲泡之后忽然发现，自己泡的茶为什么和在茶叶店中不一样呢？不仅茶的香气不如商家卖的浓郁，连茶汤的口感都相差很多。因此，许多人大呼上当，认为是商家将次品茶叶卖给了自己。

其实，这种现象不一定是大家所想象的，有时候即使是相同的茶叶、器具和水温，因不同手法冲泡，得到的茶汤品质及香气也是不同的。在茶叶店中，商家往往采用销售冲泡法，其特点是在最短的时间内将茶的优点展示出来，将缺点掩盖一些，起到扬长避短的作用。而这种商家冲泡法并没有多深奥，对每个人来说都是可以学会的。

下面我们以铁观音为例，大致讲一下商家销售的冲泡过程，主要分为五步，且每步过程的名字都特别好听：

1 白鹤沐浴

这个过程也就是我们常说的烫洗茶具、温壶的过程，此时注意烫洗的水需要是沸水。

2 观音入宫

这是指置茶的过程。将适量的铁观音干茶放入茶具中，数量大概占茶具容量的 50% 左右。

3 悬壶高冲

商家在这个过程中往往采用高冲水的方式，将沸水注入茶壶之中，最后可再转动一下茶壶。这样做的目的在于使茶叶充分翻转，使茶性浸出。

4 春风拂面

这是商家用壶盖刮去浮在茶面上的泡沫的过程。

5 关公巡城

将刮去泡沫后的茶汤闷上一二分钟之后，为了使每杯茶浓淡一致，商家在分茶时将品茗杯排成"一"字或"品"字，将茶汤按照顺序倒入品茗杯中，巡回分茶，取名关公巡城，形容得十分生动。

另外，还需要注意的是分到最后剩下的茶汤也要均匀分配，一杯一滴，平分到每个茶杯中，这就是点茶，即所谓的韩信点兵。

点茶过后，商家需要将每杯茶奉上，让顾客先观汤色，再闻茶香，最后品尝茶汤，于是，整个商家销售泡茶的过程就结束了。

这只是铁观音的一般冲泡方法，不过，铁观音并非种类单一的茶品。即使是同属铁观音，不同的种类之间在茶叶用量和用水方面也有不小的差异。这是需要特别注意的。不过，无论是何种茶品，一般情况下当水温低于90℃、冲泡时间短的时候，泡出来的茶汤就会显得色泽鲜艳，尝起来甘爽可口；当水温高于95℃、冲泡时间稍长的时候，茶品本身特有的茶香才会在身边萦绕。因此，我们在购买茶叶的时候可以要求商家将茶泡得久一些。这样，茶品的一些弱点或缺点就很容易暴露出来。

当我们挑好一款茶时，最好当时按自己的习惯冲泡一下，商家通常是不会反对的，并且他还会给我们一些好的建议。这样我们不仅容易挑到满意的茶，还可学习一些泡茶方法，也算得上是一举两得了。

白鹤沐浴

观音入宫

悬壶高冲

春风拂面

关公巡城

掌握了商家销售泡茶的方法之后，相信下次我们再买茶叶的时候，就不会因为味道与购买时不同而苦恼了。

旅行中的泡茶过程

现今社会发展得越来越快，生活节奏也随之加快，人们常常在一天之内往返两个城市，忙忙碌碌地为了生活奔波。其实，不仅是为了工作，有些人也经常去各地旅行，许多时间都是在车上或是在野外度过。如果我们能在旅途中泡一壶茶，看着车窗外的景色，或是坐在郊外的树荫下，感受着徐徐吹来的暖风，相信一定别有一番滋味。

出门在外比不得家中，泡茶的条件自然有限，如果我们能掌握旅行中的泡茶方法，那么就可以在有限的条件内泡出一壶好茶来。

我们首先要解决的问题就是水。毕竟在外面不是随时可以得到开水，这时我们不妨采用冷水泡茶法，既解决了水的问题，冲泡出的茶汤又会与以往不同。如果是夏季，我们还可以将带来的水放入冰箱中冷藏起来，并用这种冷藏的水泡茶，既清凉又消暑。

冷水泡茶法操作非常简单，只需短短的 5 步即可：

1 茶具的选择与冲洗

我们可以选择广口玻璃杯、瓷杯或盖碗等，这样可以避免因冲泡时间过长而引起茶汤变质。接下来，只需要用常温水冲洗茶具即可。

茶具的选择与冲洗过程

2 置茶

旅行中携带茶叶，可以选择塑封袋、茶荷，也可以选择独立包装的小茶包。茶具清洗干净之后，我们可以将自带的茶叶放入茶具之中，但不同的包装置茶略有区别。此外，茶叶的用量完全依照个人的喜好及人数决定。

置茶的第一种方法

置茶的第二种方法

置茶的第三种方法

3 冲水

冲泡的水可以是纯净水、山泉水等。这个步骤是将事先准备好的冷水冲入茶具之中，并冲泡茶叶半小时左右。

冲水的步骤

4 过滤茶汤

半小时后，将滤网放在公道杯上，隔着滤网将茶汤倒入公道杯中，使里面的汤汁更加均匀。

过滤茶汤的步骤

5 分茶品尝

如果独自一人饮用可以省略分茶的步骤，直接品饮即可。如果一同旅行喝茶的人数较多，那么需要泡茶的人将过滤好的茶汤依次倒进面前的茶杯中，端起来邀请同行的人一起品饮。

分茶品尝的步骤

冷水泡茶法比较适合户外旅行者和夏日出行者运用。总体来说，其泡茶过程比较简单，并没有其他种类的过程那么复杂。只要我们掌握了方法，一定可以在旅行中轻松地享受饮茶的乐趣。

三　泡出茶的特色

　　茶叶的冲泡，一般只需要准备水、茶、茶具，经沸水冲泡即可，但如果想把茶叶本身特有的香气、味道完美地冲泡出来，并不是容易的事，也需要一定的技术。也可以说，泡茶人人都会，但想要泡出茶的特色，却需要泡茶者一次又一次地冲泡练习，熟练地掌握冲泡方法。时间久了，泡茶者自然会从中琢磨出差别，泡出茶的真正特色来。

绿茶的冲泡方法

　　绿茶一般选用陶瓷茶壶、盖碗、玻璃杯等茶具沥泡，所以，其常用的冲泡方法依次是：茶壶泡法、盖碗泡法和玻璃杯泡法三种。

1 茶壶泡法

　　（1）洁净茶具。准备好茶壶、茶杯等茶具，将开水冲入茶壶，摇晃几下，再注入茶杯中，将茶杯中的水旋转倒入废水盂，洁净了茶具又温热了茶具。

　　（2）将绿茶投入茶壶待泡。茶叶用量按壶大小而定，一般每克茶冲 50 ~ 60 毫升水。

　　（3）将高温的开水先以逆时针方向旋转高冲入壶，待水没过茶叶后，改为直流冲水，最后用手腕抖动，使水壶有节奏地三起三落将壶注满，用壶盖刮去壶口水面的浮沫。茶叶在壶中冲泡 3 分钟左右将茶壶中的茶汤低斟入茶杯，绿茶就冲泡好了。

2 盖碗泡法

（1）准备盖碗，数量依照具体情况需要而定，随后清洁盖碗。将盖碗一字排开，把盖掀开，斜搁在碗托右侧，依次向碗中注入开水，少量就可以了，用右手把碗盖稍加倾斜盖在盖碗上，双手持碗身，双手拇指按住盖钮，轻轻旋转盖碗三圈，将洗杯水从盖和碗身之间的缝隙中倒出，放回碗托上，右手再次将碗盖掀开斜搁于碗托右侧，其余盖碗同样方法进行洁具，同样达到洁具和温热茶具的目的。

（2）将干茶依次拨入茶碗中待泡。一般来说，一只普通盖碗大概需要放 2 克的干茶。

（3）将开水冲入碗，水柱不可直接落在茶叶上，应在碗的内壁上慢慢冲入，冲水量以七八分满为宜。

（4）冲入水后，将碗盖迅速稍加倾斜，盖在碗上，盖沿与碗沿之间留有一定的空隙，避免将碗中的茶叶闷黄泡熟。

3 玻璃杯泡法

（1）依然是准备茶具和清洁茶具。一般选择无刻花的透明玻璃杯，根据喝茶的人数准备玻璃杯。依次冲入开水，从左侧开始，左手托杯底，右手捏住杯身，轻轻旋转杯身，将杯中的开水依次倒入废水盂，这样既清洁了玻璃杯又可让玻璃杯预热，避免正式冲泡时炸裂。

（2）投茶。因绿茶干茶细嫩易碎，因此从茶叶罐中取茶时，应轻轻拨取轻轻转动茶叶罐，将茶叶倒入茶杯中待泡，有条件的使用茶则更好。

茶叶投放秩序也有讲究，有三种方法即上投法、中投法和下投法。上投法：先一次性向茶杯中注足热水，待水温适度时再投放茶叶。此法多适用于细嫩炒青、细嫩烘青等细嫩度极好的绿茶，如特级龙井、黄山毛峰等。此法水温要掌握得非常准确，越是嫩度好的茶叶，水温要求越低，有的茶叶可等待至70℃时再投放。中投法：投放茶叶后，先注入1/3热水，等到茶叶吸足水分，舒展开来后，再注满热水。此法适用于虽细嫩但很松展或很紧实的绿茶，如竹叶青等。下投法：先投放茶叶，然后一次性向茶杯注足热水。此法适用于细嫩度较差的一般绿茶。

（3）水烧开后，等到合适的温度就可冲泡了。拿着水壶冲水时用手腕抖动，使水壶有节奏地三起三落，高冲注水将水高冲入杯，一般冲水入杯至七成满为止，冲泡时间掌握在15秒以内。同样注意开水不要直接浇在茶叶上，应打在玻璃杯的内壁上，以避免烫坏茶叶。

嫩茶用玻璃杯泡，茶壶泡中低档的绿茶。玻璃杯因透明度高所以能一目了然地欣赏到佳茗在整个冲泡过程中的变化，所以适宜冲泡名优绿茶；而中低档的绿茶无论是外形内质还是色香味都不如嫩茶，如果用玻璃杯冲泡，缺点尽现，所以一般选择使用瓷壶或紫砂壶冲泡。

红茶的冲泡方法

世界各国以饮红茶者居多，红茶饮用广泛，其饮法也各有不同。

从红茶的花色品种、调味方式、使用的茶具不同和茶汤浸出方式的不同，有着不同的饮用方法。

1 按红茶的花色品种分，有工夫红茶饮法和快速红茶饮法两种

（1）工夫红茶饮法。

首先，准备茶具。茶壶、盖碗、公道杯、品茗杯等放在茶盘上。其次，烫杯。将开水倒入盖碗中，把水倒入公道杯，再倒入品茗杯中，最后将水倒掉。再次，放茶。最后，泡茶、饮茶。泡茶的水温在90℃～95℃，把茶放入盖碗中。当然冲泡时不要忘记先洗茶。

准备茶具

烫杯的步骤

放茶

泡茶、饮茶

（2）快速红茶饮法。

快速红茶饮法主要对红碎茶、袋泡红茶、速溶红茶和红茶乳晶、奶茶汁等花色来说的。红碎茶是颗粒状的一种红茶，比较小且容易碎，茶叶易溶于水，适合快速泡饮，一般冲泡一次，最多两次，茶汁就很淡了；袋泡红茶一般一杯一袋，饮用更为方便，把开水冲入杯中后，轻轻抖动茶袋，等到茶汁溶出就可以把茶袋扔掉；速溶红茶和红茶乳晶，冲泡比较简单，只需要用开水直接冲就可以，随调随饮，冷热皆宜。

快速红茶

2 按红茶茶汤的调味方式，可分为红茶调饮法和红茶清饮法

（1）调饮法。

调饮法主要是冲泡袋泡茶，直接将袋茶放入杯中，用开水冲 1 ~ 2 分钟后，拿出茶袋，留茶汤。品茶时可按照自己的喜好加入糖、牛奶、咖啡、柠檬片等，还可加入各种新鲜水果块或果汁。

（2）清饮法。

清饮法就是在冲泡红茶时不加任何调味品，主要品红茶的滋味。如品饮工夫红茶，

调饮法

清饮法

就是采用清饮法。工夫红茶是条形茶，外形紧细纤秀，内质香高、色艳、味醇。冲泡时可在瓷杯内放入 3 ~ 5 克茶叶，用开水冲泡 5 分钟。品饮时，先闻香，再观色，然后慢慢品味，体会茶趣。

3 按使用的茶具不同，可分为红茶杯饮法和红茶壶饮法

（1）杯饮法。

杯饮法适合工夫红茶和小种红茶、袋泡红茶和速溶红茶，可以将茶放入玻璃杯内，用开水冲泡后品饮。工夫红茶和小种红茶可冲 2 ~ 3 次；袋泡红茶和速溶红茶只能冲泡 1 次。

（2）壶饮法。

壶饮法适合红碎茶和片末红茶，低档红茶也可以用壶饮法。可以将茶叶放入壶中，用开水冲泡后，将壶中茶汤倒入小茶杯中饮用。一般冲泡 2 ~ 3 次，适合多人在一起品饮。

杯饮法

壶饮法

4 按茶汤的浸出方法，可分为红茶冲泡法和红茶煮饮法

（1）冲泡法。

将茶叶放入茶壶中，然后冲入开水，静置几分钟后，等到茶叶内含物溶入水中，就可以品饮了。

（2）煮饮法。

一般是在客人餐前饭后饮红茶时用，特别是少数民族地区，多喜欢用壶煮红茶，如长嘴铜壶等。将茶放入壶中，加入清水煮沸（传统多

冲泡法

煮饮法

用火煮，现代多用电煮），然后冲入预先放好奶、糖的茶杯中，分给大家。也有的桌上放一盆糖、一壶奶，各人根据自己需要随意在茶中加奶、加糖。

红茶红汤红叶，味醇厚。饮用红茶可随各人不同喜好和口味进行调制，喜酸的加柠檬，如果加入牛奶及糖更具有异国风味。

青茶的冲泡方法

青茶既有红茶的甘醇又有绿茶的鲜爽和花茶的芳香，那么，怎样泡饮青茶才能品尝到它纯真独特的香味？青茶的冲泡方法因地方不同冲泡方法又有不同，以安溪、潮州、宜兴等地最为有名。

下面，我们以宜兴的春茶冲泡方法为例，为大家进行具体讲解。

宜兴泡法是融合各地的方法，此法特别讲究水的温度。

（1）将茶荷中的茶叶拨入壶中，加水入壶到满为止，盖上壶盖后立刻将水倒入公道杯中，将公道杯中的水再倒入茶盅中，温热杯子。

洁具温杯的步骤

（2）拿起茶壶，如果壶底有水，应先将壶底部在茶巾上沾一下，拭去壶底的水滴，将茶汤倒入公道杯中。将公道杯的茶汤倒入茶杯中，以七分满为宜。

（3）将壶中的残茶取出，再冲入水将剩余茶渣清出倒入池中。将茶池中的水倒掉。清洗一切用具，以备再用。

冲泡茶的步骤

清洁茶具

黄茶的冲泡方法

黄茶有黄叶黄汤的品质特点。那么怎么才能冲泡出最优的黄茶呢？冲泡黄茶的具体步骤就特别关键。

1 摆放茶具

将茶杯依次摆好，盖碗、公道杯和茶盅放在茶盘之上，随手泡放于右手边。

2 观赏茶叶

主人用茶匙将茶叶轻轻拨入茶荷后，供来宾欣赏。

观赏茶叶

摆放茶具

3 温热盖碗

用沸水温热盖碗和茶盅，用左手执起随手泡，将沸水注满盖碗，接着右手拿盖碗，将水注入茶盅，最后将茶盅中的水倒入废水盂。

温热盖碗的步骤

4 投放茶叶

用茶匙将茶荷中的茶叶拨入盖碗，投茶量为盖碗的半成左右。

投放茶叶

5 清洗茶叶

左手拿着随手泡，将沸水高冲入盖碗，盖上碗盖，撇去浮沫。然后立即将茶汤注入公道杯中，最后注入茶盅。

清洗茶叶的步骤

6 高冲

执随手泡高冲沸水注入盖碗中，使茶叶在碗中尽情地翻腾。第一泡时间为1分钟，1分钟后，将茶汤注入公道杯中，最后注入茶盅，然后就可以品饮了。

高冲的步骤

除了遵守上述 6 个步骤之外，还需要注意的是第一次冲泡后还可以进行二次冲泡。第二次冲泡的方法与第一次相同，只是冲泡时间要比第一泡增加 15 秒，以此类推，每冲泡一次，冲泡的时间也要相对增加。

黄茶是沤茶，在冲泡的过程中，会产生大量的消化酶，对脾胃最有好处，可以治愈消化不良，食欲不振、懒动肥胖等。同时还具有减肥的功效，纳米黄茶能穿入脂肪细胞，使脂肪细胞在消化酶的作用下恢复代谢功能，将脂肪化除，达到减肥的效果。

白茶的冲泡方法

白茶是一种极具观赏性的特种茶，其冲泡方法与黄茶相似，为了泡出一壶好茶，首先要做冲泡前的准备。

茶具的选择，为了便于观赏，冲泡白茶一般选用透明玻璃杯。同时，还需要准备玻璃冲水壶、观水瓶、竹帘、茶荷等，以及茶叶。

白茶的冲泡过程是怎样的呢？

1 准备茶具和水

将冲泡所用到的茶具一一摆放到台子上，后把沸水倒入玻璃壶中备用。

2 观赏茶叶

双手执盛有茶叶的茶荷，请客人观赏茶叶的颜色与外形。

准备茶具和水　　　　　观赏茶叶

3 温杯

倒入少许开水在茶杯中，双手捧杯，转旋后将水倒掉。如果茶具较多，依次将其他的茶具也都逐个洗净。

温杯的步骤

4 放茶叶

将放在茶荷中的茶叶，向每杯中投入大概 3 克。

5 浸润运摇

提起冲水壶将水沿杯壁冲入杯中，水量约为杯子的四成，为的是能浸润茶叶使其初步展开。然后，右手扶杯子，左手也可托着杯底，将茶杯顺时针方向轻轻转动，使茶叶进一步吸收水分，香气充分发挥，摇香约 30 秒。

放茶叶

浸润运摇

6 冲泡

冲泡时采用回旋注水法，开水温度为 90℃ ~ 95℃，先用回转冲泡法按逆时针顺序冲入每碗中水量的三成到四成，后静置 2 ~ 3 分钟。

7 品茶

品饮白茶时先闻茶香，再观汤色和杯中上下浮动的玉白透明形似兰花的芽叶，然后小口品饮，茶味鲜爽，回味甘甜。

白茶本身呈白色，经过冲泡，其香气清雅，姿态优美。另外，由于白茶含有丰富的多种氨基酸，其性寒凉，具有退热祛暑解毒之功效，在产区内夏季喝一杯白牡丹茶水，很少会中暑，所以白牡丹是当地茶农夏季必备的饮料之一。

冲泡

品茶

黑茶的冲泡方法

黑茶具有双向、多方面的调节功能，所以无论长幼、胖瘦都可饮黑茶，而且还能在饮用黑茶中获益。那么如何才能冲泡出一壶好的黑茶呢？

1 选茶

怎样选出品质好的茶叶呢？品质较好的黑茶一般外观条索紧卷、圆直，叶质较嫩，色泽黑润。千万不要饮用劣质茶和受污染的茶叶。

2 选茶具

冲泡黑茶宜选择粗犷、大气的茶具，以厚壁紫砂壶或祥陶盖碗为主。

3 选水

一般选用天然水，如山泉水、江河湖水、井水、雨水、雪水等，泉城人自然用泉水泡茶了。同时，冲泡黑茶，因为每次用茶量比其他茶都要多而且茶叶粗老，一般用100℃的开水冲泡。有时候，为了保持住水温，还要在冲泡前用开水烫热茶具，冲泡后在壶外淋开水。

4 投茶

将茶叶从茶荷拨入盖碗中。

5 冲泡

冲泡时最好先倒入少量开水，浸没茶叶，再加满至七八成，便可趁热饮用。冲泡时间以茶汤浓度适合饮用者的口味为标准。一般来说，品饮湖南黑茶，冲泡时间适宜短时间，一般大概2分钟，冲泡黑茶的次数可达5～7次，随着冲泡次数的增加，冲泡时间应适当延长。

| 选茶 | 选茶具 | 选水 |
| 投茶 | 冲泡 | 品茶 |

6 品茶

茶汤入口，稍停片刻，细细感受黑茶的醇度，滚动舌头，使茶汤游过口腔中的每一个部位，浸润所有的味道，体会黑茶的润滑和甘厚，轻咽入喉，领略黑茶的丝丝顺柔，带金花的黑茶还能体会到一股独特的金花的菌香味。

总之，依据不同茶量、泡茶时间和温度，泡出来的茶口感也不同，优质的黑茶经过冲泡，其茶香便随茶汁浸出。

花茶的冲泡方法

品饮花茶，先看茶坯质地，好茶才有适口的茶味，才有好的香气。花茶种类繁多，下面以茉莉花茶为例，介绍一下花茶的冲泡方法。

准备茶具

1 准备茶具

一般选用的是白色的盖碗，如果冲泡高级茉莉花茶，为了提高其艺术欣赏价值，可以采用透明玻璃杯。

2 温热茶具

将盖碗置茶盘上，用沸水高冲茶具、茶托，再将盖浸入盛沸水的茶盏中转动，最后把水倒掉。

温热茶具

3 放入茶叶

用茶拨将茉莉花茶轻轻从茶荷中按需拨入盖碗，根据个人的口味按需增减。

放入茶叶

4 冲泡茶叶

冲泡茉莉花茶时，第一泡应该低注，冲泡壶口紧靠茶杯，直接注于茶叶上，使香味缓缓浸出；第二泡采中斟，壶口不必靠紧茶杯，稍微离开杯口注入沸水，使茶水交融；第三泡采用高冲，壶口离茶杯口稍远一些冲入沸水，使茶叶翻滚，茶汤回荡，花香飘溢。一般冲水至八分满为止，冲后立即加盖，以保茶香。

5 闻茶香

茶经过冲泡静置片刻，即可提起茶盏，揭开杯盖一侧，用鼻子闻其香气，会顿时觉得芬芳扑鼻而来，也可以凑着香气深呼吸，以充分领略香气对人的愉悦之感。

6 品饮

经闻茶香后，等到茶汤稍微凉一些，小口喝入，并将茶汤在口中稍事停留，以口吸气、鼻呼气相配合的动作，使茶汤在舌面上往返流动几次，充分与味蕾接触，品尝茶叶和香气后再咽下。

冲泡茶叶

闻茶香

品饮

花茶是我国特有的香型茶，花茶经过冲泡，使其鲜花的纯情馥郁之气慢慢通过茶汁浸出，从而品饮花茶的爽口浓醇的味道。

四 　不同茶具冲泡方法

泡茶的器具多种多样，有玻璃杯、紫砂壶、盖碗、飘逸杯、小壶、陶壶，等等。虽说泡茶的过程和方法大同小异，但却因不同的茶具有着不同的方法。本章主要从不同茶具入手，详细地介绍各自的特点及冲泡手法，希望大家面对不同茶具时，都能冲泡出好茶来。

玻璃杯泡法

人们开始用吹制的办法生产玻璃器物，最早可以追溯到公元 1 世纪。玻璃在几千年的人类历史中自稀有之物发展成为日常生活不可或缺的实用品，走过了漫长的道路。19 世纪末，玻璃终于成为可用压、吹、拉等方法成形，用研磨、雕刻、腐蚀等工艺进行大规模生产的普通制品。

玻璃杯冲泡法可以冲泡我国所有的绿茶、白茶、黄茶以及花茶等，现在我们以冲泡绿茶为例，介绍玻璃杯的冲泡方法。比较正式的场合，冲泡过程是有主泡和助泡两人共同完成的。

1 准备茶具

双手将茶样罐拿出放在中盘前方，然后把茶巾盘放在盘后面靠右的地方，而茶荷和茶匙取出放在盘后面靠左的地方。

2 观赏茶叶

轻轻开启茶样罐，用茶匙拨出少许茶样在茶荷中，主人端着茶荷给来宾欣赏。

准备茶具

观赏茶叶

3 放入茶叶

这时将茶罐打开，用茶匙先将茶叶拨入茶荷中，少许即可，大概每杯2克的量，后将茶荷中的茶样拨入茶杯中。

放入茶叶

4 浸润泡

双手将茶巾盘中的茶巾拿起，放在左手手指部位。右手提随手泡，注意不宜将沸水直接注入杯中，开水稍微放凉一会儿，开水温度约80℃即可，左手手指垫茶巾处托住壶底，右手手腕回转使壶嘴的水沿杯壁冲入杯中，水量为杯容量的三成到四成，使茶叶吸水膨胀，便于内含物析出，浸润20～60秒。

浸润泡

5 冲泡茶叶

提壶注水，用"凤凰三点头"的方法冲水入杯中，不宜太满，至杯子总容量的七成左右即可。经过三次高冲低斟，使杯内茶叶上下翻动，杯中上下茶汤浓度均匀。

冲泡茶叶

6 奉茶

通常，主人把茶杯放在茶盘上，用茶盘把刚沏好的茶奉到客人的面前就可以了。

奉茶

7 闻香气

客人接过茶用鼻闻其香气，还可凑着香气深呼吸，以充分领略香气给人的愉悦之感。

闻香气

8 品饮

经闻香后，等到茶汤稍凉适口时，小口喝入，不要立即咽下，让茶汤在口中稍事停留，以口吸气、鼻呼气相配合的动作，使茶汤在舌面上往返数次，充分与味蕾接触，品尝茶叶和香气后再咽下。

品饮

9 欣赏茶

通过透明的玻璃杯，在品其香气和滋味的同时可欣赏其在杯中优美的舞姿，或上下沉浮、翩翩起舞；或如春笋出土、银枪林立；或如菊花绽放，令人心旷神怡。

10 收拾茶具

奉茶完毕，主泡仍领头走上泡茶台，将桌上泡茶用具全收至大盘中，由助泡端盘，共行鞠躬礼，退至后场。

欣赏茶

玻璃杯由于其独特的造型，加之其是透明的，通过透明的玻璃杯，茶经过冲泡的各种优美的姿态便一目了然，客人在品饮茶的同时，又欣赏到茶的优美舞姿，愉悦身心。

紫砂壶泡法

中国的茶文化起始于唐朝，但人们在宋代才开始使用紫砂壶，历史上在明代开始有了关于紫砂壶的记载。紫砂是一种多孔性材质，气孔微细，密度高。用紫砂壶沏茶，不失原味，且香不涣散，得茶之真香真味。那么，紫砂壶泡茶方法是怎么样的呢？

1 温壶温杯

用开水烧烫茶壶内外和茶杯，既可清洁茶壶去紫砂壶的霉味，又可温暖茶壶醒味。

温壶温杯

2 投入茶叶

观察干茶的外形，闻干茶香，选好茶后用茶匙取出茶叶，根据客人的喜好，大约取茶壶容量的 1/5 ～ 1/2 的茶叶，投入茶壶。

投入茶叶

3 温润泡

投入茶叶之后，把开水冲入壶中，然后马上将水倒出。如果茶汤上面有泡沫，可注入开水至近乎满泻，然后再用壶盖轻轻刮去浮在茶汤面上的泡沫。清洗了茶叶又温热了茶壶，茶叶在吸收一定水分后舒展开。

温润泡

4 冲泡茶

将沸水再次冲入壶中，倒水过程中，高冲入壶，向客人示敬。水要高出壶口，用壶盖拂去茶末儿。

5 封壶

盖上壶盖，用沸水遍浇壶外全身，稍等片刻。

冲泡茶

封壶

6 分杯

用茶夹将闻香杯和品茗杯分开，放在茶托上。将壶中茶汤倒入公道杯，使每个人都能品到色、香、味一致的茶。

分杯

分壶

7 分壶

将茶汤分别倒入闻香杯，茶斟七分满即可。

8 奉茶

主人给客人奉茶。

9 闻香

将茶汤倒入闻香杯，轻嗅闻香杯中的余香。

奉茶

闻香

10 品茗

取品茗杯，分三口轻啜慢饮。

这是第一泡，一般来说，冲泡不同的茶水温也不一样。用紫砂壶冲泡绿茶时，注入水温在80℃为宜；泡红茶、乌龙茶和普洱茶时，水温保持在90℃～100℃为宜。第二泡、第三泡及其后每一泡，冲泡的时间都要依次适当延长。

此外，还需要注意的是泡完茶后一定要将茶叶从壶中清出，再用开水烧烫。最后取出壶盖，壶底朝天，壶口朝地自然风干，主要是让紫砂壶彻底干爽，不至于发霉；同

品茗

时紫砂壶每次用完都要风干，为防止壶口被磨损，也可在其上铺上一层吸水性较好的棉布。

紫砂壶透气性能好，用它泡茶不容易变味。如果长时间不用，只要用时先注满沸水，立刻倒掉，再加入冷水中冲洗，泡茶仍是原来的味道。同时紫砂壶冷热急变性能好，寒冬腊月，壶内注入沸水，绝对不会因温度突变而胀裂。就是因为砂质传热比较慢，泡茶后握持不会炙手。不但如此，紫砂壶还可以放在文火上烹烧加温，也不会因受火而裂。

盖碗泡茶法

盖碗是一种上有盖、下有托、中有碗的茶具，茶碗上大下小，盖可入碗内，茶船作底承托。喝茶时盖不易滑落，有茶船为托又可避免烫到手。下面介绍一下用盖碗泡花茶的方法。

1 准备茶具

根据客人的人数，将几套盖碗摆在茶盘中心位置，盖与碗内壁留出一小隙，盖碗右下方放茶巾盘，茶盘内左上方摆放茶筒，废水盂放在茶盘内右上方，开水壶放在茶盘内右下方。

准备茶具

2 温壶

注入少许开水入壶中，温热壶。将温壶的水倒入废水盂，再注入刚沸腾的开水。

温壶

3 温盖碗

用壶冲水至盖碗总容量的 1/3，盖上盖，稍等片刻，打开盖，左手顺时针、右手逆时针回转一圈，将碗盖按抛物线轨迹放在托碟左侧，倒掉盖碗中的水，然后将盖碗放在原来的位置。依此方法一一温热盖碗。

温盖碗

4 置茶

用茶匙从茶样罐中取茶叶直接投放盖碗中，通常 150 毫升容量的盖碗投茶 2 克。

置茶

5 冲泡

用单手或双手回旋冲泡法，依次向盖碗内注入约容量 1/4 的开水；再用"凤凰三点头"手法，依次向盖碗内注水至七分满。如果茶叶类似珍珠形状不易展开的，应在回旋冲泡后加盖，用摇香手法令茶叶充分吸水浸润；然后揭盖，再用"凤凰三点头"手法注开水。

冲泡

6 闻香、赏茶

双手连托端起盖碗，摆放在左手前四指部位，右手腕向内一转搭放在盖碗上，用大拇指、食指及中指拿住盖钮，向右下方轻按，使碗盖左侧盖沿部分浸入茶汤中；再向左下方轻按，令碗盖左侧盖沿部分浸入茶汤中；右手顺势揭开碗盖，将碗盖内侧朝向自己，凑近鼻端左右平移，嗅闻茶香；用盖子撇去茶汤表面浮叶，边撇边观赏汤色；后将碗盖左低右高斜盖在碗上。

闻香、赏茶

7 奉茶

双手连托端起盖碗，将泡好的茶依次敬给来宾，请客人喝茶。

奉茶

8 品饮

轻轻将盖子揭开，小口喝入，细细品，边喝边用茶盖在水面轻轻刮一刮，不至于喝到茶叶。

品饮

9 续水

盖碗茶一般续水一次至两次，泡茶者用左手大拇指、食指、中指拿住碗盖提钮，将碗盖提起并斜挡在盖碗左侧，右手提开水壶高冲低斟向盖碗内注水。

续水

10 洁具

冲泡完毕，将盖碗中逐个注入开水一一清洁，清洁后将所有茶具收放原位。

喝盖碗茶的妙处就在于，碗盖使香气凝集，揭开碗盖，茶香四溢并用盖赶浮叶，不使沾唇，便于品饮，经过用茶盖在水面轻轻刮一刮，使整碗茶水上下翻转，轻刮则淡，反之则浓。

洁具

飘逸杯泡法

飘逸杯，也称茶道杯，用飘逸杯泡茶不需要水盘、公道杯等，只需要一个杯子即可，相比盖碗自然少了许多品茶的感觉，但它的出水方式和紫砂壶和盖碗都不一样，虽然简单，但其泡茶方法也是有讲究的。

1 烫杯洗杯

飘逸杯与其他茶具不同，它有内胆、大外杯和盖子，所以烫杯的时候这三者都要用开水好好烫一遍。特别是放着长时间没用过的飘逸杯，在泡茶之前一定要烫洗干净，开水放进去稍等一两分钟，保证没有异味了，还有内胆有没有破洞，控制出水杆的下压键是否灵活好用，各个部件都检查完毕，清洗干净，就可以把烫杯用的水倒掉。将干净的杯子放置在茶帘上。

烫杯洗杯

2 放茶叶

放茶叶的量根据个人口味来定，想喝浓点的就多放点茶叶，想喝淡点的就少放点。如果着急喝，也可以多放茶叶，这样就可以快速出汤。

放茶叶

3 洗茶

根据生茶和老茶的不同，洗茶步骤也有不同。喝生茶时洗茶步骤相对简单，开水冲入杯中，让茶叶充分冲泡，然后倒掉水就可以了。如果喝老茶，洗茶的过程要稍微麻烦一些，老茶放置时间比较长，容易有灰尘。洗茶时，注水的力度相对要大、要猛，出水要快，注满沸水，要立即按开出水杆，倒掉洗茶水。飘逸杯出水的过程跟其他茶具不同，它是由上而下，所以出水速度要快，如果速度慢了的话，原来被激起的一些杂质会再次附着在茶叶上，达不到洗茶的目的。

洗茶

4 冲泡茶

洗茶后闻一下内胆里的茶叶，感觉茶已经完全洗净，就可以进行冲泡茶了。冲泡的时候注水不要太猛，要相对轻柔一点，以保证茶汤的匀净。然后茶叶经过冲泡出汤，按下出

冲泡茶

水杆的按钮，等到茶汤完全漏入杯中即可。用飘逸杯泡茶需要出汤速度快，而且要出尽。

5 品茶

如果是在办公室自己喝茶，出汤之后，直接拿着杯子喝即可；如果多人喝茶，需要准备几个小杯子，把飘逸杯中的茶汤倒入小杯中就好了。慢慢品尝，闻茶香品茶味。

品茶

用飘逸杯泡茶，由于其步骤相对简单，同一杯组可同时泡茶、饮茶，不必另备茶海、杯子、滤网等。泡茶速度快，适合居家待客，可同时招待十余位朋友，不会有冲泡不及之尴尬，同时还可以办公室自用，可将外杯当饮用杯使用。清杯也比较容易，掏茶渣也很简单，只要打开盖子把内杯向下倾倒，茶渣就掉出来了，再倒进清水摇一摇，再倒出来即清洁。

小壶泡法

小壶由于也是用紫砂做的，其泡茶方法与普通的紫砂壶有相似的地方，又有不同，下面就详细介绍小壶的泡茶方法。

备具、备茶和备水

1 备具、备茶和备水

首先选一把精巧的小壶，茶杯的个数与客人的人数相对应，此外还要准备泡茶的茶杯、茶盅以及所需要的置茶器、理茶器、涤洁器等相关用具。

准备茶叶，取出泡茶所需茶叶放入茶荷。准备开水，如果现场烧煮开水，则准备泡茶用水与煮水器；如果开水已经烧好了，倒入保温瓶中备用。

2 冲泡前的准备

（1）温茶壶，用开水烧烫小壶和公道杯，清洗茶具同时提高小壶和公道杯的温度，为温润泡做好准备。

冲泡前的准备

（2）取茶，通过赏茶来观察干茶的外形，欣赏取出茶，根据人数决定取茶的分量。

取茶

（3）放茶，茶叶放进壶中后，盖上壶盖。然后用双手捧着壶，连续轻轻地前后摇晃3～5下，以促进茶香散发，并使开泡后茶的内质易于释放出来。

放茶

（4）温润泡，把开水注入壶中，直到水满溢为止。这时用茶浆拨去水面表层的泡沫，盖上壶盖，茶叶在吸收一定水分后即会呈现舒展状态。将温润泡的茶水倒入茶盅，将茶盅温热。

温润泡

（5）烫杯，将温盅水倒入茶杯中温热，取出放在茶盘中。将小壶放在茶巾上吸取壶底水分。

烫杯

3 冲泡

第一泡，将适温的热水冲入小壶，盖上壶盖，大概 1 分钟。将茶汤倒入公道杯中。

冲泡

4 奉茶、品茶

主人双手端茶给客人，客人细细品茶，品茶时先闻茶香，再啜饮茶汤，先含在口中品尝味道，然后慢慢咽下感受滋味变化。

第二泡泡茶时间要多上 15 秒，接着第三泡、第四泡泡茶时间依次增加，一般能泡 2 ~ 4 次。

喝完茶，主人要用茶匙掏去茶味已淡的茶渣，并把茶具一一清洗干净，然后将所有茶具放到原来的位置。

奉茶、品茶

小壶由于体积比较小，根据不同的茶叶外形、松紧度，放茶量也有所不同，非常蓬松的茶，如清茶、白毫乌龙等，放七八分满；较紧结的茶，如揉成球状的安溪铁观音、纤细紧结的绿茶等，放 1/4 壶；非常密实的茶，如片状的龙井、针状的工夫红茶等，放 1/5 壶。

玻璃壶泡法

玻璃茶壶与铝、搪瓷和不锈钢等茶具相比，其本身不含金属氧化物，可免除铝、铅等金属对人体造成的危害。玻璃茶壶制品长期使用不脱片不发乌，具有很强的机械强度和良好的耐热冲击性。其最适宜冲泡红茶，也可以用开水冲泡绿茶和花茶，同时也可冲泡咖啡、牛奶等饮料。

1 温壶
将沸水冲入壶中，温热壶的同时清洗茶壶，同时清洗壶盖和内胆。

温壶

2 温杯
用壶中的水温烫品茗杯，在用茶夹夹住品茗杯温烫完毕之后，将温烫品茗杯的水倒入废水盂中。

温杯

3 欣赏干茶
由茶罐直接将茶倒入茶荷，由主人奉至客人面前，以供其观看茶叶形状，闻取茶香。

4 放入茶叶
将茶荷中的茶叶投入壶的内胆中，茶量依据客人的人数而定。

欣赏干茶　　　　　放入茶叶

5 冲泡

提壶高冲入壶中，激发茶性，使干茶充分吸收水分，茶的色、香、味都会挥发出来。可以用手轻轻摇动内胆几次，让茶叶充分冲泡，茶汤均匀地出来。

6 分茶

将玻璃壶的内胆取出来，放在一旁的茶盘中。摆好品茗杯，将壶中的茶汤分别倒入品茗杯中，不宜太满，倒至杯子的七分满为宜。

冲泡　　　　　　　　　　　分茶

7 品饮

先闻茶香，然后小口品饮，停留口中片刻，细饮慢品，充分体会茶的真味。

完成上述步骤之后，最后还需要将内胆中的茶叶倒掉，再用开水把壶及品茗杯清洗干净，放回原位。

玻璃壶相对紫砂壶等茶

品饮

具，其清洗特别方便，可以直接将内胆取出，茶叶倒掉，手还可直接伸入壶的内部，很容易清洗干净。由于其全透明玻璃材质，晶莹透明，配合细致的手工技术，使得玻璃茶壶流露出动人的光彩，非常吸引人，不但非常实用，还会被很多人作为礼物赠送亲友。

瓷壶泡法

瓷壶最初没有固定的形状，大约出现在早期的新石器时代，直到两晋时出现的鸡首、羊首壶首开一侧有流，一侧安执手的型制，才为壶这种器物最终定型，并一直沿用到现在。那么，用瓷壶泡茶的方法是怎样的呢？

1 温烫瓷壶

将沸水冲入壶中，水量三分满即可，温壶的同时也清洗了茶壶。

温烫瓷壶

2 温烫公道杯和品茗杯

为了做到资源的不浪费，温瓷壶的开水不要倒掉，直接倒入公道杯，温烫公道杯，再将公道杯的水倒到品茗杯中，温烫清洗品茗杯，之后把水倒掉。

温烫公道杯和品茗杯

3 投入茶叶

将茶荷中备好的茶叶轻轻放入壶中。

投入茶叶

4 温润泡

将沸水冲入壶中，静置几秒钟，干茶经过水分的浸润，叶子慢慢舒展开，温润茶叶。最后，倒掉水。

温润泡

5 正式冲泡

将沸水冲入壶中，冲泡茶叶。等到茶汤慢慢浸出，将冲泡好的茶汤倒入公道杯中。

正式冲泡

6 分茶饮茶

将公道杯中的茶汤均匀地分入品茗杯中，七八分满即可。端起品茗杯轻轻闻其香气，然后小口慢喝，品饮茶的味道。

分茶饮茶

7 清洗瓷壶

泡过茶以后，瓷壶的内壁上就会有茶垢，如果不去掉，时间长了，越积越厚，颜色也变黑十分难看，还容易有异味，所以用完瓷壶要立即清洗，取出叶底，最后轻轻松松洗掉内壁的茶垢。

瓷壶不但外形好看，好多茶都可以用瓷壶来泡，而且其适应性比较强，不管绿茶、红茶、普洱还是铁观音，泡过一种茶之后，立即擦洗干净就可直接泡其他种类的茶，还不会串味。

清洗瓷壶

陶壶泡法

陶壶一般是灰白色泥质做的陶，外表装饰褐色的陶衣，由于其本身就有很多的毛细孔，不是任何茶都适于用陶壶冲泡。陶壶最适宜泡半发酵茶，比如乌龙茶、武夷茶、清茶、铁观音或水仙。经过陶壶冲泡，其特殊的香气自然溢出，泡出来的茶也会更香，而且陶壶体积较小，泡茶的技巧特别关键，特别是温度的保持。

1 备具

准备好冲泡所需的茶具。

2 温烫陶壶

冲沸水入壶，温烫陶壶，洁净壶。

3 温烫品茗杯

再将陶壶中的水倒入品茗杯，温烫品茗杯。用手转动杯子，使水充分接触杯子，温烫杯子的每一个部位。

4 倒水入废水盂

温烫壶和品茗杯后，将

备具

温烫陶壶

温烫品茗杯

倒水入废水盂

温烫品茗杯的水倒入废水盂。

观赏茶　置茶

5 观赏茶
将准备好的茶叶放入茶荷中，进行赏茶。

6 置茶
将选好的茶叶用茶拨从茶荷中轻轻拨入壶中。

7 冲泡
冲泡前可以先温润壶，即提起开水壶冲水入陶壶中直至溢出，唤醒茶叶，使茶叶充分冲泡，迅速舒展开，将温润茶的水倒入茶盘。第一泡茶冲水，开水不要直接对准茶叶，沿壶沿慢慢注入。静置 1 ~ 2 分钟，等到茶汤充分冲泡出，将壶中的茶汤倒入公道杯中。

冲泡

8 分茶
将公道杯中的茶汤分别分入品茗杯中至杯的七分满。

9 奉茶
将分好的茶汤奉给客人。

10 品茗
观其茶汤颜色，品茶分三口饮。

分茶

奉茶

品茗

杯子与茶汤间的关系

喝茶会用到各种各样的杯子，而用不同的杯子泡出的茶汤也会有所不同，杯子和茶汤是分不开的。杯子与茶汤这种密不可分的关系主要体现在以下三个方面：杯子深度、杯子形状和杯子颜色。

杯子深度。杯子的深度影响茶汤的颜色，为了让客人能正确判断茶汤的颜色，一般来说，小形杯子的最适合容水深度为25厘米，并且杯底有足够的面积在2.5厘米的深度上，如果是斜度很大的盏形杯，杯底的面积变得很小，虽然杯子的深度已达标准，但由于底部太小，显现不出茶汤应有的颜色。如果是外形较大的杯子，其茶汤颜色比小形杯相对好分辨一些，但也要注意容水深度。

杯子形状。杯子的形状有鼓形、直筒形和盏形等。如果杯子是缩口的鼓形，就需要举起杯子，倾斜很大的角度，喝茶时必须仰起头才能将茶喝光；如果是直筒形的杯子，就必须倾斜至水平以上角度，才能将茶全部倒光；如果是敞口、缩底的盏形杯子，就比较容易喝，只需要稍微倾斜一下，就可以将茶汤全部喝光。

杯子颜色。杯色影响茶汤颜色，主要是指杯子内侧的颜色。若是深颜色杯子，如紫砂和朱泥的本色，茶汤的真正颜色是无法显现出来的，这时就没办法欣赏到茶汤真正的颜色。相对来说，白色最容易显现茶汤的色泽，但必须"纯白"才能正确地显现茶汤的颜色，如果是偏青的白色又叫"月白"，则茶汤看起来就会偏绿；如果是偏黄的又叫"牙白"，则茶汤看起来会偏红。同时也可以利用这种误差来加强特定茶汤的视觉效果，如用月白的杯子装绿茶，茶汤会显得更绿；用牙白的杯子装红茶，茶汤会显得更红。所以如果想欣赏到真正的茶汤颜色，用透明的杯子是最好的。

所以说，冲泡茶前准备茶具的过程也是相当重要的，其会直接影响到茶的欣赏和品饮。

冲泡器质地与茶汤的关系

我们说冲泡茶的茶具有很多种，这么多种茶具其质地也有所不同，如有紫砂、玻璃、陶瓷、金属，等等，用不同质地的茶具冲泡出的茶汤也会有不一样的味道。

1 选用冲泡器的材质

如果你冲泡的茶是属于比较清新的，例如台湾的包种茶，你就要选择散热速度较快的冲泡器，如玻璃杯、玻璃壶等；如果你冲泡比较浓郁的茶，如祁门红茶等，就要选择散热速度比较慢的冲泡器，如紫砂壶、陶壶等。

2 冲泡器的质量

冲泡器的质量直接影响茶的口感。比如我们上面提到的紫砂壶、陶壶、玻璃壶、瓷壶等，这些茶具所用材料的稳定性必须高，最重要的是不能有其他成分释出在茶汤之中，尤其是有毒的元素。同时还包括茶具材料的气味，质量好的茶具所用材料会增加茶叶本身的香气，有助于茶汤香味的释放，如果不好的材料，不但不会增加茶香还会直接干扰茶汤的品饮。

3 冲泡器材质的传热速度

一般来说传热速度快的壶，泡起茶来，香味比较清扬；传热速度慢的壶，泡起茶来，香味比较低沉。如果所泡的茶，希望让它表现得比较清扬，换种说法说，这种茶的风格是属于比较清扬的，如绿茶、清茶、香片、白毫乌龙、红茶，那就用密度较高、传热速度快的壶来冲泡，如瓷壶。如果所泡的茶，希望让它表现得比较低沉，或者说，这种茶的风格是属于比较低沉的，如铁观音、水仙、佛手、普

冲泡器质地与茶汤有一定关系

洱，那就用密度较低、传热速度慢的壶来冲泡，如陶壶。

4 调搅器的材质

调搅器的材质不会直接影响茶汤的质量与风格，同时散热速度慢的调搅器更有助于搅击的效果。所以打抹茶的茶碗，自古一直强调碗身要厚，甚至有人故意将碗身的烧结程度降低，求其传热速度慢，然后内外上釉以避免高吸水性。

金属器里的银壶是很好的泡茶用具，密度、传热比瓷壶还要好。用银壶冲泡清茶是最合适不过的。因为清茶最重清扬的特性，而且香气的表现决定品质的优劣，用银壶冲泡会把清茶的优点淋漓尽致地表现出来。这就是我们说冲泡器的材料直接影响茶汤的风格，同样的茶叶，为什么有的高频、有的低频，这就是冲泡器材质密度及传热速度不同的缘故。

五　　茶的品饮

　　品茶可分为4个要素，分别是：观茶色、闻茶香、品茶味、悟茶韵。这4个要素使人分别从茶汤的色、香、味、韵中得到审美的愉悦，将其作为一种精神上的享受，更视为一种艺术追求。不同的茶类会形成不同的颜色、香气、味道以及茶韵，要细细品啜，徐徐体察，从不同的角度感悟茶带给我们的美感。

观茶色

　　观茶色即观察茶汤的色泽和茶叶的形态，以下的哲理故事与其有一定的关联：相传，闲居士与老禅师是朋友。一次，老禅师请闲居士喝普洱茶。闲居士接过茶杯正要喝时，老禅师问他："佛家有言，色即是空，空即是色，你看这杯茶汤是什么颜色的？"闲居士以为老禅师在考他的领悟能力，于是微笑着回答："是空色的。"老禅师又问："既然是空色的，又哪来颜色？"闲居士一听完全不知道怎么回答，便请教老禅师。老禅师心平气和地回答道："你没有看见它是深红色的吗？"闲居士听完之后，对其中的深意忽然顿悟。

　　故事中两人喝的普洱茶，它所呈现的茶汤颜色是深红色的，而每类茶都有着不同的色泽，我们可以分别从茶汤和形态两方面品鉴一下：

1 茶汤的色泽

　　冲泡之后，茶叶由于冲泡在水中，几乎恢复到了自然状态。茶汤随着茶叶内含物质的渗出，也由浅转深，晶莹澄清。而几泡之后，汤色又由深变浅。各类茶叶各具特色，不同的茶类又会形成不同的颜色。有的黄绿，有的橙黄，有的浅红，有的暗红等。同一种茶叶，由于使用不同的茶具和冲泡用水，茶汤也会出现色泽上的差异。

　　观察茶汤的色泽，主要是看茶汤是否清澈鲜艳、色彩明亮，并具有该品种应有的色彩。茶叶本身的品质好，色泽自然好，而泡出来的汤色也十分漂亮。但有些茶叶因为存放不善，泡出的茶不但有霉腐的味道，而且茶汤也会变色。

　　除此之外，影响茶汤颜色的因素还有许多，例如用硬水泡茶，有石灰涩味，茶汤色泽也混浊。假若用来泡茶的自来水带铁锈，茶汤便带有铁腥味，茶汤也可能变得黯沉淤黑。

　　以下介绍几类优质的茶汤颜色特点：

　　（1）绿茶。绿茶由于制作时以高温杀青，因此叶绿素使茶叶保持翠绿的色泽。按叶片的色泽来说，可分为深绿色、黄绿色，而茶叶愈嫩，叶绿素深绿色的含量愈少，便呈黄绿色。这也是龙井茶的色泽称为"炒米黄"的原因所在。而毛峰

黄山毛峰茶汤　　西湖龙井茶汤

茶冲泡之后，茶汤都应是清澈浅绿，高级烘青冲泡之后，茶汤却显深绿，我们完全可以由茶汤的这个特点来判断绿茶品质的好坏。

（2）普洱茶。普洱茶因制作工艺不同，茶汤所呈现的色泽也略有不同，常见的滋味醇和的汤色有以下几种：茶汤颜色呈现红而暗的色泽，略显黑色，欠亮；茶汤颜色红中透着紫黑，均匀且明亮，有鲜活感；茶汤颜色黑中带紫，红且明亮，有鲜活感；茶汤呈现暗黑色，有鲜活感，等等。这几种汤色都算得上优品普洱茶的表现。

| 宫廷普洱茶汤 | 老茶头茶汤 | 普洱散茶茶汤 | 熟饼茶茶汤 | 熟砖茶茶汤 |

（3）工夫茶。工夫茶往往观茶色也可以辨"功夫"。4~5泡的茶色浓而不红，淡而不黄，即在橙红与橙黄之间时，应有鲜亮的感觉，这样的汤色可谓工夫茶中的上品。

| 坦洋工夫茶汤 | 铁观音茶汤 |

2 茶叶的形态

观察茶叶的形态主要分为观察干茶的外观形状以及冲泡之后的叶底两部分。

（1）干茶的外观。每类茶叶的外观都有其各自的特点，观察干茶的外观、色泽、质地、均匀度、紧结度、有无显毫等。

一般来说，新茶色泽都比较清新悦目，或嫩绿或墨绿。炒青茶色泽灰绿，略带光泽；绿茶以颜色翠碧，鲜润活气为好，特别是一些名优绿茶，嫩度高，加工考究，芽叶成朵，在碧绿的茶汤中徐徐伸展，亭亭玉立，婀娜多姿，令人赏心悦目。

如果干茶叶色泽发枯发暗发褐，表明茶叶内质有不同程度的氧化；如果茶叶片上有明

| 信阳毛尖的干茶 | 茉莉银针的干茶 | 西湖龙井的干茶 | 茉莉龙珠的干茶 |

显黑色或深酱色斑点或叶边缘为焦边，也说明不是好茶；如果茶叶色泽花杂，颜色深浅反差较大，说明茶叶中夹有黄片，老叶甚至有陈茶，这样的茶也谈不上是好茶。

（2）看叶底。看叶底即观看冲泡后充分展开的叶片或叶芽是否细嫩、匀齐、完整，有无花杂、焦斑、红筋、红梗等现象，乌龙茶还要看其是否具有"绿叶红镶边"。

| 安吉白茶 | 女儿环 | 祁门红茶 | 黄金桂的叶底 |

茶叶随陈化期时间增长，叶底颜色由新鲜翠绿转橙红鲜艳。生茶的茶叶是由新鲜翠绿，随着空气中的水分来氧化发酵，进而转嫩软红亮。反之若是在潮湿不通风的仓储环境中陈化，半世纪或一百年也没有多大效益，因为茶的发酵将彻底失去意义，叶面将是暗黑无弹性感。

以上两种即观茶色的重点，也是大家对茶叶最初的印象，不过有时候茶叶的色泽会经过处理，这就需要我们仔细品鉴，并从其他几要素中综合考虑茶叶的品质。

闻茶香

观茶色之后，我们就需要嗅闻茶汤散发出的香气了。闻茶香主要包括3个方面，即干闻、热闻和冷闻。

1 干闻

干闻即闻干茶的香味。一般来说，好茶的茶香格外明显。如新绿茶闻之有悦鼻高爽的香气，其香气有清香型、浓香型、甜香型；质量越高的茶叶，香味越浓郁扑鼻。口嚼或冲泡，绿茶发甜香为上，如闻不到茶香或是香气淡薄或有一股陈气味，例如闻到一股青涩气、粗老气、焦烟气则是劣质的茶叶。

2 热闻

热闻即冲泡茶叶之后，闻其中茶的香味。泡成茶汤后，不同的茶叶具有各自不同的香

| 干闻 | 热闻 | 冷闻 |

气，会出现清香、板栗香、果香、花香、陈香等，仔细辨认，趣味无穷，而每种香型又分为馥郁、清高、鲜灵、幽雅、纯正、清淡、平和等多种。

3 冷闻

当茶器中的茶汤温度降低后，我们可以闻一闻茶盖或杯底的留香，这个过程即冷闻，而此时闻到的香气与高温时亦不同。因为温度很高时，茶叶中的有些独特的味道可能被芳香物质大量挥发而掩盖，但此时不同，由于温度较低，那些曾经被掩盖的味道趁这个时候会逐渐散发出来。

在精致透明的玻璃杯中加少许的茶叶，在沸水冲泡的瞬间，让迷蒙着的茶香清奇袅袅地腾起，来得快，去得急。深深地吸一口气，那香气已经深深地吸入肺腑，茶香混合着热气屡屡沁出，又是一番闻香的享受。

品茶味

闻香之后，我们用拇指和食指握住品茗杯的杯沿，中指托着杯底，分3次将茶水细细品啜，这就是品茶的第三个要素——品茶味。

清代大才子袁枚曾说过："品茶应含英咀华，并徐徐咀嚼而体贴之。"这句话的意思就是，品茶时，应该将茶汤含在口中，像含着一片花瓣一样慢慢咀嚼，细细品味，吞下去时还要注意感受茶汤经过喉咙时是否爽滑。这正是教我们品茶的步骤，也特别强调了一个词语：徐徐。

品茶

茶汤入口时，可能有或浓或淡的苦涩味，但这并不需要担心，因为茶味总是先苦后甜的。茶汤入口后，也不要立即下咽，而要在口腔中停留，使之在舌头的各部位打转。舌头各部位的味蕾对不同滋味的感觉是不一样的，如舌尖易感觉酸味，舌对鲜味最敏感，近舌根部位易辨别苦味。让茶汤在口腔中流动，与舌根、舌面、舌侧、舌端的味蕾充分接触，品尝茶的味道是浓烈、鲜爽、甜爽、醇厚、醇和还是苦涩、淡薄或生涩，让舌头充分感受到茶汤的甜、酸、鲜、苦、涩等味，这样才能真正品尝到茶汤的美妙滋味。最后咽下之后，不久就口里回甘，韵味无穷。一系列的动作皆验证了"徐徐"二字，细细品尝，慢慢享受。

一般来说，品茶品的是五感，即调动人体的所有感觉器官用心去品味茶，欣赏茶。这物品分别是眼品、鼻品、耳品、口品、心品。眼品就是用眼睛观察茶的外观形状、汤色等，即观茶色的部分；鼻品就是用鼻子闻茶香，也就是闻茶香的部分；耳品是指注意听主人或茶艺表演者的介绍，知晓与茶有关的信息的过程；口品是指用口舌品鉴茶汤的滋味韵味，这也是品茶味的重点所在；心品是指对茶的欣赏从物质角度的感性欣赏升华到文化的高度，它更需要人们有一定的领悟能力。

我国的茶品繁多，其品质特性各不相同，因此，品饮不同的茶所侧重的角度也略有不同，以下分别介绍了品饮不同茶叶的方法，以供大家参考：

1 绿茶

绿茶，尤其是高级细嫩绿茶，其色、香、味、形都别具一格。品茶时，可以先透过晶莹清亮的茶汤，观赏茶的沉浮、舒展和姿态，察看茶汁的浸出、渗透和汤色的变幻。然后端起茶杯，先闻其香，再呷上一口，含在口中，让茶汤在口舌间慢慢地来回旋动。上好的绿茶，汤色碧绿明澄，茶叶先苦涩，后浓香甘醇，且带有板栗的香味。这样往复品赏几次之后，便可以感受得到其汤汁的鲜爽可口。

2 红茶

品饮红茶的重点在于领略它的香气、滋味和汤色。品饮时首先观其色泽，再闻其香气，然后品尝茶味。饮红茶须在品字上下功夫，慢慢斟饮，细细品味，才可获得品饮红茶的真趣。品饮之后，我们一定会了解为什么人们将红茶称为"迷人之茶"了。

3 青茶

青茶品饮的重点在于闻香和尝味，不重品形。品饮时先将壶中茶汤趁热倒入公道杯，之后分注于闻香杯中，再倾入对应的小杯内。品啜时，先将闻香杯置于双手手心间，使闻香杯口对准鼻孔，再用双手慢慢来回搓动闻香杯，使杯中香气尽可能得到最大限度的享用。品啜时，可采用"三龙护鼎"式端杯方式，体悟青茶的美妙与魅力。

4 白茶与黄茶

白茶和黄茶都具有极高的欣赏价值，品饮的方法也与其他类茶叶有所不同。首先，用无花纹的透明玻璃杯以开水冲泡，观赏茶芽在杯中上下浮动，再闻香观色。一般要在冲泡后10分钟左右才开始尝味，这时的味道才最好。

5 花茶

花茶既包含了茶坯的清新，又融合了花朵的香气，品尝起来具有独特的味道。茶的滋味为茶汤的本味。花茶冲泡2～3分钟后，即可用鼻闻香。茶汤稍凉适口时，喝少许茶汤在口中停留，以口吸气、鼻呼气相结合的方法使茶汤在舌面来回流动，口尝茶味和余香。

以上是对不同种类茶叶的品饮方法，一般来说，茶汤入口后甘鲜，浓醇爽口，在口中留有甘味者最好。

茶是世间仙草，茶是灵秀隽永的诗篇，我们要带着对茶的深厚感情去品饮，才能真正领略到好茶的"清、鲜、甘、活、香"等特点，让其美妙的滋味在舌尖唇齿中演绎一番别样的风情。

悟茶韵

茶韵是一种感觉，是美好的象征，是一种超凡的境界，是茶的品质、特性达到了同类中的最高品位，也是我们在饮茶时所得到的特殊感受。

我们知道观茶色、闻茶香，小口品啜温度适口的茶汤之后，便是悟茶韵的过程了。让茶汤与味蕾最大限度地充分接触，轻缓地咽下，此时，茶的醇香味道以及风韵之曼妙就全在于你自己的体会了。

茶韵渺渺

茶品不同，品尝之后所得到的感受自然也不同。也可以说，不同种类的茶都有其独特的"韵味"，例如，西湖龙井有"雅韵"；岩茶有"岩韵"；普洱茶有"陈韵"；午子绿茶有"幽韵"；黄山毛峰有"冷韵"；铁观音有"音韵"；等等。以下分别介绍各类茶的不同韵味，希望大家在品鉴该茶的时候能感悟出其独特的韵味来。

1 雅韵

雅韵是西湖龙井的独特韵味。龙井茶色泽绿翠，外形扁平挺秀，味道清新醇美。取些泡在玻璃直筒杯中，可以看到其芽叶色绿，好比出水芙蓉，栩栩如生。因此，龙井茶向来以"色绿、香郁、味甘、形美"四绝称著，不愧称得上"雅韵"，实在是雅致至极。

2 岩韵

岩韵是岩茶的独特韵味，岩韵即岩骨，俗称岩石味，滋味有特别的醇厚感。人说"水中有骨感"就是这意思；饮后回甘快、余味长；喉韵明显；香气不论高低都持久浓厚，冷闻还幽香明显，亦能在口腔中保留持久深长的味道。

由于茶树生长在武夷山丹霞地貌内，经过当地传统栽培方法，采摘后的茶叶又经过特殊制作工艺形成，其茶香茶韵自然具有独有的特征。品饮之后，自然独具一番情调。

3 陈韵

众所周知，普洱茶是越陈的越香，就如同美酒一样，必须要经过一段漫长的陈化时间。因而品饮普洱茶时，就会感悟其中"陈韵"的独特味道。其实，陈韵是一种经过陈化后，所产生出来的韵味，优质的热嗅陈香显著浓郁，具纯正，"气感"较强，冷嗅陈香悠长，是一种干爽的味道。将陈年普洱冲入壶中，冲泡几次之后，其独特的香醇味道自然散发出来，细细品味一番，你一定会领略到普洱茶的独特陈韵。

4 幽韵

午子绿茶外形紧细如蚁，锋毫内敛，色泽秀润，干茶嗅起来有一股特殊的幽香，因而，有人称其具有"幽韵"。冲泡之后，其茶汤色清澈绿亮，犹如雨后山石凹处积留的一洼春水，清幽无比，幽香之味也更浓，品饮之后，那种幽香的感觉仿佛仍然环绕在身旁。

细啜一杯午子绿茶，闭目凝神，细细体味那一缕绿幽缥缈的韵味，感悟唇齿间浑厚的余味以及回甘，相信这种"幽韵"一定能带给你独特的感悟。

5 冷韵

冷韵是黄山毛峰的显著特点。明代的许楚在《黄山游记》中写道："莲花庵旁，就石隙养茶，多清香，冷韵袭人齿腭，谓之黄山云雾。"这首诗中提到的就是黄山云雾，而据考证，黄山云雾即黄山毛峰的前身。

用少量的水浸湿黄山毛峰，看着那如花般的茶芽在水中簇拥在一起。由于温度较低，褶皱着的茶叶还未展开，其色泽泛绿，实在惹人怜爱。那淡淡的冷香之气也随着茶杯摇晃而散发出来，轻抿一口，仿佛能体味到黄山中特有的清甘润爽之感。

6 音韵

音韵是铁观音的独特韵味，即观音韵。冲泡之后，其汤色金黄浓艳似琥珀，有天然馥郁的兰花香，滋味醇厚甘鲜，回甘悠久，留香沁人心脾，耐人寻味，引人遐思。观音韵赋予了铁观音浓郁的神秘色彩，也正因为如此，铁观音才被形容为"美如观音，重如铁"。

当你感到身心疲惫的时候，或是心里失去平衡的时候，不如播一曲轻松的大自然乐曲，或是一辑古典的筝笛之音，点一炷檀香，冲一壶上好的茶叶，有人同啜也好，一人独品也罢，只要将思绪完全融入茶中，细品人生的味道即可。

茶斟七分满

"七分茶、八分酒"是我国的一句俗语，也就是说斟酒斟茶不可斟满，茶斟七分，酒斟八分。否则，让客人不好端，溢出来不但浪费，还会烫着客人的手或洒泼到他们的衣服上，不仅令人尴尬，同时也使主人失了礼数。因此，斟酒斟茶以七八分为宜，太多或太少都是不可取的。

"斟茶七分满"这句话还有这样一个典故，是关于两个名人王安石和苏东坡的故事。

一日，王安石刚写下了一首咏菊的诗："西风昨夜过园林，吹落黄花满地金。"正巧有客人来了，他这才停下笔，去会客了。这时刚好苏东坡也来了，他平素恃才傲物、目中无人，当看到这两句诗后，心想王安石真有点老糊涂了。菊花最能耐寒、耐久，敢与秋霜斗，他所见到的菊花只有干枯在枝头，哪有被秋风吹落得满地皆是呢？"吹落黄花满地金"显然是大错特错了。于是他也不管王安石是他的前辈和上级，提起笔来，在纸上接着写了两句："秋英不比春花落，说与诗人仔细吟。"写完就走了。

王安石回来之后看到了纸上的那两句诗，心想着这个年轻

斟茶

奉茶

人实在有些自负，不过也没有声张，只是想用事实教训他一下，于是借故将苏东坡贬到湖北黄州。临行时，王安石又让他再回来时为自己带一些长江中峡的水回来。

苏东坡在黄州住了许久，正巧赶上九九重阳节，就邀请朋友一同赏菊。可到了园中一看，见菊花纷纷扬扬地落下，像是铺了满地的金子，顿时明白了王安石那两句诗的含义，同时也为自己曾经续诗的事感到惭愧。

等苏东坡从黄州回来之后，由于在路途上只顾观赏两岸风景，船过了中峡才想起取水的事，于是就想让船掉头。可三峡水流太急，小船怎么能轻易回头？没办法，他只能取些下峡的水带给王安石。

王安石看到他带来了水很高兴，于是取出皇上赐给他的蒙顶茶，用这水冲泡。斟茶时，他只倒了七分满。苏东坡觉得他太过小气，一杯茶也不肯倒满。王安石品过茶之后，忽然问："这水虽然是三峡水，可不是中峡的吧？"苏东坡一惊，连忙把事情的来由说了一遍。王安石听完这才说："三峡水性甘纯活泼，泡茶皆佳，唯上峡失之轻浮，下峡失之凝浊，只有中峡水中正轻灵，泡茶最佳。"他见苏东坡恍然大悟一般，又说："你见老夫斟茶只有七分，心中一定编排老夫的不是。这长江水来之不易，你自己知晓，不消老夫饶舌。这蒙顶茶进贡，一年正贡365叶，陪茶20斤，皇上钦赐，也只有论钱而已，斟茶七分，表示茶叶的珍贵，也是表示对送礼人的尊敬；斟满杯让你驴饮，你能珍惜吗？好酒稍为宽裕，也就八分吧。"

由此，"七分茶，八分酒"的这个习俗就流传了下来。现如今，"斟茶七分满"已成为人们倒茶必不可少的礼仪之一，这不仅代表了主人对客人的尊敬，也体现了我国传统文化的博大精深。

六艺助兴

传统文化中所说的"六艺"是指古代儒家要求学生掌握的6种基本才能，即礼、乐、射、御、书、数。而品茶时的六艺却与这有些不同，指的是书画、诗词、音乐、焚香、花艺与棋艺。

1 书画

书画与品茶二者之间自古就有着紧密的关联。在现代茶社内部人文环境布置上，很注重书画的安排，茶人多将之挂在墙上，衬托茶席的书香气息。与书画相伴来品茶，可以营造浓重的文化氛围，并激发才学之士的灵感，同时也能烘托出具有文化底蕴且宁静致远的品茗气氛。

南宋刘松年的《斗茶画卷》、元代画家赵孟頫的《斗茶图》、清代画家薛怀的

书画

《山窗清供图》、唐寅或文徵明的《品茶图》、仇英的《松亭试泉图》等意境都很高远，均为古代书画家抒发茶缘的名作珍品。除了这些名人的作品，那些只要能反映出主人心境、志趣的作品也可。

2 诗词

古人常常在茶宴上作诗作词，"诗兴茶风，相得益彰"便是由此而来。茶宴上的诗词既是诗人对生活的感悟，也是一种即兴的畅言。因为诗词，让茶的韵味更具特色，因为诗词，使人的品位提升。在品着新茶的同时吟几句诗似乎是自娱，亦是一种助兴。古往今来，数不胜数的诗可信手拈来，在与

诗词

音乐

友人对饮时一展文采，高雅脱俗，真可谓是一种怡情养性的享受。

吟诗作对对有些茶人来说很难，那么也可在墙壁上悬挂与茶有关的诗词。看得久了，读得久了，也自然能咂摸出其中的几分气韵来。

3 音乐

品茶时的音乐是不可缺少的。古人在饮茶时喜欢临窗倾听月下松涛竹响，抑或是雪落沙沙、清风吹菊，获得高洁与闲适的心灵放松。由此看来，音乐与茶有着陶冶性情的妙用，正如白居易在《琴茶》诗中所言"琴里知音唯渌水，茶中故旧是蒙山"。

我们可以在品茶时听的音乐有很多，例如《平湖秋月》《梅花三弄》《雨打芭蕉》等，或是古琴、古筝、琵琶等乐器所奏的古典音乐也可，都能营造品茗时宁静幽雅的氛围，传送出缕缕的文化韵味，具有很强的烘托和感染性。

焚香

4 焚香

中国人自古就有"闻香品茶"的雅趣。早在殷商时期，青铜祭器中就已经出现了香器，可见，焚香在那时起就已经成为了生活祭奠中的必需品。香之于茶就像美酒之于佳人，二者相得益彰。饮茶时焚的香多为禅院中普遍燃点的檀香，既能够与茶香很好地协调，更能促使杂念消散和心怀澄澈。

当我们心思沉静下来，焚一盘沉香，闻香之际，就会感到有一股清流从喉头沉入，口

花艺

花艺

棋艺

齿生津，六根寂静，身心气脉畅通。饮茶时点上一炷好香，袅袅的烟雾与幽香，成就了品茶时的另一番风景。

5 花艺

品茶时的鲜花一定不能被我们忽视。因为花能协调环境，亦能调节人的心情。花是柔美的象征，其美妙的姿态与芬芳的气息都与茶相得益彰。因此，品茶的环境中摆放几枝鲜花，一定会为茶宴增辉不少。

6 棋艺

一杯香茗，一盘棋局，组成了一幅清雅静美的画面。在悠闲品茶的同时深思，将宁静的智慧融入对弈之中，僵持犹豫时轻啜一小口清茶，让那种舒缓棉柔的感觉冲淡胜负争逐的欲望，相信品茶的趣味一定会大大提升。

茶与六艺之间的关系极为紧密，六艺衬托了品茶的意境，而茶也带给六艺不同的韵味。我们在品茶的同时，别忘了这几种不同的艺术形式，相信它们一定会带给你独特的精神与艺术的享受。

茶与修养

品茶是一门综合艺术，人们通过饮茶可以达到明心净性，提高审美情趣，完善人生价值取向的作用，也就是说，茶与个人的修养息息相关。

《茶经》中提到："茶者，南方之嘉木也。"茶之所以被称为嘉木，正是因为茶树的外形以及内质都具有质朴、刚强、幽静和清纯的特点。另外，茶树的生存环境也很特别，常生在山野的烂石间，或是黄土之中，向人们展示着其坚强刚毅的特点，这与人们的某些品质也极其相似。

人们通过接触茶，了解茶，品茶评茶之后，往往能够进入忘我的境界，从而远离尘世的喧嚣，为自己带来身心上的愉悦感受。因为茶洁净淡泊，朴素自然，因而，在感受茶之美的过程中，我们常常借助茶的灵性去感悟生活，不断调适自己，修养身心，自我超越，

通过饮茶可以明心净性，提高审美情趣，完善人生价值取向

从而拥有一份美好的情怀。

冲泡沸水之后，茶汤变得清澈明亮，香味扑鼻，高雅却不傲慢，无喧嚣之态，也无矫揉造作之感。茶的这种特性与人类的修养也很相似，表现在人生在世，做人做事的一种态度。而延伸到人们的精神世界中，则成了一种境界，一种品格，一种智慧。因而，我们可以将茶与人的修养联系在一起，从而达到"以茶为媒"，修身养性的作用。

除此之外，茶在操守、雅志、养廉等方面一直被历代茶人所推崇。《茶经》中记载了许多有关饮茶的名人逸事，各朝各代皆有之：齐国的宰相晏婴大家一定不陌生，文中记载，晏婴平日吃糙米饭，除了少量荤菜之外，只有茶而已，以此来要求自己一切从简；恒温也与他很像，平日里宴请宾客只奉上几盘茶和果品招待客人，表明其崇尚简朴，追求廉俭之风。与他们相似的名人还有许多，这些人均以茶崇俭，被后世敬仰。

然而，现代生活节奏加快，人们承受着来自各方面的压力，常常感叹活得太累，太无奈，似乎已经失去了自我。而茶的一系列特点，例如性俭、自然、中正和纯朴，都与崇尚虚静自然的思想达到了最大程度的契合。所以，生活在现今社会的人们已经将饮茶作为一种清清净净的休闲生活方式，它正如一股涓涓细流滋润着人们浮躁的心灵，平和着人们烦躁的情绪，成为人们最好的心灵抚慰剂。看似无为而又无不为，让心境回复清静平和状态，使生活、工作更有条理，同样也是一种积极的人生观的体现。

烹茶以养德，煮茗以清心，品茶以修身。通过品茶这一活动的确可以表现一定的礼节、意境以及个人的修养等。我们在品茶之余，可以在沁人心脾的茶香中将自己导入冷静、客观的状态，反省自己的对错，反思自己的得失，以追求"心"的最高享受。

吃茶、喝茶、饮茶与品茶

经常与茶打交道的人一定常听到这几个词：吃茶、喝茶、饮茶与品茶。一般而言，人们会觉得这4个词都是同样的意思，并没有太大的区别，但是细分之后，彼此之间还是有差别的。

1 吃茶

吃茶强调的是"吃"的动作。在我国有些地区，我们常常会听到这样的邀请，"明天来

我家吃饭吧，虽然只是'粗茶淡饭'……"这里的"粗茶"只是主人的谦辞罢了，并不是指茶叶的好坏。由此看来，"吃茶"一词便有了一点方言的味道。

一般来说，吃茶的说法在农家更为常见，这词听起来既透露出农家特有的淳朴气息，又多了一份狂放与豪迈之情。如果是小姑娘说出来，仿佛又折射出其柔美、淳朴、热情好客的品质。我们可以想象得到，吃茶在某些地区俨然成了生活中不可或缺的一部分：一家人围在桌旁，桌上放着香气四溢的茶水，老老少少笑容满面地聊天，看起来其乐融融。

吃茶

喝茶

2 喝茶

喝茶强调的是"喝"的动作，它给人的直观感觉就是：将茶水不断往咽喉引流，突出的是一个过程，仿佛更多的是以达到解渴为目的。为了满足人的生理需要，补充人体水分，人们在剧烈运动、体力流失之后，大口大口地急饮快咽，直到解渴为止。而在喝茶的过程中，人们对于茶叶、茶具、茶水的品质都没太多要求，只要干净卫生就可以了。

喝茶也是大家普遍的说法，可以是口渴时胡乱地灌上一碗，可以随便喝一杯，可以是礼貌的待客之道，可以是自己喝，可以是几个人喝，可以是一群人喝，可以在家里喝，可以在热闹的茶馆喝，可以是懂茶之人喝，也可以是不懂茶之人喝。总之，喝茶拉近了人与人的关系。

3 饮茶

饮茶包含的是一种含蓄的美，它要求人心绝无杂念，注重的是人与茶感情的融合。同时，它还要求环境静，人静，心静，环境绝对不是热闹的街头茶馆，人也绝对不是三五成群随意聚集，更显得正式一些。

4 品茶

品茶的目的就已经不止于解渴了，它重在品鉴茶水的滋味，品味茶中的内涵，重在精神。品茶要在"品"字上下功夫，品的是茶的质、形、色、香、味、气、韵，仔细体会，徐徐品味。茶叶要优质，茶具要精致，茶水要美泉，泡茶时要讲究周围环境的典雅宁静。品的是过程，品的是时间文化的积淀，品的是茶中的优缺点，品的是感悟，并从品茶中获得美感舒畅，达到精神升华。

饮茶

可以说，品茶与喝茶极其不同，它主要在于意境，而不在于喝多少茶。哪怕随意地抿一小口，只要能感受到茶中的韵味，其他的也就无足轻重了。

其实，我们现实里常常把喝茶、饮茶与品茶混为一谈，这在某些程度来说，也并没什么太大的影响。无论是吃茶、喝茶、饮茶还是品茶，都说明了我国茶起源久远，茶历史悠久，而茶文化博大精深，同时也使茶的精神和艺术得到弘扬。

品茶

品茶如品人

"不慕黄金罍，不慕白玉杯。不慕朝入省，不慕暮入台。唯慕江西水，曾向竟陵城下来。"由这首诗中，我们可以品味出一个人的人性与特点。茶圣陆羽不慕黄金宝物，高官荣华，所慕的只是用江西的流水来冲泡一壶好茶。而这些也将品茶和品人联系在一起，使品茶成为评判人品如何的一种方法。

茶有优劣之分。好茶与次茶不仅在色泽、形状、香气以及韵味方面有很大差异，人们对其品饮之后的感觉也各有不同。喝好茶是一种享受，喝不好的茶简直是受罪。有时去别人家做客，主人热情地泡上一杯茶来。不经意间喝上一口，一股陈味、轻微的霉味、其他东西的串味直扑肺腑，真是难受。含在口里，咽又咽不下，吐又太失礼，实在让人左右为难。

而人也同样如此，也可分出个三六九等。一个人的气质、谈吐、爱好和行为都可以体现这个人的水平与档次。茶可以使人保持轻松闲适的心境，而那些整天醉生梦死地生活的人，是不会有这样的心情的；那些整天工于心计，算计别人的人也不能是好的茶客；心浮气躁喝不好茶；盛气凌人也无法体会茶中的真谛；唯有那些心无纷杂，淡泊如水的人，才能体会到那缕萦绕在心头的茶香。

泡好一壶茶，初品一口，觉得有些苦涩，再品其中味道，又觉得多了几分香甜，品饮到最后，竟觉得唇齿留香，实在耐人寻味。这不正如与人交往一样吗？人们开始接触某些人的时候，可能会觉得与其性格格格不入，交往得久

将品茶和品人联系在一起，使品茶成为评判人品如何的一种方法

了才领略到他的独特魅力，直至最后，两人竟成了推心置腹的好友。

人们常常以茶会客，以茶交友。人们在品茶、评茶的同时，其言谈举止，礼仪修养都被展现无余，我们完全可以根据这些方面评判一个人的人品。也许在品茗之时，我们就对一个人的爱好、性格有所了解。若是两人皆爱饮茶，且脾气相投，那么人生便多了一位知己，总会令人愉悦；而一旦从对方饮茶的习惯等方面看出其人品稍差，礼貌欠缺，还是远远避开为好。

人有万象，茶有千面。茶分许多类，而人也是如此。这由其品质决定，是无法改变的事实。真正的好茶经得起沸腾热水的考验，真正有品质的人同样也要能承受尘世的侵蚀，眼明心清，始终保持着天赋本色。品茶如品人，的确如此。

人生如茶，茶如人生

对一般茶来说，初次泡时，其味道苦涩，继而转为甘爽，最后味道转淡转浅。有人也因此将茶比喻为人生，起初时苦涩艰辛，而后甘美宜人，最后转为平淡。

人生如茶，人一生的经历都仿佛融入一壶茶水之中，随着滚烫的开水冲入，茶叶翻腾，水花滚动，最后归为平静。因此，人们常把少年期的涉世茫然用刚沏泡的头道茶水的混浊来形容，此时应该去除泡沫，冲洗茶具，而后才能让茶汤清澈见底，韵味有神。这正如少年时期一样，应摒弃浮躁，让心灵沉静下来，这样才会凸显出年轻生命的韵味来。

人一生的经历都仿佛融入一壶茶水之中

而第二道茶则比喻为人的青壮年时期。第二道茶水中所含的茶碱和茶多酚最多，同时还夹有或多或少的其他味，所以喝起来带有较浓的青涩苦味。正如青壮年时期的人们，辛苦打拼，经历了一段艰难困苦的时期，也为人生留下了不可磨灭的记忆。

第三道茶水才是真正的茶叶好坏的韵味体现，这道茶汤最醇，最甘甜，最有韵味。因而，人们用这道茶来形容中年时期，经历了前两个时期的青涩与艰辛，这个年纪的人都已经有所成就，所以用这道茶来形容人生中年后的成果收获期是最恰当不过的。

第四道茶水虽清淡韵暇，却能让人回味起前几道茶来。就仿佛步入老年时期的人们，往往会怀念年轻时的一幕幕美好时光：少年时的青涩懵懂，青壮年时期的拼搏，中年时期的成就与满足，每一幕都令人感慨万千，最终化为一缕茶香，萦绕在清新恬淡的生活中。因此，用第四道茶汤形容老年时期实在很贴切。

也有人将第一道茶比为生命，第二道茶比喻成爱情，第三道茶则化为人生。生命是苦涩的，正如第一道茶，或浓烈或平淡，功名利禄，起起伏伏，其中还夹杂着苦涩的味道，使生命也变得厚重起来；爱情是甘甜的，即便其中有小矛盾，小分歧，最终也仍会化为甘美，留住余香；人生是平淡的，也应该平平淡淡，当一切化为尘土，一切归于平静之后，看透人生的大起大落，想必此时的人们，一定更懂得人生。

在这个功名利禄的世界中，人人都在为生存而奔波，忙忙碌碌地实现着自己的希望与梦想。与其被生活与工作的压力压得喘不过气来，不如冲泡一杯清茶，享受一份独有的心情，塑造一片淡然的心境。在淡淡的甘美之中细细品尝茶中所独有的韵味，在那蓦然回首之中感悟真正的人生。

品茶需要平心

"我们的力量并非在于武器、金钱或武力，而在于心灵的平静。"这是一行禅师曾说过的一种修行方法。尘世的喧嚣让我们的心灵备受折磨、饱受煎熬。我们的思绪总是被各种外物干扰，从而给心灵增加了许许多多的负累。在这种浮躁的风气中，我们需要寻求一种力量，一种可以约束杂乱思想，让心灵重归安定的力量。这种力量，就叫作平静。

心灵的平静是一股最强大的力量，它可以让我们约束起不需要的思想，从喧嚣的尘世安然抽身，也能让我们安心地活在当下，而品茶时就需要这种平和冷静的心境。

我们可以让自己完完全全地休息 10 分钟，在这段时间里，不要让心灵沾染琐事，心平气和地冲泡一壶好茶，让自己完全沉浸在香醇清爽的茶香里，安安静静地享受这段时光，让思绪随意地在头脑中游动，你会发现，茶香能起到安抚神经的作用，它能让你觉得精神多了，头脑也跟着清醒，心情也慢慢地转为平静。

心灵的平静意味着从稚嫩到成熟的转化，它是一股温柔的力量，让你的心灵归于一种最平稳的状态，让追求平静的人内心能够获得满足与安定。与此同时，轻啜一口茶汤，任那润滑清淡的茶汤在舌尖上滚动，它仿佛变成了一股温热的暖流，一直涌入我们的心底。在纷乱的世界中，给自己一段时间，细细品味茶中的香气与浓浓的滋味，回到内心深处细细地体会生命的奥秘，这无疑是一种追求平静的最高境界。

身体的彻底放松可以让我们的思绪变得清晰有条理，不再因各种外界的因素而变得混乱不堪。这也就是为何我们常常绞尽脑汁也记不起来的事情，在我们不去想的时候就自己跳出来的原因。

世间浮躁，人心浮躁，若要平心，唯有香茗，难怪古今圣贤、文人骚客，皆对茶赞之不绝，爱之难舍。当你烦躁时，不妨喝一杯茶，聆听心底最原始的声音；当你愤怒时，不妨喝一杯茶，它会让你躁动的心情慢慢归于平静；当你悲伤时，不妨喝一杯茶，你会发现原来生命中还有那么多美好的事……静静地品茶，你的世界才会多了一处平和的角落。

品茶需要清静

长期生活在纷繁都市的人们，整日与钢筋水泥的建筑打交道，在灰尘喧嚣中行走，心也随之疲惫吵闹。我们很难在城市中寻找到一处清净的角落，忧愁烦闷自然也随之而来。此时，如果我们能离开城市几日，到山野间，看着蓝天碧水，轻饮慢品一杯清茶，一定会使心性变得纯净起来，那些烦恼自然也可以化解。

茶饮具有清新、雅逸的天然特性，自然会有清心净心的作用，它有助于陶冶人们的情操、去除杂念、修炼身心。中国历代社会名流、文人墨客、商贾官吏、佛道人士都以崇茶为荣，在饮茶中获得清净之感。他们特别喜好在品茗中论经议事、轻吟浅唱、对弈作诗，以追求高雅享受的同时，也除却内心的烦冗。

茶的清静之美是一种柔性的美，和谐的美。古代的文人雅士介入茶事活动之后，发现茶叶的这些特性与他们的儒家、道家和禅宗的审美情趣都有相通之处，于是就将日常生活行为的饮茶发展提升为品茗艺术。而这种品茗艺术的性质自然是与茶叶的自然属性一脉相通的，都具有清、静的本质特征。

他们通过饮茶品茶创造了一种宁静的氛围和一个空灵虚静的心境，当茶的清香静静地浸润内心的每一个角落时，心灵便在这种虚静中显得空明，精神便在虚静中升华净化，人们将在虚静中与大自然融为一体，达到"天人合一"的境界。裴汶在《茶述》中写道："其性精清，其味浩洁，其用涤烦，其功致和。"写的就是茶的特性。卢仝在《走笔谢孟谏议寄新茶》中提到："五碗肌骨清，六碗通仙灵，七碗吃不得也，唯觉两腋习习清风生。"这也是茶可以使人清净。北宋赵佶在《大观茶论》中也同样指出茶的功效——"祛襟涤滞，致清导和"。明代朱权在《茶谱》中也提到："或对皓月清风，或坐明窗静牖，乃与客清谈款话，探虚玄而参造化，清心神而出尘表。"

由此看来，古人从喝茶中得出了"茶可清心静心"这一结论，这对我们后人来说，无疑是极有启发意义的。我们每个人都生活在功利的世界中，人人都在为生存而奔波忙碌，因而，我们常常忽视了那些生活中原本十分美好的东西，甚至一次次地与快乐和幸福错过。人们渴望清净、安宁的心情，渴望不被尘世所困扰烦忧，同样也期盼远离喧嚣，追求向往的东西，于是，茶便成了我们最忠实的朋友。

品茶需要禅定

茶在佛教中占有重要地位，寺院僧人种植、采制、饮用的茶被称为禅茶。由于佛教寺院多在名山大川，这些地方一般适于种茶、饮茶，而茶本性又清淡淳雅，具有醒脑宁神的功效。因而，种茶不仅成为僧人们体力劳动、调节日常单调生活的重要内容，也成了培养他们对自然、生命热爱之情的重要手段，而饮茶则成为历代僧侣漫漫青灯下面壁参禅、悟心见性的重要方式。

禅茶是一种境界，也是一次心与茶的相通，它是指僧人在斋戒沐浴、虔心诵佛后，经过一整套严谨而神圣的茶道仪式来泡制茶的全过程，共有18道程序。禅茶属于宗教茶艺，自古有"茶禅一味"之说。禅茶中有禅机，禅茶的每道程序都源自佛典、启迪佛性、昭示佛理。禅茶更多的是品味茶与佛教在思想上的"同味"，在品"苦"味的同时，品味烦苦人生，参破"苦"谛；在品"静"味的同时，品味遇事静坐静虑，保持平淡心态；在品"凡"味的同时，品味从平凡小事中感悟大道。

品茶需要禅定。佛门弟子在静坐参禅之前，必先要品一杯茶，借由茶来进入禅定、修止观。茶能防止昏沉散乱，有类似畅脉通经的效果，特别有助于"制心一处"的修行功夫。饮茶后的身体会特别舒畅，仿佛一股清气已先游遍全身，再加上观想或默持咒语，很容易"坐忘"，较快达到"心气合一"的觉受。体内有茶气，在念经修法时，因散发上品清光茶香，往往能感召较多的天人护法来护持修行人用功。

禅茶有许多好处，在品饮的时候其功效自然体现出来。首先，禅茶可以提神醒脑。出家僧众要打坐用功，因五戒之一就是不准饮酒，二来夜里不能用点心，三者打坐不可打盹，于是祖师们就提倡以喝茶来代替。茶能提神少睡、避免昏沉、除烦益思，有利修行人静坐修法、养身修性。

其次，禅茶可以帮助平衡人的心态。喜欢喝茶的朋友都知道，茶的味道是平淡中带有幽香，经常品茶就会使人的心境变得和茶一样，平静、洒脱、不带一丝杂念，这样有助于人们保持心态的平衡。心理决定生理，当心态平衡了，身体的各个系统和器官都会处于一种相对平衡的状态，这样的身体必然是健康的。

总体来说，禅定是修行之人的一种调心方法，它的目的就是净化心灵，提升大智慧，以进入无为空灵的境界。若以这种佛家之心去品茶，我们一定能在茶香余韵中体会人世间存在的诸多智慧，洞悉万事万物的实相，从而达到一种超脱的境界。

品茶需要风度

刘贞亮《茶十德》中明确指出"以茶可雅心"。古往今来，无数名人雅士都将情寄托于茶中，在茶香弥漫之间弹琴作诗，气度翩翩。由此，我们可以看到品茶的另一种心境——风度。

风度是一种儒雅之美，它是在清静之美与中和之美基础上形成的一种气质、一种神韵。它来源于茶树的天然特性，反映了茶人的内心世界及道德秉性。茶取天地之精华，禀山川之秀美，得泉水之灵性。在所有饮品中，唯有茶与温文尔雅、心志高洁的人最为相似。

所谓儒雅便是一种飘然若仙的风度，通常是指人们气质中蕴含着的较高的文化品位。正如唐代耿讳所说："诗书闻讲诵，文雅接兰荃。"因而，儒雅的风度一直是古今茶人形成的一种具有浓郁文化韵味的美感。

从审美对象而言，与茶相关的诸要素都呈现出雅致之美。品茗的器具、品茗的环境、品茗的艺术都可以与风度联系起来。中国茶人受道家"天人合一"的思想影响很深，追求与大自然的和谐相处。他们常把山水景物当作感情的载体，借自然风光来抒发自己的感情，与自然情景交融，因而产生对自然美的爱慕和追求。看着青天碧水，捧着精致的茶具，细细品茶，其中的风雅可见一斑。

艺术作为审美的高级形态，它源于生活又高于生活。因此品茗就具有一定的艺术性与观赏性，因此，它和生活中原生态喝茶动作就有雅俗之别。大口喝茶的人算不得品茶，边喝茶边大声喧哗的人也算不得高雅的茶人，只有那些言谈举止皆有风度的人才能将"品茶"二字诠释得完美。

品茶需要风度，在煮水的时候，在泡茶的时候，在端起茶杯的时候，都可以见到每个人的修养与品行。品茶同时也能提升一个人的风度气韵，若我们想要修炼身心，不妨冲泡一杯香茶，体会那种风雅之美吧。

品茶需要心意

中国的品茶艺术虽然高雅，却并不是高不可攀，它不似其他艺术那般令人难以企及，只需有一番心意就好。

提到心意，我们可能会想起这样一个故事：相传苏东坡当年来到一个寺院中，由于一路上风餐露宿，他的衣服有些破旧。住持看了看他，只是把他领到普通的房间，淡淡地说了一个字："坐。"接着又对小和尚说："茶。"当住持与苏东坡谈了许久之后，发现其文采飞扬，知识渊博，于是马上把他领到高级客房，微笑着说："请坐！"又对小和尚喊道："泡茶！"等又谈了一会儿，住持才知道对方就是大名鼎鼎的苏东坡，又惊又喜地将他领到自己居住的房间，恭恭敬敬地对他说："请上坐！"又吩咐小和尚说："泡好茶！"等苏东坡要离开的时候，住持希望他能留下字迹，好悬挂起来为僧人和香客瞻仰，苏东坡想了想之后，提笔写了一副对联："坐，请坐，请上坐；茶，泡茶，泡好茶！"住持一看，顿时羞愧难当。

先不论这个故事是真是假，但就住持这种表现来看，他就缺乏品茶的心意。佛门本就应不分尊卑，一视同仁，而他的做法却恰恰相反。诚意是发自内心的意愿，自动自发竭尽全力去做，发自内心想让客人尝到一杯最好的茶，这种诚意的表现，实际上茶未饮而心已感到一股暖流了。

客来敬茶一直是中国人的基本礼貌之一，它给人的感觉便是热情好客的温暖之感。从迎宾时选好茶、好水、好器开始，到优美的泡茶手法与茶艺表演，处处都能体会到主人的心意与热忱，这是用华丽辞藻也无法表达出来的感受。当客人捧起茶碗，听主人讲述茶的典故与文化时，那种以心交心的过程也在这种平和愉悦之中完成了。

茶的制作过程极其复杂，从采茶开始到品饮结束，要经历太多的过程，而每一个过程都有需要注意的事项。因此，品茶的时候我们便能体会到每一个过程中制茶人的那份心意，带着这份满满的感动之情去品茶，一定更能体会茶中的韵味。

品茶需要放松

生活压力、职场压力、情感纠纷，无一不是生活在现今社会人们的苦恼。每个人都想要寻求一种轻松的生活，却总是被形形色色的压力"捉弄"得苦不堪言。每每此时，我们可以为自己冲泡一杯茶，放松心情，舒缓一下紧张的神经。

所谓"茶者心之水，饮之畅灵"。喝茶跟所有的感官都紧密相连，尤其是心。有心喝茶就可以清净身心，达到心、气、脉、身、境五者的融合，心若放松，那么整个人也会随之畅快无比。品一口茶，人们的眼睛、耳朵、鼻子、舌头、身体、意念等都会受到茶的影响，渐渐地放松起来。主人与客人之间联结着的纽带就是茶，彼此之间怀着对茶、对水、对茶具的喜爱与感激之情品饮，让整个人开始放松，仔细体会茶水流经喉咙的感觉以及它们流入你心中的过程。

眼睛放松，便能看清整个泡茶的过程，看清楚茶叶在清澈的水杯中上下沉浮，茶汤色泽如何，茶叶品质如何，茶具是否美观，品茶的环境是否雅致，等等。

耳朵放松，便能听到茶水倾入杯中的声响，听清主人边泡茶边细心地讲解，听到品茶者呷饮时的愉快之声以及对茶的赞美之情。

鼻子放松，就能对茶的清香之气更为敏感，使香气更完整地进入我们体内，闻到比平常更细微的味道。

舌头放松，品尝到的茶汤美感自不必说。口腔中的津液自然分泌，或香醇或清冽的茶水顺着舌根流入身体里，就像沿着心脉在体内循环，将每一个器官都抚平了一样。

身体放松，我们就不会觉得与世间万物有距离。茶具不是独立的，茶水不是独立的，茶香也不是独立的，都与我们融为一体。此时天地之间的万物都是一个整体，都随着柔滑的茶水，扑鼻的香气成为我们身体的一部分，"物"与"我"完全合一。

意念放松，内心则不再有执着，才会得到自由和解脱。一个彻底放下执着与意识最深层惯性的人，才会具备享受人生的洒脱之情。当我们每一个念头都是自由自在，不受其他念头的制约时，就有了所谓般若的智慧，也就是大师们所说的"无念"。

品茶可以使人放松，而放松之后才能更好地品茶。若有闲暇时间，请将执著心放下，让六根放松，沉浸在茶的芬芳与韵味之中吧。

品茶需要乐观的心态

中国著名作家钱锺书曾经说过："发现了快乐由精神来决定，这是人类文化又一进步。"快乐由精神决定，以良好的心态和乐观的精神品茶，也就能使茶的品饮与内心情感融为一体，交互共鸣，真正体会到品茶的快乐。

乐观是甘霖，是一次拯救，是因为卓识和对事物的深入了解才会展现出的洒脱。当乌云布满天空之时，悲观的人看到的是"黑云压城城欲摧"，乐观的人看到的是"甲光向日金鳞开"。欢乐时不要过分炫耀欢乐，悲伤时也不要过分夸大悲伤，现实往往并不像想象中的那么好或那么糟。当"山穷水尽"的时候，乐观还是一笔巨大的财富，我们完全可以依靠这笔财富重整旗鼓。但如果连这笔财富都没有了，那可真是彻头彻尾的"一无所有"了。

品茶与吟咏一样，都需要有一种闲适的心态。这种"闲"并非仅仅是空闲，而是一种摈弃了俗虑，超然于世的悠闲心态。这样从容乐观地啜品，才能悟得出茶的真色、真香与真味，正如洪应明在《菜根谭》中说："从静中观物动，向闲处看人忙，才得超尘脱俗的趣味；遇忙处会偷闲，处闹中能取静，便是安身立命的功夫。"由此便能看出他乐观开朗的本性。

带着这种乐观的心态去品茶，就可以得到同样乐观的享受。无论茶叶是不是名茶，水质是不是上好的山泉水，茶具是不是精致昂贵的名品，饮茶环境是不是布局精美，这些在乐观人的眼中，往往都不重要。他们只在乎一种品茶的心境，即是不是从心底感到快乐，他们以这种乐观的心情品茶，那么无论外部条件如何，他们都能得到快乐，这便是乐观最大的好处。

六　不可不知的茶礼仪

　　我国自古就被称为礼仪之邦，"以茶待客"历来是中国人日常社交与家庭生活中普遍的往来礼仪之一。因此，了解并掌握好茶礼仪，不仅表现出对家人、朋友、客人的尊敬，也能体现出自己的良好修养。从过程来看，茶礼仪大致可分为泡茶的礼仪、奉茶的礼仪、品茶的礼仪等多种，每一个过程都有许多标准，有些极为重要，我们不可不知。

泡茶的礼仪

　　泡茶可分为泡茶前的礼仪以及泡茶时的礼仪。

1 泡茶前的礼仪

　　泡茶前的礼仪主要是指泡茶前的准备工作，包括茶艺员的形象以及茶器的准备。

　　（1）茶艺员的形象

　　茶艺表演中，人们较多关注的都是茶艺员的双手。因此，在泡茶开始前，茶艺员一定要将双手清洗干净，不能让手沾有香皂味，更不可有其他异味。洗过手之后不要碰触其他物品，也不要摸脸，以免沾上化妆品的味道，影响茶的味道。另外，指甲不可过长，更不可涂抹指甲油，否则会给客人带来脏兮兮的感觉。

　　除了双手，茶艺员还要注意自己的头发、妆容和服饰。茶艺员如果是长头发，一定要将其盘起，切勿散落到面前，造成邋遢的样子；如果是短头发，则一定要梳理干净，不能让其挡住视线。因为如果头发碰到了茶具或落到桌面上，会使客人觉得很不卫生。在整个泡茶的过程中，茶艺员也不可用手去拨弄头发，否则会破坏整个泡茶流程的严谨性。

　　茶艺员的妆容也有些讲究。一般来说，茶艺员尽量不上妆或上淡妆，切忌浓妆艳抹和使用香水影响整个茶艺表演清幽雅致的特点。

　　茶艺员的着装不可太过鲜艳，袖口也不能太大，以免碰触到茶具。不宜佩戴太多首饰，例如手表手链等，不过可以佩戴一个手镯，这样也能为茶艺表演带来一些韵味。总体来说，茶艺员的着装应该以简约优雅为准则，与整个环境相称。

除此之外，茶艺员的心性在整个泡茶前的礼仪中也占据着重要比重。心性是对茶艺员的内在要求，需要其做到神情、心性与技艺相统一，让客人能够感受到整个茶艺表演的清新自如、祥和温馨的气氛，这才是对茶艺员最大的要求。

（2）茶器的准备

泡茶之前，要选择干净的泡茶器具。干净茶器的标准是，杯子里不可以有茶垢，必须是干净透明的，也不可有杂质、指纹等异物粘在杯子表面。

茶器的准备

2 泡茶时的礼仪

泡茶时的礼仪包括取茶礼仪和装茶礼仪。

（1）开闭茶样罐礼仪

茶样罐大概有两种，套盖式和压盖式，两种开闭方法略有不同，具体方法如下：

套盖式茶样罐。两手捧住茶样罐，用两手的大拇指向上推外层铁盖，边推边转动罐身，使各部位受力均匀，这样很容易打开。当它松动之后，用右手大拇指与食指、中指捏住外盖外壁，转动手腕取下后按抛物线轨迹放到茶盘右侧后方角落，取完茶

开闭茶样罐

之后仍然以抛物线的轨迹取盖扣，用两手食指向下用力压紧盖好后，再将茶样罐放好。

压盖式茶样罐。两手捧住茶样罐，右手的大拇指、食指和中指捏住盖钮，向上提起，沿抛物线的轨迹将其放到茶盘右侧后方角落，取完茶之后按照前面的方法再盖回放下。

（2）取茶礼仪

取茶时常用的茶器具是茶荷和茶匙，有三种取茶方法。

茶匙茶荷取茶法。这种方法一般用于名优绿茶冲泡时取样，取茶的过程是：左手横握住已经开启的茶罐，使其开口向右，移至茶荷上方。接着用右手手背向下，大拇指、食指和中指捏茶匙，将其伸进茶叶罐中，将茶叶拨进茶荷内。放下茶叶罐盖好，再用左手托起茶荷，右手拿起茶匙，将茶荷中的茶叶分别拨进泡茶器具中，取茶的过程也就结束了。

茶匙茶荷取茶法　　　　　　　茶荷取茶法　　　　　　　茶匙取茶法

茶荷取茶法。这一手法常用于乌龙茶的冲泡，取茶的过程是：右手托住茶荷，令茶荷口朝向自己。左手横握住茶叶罐，放在茶荷边，手腕稍稍用力使其来回滚动，此时茶叶就会缓缓地散入茶荷之中。接着，将茶叶从茶荷中直接投入冲泡器具之中。

茶匙取茶法。这种方法适用于多种茶的冲泡，其过程为：左手竖握住已经打开盖子的茶样罐，右手放下罐盖后弧形提臂转腕向放置茶匙的茶筒边，用大拇指、食指与中指三指捏住茶匙柄取出，将茶匙放入茶样罐，手腕向内旋转舀取茶样。同时，左手配合向外旋转手腕使茶叶疏松，以便轻松取出，用茶匙舀出的茶叶可以直接投入冲泡器具之中。取茶完毕后，右手将茶匙放回原来的位置，再将茶样罐盖好放回原来的位置。

取茶之后，主人在主动介绍该茶的品种特点时，还需要让客人依次传递嗅赏茶叶，这个过程也是泡茶时必不可少的。

（3）装茶礼仪

用茶匙向泡茶器具中装茶叶的时候，也讲究方法和礼仪。一般来说，要按照茶叶的品种和饮用人数决定投放量。茶叶不宜过多，也不宜太少。茶叶过多，茶味过浓；茶叶太少，冲出的茶没啥味道。假如客人主动介绍自己喜欢喝浓茶或淡茶的习惯，那就按照客人的口味把茶冲好。这个过程中切记，茶艺员或泡茶者一定不能为了省事就用手抓取茶叶，这样会让手上的气味影响茶叶的品质，另外也使整个泡茶过程不雅观，失去了干净整洁的美感。

装茶礼仪

（4）茶巾折合法

此类方法常用于九层式茶巾：将正方形的茶巾平铺在桌面上，将下端向上平折至茶巾的2/3处，将茶巾对折。接着，将茶巾右端向左竖折至2/3处，然后对折成正方形。最后，

茶巾折合法

将折好的茶巾放入茶盘中，折口向内。

除了这些礼仪之外，泡茶过程中，茶艺员或泡茶者尽量不要说话。因为口气会影响到茶气，影响茶性的挥发；茶艺员闻香时，只能吸气，挪开茶叶或茶具后方可吐气。以上就是泡茶的礼仪，若我们能掌握好这些，就可以在茶艺表演中首先令客人眼前一亮，也会给接下来的表演创造良好的开端。

奉茶的礼仪

关于奉茶，有这样一则美丽的传说：传说有种叫土地公的神明，他每年都要向玉皇大帝报告人间所发生的事。一次，土地公到人间去观察凡人的生活情形，走到一个地方之后，感觉特别渴。有个当地人告诉他，前面不远处的树下有个大茶壶。土地公到了那里，果然见到树下放着一个写有"奉茶"的茶壶，他用一旁的茶杯倒了杯茶喝起来。喝完之后感叹道："我从未喝过这么好的茶，究竟是谁准备的？"走了不久，他又发现了带着"奉茶"二字的茶壶，就接二连三地用其解渴。旅行回来之后，土地公在自己的庙里也准备了带有"奉茶"字样的茶壶，以供人随时饮用。当他把这茶壶中的茶水倒给玉皇大帝喝时，玉皇大帝惊讶地说："原来人世间竟然有这么美味的茶！"

虽然这个故事缺乏真实性，但却表达了人们"奉茶"时的美好心情，试想，人们若没有待人友好善意的心情，又怎能热忱地摆放写有"奉茶"字样的大茶壶为行人解渴呢？

据史料记载，早在东晋时期，人们就用茶汤待客，用茶果宴宾等。主人将茶端到客人面前献给客人，以表示对其的尊敬之意，因而，奉茶中也有着较多的礼仪。

1 端茶

依照我国的传统习惯，端茶时要用双手呈给客人，一来表示对客人的诚意，二来表示对客人的尊敬。现在有些人不懂这个规矩，常常用一只手把茶杯递给客人就算了事，他们怕茶杯太

端茶

烫，直接用五指捏着茶杯边沿，这样不但很不雅观，也不够卫生。试想一下，客人看着茶杯沿上都是主人的指痕，哪还有心情喝下去呢？

另外，双手端茶也有讲究。首先，双手要保持平衡，一只手托住杯底，另一之手扶住茶杯 1/2 以下的部分或把手下部，切莫触碰到杯子口。此时茶杯往往很烫，我们最好使用茶托，一来能保持茶杯的平稳，二来便于客人从泡茶者手中接过杯子。如果我们是给长辈或是老人倒茶，身体一定要略微前倾，这样表示对长者的尊敬。

2 放茶

有时我们需要直接将茶杯放在客人面前，这个时候需要注意的是，要用左手捧着茶盘底部，右手扶着茶盘边缘，接着，再用右手将茶杯从客人右方奉上。如果有茶点送上，应将其放在客人右前方，茶杯摆在点心右边。若是用红茶待客，那么杯耳和茶匙的握柄要朝着客人的右方，将砂糖和奶精放在小碟子上或茶杯旁，以供客人酌情自取。另外，放置茶壶时，壶嘴不能正对他人，否则表示请人赶快离开。

放茶

3 伸掌礼

伸掌礼是茶艺表演中经常使用的示意礼，多用于主人向客人敬奉各种物品时的礼节。主人用表示"请"，客人用表示"谢谢"，主客双方均可采用。

伸掌礼的具体姿势为：四指并拢，虎口分开，手掌略向内凹，侧斜之掌伸于敬奉的物品旁，同时欠身点头并微笑。如果两人面对面，均伸右掌行礼对答；两人并坐时，右侧一方伸右掌行礼，左侧伸左掌行礼。

伸掌礼

除了以上几种奉茶的礼仪之外，我们还需要注意：茶水不可斟满，以七分为宜；水温不宜太烫，以免把客人烫伤；若有两位以上的客人，奉上的茶汤一定要均匀，最好使用公道杯。

若我们按照以上礼仪待客，一定会让客人感觉到我们的真诚与敬意，还可以增加彼此间的关系，起到良好沟通的作用。

品茶中的礼仪

品茶不仅仅是品尝茶汤的味道，一般包括审茶、观茶、品茶三道程序。待分辨出茶品质的好坏，水温是否适宜，茶叶的形态之后，才开始真正品茶。品茶时包含多种礼仪，使用不同茶器时礼仪有所差别。

1 用玻璃杯品茶的礼仪

一般来说，高级绿茶或花草茶往往使用玻璃杯冲泡。用玻璃杯品茶的方法是：用右手握住玻璃杯，左手托着杯底，分三次将茶水细细品啜。如果饮用的是花草茶，可以用小勺轻轻搅动茶水，直至其变色。首先，把杯子放在桌上，一只手轻轻扶着杯子，另一只手的大拇指和食指轻捏勺柄，按顺时针方向慢慢搅动。这个过程中需要注意的是，不要来回搅动，这样的动作很不雅观。当搅动几圈之后，茶汤的香味就会溢出来，其色泽也发生改变，变得透明晶莹，且带有浅淡的花果颜色。品饮的时候，要把小勺取出，不要放在茶杯中，也不要边搅动边喝，这样会显得很没礼貌。

用玻璃杯品茶的礼仪

2 用盖碗品茶的礼仪

用盖碗品茶的标准姿势是：拿盖的手用大拇指和中指持盖顶，接着将盖略微倾斜，用靠近自己这面的盖边沿轻刮茶水水面，其目的在于将碗中的茶叶拨到一边，以防喝到茶叶。接着，拿杯子的手慢慢抬起，如果茶水很烫，此时可以轻轻吹一吹，但切不可发出声音。女士则需要双手把盖碗连杯托端起，放在左手掌心。

3 用瓷杯品茶的礼仪

人们一般用瓷杯冲泡红茶。无论自己喝茶还是与其他人一同饮茶，都需要注意男女握杯的差别：品茶时，如果是男士，拿着瓷杯的手要尽量收拢，这样才能表示大权在握；而女士可以把食指与小指弯曲呈兰花指状，左手指尖托住杯底，这样显得迷人而又优雅。总体说来，握杯的时候右手大拇指、中指握住杯两侧，无名指抵住杯底，食指及小指自然弯曲。

以上为用几种不同茶具品茶时的讲究与礼仪，需要我们每个人了解并掌握，以便于应对各种茶具。

用盖碗品茶的礼仪

用瓷杯品茶的礼仪

倒茶的礼仪

茶叶冲泡好之后，需要茶艺员或泡茶者为宾客倒茶。倒茶的礼仪包括以下两个方面，既适用于客户来公司拜访，同样也适用于商务餐桌。

1 倒茶顺序

有时，我们会宴请几位友人或是出席一些茶宴，这时就涉及倒茶顺序的问题。一般来说，如果客人不止一位，那么首先要从年长者或女士开始倒茶。如果对方有职称的差别，那么应该先为领导倒茶，接着再给年长者或女士倒茶。如果在场的几位宾客中，有一位是自己的领导，那么应该以宾客优先，最后才给自己的领导倒茶。

简而言之，倒茶的时候，如果分宾主，那么要先给宾客倒，然后才是主人；宾客如果多人，则根据他们的年龄，职位，性别不同来倒茶，年龄按先老后幼，职位则从高到低，性别是女士优先。

这个顺序切不可打乱，否则会让宾客觉得倒茶者太失礼了。

2 续茶

品茶一段时间之后，客人杯子中的茶水可能已经饮下大半，这时我们需要为客人续茶。续茶的顺序与上面相同，也是要先给宾客添加，接着是自己的领导，最后再给自己添加。续茶的方法是：用大拇指、食指和中指握住杯把，从桌上端起茶杯，侧过身去，将茶水注入杯中，这样能显得倒茶者举止文雅。另外，给客人续茶时，不要等客人喝到杯子快见底了再添加，而要勤斟少加。

如果在茶馆中，我们可以示意服务生过来添茶，还可以让他们把茶壶留下，由我们自己添加。一般来说，如果气氛出现了尴尬的时候，

续茶

或完全找不到谈论焦点时，也可以通过续茶这一方法掩饰一下，拖延时间以寻找话题。

另外，宾客中如果有外国人，他们往往喜欢在红茶中加糖，那么倒茶之前最好先询问一下对方是否需要加糖。

倒茶需要讲究以上的礼仪问题，若是对这些礼仪完全不懂，那么失去的不仅是自己的修养问题，也许还会影响生意等，切莫小看。

习茶的基本礼仪

习茶的基本礼仪包括站姿、坐姿、跪姿、行走和行礼等多方面内容，这些都是需要茶艺员或泡茶者必须掌握的动作，也是茶艺中标准的礼仪之一。

茶艺员的站姿

1 站姿

站立的姿势算得上是茶艺表演中仪表美的基础。有时茶艺员因要多次离席，让客人观看茶样，并为宾客奉茶、奉点心等，时站时坐不太方便，或者桌子较高，下坐不方便，往往采用站立表演。因此，站姿对于茶艺表演来说十分重要。

站姿的动作要求是：双脚并拢身体挺直，双肩放松；头上顶下颌微收，双眼平视。女性右手在上双手虎口交握，置于胸前；男性双脚微呈外八字分开，左手在上，双手虎口交握置于小腹部。

站姿既要符合表演身份的最佳站立姿势，也要注意茶艺员面部的表情，用真诚、美好的目光与观众亲切地交流。另外，挺拔的站姿会将一种优美高雅、庄重大方、积极向上的美好印象传达给大家。

2 坐姿

坐姿是指曲腿端坐的姿态，在茶艺表演中代表一种静态之美。它的具体姿势为：茶艺员端坐椅子中央，双腿并拢；上身挺直，双肩放松；头正下颌微敛，舌尖抵下颚；眼可平视或略垂视，面部表情自然；男性双手分开如肩宽，半握拳轻搭前方桌沿；女性右手在上，双手虎口交握，置放胸前或面前桌沿。

另外，茶艺员或泡茶者身体要坐正，腰干要挺直，以保持美丽、优雅的姿势。两臂与肩膀不要因为持壶、倒茶、冲水而不自觉地抬得太高，甚至身体都歪到一边。全身放松，调匀呼吸、集中思想。

如果大家作为宾客坐在沙发

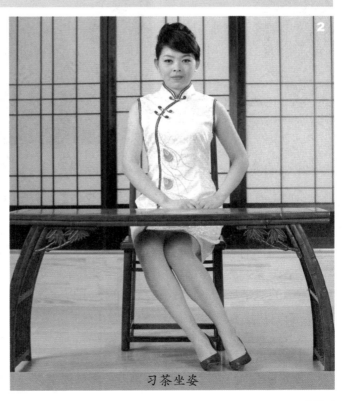

习茶坐姿

上，切不可怎么舒适怎么坐，也是要讲求一点礼仪的。如果是男性，可以双手搭于扶手上，两腿可架成二郎腿但双脚必须下垂且不可抖动；如果是女性，则可以正坐，或双腿并拢偏向一侧斜坐，脚踝可以交叉，时间久了之后可以换一侧，双手在前方交握并轻搭在腿根上。

3 跪姿

跪姿是指双膝触地，臀部坐于自己小腿的姿态，它分为三种跪的姿势。

（1）跪坐

也就是日本茶道中的"正坐"。这个姿势为：放松双肩，挺直腰背，头端正，下颌略微收敛，舌尖抵上颚；两腿并拢，双膝跪在坐垫上，双脚的脚背相搭着地，臀部坐在双脚上；双手搭放于大腿上，女性右手在上，男性左手在上。

（2）单腿跪蹲

单腿跪蹲的姿势常用于奉茶。具体动作为：左腿膝盖与着地的左脚呈直角相屈，右腿膝盖与右足尖同时点地，其余姿势同跪坐一样。另外，如果桌面较高，可以转换为单腿半蹲式，即左脚前跨一步，膝盖稍稍弯屈，右腿的膝盖顶在左腿小腿肚上。

（3）盘腿坐

盘腿坐只适合男士，动作为：双腿向内屈伸盘起，双手分搭在两腿膝盖处，其他姿势同跪姿一样。

| 跪坐 | 单腿跪蹲 | 盘腿坐 |

一般来说，跪姿主要出现在日本和韩国的茶艺表演中，另外，无我茶会上也常用这种姿势品茶。

4 行走

行走是茶艺表演中的一种动态美，其基本要求为：以站姿为基础，在行走的过程中双肩放松，目光平视，下颌微微收敛。男性可以双臂下垂，放在身体两侧，随走动步伐自然摆动，女性可以双手同站姿时一样交握在身前行走。

眼神、表情以及身体各个部位有效配合，不要随意扭动上身，尽量沿着一条直线行走，这样才能走出茶艺员的风情与雅致。

走路的速度与幅度在行走中都有严格的要求。一般来说，行走时要保持一定的步速，

行走

不宜过急，否则会给人急躁、不稳重的感觉；步幅以每一步前后脚之间距离 30 厘米为宜，不宜过大也不宜过小，这样才会显得步履款款，走姿轻盈。

行走过程中需要注意的是，当茶艺员走到来宾面前时，应该由侧身状态转成正面状态，离开时应先后退两步再侧身转弯，切不可掉转头直接走开，这样会非常不礼貌。

5 行礼

行礼主要表现为鞠躬，可分为站式，坐式和跪式三种。

站立式鞠躬与坐式鞠躬比较常用，其动作要领是：两手平贴小腹部，上半身平直弯腰，弯腰时吐气，直身时吸气，弯腰到位后略作停顿，再慢慢直起上身；行礼的速度宜与他人保持一致，以免出现不谐调感。

行礼根据其对象，可分为"真礼""行礼"与"草礼"三种。"真礼"用于主客之间、"行礼"用于客人之间，而"草礼"用

女性行礼

男性行礼

于说话前后。"真礼"时，要求茶艺员或泡茶者上半身与地面呈 90 度角，而"行礼"与"草礼"弯腰程度可以较低。

除了这几种习茶的礼仪，茶艺员还要做到一个"静"字，尽量用微笑、眼神、手势、姿势等示意，不主张用太多语言客套，还要求茶艺员调息静气，达到稳重的目的。一个小小的动作，轻柔而又表达清晰，使宾客不会觉得有任何压力。因而，茶艺员必须掌握好每个动作的分寸。

习茶的过程不主张繁文缛节，但是每一个关乎礼仪的动作都应该始终贯穿其中。总体来说，不用动作幅度很大的礼仪动作，而采用含蓄、温文尔雅、谦逊、诚挚的礼仪动作，这也可以表现出茶艺中含蓄内敛的特质，既美观又令宾客觉得温馨。

提壶、握杯与翻杯手法

泡茶者在泡茶的时候可以有不同的姿势，并非只按照一种手法进行泡茶。提壶、握杯与翻杯都有几种不同的手法，我们可以根据个人的喜好以及不同器具转换。

1 提壶手法

（1）侧提壶

侧提壶可根据壶型大小决定不同提法。大型壶需要用右手食指、中指勾住壶把，大拇指与食指相搭。同时，左手食指、中指按住壶钮或盖，双手同时用力提壶；中型壶需要用右手食指、中指勾住壶把，大拇指按住壶盖一侧提壶；小型壶需要用右手拇指与中指勾住壶把，无名指与小拇指并列抵住中指，食指前伸呈弓形压住壶盖的盖钮或其基部，提壶。

（2）提梁壶

提梁壶的提壶方法为：右手除中指外的四指握住提梁，中指抵住壶盖提壶。如果提梁较高，无法抵住壶盖，这时可以五指一同握住提梁右侧。若提梁壶为大型壶，则需要用右手握提梁把，左手食指、中指按在壶的盖钮上，使用双手提壶。

（3）无把壶

对于无把壶这类茶壶的提壶方法为：右手虎口分开，平稳地握住茶壶口两侧外壁，也可以用食指抵在盖钮上，将壶提起。

侧提壶

提梁壶

无把壶

2 握杯手法

（1）有柄杯

有柄杯的握杯手法为：右手的食指、中指勾住杯柄，大拇指与食指相搭。如果女士持杯，需要用左手指尖轻托杯底。

（2）无柄杯

无柄杯的握杯手法为：右手虎口分开握住茶杯。如果是女士，需要用左手指尖轻托杯底。

（3）品茗杯

品茗杯的握杯手法为：右手虎口分开，用大拇指、中指握杯两侧，无名指抵住杯子底部，食指及小指自然弯曲。这种握杯的手法也称为"三龙护鼎法"。

（4）闻香杯

闻香杯的握杯手法为：两手掌心相对虚拢作双手合十状，将闻香杯捧在两手间。也可右手虎口分开，手指虚拢成握空心拳状，将闻香杯直握于拳心。

有柄杯　　　　无柄杯

品茗杯　　　　闻香杯

盖碗

（5）盖碗

拿盖碗的手法：右手虎口分开，大拇指与中指扣在杯身中间两侧，食指屈伸按在盖钮下凹处，无名指及小指自然搭在碗壁上。

3 翻杯手法

翻杯也讲究方法，主要分为翻有柄杯和无柄杯两种。

（1）有柄杯

有柄杯的翻杯手法为：右手的虎口向下、反过手来，食指深入杯柄环中，再用大拇指与食指、中指捏住杯柄。左手的手背朝上，用大拇指、食指与中指轻扶茶杯右侧下部，双

有柄杯翻杯法

手同时向内转动手腕，茶杯翻好之后，将它轻轻地放在杯托或茶盘上。

（2）无柄杯

无柄杯的翻杯手法为：右手的虎口向下，反手握住面前茶杯的左侧下部，左手置于右手手腕下方，用大拇指和虎口部位轻托在茶杯的右侧下部。双手同时翻杯，再将其轻轻放下。

需要注意的是，有时所用的茶杯很小，例如冲泡乌龙茶中的饮茶杯，可以用单手动作左右手同时翻杯。方法是：手心向下，用拇指与食指、中指三指扣住茶杯外壁，向内动手腕，轻轻将翻好的茶杯置于茶盘上。

无柄杯翻杯法

提壶、握杯、翻杯的手法介绍到这里，也许开始学习比较复杂，一旦我们掌握了其中规律，就可以熟练掌握了。

温具手法

在冲泡茶的过程中，温壶温杯的步骤是必不可少的，我们在这里详细介绍一下：

1 温壶法

开盖

（1）开盖。左手大拇指、食指与中指按在壶盖的壶钮上，揭开壶盖，提手腕以半圆形轨迹把壶盖放到茶盘中。

（2）注汤。右手提开水壶，按逆时针方向加回转手腕一圈低斟，使水流沿着茶壶口冲进，再提起手腕，让开水壶中的水从高处冲入茶壶中。等注水量为茶壶总容量的1/2时再低斟，回转手腕一圈并用力令壶流上翻，使开水壶及时断水，最后轻轻放回原处。

（3）加盖。用左手把开盖顺序颠倒即可。

（4）荡壶。双手取茶巾放在左手手指上，右手把茶壶放在茶巾上，双手按逆时针方向转动，手腕如滚球的动作，使茶壶的各部分

注汤

加盖

荡壶

倒水

都能充分接触开水，消除壶身上的冷气。

（5）倒水。根据茶壶的样式以正确手法提壶将水倒进废水盂中。

2 温杯法

温杯需要根据茶杯大小来决定手法，一般分为大茶杯和小茶杯两种。

（1）大茶杯

右手提着开水壶，按逆时针转动手腕，使水流沿着茶杯内壁冲入，大概冲入茶杯 1/3 左右时断水。将茶杯逐个注满水之后将开水壶放回原处。接着，右手握住茶杯下部，左手托杯底，右手手腕按逆时针转动，双手一齐动作，使茶杯各部分与开水充分接触，涤荡之后将里面的开水倒入废水盂中。

温大茶杯

（2）小茶杯

首先将茶杯相连，排成一字形或半圆形，右手提壶，用往返斟水法或循环斟水法向各个小茶杯内注满开水，茶杯的内外都要用开水烫到，再将水壶放回原处。接着，将一只茶杯侧放到临近的一只杯中，用无名指勾住杯底令其旋转，使上面放着的这个茶杯内外壁都

温小茶杯

接触到开水，接着将茶杯放回原处。按照这种手法，将每个茶杯都进行一次温洗，直到最后一只茶杯温洗之后时，将杯中的温水轻轻荡几下之后，将水倒掉。

3 温盖碗法

温盖碗的方法可分斟水、翻盖、烫碗、倒水等几个步骤，详细手法如下所述：

（1）斟水

将盖碗的碗盖反放，使其与碗的内壁留有一个小缝隙。手提开水壶，按逆时针方向向盖内注入开水，等开水顺小隙流入碗内约 1/3 容量后，右手提起手腕断水，开水壶放回原处。

（2）翻盖

右手如握笔状取渣匙伸入缝隙中，左手手背向外护在盖碗外侧，掌沿轻靠碗沿。右手用渣匙由内向外拨动碗盖，左手大拇指、食指与中指迅速将翻起的碗盖盖在碗上。这一动作讲究左右手协调，搭配得越熟练越好。

（3）烫碗

右手虎口分开，用大拇指与中指搭在碗身的中间部位，食指抵在碗盖盖钮下的凹处，同时左手托住碗底，端起盖碗，右手手腕呈逆时针运动，双手协调令盖碗内各部位充分接触到热水，最后将其放回茶盘。

（4）倒水

右手提起碗盖的盖钮，将碗盖靠右侧斜盖，距离盖碗左侧有一小空隙。按照前面方法端起盖碗，将其平移到废水盂上方，向左侧翻手腕，将碗中的水从盖碗左侧小缝隙中流进废水盂。

以上为几种主要器具的温洗手法，无论是哪一样茶具，在温洗的时候都要注意：不要让手碰触，这样会给人带来不正规、不干净的感觉。

斟水

翻盖

烫碗

倒水

常见的 4 种冲泡手法

冲泡茶的时候，需要有标准的姿势，总体说来应该做到：头正身直，目光平视，双肩齐平、抬臂沉肘。如果用右手冲泡，那么左手应半握拳自然放在桌上。以下是常见的 4 种冲泡手法，详细解释如下：

1 单手回转冲泡法

右手提开水壶，手腕按逆时针回转，让水流沿着茶壶或茶杯口内壁冲入茶壶或茶杯中。

单手回转冲泡法

2 双手回转冲泡法

如果开水壶比较沉，那么可以用这种方法冲泡。双手取过茶巾，将其放在左手手指部位，右手提起水壶，左手托着茶巾放在壶底。右手手腕按逆时针方向回转，让水流沿着茶壶口或茶杯口内壁冲入茶壶或茶杯中。

双手回转冲泡法

3 回转高冲低斟法

此方法一般用来冲泡乌龙茶。详细手法为：先用单手回转法，用右手将开水壶提起，向茶具中注水，使水流先从茶壶茶肩开始，按逆时针绕圈至壶口、壶心，再提高水壶，使水流在茶壶中心处持续注入，直到里面的水大概到七分满的时候压腕低斟，动作与单手回转手法相同。

回转高冲低斟法

4 凤凰三点头冲泡法

"凤凰三点头"是茶艺茶道中的一种传统礼仪，这种冲泡手法表达了对客人的敬意，同时也表达了对茶的敬意。

详细的冲泡手法为：手提水壶，进行高冲低斟反复3次，让茶叶在水中翻动，寓意为向来宾鞠躬3次以表示欢迎。反复3次之后，恰好注入所需水量，接着提腕断流收水。

凤凰三点头最重要的技巧在于手腕，不仅需要柔软，且要有控制力，使水声呈现"三响三轻"，同响同轻；水线呈现"三粗三细"，同粗同细；水流"三高三低"，同高同低；壶流"三起三落"，同起同落，最终使每碗茶汤完全一致。

凤凰三点头的手法需要柔和，不要剧烈。另外，水流3次冲击茶汤，能更多地激发茶性。我们不能以纯粹表演或做作的心态进行冲泡，一定要心神合一，这样才能冲泡出好茶来。

凤凰三点头冲泡法

　　除了以上4种冲泡手法之外，在进行回转注水、斟茶、温杯、烫壶等动作时，还可能用到双手回旋手法。需要注意的是，右手必须按逆时针方向动作，同时左手必须按顺时针方向动作，类似于招呼手势，寓意为"来、来、来"，表示对客人的欢迎。反之则变成"去、去、去"的意思，所以千万不可做反。

　　冲泡手法大致为以上几种，使用正确方法泡茶，不仅可以使宾客觉得茶艺员或泡茶者有礼貌、有修养，还会增添茶的色香味等，真是一举多得。

喝茶做客的礼仪

　　当我们以客人的身份去参加聚会时，或是去朋友家参加茶宴时，都不可忘记礼仪问题。面对礼貌有加的主人，如果我们的动作太过随意，一定会令主人觉得我们太没有礼貌，从而影响自己在对方心中的形象。

　　一般来说，喝茶做客需要注意以下几种礼仪：

1 接茶

　　"以茶待客"，需要的不仅是主人的诚意，同时也需要彼此间互相尊重。因此，接茶不仅可以看出一个人的品性，同时也能反映出宾客的道德素养，使主人与宾客间的感情交流更为真诚。

　　如果面对的是同辈或同事倒茶时，我们可以双手接过，也可单手，但一定要说声谢谢；如果面对长者为自己倒茶，必须站起身，用双手去接杯子，同时致谢，这样才能显示出对老人的尊敬；如果我们不喝茶，要提前给对方一个信息，这样也能使对方减少不必要的麻烦。

接茶

　　在现实中，我们经常会看到一类人，他们觉得自己的身份地位都比倒茶者高，就很不屑地等对方将茶奉上，有的人甚至连接都不接，更不会说"谢谢"二字，他们认为对方倒茶是理所应当的。试想一下，对方为自己端上茶来，是表示对自己的尊重，如果我们非但不领情，还冷淡相待，这样倒显得自己极没有礼貌，有失身份了。如果你的注意力一时不在倒茶者的身上，没来得及接茶，那么也至少要表达出感谢之情，这样才不会伤害到倒茶者的感情。

2 品茶

　　品茶时宜用右手端杯子喝，如果不是特殊情况，切忌用两手端茶杯，否则会给倒茶者带来"茶不够热"的讯号。

　　品茶讲究三品，即用盖碗或瓷碗品茶时，要三口品完，切忌一口饮下。品茶的过程中，切忌大口吞咽，发出声响。如果茶水中漂浮着茶叶，可以用杯盖拂去，或轻轻吹开，千万不可用手从杯中捞出，更不要吃茶叶，这样都是极不礼貌的。

　　除此之外，如果喝的是奶茶，则

品茶

需要使用小勺。使用之后，我们要把小勺放到杯子的相反一侧。

3 赞赏

赞赏的过程是一定要有的，这样可以表达出对主人热情款待的感激之情。赞赏主要针对茶汤、泡茶手法及环境而言。

一般来说，赞赏茶汤大致有以下几个要点：赞赏茶香清爽、幽雅；赞赏茶汤滋味浓厚持久，口中饱满；赞赏茶汤柔滑，自然流入喉中，不苦不涩；赞赏茶汤色泽清纯，无杂味。另外，如果主人或泡茶者的冲泡手法优美到位，还要对其赞赏一番，这并不是虚情假意的赞美，而是发自内心的感激。

我们在现实中常常遇到一类人，他们总会觉得自己很内行，对什么事都喜欢批评几句，认为这样可以显得自己很博学。提出批评与反对意见也可，但一定要根据客观事实，且对事不对人，尽量记得"多赞美少批评"。其实，人生的智慧就是不断去发现世间万物的优点，只有那些经常从事物中发现美好的人才算得上是聪明人。

4 叩手礼

叩手礼亦称为叩指礼，是以手指轻轻叩击茶桌来行礼，且手指叩击桌面的次数与参与品茶者的情况直接相关。叩手礼是从古时的叩头礼演化而来的，古时的叩指礼是非常讲究的，必须屈腕握空拳，叩指关节。随着时间的推移，逐渐演化为将手弯曲，用几个指头轻叩桌面，以示谢忱。

现在流行一种不成文的习俗，即长辈或上级为晚辈或下级斟茶时，下级和晚辈必须用双手指作跪拜状叩击桌面两三下；晚辈或下级为长辈或上级斟茶时，长辈和上级只须用单指叩击桌面两三下即可。

有些地方也有着其他的方法，例如平辈之间互相敬茶或斟茶时，单指叩击桌面表示"谢谢你"；双指叩击桌面表示"我和我先生（太太）谢谢你"；三指叩击桌面表示"我们全家人感谢你"。这时我们就需要因各地习俗而定。

以上喝茶做客的礼仪是必不可少的，如果我们到他人家做客，一定不要忽视这些礼节，否则会使自己的形象大打折扣。

叩手礼

名茶品鉴

绿茶

绿茶在所有茶类中形状最多，且多呈细条状，茶形较美；绿茶是茶多酚氧化程度最轻的茶，冲泡后茶汤较多地保存了鲜茶叶的绿色主调，因此绿茶的茶汤色泽翠绿、黄绿明亮，香气鲜嫩、清雅，滋味鲜、嫩、爽。

营养成分

绿茶含有丰富的营养物质，其中包含叶绿素、维生素C、胡萝卜素、儿茶素等。

营养功效

1.预防胆固醇：绿茶中的儿茶素能降低血液中的胆固醇，可以减少动脉硬化发生率，并且可以抑制血小板凝集。

2.抑制心血管疾病：绿茶中的黄酮醇类具有抗氧化作用，能减少血液系统发生病变的概率，可以有效防止血液凝块、血小板成团，因此可以有效地抑制心血管疾病。

3.排毒瘦身：绿茶中的茶碱和咖啡因能活化分解蛋白质激酶、三酰甘油等物质，可以有效减少人体内堆积的脂肪，达到排毒瘦身的效果。

4.预防蛀牙：绿茶中的儿茶素具有杀菌功能，可以抑制细菌的生长，有效地预防蛀牙和牙周炎；此外茶叶中的单宁酸成分则可以防止因食物残渣而导致的细菌滋生。

5.延缓衰老：绿茶中含有大量抗氧化剂，常饮绿茶有助于增进肌肤抵抗力，有延缓衰老的作用。

选购窍门

一观外形：以外形明亮，茶叶大小、粗细均匀的新茶为佳。

二看色泽：以颜色翠碧、油润的绿茶为好。

三闻香气：新茶一般都有新茶香。好的新茶，茶香格外明显。

四品茶味：汤色碧绿明澄，茶叶先苦涩、后浓香甘醇者质优。

五捏干湿：新茶要耐贮存，必须要足干。用手指捏一捏茶叶，若捏不成粉末状，说明茶叶已受潮，含水量较高，不宜购买。

保存方法

密封、干燥、低温、避光保存。

泡茶器具与水温

绿茶味道清淡，适合用瓷壶或瓷盖杯来冲泡，这样能使香味更容易挥发出来；适合冲泡的水温为70℃~85℃。

【浙·江·绿·茶】

西湖龙井

◎ Xihu Longjing

◎ 茶叶介绍

　　西湖龙井是我国十大名茶之一。西湖龙井因产于浙江省杭州西湖山区的龙井茶区而得名。龙井茶区分布于"春夏秋冬皆好景，雨雪晴阴各显奇"的杭州西湖风景区，龙井既是地名，又是泉名和茶名，而龙井茶又有"形美、色绿、香郁、味甘"四绝之誉，因此又有"三名巧合，四绝俱佳"之喻。

茶汤 碧绿明亮

叶底 成朵匀齐

◎ 最佳产地

浙江省杭州市西湖。

产地分布

陕西　河南　江苏

湖北　安徽

重庆　　　　浙江

湖南　江西

贵州　　　福建

◎ 茶叶特点

1. **外形**：光滑平直
2. **色泽**：色翠略黄
3. **汤色**：碧绿明亮
4. **香气**：清香幽雅
5. **叶底**：成朵匀齐
6. **滋味**：香郁味醇

◎ 选购要点

　　选购西湖龙井时，要特别注意外观、香气、汤色、叶底。正宗龙井茶味道清香，假冒龙井茶则多是青草味，夹蒂较多，手感不光滑。因此最好选择购买正规、有品牌、有知名度的西湖龙井。

◎ 贮藏提示

　　密封、干燥、低温冷藏最佳。

◎ 保健功效

1. 提神健脑：龙井茶中的咖啡因能使人的中枢神经系统兴奋起来。

2. 排毒瘦身：龙井茶中的茶多酚和维生素C可以有效降低人体胆固醇和血脂，而且咖啡因、叶酸和芳香类物质等多种化合物可以很好地调节人体脂肪代谢，因此可以有效地排毒瘦身。

3. 防癌抗癌：龙井茶中的茶多酚、儿茶素等成分具有非常好的杀菌作用，能抑制血管老化，可以降低癌症的发生率。

制作工序

　　西湖龙井一般都要经过多重繁复的工艺流程，只有这样才能够保证品尝西湖龙井时的那份原汁原味。西湖龙井对茶叶的采摘有一定的要求，一般遵循早、嫩和勤的原则。即早采，以清明前采制的"明前茶"最好；强调细嫩和完整，这是指嫩芽采摘标准是鲜嫩的一芽一叶。采回的鲜叶需在室内进行薄摊，目的是散发青草气，增进茶香，减少苦涩味，增加氨基酸含量，提高鲜爽度，还要滤掉黄色茶叶叶片，筛去茶叶碎末，使成型茶叶能够大小均匀，不会参差不齐。炒制时，分"青锅""焊锅"两个工序，炒制手法很复杂，一般有抖、带、甩、挺、拓、扣、抓、压、磨、挤十大手法。炒制时，依鲜叶质量高低和锅中茶坯的成型程度，不时地改换手法，因势利炒而成。最后还要根据不同重量需求，分包装置。

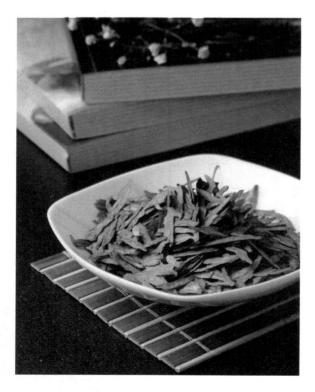

◎ 冲泡品饮

备具　透明玻璃杯1个，西湖龙井3克。

▼

温杯　将开水倒入玻璃杯中进行温杯，弃水不用，然后投入85℃左右的水，七分满即可。

▼

投茶　将西湖龙井轻轻拨入玻璃杯中。

▼

赏茶　可以欣赏茶叶在水中慢慢飘落、浮沉的整个过程。

▼

出汤　赏茶片刻后即可品饮。

▼

品茶　茶汤鲜爽甘醇，品饮后有一种清新之感，令人回味无穷。

◎ 特别提醒

1. 特级龙井可以不洗茶。

2. 龙井不宜用沸水冲泡，否则会将茶叶烫熟影响茶叶的色泽、口味等。

3. 西湖龙井最好用玻璃杯冲泡，这样就能看清茶在水中翻落沉浮的过程。

【浙·江·绿·茶】
浙江龙井

Zhejiang Longjing

茶叶介绍

　　龙井茶是我国著名绿茶，位列中国十大名茶之首。龙井茶产区由原先的浙江杭州西湖一带，已逐渐扩展至钱塘江流域、越州区域，除西湖产区168平方公里的茶叶叫作西湖龙井外，其他两地产的俗称为浙江龙井。浙江龙井茶为绿黄色，手感光滑，一芽一叶或二叶。

最佳产地

　　浙江省钱塘江流域、越州一带。

选购要点

　　仔细观察，能发现浙江龙井的芽头略瘦，色泽翠绿，闻起来带着一些因炒制带出的火工味。

贮藏提示

　　要将茶叶保存在空气相对湿度为60%左右的地方，并且严禁茶叶与异味接触。

茶汤嫩绿明亮

叶底嫩绿匀整

保健功效

1. 兴奋作用：茶叶中含有的咖啡因，能起到兴奋中枢神经的作用，帮助缓解疲劳、增进思维。

2. 利尿作用：茶叶中含有的咖啡因和茶碱，能起到利尿的作用，对于小便不利、水肿、水潴留等症状都有很好的辅助治疗作用。

茶叶特点

1 外形：扁平光滑　　**4** 香气：清香馥郁

2 色泽：色泽翠绿　　**5** 叶底：嫩绿匀整

3 汤色：嫩绿明亮　　**6** 滋味：甘醇爽口

冲泡品饮

备具	冲泡	品茶
紫砂壶或白瓷盖碗1个，浙江龙井茶约5克。	用茶匙将茶叶从茶荷中拨入壶中，往壶中冲入75℃到85℃的水至七分满即可。	汤色嫩绿明亮，香气清香馥郁，叶底嫩绿匀整，入口后甘醇爽口。

【 浙·江·绿·茶 】

浙江碧螺春

Zhejiang Biluochun

茶叶介绍

浙江碧螺春为新创名茶，是碧螺春诸多品种中的一种，创制于20世纪80年代。浙江碧螺春是选取明前采摘的一芽一叶嫩芽为原料，经过杀青、揉捻、搓团显毫、烘干等一系列工序制作而成的。从采摘到制作一整套工序要在一天内完成，而所制成的茶品更具有"清而且纯"的品质特征。

最佳产地

浙江省丽水市。

选购要点

纯天然无添加色素的浙江碧螺春，挑选时以色泽柔和自然，茶汤清澈柔和、青黄明亮者为佳，其茸毛是满皮白毫，有白色的小茸毛者为真。

贮藏提示

用保鲜纸分层紧扎，隔绝空

茶汤 嫩绿清澈

叶底 嫩绿明亮

气，置于阴凉干燥通风处。

保健功效

1. 减肥作用：茶中含有多种维生素，对人体能起到调节脂肪代谢的作用，常饮还能帮助减肥。

2. 降压作用：茶叶中含有的茶多酚和维生素C，能起到防止动脉硬化的作用，因此适合高血压、冠心病患者饮用。

茶叶特点

1 外形：条索细长

2 色泽：银白隐翠

3 汤色：嫩绿清澈

4 香气：清香淡雅

5 叶底：嫩绿明亮

6 滋味：鲜醇甘厚

冲泡品饮

备具	冲泡	品茶
茶壶一个，浙江碧螺春茶6克。	投入茶叶到茶壶中，以冷却至70℃以下的开水浸泡茶叶40秒后，继续冲水至七分满即止。	一尝二酌三回味：初尝香幽鲜雅；二酌鲜醇甘厚，舌根回味甘甜；三回味，令身心都超脱自然。

【浙·江·绿·茶】

鸠坑毛尖

Jiukeng Maojian

茶叶介绍

鸠坑毛尖产于浙江省淳安县鸠坑源。该县隋代为新安县，属睦州（今建德），故又称睦州鸠坑茶。茶树多分布于地势高峻的山地或山谷间缓坡地，称"高山茶"。历史上为贡茶，其气味芳香，饮之生津止渴，齿颊留香。鸠坑毛尖于1985年被农牧渔业部评为全国优质茶；1986年在浙江省优质名茶评比中获"优质名茶"称号。鸠坑毛尖除制绿茶外，亦为熏制花茶的上等原料，熏成的"鸠坑茉莉毛尖""茉莉雨前"均为茶中珍品。

最佳产地

浙江省淳安县鸠坑源。

选购要点

外形硕壮挺直，色泽嫩绿，白毫显露，香气清高，隽永持久，汤色嫩黄，清澈明亮，叶底

茶汤清澈明亮

叶底黄绿嫩匀

黄绿，滋味浓厚，鲜爽耐泡者为最佳品。

贮藏提示

密封、干燥、低温冷藏最佳。

保健功效

鸠坑毛尖所含的抗氧化剂有助于抵抗老化。SOD（超氧化物歧化酶）是自由基清除剂。

茶叶特点

1 外形：硕壮挺直
2 色泽：色泽嫩绿
3 汤色：清澈明亮
4 香气：隽永清高
5 叶底：黄绿嫩匀
6 滋味：浓厚鲜爽

冲泡品饮

备具	冲泡	品茶
透明玻璃杯1个，鸠坑毛尖3克。	将茶叶拨入玻璃杯中。在杯中冲入85℃左右的水，七分满即可。	入口后，茶味芬芳而带有熟栗子香，滋味鲜浓，一般五泡还有极佳的茶香味。

【 浙·江·绿·茶 】
雁荡毛峰
Yandang Maofeng

茶叶介绍

雁荡毛峰，又称"雁荡云雾"，旧称"雁茗"，雁山五珍之一，产于浙江省乐清市境内的雁荡山，这里山水奇秀，天开图画，是中国名山之一。此饮品有一饮加"三闻"之说。即一闻浓香扑鼻，再闻香气芬芳，三闻茶香犹存；滋味头泡浓郁，二泡醇爽，三泡仍有感人茶韵。雁荡毛峰为雁荡地区著名的高山云雾茶，明代即列为贡茶，佳茗之声名闻遐迩。著名产茶区有龙渊背、斗蟀（室）洞及雁湖岗。

茶汤 浅绿明净 叶底 嫩匀成朵

贮藏提示

密封、干燥、低温冷藏最佳。

最佳产地

浙江省乐清市雁荡山。

选购要点

选购时应该以色翠、香郁、味甘、形美为最佳，外形紧细卷曲，色泽绿润，汤色浅绿清莹，香气滋味清高浓醇。

保健功效

1. 益思健脑：雁荡毛峰所含的咖啡因会让你活力十足，工作起来头脑清醒、思维活跃。

2. 抗衰老：茶多酚具有很强的生理活性。

茶叶特点

1. 外形：秀长紧结 　　**4.** 香气：香气高雅

2. 色泽：色泽翠绿 　　**5.** 叶底：嫩匀成朵

3. 汤色：浅绿明净 　　**6.** 滋味：滋味甘醇

冲泡品饮

备具	冲泡	品茶
泡茶茶碗1个，雁荡毛峰5克。	将茶叶拨入备好的茶碗中。在碗中冲入80℃左右的水，七分满即可。	片刻后即可品饮。滋味甘醇，有一种清新之感，令人回味无穷。

【浙·江·绿·茶】

普陀佛茶

Putuo Focha

茶叶介绍

　　普陀山冬暖夏凉，四季湿润，土地肥沃，茶树大都分布在山峰向阳面和山坳避风的地方，为茶树的生长提供了十分优越的自然环境。普陀佛茶外形"似螺非螺，似眉非眉"，色泽翠绿披毫，香气馥郁芬芳，汤色嫩绿明亮，味道清醇爽口，又因其似圆非圆的外形略像蝌蚪，故亦称"凤尾茶"。

茶汤黄绿明亮

叶底芽叶成朵

最佳产地

　　浙江省普陀山。

选购要点

　　外形紧细，卷曲呈螺状，色泽翠绿微黄，茶汤明净，香气清馥，滋味隽永，爽口宜人者为最佳品。

贮藏提示

　　密封、干燥、低温、避光保存。

保健功效

1 提神醒脑、防癌、防辐射：普陀佛茶具有生津解渴、清心明目、提神醒脑、抑制动脉粥样硬化以及防癌、防治坏血病等功能。

2 消食去腻、净化胃肠道：普陀佛茶有净化人体消化器官的作用，茶叶中的黄烷醇可使人体消化道松弛，净化消化道，消食去腻。

茶叶特点

1. 外形：紧细卷曲
2. 色泽：绿润显毫
3. 汤色：黄绿明亮
4. 香气：清香高雅
5. 叶底：芽叶成朵
6. 滋味：鲜美浓郁

冲泡品饮

备具	冲泡	品茶
泡茶砂壶1个，普陀佛茶4克。	将茶叶拨入砂壶中。然后冲入85℃左右的水，七分满即可。	片刻后即可品饮。滋味鲜美浓郁，气味清香高雅，品饮后令人神清气爽，回味无穷。

【浙·江·绿·茶】

顾渚紫笋

Guzhu Zisun

茶叶介绍

　　顾渚紫笋茶亦称湖州紫笋、长兴紫笋，是浙江传统名茶。产于浙北长兴县水口乡顾渚村，早在1200多年前已负盛名。由于制茶工艺精湛，茶芽细嫩，色泽带紫，其形如笋，故此得名为"紫笋茶"，且是上品贡茶中的"老前辈"，早在唐代便被茶圣陆羽论为"茶中第一"。该茶有"青翠芳馨，嗅之醉人，啜之赏心"之誉。每年清明节前至谷雨期间，采摘一芽一叶或一芽二叶初展。其制作程序，经摊青、杀青、理条、摊凉、初烘、复烘等工序制成。

最佳产地

　　浙江省湖州市长兴县水口乡顾渚山。

选购要点

　　外形紧结，完整而灵秀，色

茶汤清澈明亮

叶底细嫩成朵

泽翠绿，银毫明显，香蕴兰蕙之清，味甘醇而鲜爽，茶汤清澈明亮，叶底细嫩成朵者为最佳品。

贮藏提示

　　密封以后储存在冰箱，并保证茶叶干燥无异味。

保健功效

顾渚紫笋茶中儿茶素能抑制人体致病菌增生。

茶叶特点

1. 外形：外形紧结
2. 色泽：色泽翠绿
3. 汤色：清澈明亮
4. 香气：香气馥郁
5. 叶底：细嫩成朵
6. 滋味：甘醇鲜爽

冲泡品饮

备具	冲泡	品茶
紫砂壶1个，顾渚紫笋茶4克。	将茶叶拨入紫砂壶中，在壶中冲入85℃左右的水，静待3分钟。	入口后，茶味鲜醇，回味甘甜，有一种沁人心脾的优雅感觉。

【浙·江·绿·茶】

羊岩勾青

Yangyan Gouqing

茶叶介绍

羊岩勾青茶，原产于国家历史文化名城——临海市河头镇的羊岩山茶场，是台州名茶，味道尤甚龙井茶。茶树为当地群体良种，采摘鲜叶嫩度以一芽一叶开展为主，采后经摊放、杀青、揉捻、炒小锅、炒对锅等工序。成茶外形呈腰圆，色泽隐绿，汤色黄绿明亮，香味醇厚，较耐冲泡。产量较多，市场占有量大，信誉良好，是群众喜爱的一种中高档名优绿茶。所含氨基酸、儿茶素、叶绿素、维生素C等，有益健康。

最佳产地

浙江省临海市河头镇羊岩山茶场。

选购要点

形状钩曲，条索紧实，色泽翠绿鲜嫩，汤色清澈明亮，叶底细嫩成朵，香高持久，滋味醇爽

茶汤 清澈明亮

叶底 细嫩成朵

者为最佳品。

贮藏提示

密封、干燥、低温冷藏最佳。

保健功效

消脂、助消化：茶中的咖啡因能提高胃液的分泌量，可以帮助消化，增强分解脂肪的能力。

茶叶特点

1. 外形：形状钩曲

2. 色泽：翠绿鲜嫩

3. 汤色：清澈明亮

4. 香气：香高持久

5. 叶底：细嫩成朵

6. 滋味：滋味醇爽

冲泡品饮

备具	冲泡	品茶
茶碗1个，羊岩勾青茶6克。	将茶叶拨入茶碗中。在碗中冲入80℃左右的水，七分满即可。	入口后茶香香高持久，滋味醇爽，让人回味无穷。

【 浙·江·绿·茶 】

平水珠茶

● Pingshui Zhucha

● 茶叶介绍

平水珠茶，也称圆茶，是浙江独有的传统名茶，素以形似珍珠、色泽绿润、香高味醇的特有风韵而著称于世。几百年来，外销不衰，成为我国主要出口绿茶产品，其中尤以"天坛""骆驼"牌特级珠茶为佼佼者。冲后的茶汤香高味浓，经久耐泡。1984年9月，在西班牙马德里举行的第23届世界优质食品评选会上，特级珠茶荣获金质奖。此前，在1981年获国家优质产品银质奖。

茶汤 清澈明亮

叶底 芽嫩明亮

● 最佳产地

浙江绍兴。

● 选购要点

外形圆紧，呈颗粒状，色泽绿润，身骨重实，宛如珍珠者为最佳品。

● 贮藏提示

低温、干燥、避光、密闭储藏，且不可挤压。

● 保健功效

1. 抑制心血管疾病：平水珠茶中的黄酮醇类具有抗氧化作用，可以有效防止血液凝块，血小板成团，减少血液系统发生病变。

2. 排毒瘦身：平水珠茶中的茶碱和咖啡因可以有效减少人体内脂肪的堆积。

● 茶叶特点

1. 外形：宛如珍珠　　**4.** 香气：浓郁持久

2. 色泽：墨绿光润　　**5.** 叶底：芽嫩明亮

3. 汤色：清澈明亮　　**6.** 滋味：醇厚爽口

● 冲泡品饮

备具	冲泡	品茶
玻璃杯或盖碗1个，平水珠茶5克。	放入茶叶后，冲入80℃左右的水至七分满即可。	片刻后即可品饮。入口后醇厚爽口。

【浙·江·绿·茶】

江山绿牡丹

Jiangshan Lümudan

茶叶介绍

江山绿牡丹产于江山市境内仙霞岭北麓的裴家地、龙井等地。这里山高雾重，漫射光多，雨量充沛，土壤肥沃，有机质含量丰富，适宜茶树生长。茶树芽叶萌发早，芽肥叶厚，持嫩性强，一般于清明前后采摘一芽一二叶初展。以传统工艺制作，经摊放、炒青、轻揉、理条、轻复揉、初烘、复烘等工序。始制于唐代，北宋文豪苏东坡誉之为"奇茗"，明代列为御茶。

茶汤 碧绿清澈

叶底 嫩绿明亮

最佳产地

浙江省江山市裴家地、龙井。

选购要点

条直形状自然，白毫显露，色泽翠绿诱人，香气清高，滋味鲜醇爽口，汤色碧绿清澈，芽叶朵朵分明，叶色嫩绿明亮者为最佳品。

贮藏提示

密封、干燥、低温冷藏，防止异味侵入，以免破坏茶叶的原味。

保健功效

健齿护齿：江山绿牡丹含有氟，其中儿茶素有抑制生龋菌作用，可减少牙菌斑及牙周炎的发生。

茶叶特点

1. 外形：白毫显露
2. 色泽：色泽翠绿
3. 汤色：碧绿清澈
4. 香气：香气清高
5. 叶底：嫩绿明亮
6. 滋味：鲜醇爽口

冲泡品饮

备具	冲泡	品茶
盖碗1个，江山绿牡丹5克。	将茶叶拨入盖碗中。在杯中冲入85℃左右的水，七分满即可。	3分钟后即可品饮。入口后香气清高，具嫩栗香，滋味鲜醇爽口。

【 江·苏·绿·茶 】

洞庭碧螺春

Dongting Biluochun

茶叶介绍

碧螺春茶是中国十大名茶之一，属于绿茶。洞庭碧螺春产于江苏省苏州市洞庭山（今苏州吴中区），所以又称"洞庭碧螺春"。据记载，碧螺春茶叶早在隋唐时期即负盛名，有千余年历史。传说清康熙皇帝南巡苏州赐名为"碧螺春"。洞庭碧螺春条索紧结，卷曲似螺，边沿上有一层均匀的细白茸毛。"碧螺飞翠太湖美，新雨吟香云水闲"，喝一杯碧螺春，仿如品赏传说中的江南美女。

茶汤 碧绿清澈

叶底 嫩绿明亮

最佳产地

江苏省苏州市洞庭山。

选购要点

以条索纤细，卷曲成螺，满身披毫，银白隐翠，清香淡雅，鲜醇甘厚，回味绵长，汤色碧绿清澈，叶底嫩绿明亮者为佳。

贮藏提示

最好用铝箔袋密封，放于10℃冰箱里保存。

保健功效

1. 利尿作用：碧螺春茶中的咖啡因和茶碱具有利尿作用，可用于辅助治疗水肿、水潴留。

2. 减肥作用：咖啡因能调节脂肪代谢，从而起消脂减肥作用。

茶叶特点

1. 外形：卷曲成螺

2. 色泽：翠绿油润

3. 汤色：碧绿清澈

4. 香气：清香淡雅

5. 叶底：嫩绿明亮

6. 滋味：鲜醇甘厚

冲泡品饮

备具	冲泡	品茶
玻璃杯1个，碧螺春茶4克。	用茶匙将茶叶从茶荷中拨入玻璃杯中，冲入80～85℃左右的水至玻璃杯，七分满即可。	只见茶叶徐徐伸展，汤色碧绿清澈，清香甘淡，茶汤入口后香浓甘厚。

【江·苏·绿·茶】

南京雨花茶

Nanjing Yuhuacha

☯ 茶叶介绍

雨花茶是全国名茶之一，茶叶外形圆绿，如松针，带白毫，紧直。雨花茶因产南京雨花台而得名。雨花茶必须在谷雨前采摘，采摘下来的嫩叶要长有一芽一叶，经过杀青、揉捻、整形、烘炒四道工序，且全工序皆用手工完成。紧、直、绿、匀是雨花茶的品质特色。雨花茶冲泡后茶色碧绿、清澈，香气清幽，滋味醇厚，回味甘甜。

☯ 最佳产地

江苏省南京市雨花台。

茶汤 绿而清澈

叶底 嫩匀明亮

☯ 茶叶特点

1. 外形：形似松针
2. 色泽：色呈墨绿
3. 汤色：绿而清澈
4. 香气：浓郁高雅
5. 叶底：嫩匀明亮
6. 滋味：鲜醇宜人

☯ 选购要点

以形似松针，条索紧直、浑圆，两端略尖，锋苗挺秀，茸毫隐露，色呈墨绿，香气浓郁高雅，滋味鲜醇，汤色绿而清澈，叶底嫩匀明亮者为佳。

雨花茶共分为特级一等雨花茶、特级二等雨花茶、一级雨花茶、二级雨花茶四个等级。雨花茶采摘的鲜叶应大小匀称、整齐。不带单片叶、对夹叶、鱼叶、虫伤叶、紫叶、红芽、空心芽等。

雨花茶应具有正常商品的外形及固有的色、香、味，无异味、无劣变。

☯ 贮藏提示

密封、干燥、低温、避光保存，不可挤压。

☯ 保健功效

1. 预防疾病：雨花茶中的儿茶素能降低血液中的

胆固醇，可以减少动脉硬化发生率，抑制血小板凝集。

2. 通便、助消化：雨花茶中的茶多酚可以促进胃肠蠕动，帮助消化，同时又可以通便，预防便秘。

3. 防癌抗癌：雨花茶中的茶多酚、儿茶素等成分具有非常好的杀菌作用，能抑制血管老化，可以降低癌症的发生率。

◎ 制作工序

　　雨花茶的采摘精细，要求嫩度均匀，长度一致，采回的鲜叶在室温20℃左右的条件下进行摊放。通过摊放，散发部分水分，促使茶多酚等生化成分发生轻微的变化，从而消除成品茶的青涩味，增加鲜醇度。手工炒制雨花茶工序为杀青、揉捻、整形干燥、筛分四道。当茶叶达到细紧、浑圆、光滑，干度达九成以上时起锅。最后通过圆、抖、飘、筛，分清大小、长短、粗细、轻重。

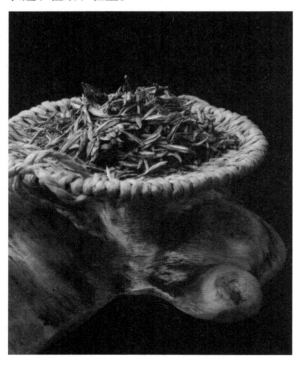

◎ 冲泡品饮

备具　玻璃杯1个，雨花茶6克。

▼

温杯　将热水倒入玻璃杯中进行温杯，而后弃水不用。

▼

投茶　用茶匙将茶叶从茶荷中拨入玻璃杯中。

▼

冲泡、赏茶　放入茶叶后，用开水冲泡，只见茶叶徐徐伸展，汤色绿而清澈，香气浓郁，叶底嫩匀明亮。

▼

出汤　片刻后即可品饮。

▼

品茶　入口后鲜醇回甜。

◎ 特别提醒

1. 水温80～90℃为宜，因为水温太烫会把雨花茶烫熟，破坏茶叶中的活性成分，叶片冲泡过后太过发黄就是泡熟的表现。

2. 高等的雨花茶不用洗茶，可以直接冲泡饮用。

3. 南京雨花茶性寒，体寒者不宜过多饮用。

【江·苏·绿·茶】

金坛雀舌

Jintan Queshe

茶叶介绍

金坛雀舌产于江苏省金坛市方麓茶场，为江苏省新创制的名茶之一。属扁形炒青绿茶，以其形如雀舌而得名。且以其精巧的造型、翠绿的色泽和鲜爽的嫩香屡获好评。内含成分丰富，水浸出物、茶多酚、氨基酸、咖啡因含量较高。

最佳产地

江苏省常州金坛市。

选购要点

选购时以条索匀整，状如雀舌，干茶色泽绿润，扁平挺直；冲泡后香气清高，色泽绿润，滋味鲜爽，汤色明亮，叶底嫩匀成朵明亮者为佳。

贮藏提示

干燥、低温、避光保存，存储于冰箱内更佳，且要远离异味，防止挤压。

茶汤碧绿明亮

叶底嫩匀成朵

保健功效

1. 有助于抑制和抵抗病菌：茶多酚有较强的收敛作用，对病原菌、病毒有明显的抑制和杀灭作用，对消炎止泻有明显效果。

2. 有助于美容护肤：用它能清除面部的油腻。

茶叶特点

1. 外形：扁平挺直

2. 色泽：翠绿圆润

3. 汤色：碧绿明亮

4. 香气：嫩香清高

5. 叶底：嫩匀成朵

6. 滋味：鲜醇爽口

冲泡品饮

备具	冲泡	品茶
玻璃杯或盖碗1个，金坛雀舌3克。	放入茶叶后，冲入80℃左右的水至七分满即可。	片刻后即可品饮。入口后滋味鲜醇爽口。

【安·徽·绿·茶】

六安瓜片

Liuan Guapian

茶叶介绍

六安瓜片，是中国历史名茶，也是中国十大历史名茶之一，简称瓜片，具有悠久的历史底蕴和丰厚的文化内涵，唐称"庐州六安茶"，明始称"六安瓜片"，为上品、极品茶。清为朝廷贡茶。六安瓜片（又称片茶），为绿茶特种茶类。采自当地特有品种，是经扳片、剔去嫩芽及茶梗，通过独特的传统加工工艺制成的形似瓜子的片形茶叶。

茶汤 翠绿明亮

叶底 绿嫩明亮

最佳产地

安徽省六安市。

选购要点

以叶缘向背面翻卷，呈瓜子形，翠绿有光，汤色翠绿明亮，香气清高，味甘鲜醇，叶底绿嫩明亮者为佳。

贮藏提示

储藏时不可挤压，要密封、干燥、低温、避光保存。

保健功效

1. 抗菌：六安瓜片中的儿茶素对细菌有抑制作用，因此具有抗菌的功效。

2. 防龋齿、清口臭：六安瓜片含有氟，其中儿茶素可以抑制生龋菌作用，减少牙菌斑及牙周炎的发生。

茶叶特点

1. 外形：呈瓜子形
2. 色泽：翠绿有光
3. 汤色：翠绿明亮
4. 香气：清香高爽
5. 叶底：绿嫩明亮
6. 滋味：味甘鲜醇

冲泡品饮

备具	冲泡	品茶
盖碗1个，六安瓜片茶4克。	用茶匙将茶叶拨入盖碗中，冲入80℃左右的水至七分满。	片刻后即可品饮。入口后幽香扑鼻，滋味鲜醇。

【安·徽·绿·茶】
黄山毛峰
Huangshan Maofeng

茶叶介绍

　　黄山毛峰，为中国历史名茶之一，中国十大名茶之一，1986年被外交部评为外事活动礼品茶。该茶属于徽茶，产于安徽省黄山，由清代光绪年间谢裕泰茶庄所创制。由于新制茶叶白毫披身，芽尖如锋芒，且鲜叶采自黄山高峰，遂将该茶取名为黄山毛峰。每年清明谷雨，选摘初展肥壮嫩芽，经手工炒制而成。

最佳产地

　　安徽省黄山。

选购要点

　　以外形微卷，状似雀舌，绿中泛黄，银毫显露，且带有金黄色鱼叶（俗称黄金片），入杯冲泡雾气结顶，汤色清碧微黄，叶底黄绿有活力，滋味醇甘者为佳。

贮藏提示

　　密封、干燥、低温、避光

茶汤 清碧微黄

叶底 嫩匀成朵

保存。

保健功效

黄山毛峰茶中的茶多酚和鞣酸作用于细菌，能凝固细菌的蛋白质，将细菌杀死。

茶叶特点

1. 外形：状似雀舌
2. 色泽：绿中泛黄
3. 汤色：清碧微黄
4. 香气：馥郁如兰
5. 叶底：嫩匀成朵
6. 滋味：浓郁醇和

冲泡品饮

备具	冲泡	品茶
玻璃杯1个，黄山毛峰茶6克。	用茶匙将茶叶从茶荷中，拨入玻璃杯中，冲入90℃左右的水至玻璃杯，七分满即可。	只见茶叶徐徐伸展，汤色清碧微黄，香气如兰，叶底嫩匀成朵，入口后味道鲜浓醇和，回味甘甜。

【安·徽·绿·茶】

黄山银毫

Huangshan Yinhao

茶叶介绍

黄山银毫是创新名茶，产自安徽黄山，采摘清明前后一芽一叶嫩芽，要求做到三个一致，即："大小一致，老嫩一致，长短一致"，每500克鲜叶，嫩芽数在3000个以上。其精制包括手工拣剔、杀青、揉捻、整形与提毫、烘焙干燥、拣剔与包装等工序。

最佳产地

安徽黄山。

选购要点

以外形条索紧直、匀整，香气清高持久，滋味醇厚鲜爽者为佳。

贮藏提示

将茶叶置于通风、干燥的地方，并密封保存起来。

保健功效

1. 抗衰老作用：茶叶中含有的抗氧化剂，能起到抵抗老化作用，对保护皮肤、抚平细纹等都有很

茶汤 明净透亮

叶底 明净柔软

好的功效，因此常饮有益。

2. 减肥作用：茶叶中含有茶多酚类化合物、氨基酸等多种成分，可以搜刮体内油脂，帮助减轻体重，起到减肥的功效，非常适合肥胖人士。

3. 降压作用：茶叶中含有的茶多酚和维生素C，能起到防止动脉硬化的作用。

茶叶特点

1. 外形：外形成条
2. 色泽：墨绿油润
3. 汤色：明净透亮
4. 香气：馥郁持久
5. 叶底：明净柔软
6. 滋味：回味甘甜

冲泡品饮

备具	冲泡	品茶
盖碗1个，黄山银毫3克。	冲入80℃左右的水至七分满即可。将准备好的茶叶快速放进，加盖摇动茶碗。	只见茶叶徐徐伸展，汤色明净透亮，香气馥郁，叶底明净柔软，入口后回味无穷。

【安·徽·绿·茶】
休宁松萝
Xiuning Songluo

茶叶介绍

休宁松萝属绿茶类，为历史名茶，创于明代隆庆年间（1567－1572），产于休宁县松萝山。明清时，松萝山为佛教圣地，早在明洪武年间松萝山盈福寺已名扬江南，香火鼎盛。松萝茶区别于其他名茶的显著特点是"三重"，即色重、香重、味重。饮后令人神驰心怡，古人有"松萝香气盖龙井"之赞词。

最佳产地

安徽省休宁县。

选购要点

以条索紧卷匀壮，色泽绿润，香气高爽，滋味浓厚，带有橄榄香味，汤色绿明，叶底绿嫩者为佳。

贮藏提示

储藏时应该干燥、低温、避光保存，且不可挤压。

茶汤 汤色绿明

叶底 绿嫩柔软

保健功效

降脂、降胆固醇：休宁松萝含有的儿茶素能促进维生素C的吸收。维生素C可使胆固醇从动脉移至肝脏，降低血液中的胆固醇，同时可增强血管的弹性和渗透能力，降低血脂。

茶叶特点

1. 外形：紧卷匀壮
2. 色泽：色泽绿润
3. 汤色：汤色绿明
4. 香气：幽香高长
5. 叶底：绿嫩柔软
6. 滋味：甘甜醇和

冲泡品饮

备具	冲泡	品茶
玻璃杯1个，休宁松萝茶5克。	放入茶叶后，冲入90℃左右的水至玻璃杯，七分满即可。	片刻后即可品饮。入口后滋味浓厚，回味无穷。

【安·徽·绿·茶】

金山时雨

Jinshan Shiyu

茶叶介绍

"时雨"，是皖南一种名茶的代名词，品名"金山时雨"。它产于著名学者胡适先生的故乡——绩溪县上庄镇上庄的邻村金山。茶园分布于海拔600米至900米的山坡，叶芽富含多酚类、氨基酸和儿茶素，属徽茶良种之一。金山时雨主产安徽绩溪金山一带的条形炒青绿茶。研制于清末，后失传。1978年恢复生产，因形似珍眉，细若"雨丝"而得名。

茶汤 清澈明亮

叶底 嫩绿金黄

最佳产地

安徽省绩溪县。

选购要点

以条索紧细，形似雨丝，微带白毫，汁醇厚，味芳香、爽口，回味甘，汤色清澈明亮，叶底嫩绿金黄者为佳。

贮藏提示

密封、干燥、低温、避光储藏，避免与刺激性物质如咸鱼、腊肉等接触。

保健功效

健齿护齿：金山时雨茶是碱性饮料，可抑制人体钙质的减少，预防龋齿，健齿护齿。

茶叶特点

1. 外形：形似雨丝

2. 色泽：翠绿油润

3. 汤色：清澈明亮

4. 香气：香高持久

5. 叶底：嫩绿金黄

6. 滋味：醇厚回甘

冲泡品饮

备具	冲泡	品茶
盖碗1个，金山时雨茶3克。	冲入90℃左右的水至盖碗中，七分满即可。放入茶叶后，加盖摇晃盖碗。	片刻后即可品饮。只见汤色明亮，入口后滋味浓厚。

【安·徽·绿·茶】

舒城兰花

Shucheng Lanhua

茶叶介绍

舒城兰花为历史名茶，创制于明末清初，我国安徽舒城、通城、庐江、岳西一带生产兰花茶。兰花茶得名有两种说法：一是芽叶相连于枝上，形似一枚兰草花；二是茶叶采制时正值山中兰花盛开，茶叶吸附兰花香，故而得名。舒城兰花外形芽叶相连，似兰草，色泽翠绿，匀润显毫。冲泡后如兰花开放，枝枝直立杯中，有特有的兰花清香，俗称"热气上冒一支香"。

最佳产地

安徽省舒城。

选购要点

以外形条索细卷呈弯钩状，芽叶成朵，色泽翠绿，有兰花香气的舒城兰花为佳。

贮藏提示

密封、干燥、低温冷藏最佳，应避免阳光。

茶汤 嫩绿明净

叶底 黄绿匀整

保健功效

1. 益思健脑：舒城兰花中所含的咖啡因会让人活力十足，工作起来头脑清醒、思维活跃。

2. 美白、防紫外线：舒城兰花中的儿茶素类物质能抗UV-B所引发之皮肤癌。

3. 抗菌杀菌：茶中的茶多酚有助于保护消化道，起杀菌灭菌的作用。

茶叶特点

1. 外形：卷曲如钩

2. 色泽：翠绿匀润

3. 汤色：嫩绿明净

4. 香气：鲜爽持久

5. 叶底：黄绿匀整

6. 滋味：甘醇鲜香

冲泡品饮

备具	冲泡	品茶
盖碗一个，舒城兰花茶3克。	加入茶叶到盖碗中，冲入85℃左右的水至七分满即可。	入口后鲜香回甘，令人回味无穷。

【江·西·绿·茶】

婺源茗眉

Wuyuan Mingmei

茶叶介绍

婺源茗眉茶，属绿茶类珍品之一，因其条索纤细如仕女之秀眉而得名，主要产于浙江、安徽、江西等地。眉茶中的品种主要有特珍、珍眉、凤眉、雨茶、贡熙、秀眉和茶片等。婺眉的采摘标准为一芽一叶初展，要求大小一致，嫩度一致。其外形弯曲似眉，翠绿紧结，银毫披露，外形虽花色各异，但内质为清汤绿叶，香味鲜醇，浓而不苦，回味甘甜。眉茶为长炒青绿茶精制产品的统称。

茶汤 黄绿清澈 | 叶底 柔嫩明亮

最佳产地

江西省婺源县。

选购要点

选购时以弯曲似眉，呈翠绿色，有清香味，汤色黄绿清澈者为佳。

贮藏提示

密封、干燥、低温冷藏最佳。

保健功效

1.护齿健齿：茶对预防龋齿、护齿、坚齿，都是有益的。

2.护眼明目：茶中的维生素C等成分，能降低眼睛晶体混浊度，经常饮茶，对减少眼疾、护眼明目均有积极的作用。

茶叶特点

1.外形：弯曲似眉

2.色泽：翠绿光润

3.汤色：黄绿清澈

4.香气：清高持久

5.叶底：柔嫩明亮

6.滋味：鲜爽甘醇

冲泡品饮

备具	冲泡	品茶
玻璃杯1个，婺源茗眉茶6克。	放入茶叶后，冲入80℃左右的水至玻璃杯，七分满即可。	片刻后即可品饮。入口后鲜爽回甘，回味悠长。

【江·西·绿·茶】

双井绿

Shuangjinglü

茶叶介绍

双井绿产于江西省修水县杭口乡"十里秀水"的双井村。这里依山傍水，土质肥厚，温暖湿润，时有云雾，茶树芽叶肥壮，柔嫩多毫。欧阳修的《归田录》中还将它推崇为全国"草茶第一"。双井绿分为特级和一级两个品级。特级以一芽一叶初展，芽叶长度为2.5厘米左右的鲜叶制成；一级以一芽二叶初展的鲜叶制成。

茶汤清澈明亮

叶底嫩绿匀净

最佳产地

江西省修水县杭口乡"十里秀水"的双井村。

选购要点

选购时以外形圆紧略曲，形如凤爪，锋苗润秀，银毫显露，内质香气清高持久，滋味鲜醇爽厚，汤色清澈明亮，叶底嫩绿匀净者为佳。

贮藏提示

干燥、低温、避光保存，存储于冰箱内更佳，且要远离异味，防止挤压。

保健功效

茶叶内含的咖啡因和儿茶素能促使人体血管壁松弛，并能增大血管有效直径，使血管壁保持弹性。

茶叶特点

1. 外形：圆紧略曲

2. 色泽：银毫显露

3. 汤色：清澈明亮

4. 香气：清高持久

5. 叶底：嫩绿匀净

6. 滋味：鲜醇爽厚

冲泡品饮

备具	冲泡	品茶
玻璃杯1个，双井绿4克。	冲入80℃左右的水至玻璃杯，七分满即可，用茶匙将茶叶从茶荷中拨入玻璃杯中浸润。	汤色清澈明亮，香高持久，叶底绿嫩匀整，入口后滋味鲜醇爽厚，回甘无穷。

【江·西·绿·茶】
得雨活茶
Deyu Huocha

茶叶介绍

得雨活茶是采用了独特的生物菌膜保鲜技术，使茶叶能长期保存而色、香、味如新，故名"活茶"。此茶是国家指定的绿色产品，被称为是国宴茶，同时也是具有兰花香的国宴珍品茶。在春天来临茶树发新枝的时候，登岩采集，一芽二叶，再用小窝香柴精心烘焙制作。清香持久，常饮此茶对健康有益。

最佳产地

江西婺源。

选购要点

真正的得雨活茶具有入水即沉的特点，这是由于高山茶微量元素较高。茶水通常呈现雾气状，这也是得雨活茶名副其实的云雾特色。

贮藏提示

置于阴凉干燥处，不受阳光的直射。

茶汤 黄绿明亮

叶底 卷曲青绿

保健功效

1. 抗菌抗毒：得雨活茶的生产基地在海拔400米以上的高山上，没有污染，常饮得雨活茶，有助于抗菌抗病毒，对人的身体有保健作用。

2. 清心醒脑：咖啡因能促使人体中枢神经兴奋，增强大脑皮质的兴奋过程，起到提神益思、清心的效果。

茶叶特点

1. 外形：条索壮实

2. 色泽：灰绿光润

3. 汤色：黄绿明亮

4. 香气：清香持久

5. 叶底：卷曲青绿

6. 滋味：味醇浓甘

冲泡品饮

备具	冲泡	品茶
茶壶或者玻璃壶1个，得雨活茶4克。	将得雨活茶放入壶内。第一次冲泡不宜用太多的水，稍微等一阵子再加水。	待茶水味道更浓一些时再细细品茗，味道甘甜。

红茶

红茶干茶经过完全发酵，茶叶内含的物质完全氧化，因此干茶色泽乌黑润泽。红茶干茶条索匀整或颗粒均匀，茶汤汤色红亮，滋味浓厚鲜爽、甘醇厚甜、口感柔嫩滑顺，叶底整齐，呈褐色。

营养成分

红茶富含胡萝卜素、维生素A、钙、磷、镁、钾、咖啡因、异亮氨酸、亮氨酸、赖氨酸、谷氨酸、丙氨酸、天门冬氨酸等多种营养元素。

营养功效

1.提神消疲：红茶中的咖啡因借由刺激大脑皮质来兴奋神经中枢，促成提神、思考力集中，进而使思维反应更敏锐，记忆力增强，达到消除疲劳的效果。

2.生津清热：夏天饮红茶能止渴消暑，是因为茶中的多酚类、糖类、氨基酸、果胶等与口涎产生化学反应，且刺激唾液分泌，导致口腔滋润，并且产生清凉感。

3.利尿：在红茶中的咖啡因和芳香物质联合作用下，能增加肾脏的血流量，提高肾小球过滤率，扩张肾微血管，并抑制肾小管对水的再吸收，于是促成尿量增加。

4.养胃护胃：红茶是经过发酵烘制而成的，不仅不会伤胃，反而能够养胃。

选购窍门

挑选品牌：消费者在市面上买到的产地茶，大多数是厂商已经调配过的口味，而非纯种茶。在百货公司专柜或茶叶专卖店可试闻试喝，奔着品牌去买。

有效期限：购买红茶时更需注意制造日期和有效期限，以免买到过期的红茶。

选择包装方式：我们看到的包装形式大都为茶包或铁罐装茶叶。如果你要喝产地茶或特色茶，最好买罐装红茶。

保存方法

密封、干燥、低温、避光保存。

泡茶器具与水温

宜选用精美的细花瓷壶和细瓷杯配以瓷茶盘为组合，这样比较温馨并富有情趣；红茶冲泡的水温为90~95℃，这样可以"以高温冲出茶香"。

【浙·江·红·茶】

九曲红梅

Jiuqu Hongmei

茶叶介绍

九曲红梅简称"九曲红"，九曲红梅因其色红香清如红梅，故称九曲红梅，是杭州西湖区另一大传统拳头产品，是红茶中的珍品。九曲红梅茶产于西湖区周浦乡的湖埠、上堡、大岭、张余、冯家、灵山、社井、仁桥、上阳、下阳一带，尤以湖埠大坞山所产品质最佳。九曲红梅采摘标准要求一芽二叶初展；经杀青、发酵、烘焙而成，关键在发酵、烘焙。

茶汤 红艳明亮

叶底 红艳成朵

最佳产地

浙江省西湖区周浦乡。

产地分布

陕西　河南　江苏　湖北　安徽　重庆　浙江　湖南　江西　贵州　福建

茶叶特点

1. **外形**：弯曲如钩
2. **色泽**：乌黑油润
3. **汤色**：红艳明亮
4. **香气**：香气芬馥
5. **叶底**：红艳成朵
6. **滋味**：浓郁回甘

选购要点

以外形条索细若发丝，弯曲细紧如银钩，抓起来互相钩挂呈环状，披满金色的茸毛；色泽乌润；滋味浓郁；香气芬馥；汤色鲜亮；叶底红艳成朵者为佳。

贮藏提示

密封、干燥、常温长期储存，亦可低温存储。

保健功效

1. 提神消疲：经由医学实验发现，九曲红梅茶中的咖啡因借由刺激大脑皮质来兴奋神经中枢，促成提神、思考力集中，进而使思维反应更加敏锐，记忆力增强；它也对血管系统和心脏具兴奋作用，强化心搏，从而加快血液循环以利新陈代谢，同时又促进发汗和利尿，由此双管齐下，加速排泄乳酸（使肌肉感觉疲劳的物质）及其他体内老废物质，达到消除疲劳的效果。

2. 生津清热：夏天饮九曲红梅茶能止渴消暑，是因为茶中的多酚类、糖类等与口涎产生化学反应，且刺激唾液分泌，导致口腔滋润，能产生清凉感。

3. 利尿：在九曲红梅茶中的咖啡因和芳香物质联合作用下，能增加肾脏的血流量，提高肾小球过滤率，扩张肾微血管，并抑制肾小管对水的再吸收，于是促成尿量增加。如此有利于排除体内的乳酸、尿酸（与痛风有关）、过多的盐分（与高血压有关）、有害物等，以及缓和心脏病或肾炎造成的水肿。

☀ 制作工序

　　九曲红梅以湖埠大坞山所产品质居上。九曲红梅是由采摘后的嫩芽叶经过萎凋、揉捻、发酵、烘焙、干燥等多道工序制成。近两年又出现了创新制法，即重萎凋及日光萎凋跟轻发酵之间的配合，这令九曲红梅的滋味更加特别。

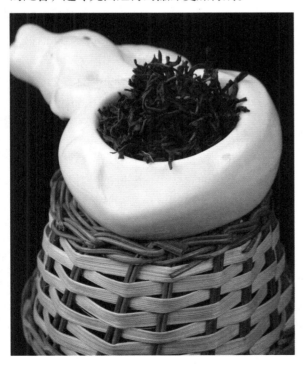

☀ 冲泡品饮

备具　盖碗1个，九曲红梅茶3克及其他的茶具或装饰茶具。

▼

洗杯　将热水倒入壶中进行温杯，弃水不用。

▼

投茶　用茶匙将茶叶从茶荷中拨入茶壶中。

▼

冲泡、赏茶　放入茶叶后，用开水冲泡，只见茶叶徐徐伸展，汤色鲜亮，香气芬馥，叶底红艳成朵。

▼

出汤　3分钟之后即可出汤品饮。

▼

品茶　入口后滋味浓郁。

☀ 特别提醒

1. 结石病人和肿瘤患者不可饮九曲红梅。

2. 正在服药的人不宜饮用，九曲红梅红茶会破坏药效。

3. 哺乳期女性不适宜饮九曲红梅，因为红茶中的鞣酸影响乳腺的血液循环，会抑制乳汁的分泌，影响哺乳质量。

【浙·江·红·茶】

越红工夫

● Yuehong Gongfu

● 茶叶介绍

越红工夫系浙江省出产的工夫红茶，以条索紧结挺直，重实匀齐，锋苗显，净度高的优美外形著称。越红毫色呈银白或灰白。浦江一带所产红茶，茶索紧结壮实，香气较高，滋味亦较浓，镇海红茶较细嫩。总的来说，越红条索虽美观，但叶张较薄，香味较次。

● 最佳产地

浙江绍兴。

● 选购要点

以条索紧细挺直，色泽乌润，外形优美，内质香味纯正，汤色红亮较浅，叶底稍暗者为佳。

● 贮藏提示

密封、干燥、常温长期储存。

● 保健功效

1. 养胃护胃：越红工夫是全发酵性茶叶，茶多酚在氧化酶的作用

茶汤 汤色红亮

叶底 叶底稍暗

下发生酶促氧化反应，含量减少，对胃部的刺激性就随之减小了。红茶不仅不会伤胃，反而能够养胃，经常饮用加糖、加牛奶的红茶，能消炎、保护胃黏膜，对治疗溃疡也有一定效果。

2. 抑制动脉硬化：越红工夫茶叶中的茶多酚和维生素C都有活血化瘀、防止动脉硬化的作用。

● 茶叶特点

1. 外形：紧细挺直
2. 色泽：乌黑油润
3. 汤色：汤色红亮
4. 香气：香味纯正
5. 叶底：叶底稍暗
6. 滋味：醇和浓爽

● 冲泡品饮

备具	冲泡	品茶
盖碗1个，越红工夫茶3克。	将热水倒入盖碗中进行温杯，而后弃水不用，投茶后，再冲入95℃左右的水冲泡即可。	片刻后即可品饮。入口后滋味浓爽，香气纯正，有淡香草味。

【江·苏·红·茶】

宜兴红茶

◉ Yixing Hongcha

◎ 茶叶介绍

宜兴红茶，又称阳羡红茶，又因其兴盛于江南一带，故享有"国山茶"的美誉。在品种上，人们了解较多的一般都是祁红以及滇红，再细分则有宜昌的宜红和小种红茶。在制作上则有手工茶和机制茶之分。宜兴红茶源远流长，唐朝时已誉满天下，尤其是唐朝年间有"茶仙"之称的卢仝也曾有诗句云"天子未尝阳羡茶，百草不敢先开花"。

茶汤 红艳鲜亮

叶底 鲜嫩红匀

◎ 最佳产地

江苏省宜兴市。

◎ 选购要点

选购时，以外形紧细匀齐，色泽乌润，闻上去清鲜纯正，隐显玉兰花香，冲泡后汤色红艳鲜亮，尝起来鲜爽醇甜者为佳。

◎ 贮藏提示

避开阳光、高温及有异味的物品。首选的储藏器具为铁器，因能保证其新鲜感。无须冰箱冷藏。

◎ 保健功效

1. 预防疾病：用红茶漱口能预防由于病毒引起的感冒。

2. 增强抵抗力：红茶中的多酚类有抑制破坏骨细胞物质的活力。

◎ 茶叶特点

1. 外形：紧结秀丽

2. 色泽：乌润显毫

3. 汤色：红艳鲜亮

4. 香气：清鲜纯正

5. 叶底：鲜嫩红匀

6. 滋味：鲜爽醇甜

◎ 冲泡品饮

备具	冲泡	品茶
紫砂壶1个，宜兴红茶3克，茶杯3个。	将热水倒入壶中进行温杯，冲入95℃左右的水至七分满。将茶叶快速放进，加盖摇动。	倒入茶杯中，每次出汤都要倒尽，之后每次冲泡加5~10秒钟。入口后浓厚甜润。

【 江·苏·红·茶 】

苏红工夫

Suhong Gongfu

茶叶介绍

苏红工夫属红茶，因此也被称为"宜兴红茶"或"阳羡红茶"。宜兴产茶历史悠久，古代宜兴被称为"阳羡"，作为贡茶，陆羽首推给唐朝宫廷的就是"阳羡茶"。苏红以槠叶和鸠坑两种茶树品种的鲜叶为原料，只加工成红条茶。

最佳产地

江苏宜兴。

选购要点

选购时，以色泽乌润有光泽，闻起来鲜甜有果香，冲泡后的汤色淡红明亮，尝起来滋味甜醇者为佳。

贮藏提示

将茶叶贮藏在干燥、避光、低温、密封的环境下，且避免接触异味。

茶汤淡红明亮

叶底厚软红亮

保健功效

1.利尿：苏红功夫中的咖啡因和芳香物质联合作用，能增加肾脏的血流量，提高肾小球过滤率，扩张肾微血管，促成尿量增加。

2.生津清热：茶中的多酚类、糖类等与口涎产生化学反应，能刺激唾液分泌，使口腔觉得滋润，并且能产生清凉感。

茶叶特点

1.外形：条索紧细　　　**4.香气**：鲜甜果香

2.色泽：乌润光泽　　　**5.叶底**：厚软红亮

3.汤色：淡红明亮　　　**6.滋味**：深厚甘醇

冲泡品饮

备具	冲泡	品茶
盖碗1个，苏红工夫茶3克。	将热水倒入盖碗中进行温杯，而后弃水不用，投茶后，再冲入95℃左右的水至七分满即可。	每次出汤都要倒尽，之后每次冲泡加5～10秒钟。入口后滋味甜醇。

【江·西·红·茶】

宁红工夫

Ninghong Gongfu

茶叶介绍

修水古称定州，所产红茶取名宁红工夫茶，简称宁红。宁红工夫茶，属于红茶类，是我国最早的工夫红茶之一。远在唐代时，修水县就已盛产茶叶，生产红茶则始于清朝道光年间，到19世纪中叶，宁州工夫红茶已成为当时著名的红茶之一。1914年，宁红工夫茶参加上海赛会，荣获"茶誉中华，价甲天下"的大匾。

最佳产地

江西修水县。

选购要点

以条索紧结秀丽，金毫显露，锋苗挺拔，色泽乌润，香味持久，叶底红亮，滋味浓醇者为佳。

贮藏提示

密封、干燥、常温长期储存。

茶汤 红艳清亮

叶底 红亮匀整

保健功效

1. 提神消疲：宁红工夫茶中的咖啡因借由刺激大脑皮质来兴奋神经中枢，促成提神、思考力集中，进而使思维反应更加敏锐，记忆力增强。

2. 消炎杀菌：宁红工夫茶中的儿茶素类能与单细胞的细菌结合，借此抑制和消灭病原菌。

茶叶特点

1. 外形：紧结秀丽

2. 色泽：乌黑油润

3. 汤色：红艳清亮

4. 香气：香味持久

5. 叶底：红亮匀整

6. 滋味：浓醇回甘

冲泡品饮

备具	冲泡	品茶
盖碗1个，宁红工夫茶3克。	将热水倒入茶壶进行温杯，而后弃水不用，投茶后，再冲入95℃左右的热水即可。	片刻后即可品饮。入口后滋味浓醇。

【安·徽·红·茶】

祁门工夫

Qimen Gongfu

茶叶介绍

工夫红茶，是中国特有的红茶。祁门工夫是中国传统工夫红茶的珍品，主产于安徽省祁门县，与其毗邻的石台、东至、黟县及贵池等县也有少量生产。祁门工夫以外形苗秀，色有"宝光"和香气浓郁而著称，享有盛誉，有百余年的生产历史，也是中国传统出口商品。与印度的大吉岭红茶、斯里兰卡的乌瓦红茶并称"世界三大高香茶"。

茶汤 红艳透明

叶底 鲜红明亮

最佳产地

安徽省祁门县。

产地分布

茶叶特点

1. 外形：条索紧细
2. 色泽：乌黑油润
3. 汤色：红艳透明
4. 香气：清香持久
5. 叶底：鲜红明亮
6. 滋味：醇厚回甘

选购要点

以外形条索紧细，苗秀显毫，色泽乌润；茶叶香气清香持久，似果香又似兰花香，汤色红艳透明，叶底鲜红明亮，滋味醇厚，回味隽永者为佳。

贮藏提示

选用干燥、无异味、密闭的陶瓷坛一个，用牛皮纸把茶叶包好，分置于坛的四周，中间嵌放石灰袋一个，上面再放茶叶包，装满坛后，用棉花包盖紧。石灰隔1~2个月更换一次。这种方法是利用生石灰的吸湿性能，使茶叶不受潮，效果较好，能在较长时间内保持茶叶品质。

保健功效

1. 消炎杀菌：祁门工夫红茶中的儿茶素类能与单细胞的细菌结合，使蛋白质凝固沉淀，借此抑制和消灭病原菌。

2. 养胃护胃：红茶是经过发酵烘制而成的，不仅不会伤胃，反而能够养胃。经常饮用加糖、加牛奶的祁门工夫红茶，能消炎、保护胃黏膜，对治疗溃疡也有一定效果。

3. 抗癌：关于茶叶具有抗癌作用的说法很流行，研究发现祁门工夫红茶同绿茶一样，同样有很强的抗癌功效。

◉ 制作工序

祁门红茶的采摘季节是在春夏两季。茶农们只采鲜嫩茶芽的一芽二叶，然后经过初制、揉捻、发酵等多道工序加工而成。红茶的加工与绿茶相比，最重要的是增加了发酵的过程。揉捻细碎的嫩芽发酵后，由绿色变成了深褐色，还要经过人们细心挑选，将茶梗剔除。祁红现采现制，以保持鲜叶的有效成分，分为初制和精制两大过程。初制包括萎凋、揉捻、发酵、烘干等工序；精制则将长短粗细、轻重曲直不一的毛茶，经过筛分、整形、审评提选，分级归堆。

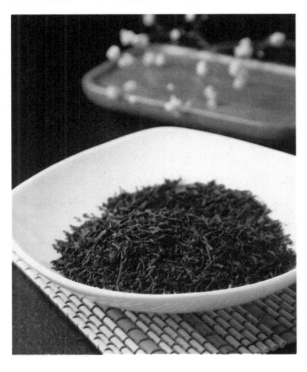

◉ 冲泡品饮

备具 陶瓷茶壶1个，祁门工夫红茶3克。

▼

温杯 将热水倒入茶壶中进行温杯，而后弃水不用。

▼

投茶 用茶匙将茶叶从茶荷中拨入茶壶中。

▼

冲泡、赏茶 放入茶叶后，用开水冲泡，只见茶叶徐徐伸展，汤色红艳透明，香气清香持久，叶底鲜红明亮。

▼

出汤 倒入茶杯，片刻后即可品饮。

▼

品茶 入口后滋味醇厚。

◉ 特别提醒

1. 祁门工夫以8月份茶最鲜，味道最佳，可加糖饮用。

2. 祁门工夫十分细紧挺秀，冲泡时不用洗茶，可直接冲泡饮用。

3. 有贫血、精神衰弱、失眠的人不适合喝红茶，祁门工夫红茶的提神醒脑功效会使失眠症状加重。

【湖·北·红·茶】

宜红工夫

Yihong Gongfu

茶叶介绍

　　宜红工夫茶，属于红茶类，产于鄂西山区的鹤峰、长阳、恩施、宜昌等县，是湖北省宜昌、恩施两地区的主要土特产品之一。宜红问世于19世纪中叶，至今已有百余年历史，早在茶圣陆羽的《茶经》之中便有相关的记载。因其加工颇费工夫，故又称"宜红工夫茶"。宜红功夫茶条索紧细有毫，色泽乌润，香气甜纯，汤色红艳，滋味鲜醇，叶底红亮。高档茶的茶汤还会出现"冷后浑"的现象。

最佳产地

　　湖北省宜昌市。

选购要点

　　以条索紧结重实，色泽乌润，香气甜纯，汤色明亮，滋味鲜醇，叶底红亮者为佳。

贮藏提示

　　密封、干燥、常温长期储存。

茶汤 黄绿明亮

叶底 红亮匀整

保健功效

强壮骨骼：红茶中的多酚类能抑制破坏骨细胞物质的活力。为了防治女性常见的骨质疏松症，建议每天服用一小杯红茶，坚持数年效果明显。

茶叶特点

1. 外形：紧细有毫
2. 色泽：色泽乌润
3. 汤色：黄绿明亮
4. 香气：栗香悠远
5. 叶底：红亮匀整
6. 滋味：滋味鲜醇

冲泡品饮

备具	冲泡	品茶
盖碗1个，宜红工夫茶3克。	将热水倒入茶壶中进行温杯，而后弃水不用，投茶后，冲入95℃左右的水即可。	片刻后即可品饮。入口后滋味鲜醇。

【湖·南·红·茶】

湖红工夫

Huhong Gongfu

茶叶介绍

湖红工夫是中国历史悠久的工夫红茶之一，对中国工夫茶的发展起到十分重要的作用。湖红工夫茶主产于湖南省安化、桃源、涟源、邵阳、平江、浏阳、长沙等县市，湖红工夫以安化工夫为代表，外形条索紧结，尚肥实，香气高，滋味醇厚，汤色浓，叶底红稍暗。

最佳产地

湖南省益阳市安化县。

茶汤 红浓尚亮

叶底 嫩匀红亮

选购要点

以外形条索紧细，锋苗挺秀，茸毛多，香气高久，滋味醇厚爽口，汤色红浓，叶底红亮稍暗者为佳。

贮藏提示

密封、干燥、常温长期储存或者存放于冰箱内。

保健功效

1. 提神消疲：红茶中的咖啡因可兴奋神经中枢，使思维反应更加敏锐，记忆力增强。

2. 生津清热：茶中的多酚类、糖类等与口涎产生化学反应，使口腔滋润，并且产生清凉感。

茶叶特点

1. 外形：条索紧结
2. 色泽：色泽乌润
3. 汤色：红浓尚亮
4. 香气：香高持久
5. 叶底：嫩匀红亮
6. 滋味：醇厚爽口

冲泡品饮

备具	冲泡	品茶
紫砂壶1个，湖红工夫茶3克。	将热水倒入壶中进行温杯，而后弃水不用，投茶后，再冲入95℃左右的水冲泡即可。	片刻后即可品饮。入口后醇厚爽口，回味悠长。

【福·建·红·茶】

金骏眉

Jinjunmei

茶叶介绍

金骏眉，于2005年由福建武夷山正山茶业首创研发，是在正山小种红茶传统工艺基础上，采用创新工艺研发的高端红茶。该茶茶青为野生茶芽尖，摘于武夷山国家级自然保护区内海拔1200～1800米高山的原生态野茶树，用6万－8万颗芽尖方制成500克金骏眉，是可遇不可求的茶中珍品。其外形黑黄相间，乌黑之中透着金黄，显毫香高。

茶汤 金黄清澈

叶底 呈金针状

最佳产地

福建省武夷山市。

产地分布

茶叶特点

1. 外形：圆而挺直
2. 色泽：金黄油润
3. 汤色：金黄清澈
4. 香气：清香悠长
5. 叶底：呈金针状
6. 滋味：甘甜爽滑

选购要点

以条索紧结纤细，圆而挺直，有锋苗，身骨重，匀整，香气特别，干茶有清香，热汤香气清爽纯正，温汤熟香细腻，冷汤清和幽雅，清高持久者为佳。

贮藏提示

用铁罐或锡罐、瓷罐、玻璃瓶装好茶叶密封，可存放于冰箱。

保健功效

1. 抑制动脉硬化：金骏眉茶叶中的茶多酚和维生素C都有活血化瘀、防止动脉硬化的作用，所以经常饮茶的人当中，高血压和冠心病的发病率较低。

2. 减肥作用：金骏眉茶中的咖啡因、肌醇、叶酸、泛酸和芳香类物质等多种化合物，能调节脂肪代谢，特别是对蛋白质和脂肪有很好的分解作用。茶多酚和维生素C能降低胆固醇和血脂，所以饮茶能减肥。

3. 防癌抗癌：金骏眉中的黄酮类物质有不同程度的体外抗癌作用，作用较强的有牡荆碱、桑色素和儿茶素。

4. 利尿：金骏眉中的咖啡因和芳香物质联合作用，能增加肾脏的血流量，提高肾小球过滤率，扩张肾微血管，并抑制肾小管对水的再吸收，于是促成尿量增加。

☺ 制作工序

金骏眉的制作工艺传承正山小种的传统工艺，全程由制茶师傅手工制作，是难得的茶中珍品。金骏眉的采摘时间一般是在清明后到5月底，必须选择生长于千米以上高山，竹林边缘处林下的老茶树春季单芽。采摘时，还要等太阳出来，茶芽上的露水全干之后方可开采。其全程由手工精制而成，为世界顶级红茶。

☺ 冲泡品饮

备具 陶瓷茶壶1个，金骏眉红茶3克。

▼

温杯 将热水倒入茶壶进行温杯，而后弃水不用。

▼

投茶 用茶匙将茶叶从茶荷中拨入茶壶中。

▼

冲泡、赏茶 放入茶叶后，用开水冲泡，只见茶叶徐徐伸展，汤色金黄清澈，香气清高，叶底呈金针状。

▼

出汤 片刻后即可品饮。

▼

品茶 入口后甘甜爽滑。

☺ 特别提醒

1. 金骏眉为纯手工红茶，一般不用洗茶，在冲泡前用少量温水进行温润后，再注水冲泡，口味更佳。

2. 建议选用红茶专用杯组或者高脚透明玻璃杯，这样在冲泡时既可以享受金骏眉茶冲泡时清香飘逸的茶香，又可以欣赏金骏眉芽尖在水中舒展的优美姿态。

【福·建·红·茶】

正山小种
Zhengshan Xiaozhong

茶叶介绍

正山小种红茶，是世界红茶的鼻祖，又称拉普山小种，是中国生产的一种红茶，茶叶是用松针或松柴熏制而成，有着非常浓烈的香味。因为熏制的原因，茶叶呈黑色，但茶汤为深红色。正山小种产地在福建省武夷山市，受原产地保护。正山小种红茶是最古老的一种红茶，后来在正山小种的基础上发展了工夫红茶。

最佳产地

福建省武夷山市。

茶汤 橙黄清明

叶底 肥软红亮

选购要点

以外形紧结匀整，色泽铁青带褐，较油润，有天然花香，香不强烈，细而含蓄，味醇厚甘爽，喉韵明显，汤色橙黄清明，叶底欠匀净者为佳。

贮藏提示

采用常温下密封、避光保存，存放1~2年后，茶味更加浓厚甘甜。

保健功效

1. 抗癌：关于茶叶具有抗癌作用的说法很流行，世界各地的研究人员也对此做过许多的探索，但是一般认为茶叶的抗癌作用主要表现在绿茶方面。最近有了新的进展，研究发现，正山小种红茶同绿茶一样，同样有很强的抗癌功效。

2. 舒张血管：美国医学界一项研究与红茶有关。

产地分布

湖北 安徽
重庆 浙江
湖南 江西
贵州 福建
广西 广东 台湾

茶叶特点

1. **外形**：紧结匀整
2. **色泽**：铁青带褐
3. **汤色**：橙黄清明
4. **香气**：细而含蓄
5. **叶底**：肥软红亮
6. **滋味**：味醇厚甘

研究发现，心脏病患者每天喝4杯红茶，血管舒张度可以从6%增加到10%。常人在受刺激后，舒张度会增加13%。

3. 养胃护胃：正山小种红茶是经过发酵烘制而成的。红茶不仅不会伤胃，反而能够养胃。

◎ 制作工序

正山小种主要产于高寒山区，茶树的品种无法经受低温和长期霜冻，且茶树萌芽晚，所以开采期通常是在立夏之后。新鲜叶片的采摘要求新萌出的梢芽达到一定的成熟度，取开面采（顶芽形成驻芽），采二叶或三叶为最优。采摘后经过萎凋、揉捻、发酵、锅炒、复揉、薰焙、筛分拣剔、复焙匀推等工序制作而成。其中比较重要的是薰焙，让茶叶吸收松柴的烟熏味，形成独特的松烟香。

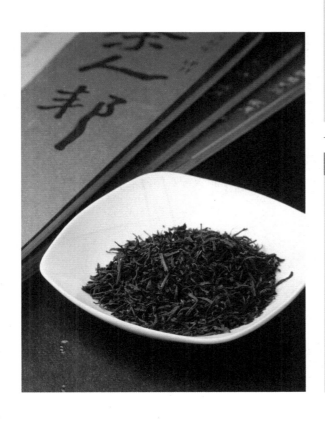

◎ 冲泡品饮

备具　陶瓷茶壶1个，正山小种红茶3克。

▼

温杯　将热水倒入茶壶中进行温杯，而后弃水不用。

▼

投茶　用茶匙将茶叶从茶荷中拨入茶壶中。

▼

冲泡、赏茶　放入茶叶后，用开水冲泡，只见茶叶徐徐伸展，汤色橙黄清明，香气细而含蓄，叶底肥软匀亮。

▼

出汤　片刻后即可品饮。

▼

品茶　入口后味醇厚甘。

◎ 特别提醒

1. 水温要在95℃左右，初沸稍凉的水，正好用于冲泡。而高冲可以让茶叶在水的激荡下，充分浸润，以利于色、香、味的充分发挥。

2. 红茶香气比较浓郁，可加入适量的牛奶或者红糖，口味更加绵甜可口，深受女士们的喜爱。

【福·建·红·茶】

坦洋工夫

Tanyang Gongfu

茶叶介绍

坦洋工夫为历史名茶，是福建三大工夫红茶之首。坦洋工夫是选取了每年4月上旬一芽二叶或一芽三叶的嫩叶为原料，经过萎凋、揉捻、发酵、干燥等一系列工序制作而成的。随着时代的变迁，坦洋工夫的制作工艺手法也与时俱进，不断寻求创新，但仍旧注重保留其"坦洋工夫"红茶的品质特征。

茶汤 红艳明亮

叶底 叶亮红明

最佳产地

福建省福安市坦洋村。

贮藏提示

将茶叶贮藏在干燥、避光、低温、密封的环境下，且避免接触异味。

选购要点

选购时，以外观颜色纯而泽，茶叶汤色明亮清晰的为佳品，质量好的茶叶应是均匀一致的，所掺杂的杂质较少。

茶叶特点

1. 外形：紧细匀直
2. 色泽：乌润有光
3. 汤色：红艳明亮
4. 香气：高锐持久
5. 叶底：叶亮红明
6. 滋味：醇厚甘甜

冲泡品饮

备具	冲泡	品茶
红泥壶或盖碗1个，坦洋工夫茶3克。	将热水倒入壶中进行温杯，将茶叶从茶荷中拨入壶中。冲入90℃的水至七分满即可。	静待片刻，即可将茶汤倒入茶杯中。入口后醇厚甘甜。

【 广·东·红·茶 】

英德红茶

Yingde Hongcha

茶叶介绍

英德红茶，简称"英红"，始创于1959年，由广东英德茶厂创制。英德红茶以云南大叶种和凤凰水仙茶为基础，选取一芽二叶、一芽三叶为原料，经过萎凋、揉切、发酵、烘干等多道工序制成，具有香高味浓的品质特色。英德红茶共分为叶、碎、片、末四种花色，以金毫茶为红茶之最。

最佳产地

广东省英德市。

选购要点

质优的英德红茶，闻起来有茶叶固有的香气，而不夹带青腥气或其他异味，观察其茶叶，叶片的锯齿以上部密而深、下部稀而浅为佳。

贮藏提示

将茶叶贮藏在干燥、低温、密封的环境下，且避免接触异味。

茶汤 红艳明亮

叶底 柔软红亮

保健功效

1. 抗衰老作用：茶叶中含有的抗氧化剂，能起到抵抗老化的作用。

2. 减肥作用：茶叶中含有的茶碱和咖啡因，能够活化蛋白质激酶和三酸甘油酯解脂酶，进而减少脂肪细胞堆积，达到减肥效果。

茶叶特点

1. 外形：细嫩匀整

2. 色泽：乌黑油润

3. 汤色：红艳明亮

4. 香气：鲜纯浓郁

5. 叶底：柔软红亮

6. 滋味：浓厚甜润

冲泡品饮

备具	冲泡	品茶
盖碗1个，英德红茶3克。	将热水倒入盖碗中进行温杯，而后弃水不用，投茶后，再冲入95℃左右的水至七分满即可。	每次出汤都要倒尽，之后每次冲泡加5～10秒钟。入口后浓厚甜润。

荔枝红茶

Lizhi Hongcha

茶叶介绍

荔枝红茶是广东名茶，是在将新鲜荔枝烘成干果过程中，以工夫红茶（指贡茶，即高等红茶）为材料，低温长时间合并熏制而成。其外形普通，茶汤美味可口，冷热皆宜。荔枝味道鲜美甘甜，口感软韧，是人们心目中的高级果品。荔枝红茶采用有机生态园种植的荔枝与工夫红茶干燥而成。唐朝的时候，将荔枝和工夫红茶合并熏制而成的荔枝红茶，深受皇室及杨贵妃的喜爱，因而渐渐流传开来。

茶汤 浓红清澈

叶底 肥软红亮

最佳产地
广东。

选购要点

外形紧细纤秀，色泽乌褐油润，汤色浓红清澈，香高持久，叶底肥软，口味甘醇者最佳。

贮藏提示

密封、干燥、低温、避光贮藏。

保健功效

1. 兴奋作用：荔枝红茶中的咖啡因能兴奋中枢神经系统，帮助人们消除疲劳，提高工作效率。

2. 利尿作用：荔枝红茶中的咖啡因和茶碱具有利尿作用，用于辅助治疗水肿、水潴留。

茶叶特点

1. 外形：紧细纤秀

2. 色泽：乌褐油润

3. 汤色：浓红清澈

4. 香气：香高持久

5. 叶底：肥软红亮

6. 滋味：口味甘醇

冲泡品饮

备具	冲泡	品茶
陶瓷茶壶1个，荔枝红茶3克。	用茶匙将茶叶从茶荷中拨入茶壶中，而后冲入100℃左右的水即可。	只见茶叶徐徐伸展，汤色浓红清澈，有一股淡淡的荔枝香味，入口后甘甜爽滑，香气怡人。

黄茶

黄茶的制作工艺与绿茶相似，只是多了一道"闷黄"的工序。黄茶的"闷黄"工序是经过湿热作用使茶叶内含成分发生了变化，因此形成了黄茶干茶色泽金黄或黄绿、嫩黄，汤色黄绿明亮，叶底嫩黄匀齐，滋味鲜醇、甘爽、醇厚的特点。

营养成分
黄茶中富含茶多酚、氨基酸、可溶性糖、维生素等营养物质。

营养功效
1.祛除胃热：黄茶性微寒，适合于胃热者饮用。黄茶是沤茶，在沤的过程中会产生大量的消化酶，对脾胃最有好处。

2.预防食道癌：黄茶中富含茶多酚、氨基酸、可溶性糖等营养物质，对防治食道癌有明显功效。

3.消炎杀菌：黄茶鲜叶中的天然物质保留有85%以上，这些物质对杀菌、消炎均有特殊效果。

4.消脂减肥：黄茶沤制中产生的消化酶能促进脂肪代谢，减少脂肪堆积，在一定程度上能消除脂肪，是减肥佳品。

选购窍门
外形：叶肥厚成条，梗长壮，梗叶相连为好；叶片壮，梗细短，梗叶分离或梗断叶破为差。

色泽：以金黄鲜润为优，色枯暗为差。

香气：以火功足有锅巴香为好，火功不足为次，有青闷气或粗青气为差。

汤色：以黄汤明亮为优，黄暗或黄浊为次。

滋味：以醇和鲜爽、回甘、收敛性弱为好，苦、涩、淡、闷为次。

叶底：以芽叶肥壮、匀整、黄色鲜亮的为好，芽叶瘦薄黄暗的为次。

保存方法
密封、干燥、常温长期储存。

泡茶器具与水温
用玻璃杯或盖碗，尤以玻璃杯泡黄茶为最佳，可欣赏茶叶似群笋破土，缓缓升降，有"三起三落"的妙趣奇观；适合冲泡的水温为85℃。

【浙·江·黄·茶】

莫干黄芽

Mogan Huangya

茶叶介绍

莫干黄芽茶，又名横岭1号。产于浙江省德清县的莫干山，为浙江省第一批省级名茶之一。这里常年云雾笼罩，空气湿润；土质多酸性灰、黄壤，腐殖质丰富，为茶叶的生长提供了优越的环境。莫干黄芽条紧纤秀，细似莲心，含嫩黄白毫芽尖，故名。此茶属莫干云雾茶的上品，其品质特点是"黄叶黄汤"，这种黄色是制茶过程中进行闷堆渥黄的结果。

茶汤 橙黄明亮

叶底 细嫩成朵

最佳产地

浙江省德清县。

产地分布

湖北　安徽
　　　浙江
湖南　江西
　　　福建

茶叶特点

1. **外形**：细如雀舌
2. **色泽**：黄嫩油润
3. **汤色**：橙黄明亮
4. **香气**：清鲜幽雅
5. **叶底**：细嫩成朵
6. **滋味**：鲜美醇爽

选购要点

从外形上看，品质优的莫干黄芽干茶芽叶肥壮显毫，细如雀舌，色泽油润、黄嫩。

贮藏提示

密封、干燥、常温长期储存。

保健功效

1. 祛除胃热：黄茶性微寒，适合于胃热者饮用。莫干黄芽茶中的消化酶，有助于缓解消化不良、食欲不振。

2. 消炎杀菌：莫干黄芽茶鲜叶中天然物质保留有85%以上，这些物质对杀菌、消炎均有特殊效果。

3. 预防食道癌：莫干黄芽茶中的茶多酚、氨基酸、可溶性糖、维生素等物质，对防治食道癌有明显功效。

4. 消脂减肥：多喝莫干黄芽茶在一定程度上能化除脂肪，是减肥佳品。

◎ 制作工序

　　莫干黄芽的采摘标准为一芽一叶展开至一芽二叶初展的鲜叶。加工工艺主要包括摊放、杀青、揉捻、闷黄初烘、锅炒、足烘等，堆积闷黄是形成其黄叶黄汤这一特点的主要工序。

　　莫干黄芽的制作工序和绿茶的制作工序有相似之处，不同的一点是，莫干黄芽在制作过程中会加入闷黄，这能够使制成后的茶汤呈现出黄汤和黄叶的特色，十分好看。堆积闷黄可分为揉前堆积闷黄、揉后堆积闷黄、久摊闷黄，甚至有一些还会分初烘后堆积闷黄以及再烘时堆积闷黄，十分细致。

　　从所制成品外形上看，莫干黄芽的芽叶完整、净度良好，外形紧细成条似莲心，芽叶肥壮，冲泡后汤色橙黄明亮，香气清鲜，滋味醇爽。

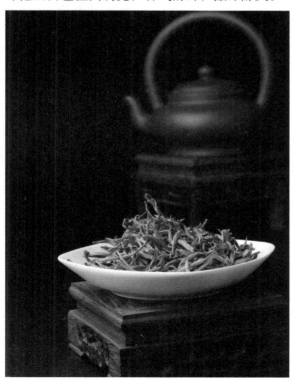

☞ 冲泡品饮

备具　白瓷盖碗一个，莫干黄茶3克及其他茶具或装饰茶具。

▼

温杯　将热水倒入盖碗进行温杯，而后弃水不用。

▼

投茶　用茶匙将茶叶从茶荷中拨入茶盖碗中。

▼

冲泡、赏茶　放入茶叶后，用开水冲泡，只见茶叶徐徐伸展，汤色橙黄明亮，香气清鲜，叶底细嫩成朵。

▼

出汤　片刻后即可品饮。

▼

品茶　入口后滋味醇爽。

☞ 特别提醒

1. 建议水温75℃～80℃，水温太高会把茶烫熟。

2. 建议采用纯净水来冲泡黄茶，而自来水或含钙或镁离子高的矿泉水不适宜泡茶。

3. 莫干黄芽茶在发酵过程中会产生大量的酶，对人体有益，此茶可直接冲泡。

【安·徽·黄·茶】

霍山黄芽

Huoshan Huangya

茶叶介绍

霍山黄芽主要产于安徽省霍山县大花坪金子山、漫水河金竹坪、上土市九宫山、单龙寺、磨子潭、胡家河等地。霍山黄芽源于唐朝之前。唐李肇《国史补》曾把寿州霍山黄芽列为十四品目贡品名茶之一。霍山黄芽为不发酵自然茶，保留了鲜叶中的天然物质，富含氨基酸、茶多酚、维生素、脂肪酸等多种有益成分。

最佳产地

安徽省霍山县。

选购要点

以外形条直微展、匀齐成朵、形似雀舌、嫩绿披毫，叶底嫩黄明亮者为佳。

贮藏提示

密封、干燥、常温长期储存。

保健功效

1. 降脂减肥：黄芽茶中的茶多酚

茶汤 黄绿清澈

叶底 嫩黄明亮

可以清除血管壁上胆固醇的蓄积，同时抑制细胞对低密度脂蛋白胆固醇的摄取，从而达到降低血脂的作用。

2. 增强免疫力：此茶可以提高人体中的白细胞和淋巴细胞的数量和活性以及促进脾脏细胞中白细胞间素的形成，从而增强人体免疫力。

茶叶特点

1. 外形：形似雀舌
2. 色泽：嫩绿披毫
3. 汤色：黄绿清澈
4. 香气：清香持久
5. 叶底：嫩黄明亮
6. 滋味：鲜醇浓厚

冲泡品饮

备具	冲泡	品茶
玻璃杯1个，霍山黄芽茶4克。	将茶叶拨入玻璃杯中，冲入80℃左右的水冲泡即可。	只见茶叶徐徐伸展，汤色黄绿清澈，香气清香持久，叶底嫩黄明亮，片刻后即可品饮。

【湖·南·黄·茶】

北港毛尖

Beigang Maojian

茶叶介绍

北港毛尖是条形黄茶的一种，在唐代就有记载，清代乾隆年间已有名气。茶区气候温和，雨量充沛，湖面蒸气冉冉上升，形成了北港茶园得天独厚的自然环境。北港毛尖鲜叶一般在清明后五六天开园采摘，要求一号毛尖原料为一芽一叶，二、三号毛尖为一芽二、三叶。于1964年被评为湖南省优质名茶。

茶汤 汤色橙黄

叶底 嫩黄似朵

最佳产地

湖南省岳阳市北港。

选购要点

以外形芽壮叶肥，毫尖显露，呈金黄色，内质香气清高，汤色橙黄，滋味醇厚，叶底嫩黄似朵者为佳。

贮藏提示

将买回的茶叶，立即分成若干小包，装于茶叶罐或筒里。

保健功效

1. 抗辐射：北港毛尖含有防辐射的有效成分，包括茶多酚类化合物、脂多糖、维生素等，能够达到抗辐射效果。

2. 抗衰老：北港毛尖茶中含有维生素C和类黄酮，能有效抗氧化和抗衰老。

茶叶特点

1. 外形：芽壮叶肥	**4. 香气**：香气清高
2. 色泽：呈金黄色	**5. 叶底**：嫩黄似朵
3. 汤色：汤色橙黄	**6. 滋味**：甘甜醇厚

冲泡品饮

备具	冲泡	品茶
玻璃杯1个，北港毛尖5克。	用茶匙将茶叶从茶荷中拨入玻璃杯中，而后冲入85℃左右的水冲泡即可。	汤色橙黄，香气清高，叶底嫩黄似朵，入口后滋味醇厚。

【湖·南·黄·茶】

沩山毛尖

Weishan Maojian

茶叶介绍

沩山白毛尖产于湖南省宁乡县，历史悠久，传说远在唐朝就已称著于世。1941年《宁乡县志》载："沩山茶雨前采制，香嫩清醇，不让武夷、龙井。商品销甘肃、新疆等省，久获厚利，密印寺院内数株味尤佳。"沩山白毛尖制造分杀青、闷黄、轻揉、烘焙、拣剔、熏烟六道工序。烟气为一般茶叶所忌，更不必说是名优茶。而悦鼻的烟香，却是沩山白毛尖的特点。

茶汤 橙黄明亮

叶底 黄亮嫩匀

最佳产地

湖南省宁乡县。

选购要点

以外形叶缘微卷成块状，色泽黄亮油润，白毫显露，汤色橙黄明亮，松烟香芬芳浓厚，滋味醇甜爽口，叶底黄亮嫩匀者为佳。

贮藏提示

密封、干燥、常温长期储存。

保健功效

1. 抗辐射：沩山白毛尖含有茶多酚类化合物和脂多糖，能够起到抗氧化作用。

2. 护齿明目：此茶含氟量较高，可护齿明目。

茶叶特点

1. 外形：叶缘微卷   **4.** 香气：芬芳浓厚

2. 色泽：黄亮油润   **5.** 叶底：黄亮嫩匀

3. 汤色：橙黄明亮   **6.** 滋味：醇甜爽口

冲泡品饮

备具	冲泡	品茶
茶壶1个，沩山白毛尖3克。	用茶匙将茶叶从茶荷中拨入茶壶中，倒入开水冲泡。	冲泡后茶香芬芳，入口后醇甜爽口，令人回味无穷。

【湖·南·黄·茶】

君山银针

Junshan Yinzhen

茶叶介绍

　　君山茶旧时曾经用过黄翎毛、白毛尖等名，后来，因为它的茶芽挺直，布满白毫，形似银针而得名"君山银针"。君山银针的制作工艺非常精湛，需经过杀青、摊凉、复包、足火等八道工序，历时三四天之久。优质的君山银针茶在制作时特别注意杀青、包黄与烘焙的过程。

最佳产地

　　湖南省洞庭湖。

选购要点

　　以外形芽头茁壮、坚实挺直、白毫如羽，芽身金黄发亮，内质毫香鲜嫩，汤色杏黄明净，叶底肥厚匀亮，滋味甘醇甜爽者为佳。

贮藏提示

　　密封、干燥、常温长期储存。

茶汤 杏黄明净

叶底 肥厚匀亮

保健功效

1. 预防食道癌：君山银针中富含茶多酚、氨基酸、可溶性糖、维生素等丰富的营养物质，对预防治食道癌有明显功效。

2. 消炎杀菌：君山银针鲜叶中天然物质保留有85%以上，这些物质对杀菌、消炎有特殊效果。

茶叶特点

1. 外形：芽头茁壮　　**4.** 香气：毫香鲜嫩

2. 色泽：金黄发亮　　**5.** 叶底：肥厚匀亮

3. 汤色：杏黄明净　　**6.** 滋味：甘醇甜爽

冲泡品饮

备具	冲泡	品茶
盖碗1个，君山银针茶5克。	将茶叶拨入盖碗中，冲入90℃左右的水冲泡。	茶汤杏黄明净，香气毫香鲜嫩，叶底肥厚匀亮。片刻后即可品饮，入口后甘醇甜爽。

【广·东·黄·茶】

广东大叶青

Guangdong Dayeqing

茶叶介绍

大叶青茶是广东的特产，是黄大茶的代表品种之一。制法是先萎凋后杀青，再揉捻闷堆，这与其他黄茶不同。杀青前的萎凋和揉捻后闷黄的主要目的是消除青气涩味，促进香味醇和纯正。大叶青以云南大叶种茶树的鲜叶为原料，采摘标准为一芽二三叶。大叶青制造分萎凋、杀青、揉捻、闷黄、干燥五道工序。

最佳产地

广东韶关。

选购要点

以外形条索肥壮、紧结重实，老嫩均匀，叶张完整、显毫，色泽青润显黄，香气纯正，滋味浓醇回甘，汤色橙黄明亮，叶底淡黄者为佳。

贮藏提示

密封、干燥、常温长期储存。

茶汤橙黄明亮

叶底叶底淡黄

保健功效

1. 预防食道癌：大叶青黄茶中所含的茶多酚、氨基酸、可溶性糖等，对预防食道癌有明显功效。

2. 提高免疫力：常饮大叶青可以提高人体中的白细胞和淋巴细胞的数量，促进脾脏细胞中白细胞间素的形成，从而提高人体的免疫功能。

茶叶特点

1. 外形：条索肥壮

2. 色泽：青润显黄

3. 汤色：橙黄明亮

4. 香气：纯正浓郁

5. 叶底：叶底淡黄

6. 滋味：浓醇回甘

冲泡品饮

备具	冲泡	品茶
透明玻璃杯1个，茶匙1个，大叶青茶3克。	用茶匙将茶叶拨入玻璃杯中，再冲入85℃左右的水冲泡即可。	3分钟后，只见茶叶徐徐伸展，汤色橙黄明亮，香气纯正，入口后浓醇回甘。

白茶

白茶因没有揉捻工序，所以茶汤冲泡出来的速度比其他茶类要慢一些，因此白茶的冲泡时间比较长。白茶的色泽灰绿、银毫披身，汤色黄绿清澈，滋味清醇甘爽。夏天适合喝白茶，因为白茶性寒味甘，具有清热、降暑、去火的功效。

营养成分

白茶中富含茶多酚、氨基酸、可溶性糖、活性酶、维生素等营养物质。

营养功效

1.促进血糖平衡：白茶含有人体所必需的活性酶，长期饮用白茶可以显著提高体内脂酶活性，促进脂肪分解代谢，有效控制胰岛素分泌量，延缓葡萄糖的小肠吸收，分解体内血液多余的糖分，促进血糖平衡。

2.明目：白茶中还含有丰富的维生素A原，它被人体吸收后，能迅速转化为维生素A，能使眼睛在暗光下看东西更清楚，可预防夜盲症与干眼病。

3.保肝护肝：白茶片富含的二氢杨梅素等黄酮类天然物质，可以保护肝脏，加速乙醇代谢产物乙醛迅速分解，变成无毒物质，降低对肝细胞的损害。

选购窍门

外形：以条索粗松带卷，色泽褐绿为上，无芽，色泽棕褐为次。

色泽：色泽以鲜亮为好，花杂、暗红、焦红边为差。

香气：香气以毫香浓郁、清鲜纯正为上，淡薄、生青气、发霉失鲜、有红茶发酵气为次。

汤色：汤色以橙黄明亮或浅杏黄色为好，红、暗、浊为劣。

滋味：以鲜美、醇爽、清甜为上，粗涩、淡薄为差。

叶底：叶底嫩度以匀整、毫芽多为上，带硬梗、叶张破碎、粗老为次。

保存方法

将茶叶用袋子或者茶叶罐密封好，将其放在冰箱内储藏，温度最好为5℃。

泡茶器具与水温

冲泡白茶宜选用透明玻璃杯或透明玻璃盖碗。玻璃杯可以尽情展现白茶的形态，更好地品其味、闻其香，形成白茶独特的韵味；水温要求在95℃以上。

白毫银针

Baihao Yinzhen

茶叶介绍

白毫银针，简称银针，又叫白毫，产于福建省福鼎市政和县。素有茶中"美女""茶王"之美称。由于鲜叶原料全部是茶芽，白毫银针制成成品茶后，形状似针，白毫密被，色白如银，因此命名为白毫银针。冲泡后，香气清鲜，滋味醇和，杯中的景观也使人情趣横生。茶在杯中冲泡，即出现"白云凝光闪，满盏浮花乳"的景象，芽芽挺立，蔚为奇观。

茶汤 清澈晶亮

叶底 肥嫩全芽

最佳产地

福建省福鼎市。

产地分布

浙江 江西 湖南 福建 广西 广东 台湾

茶叶特点

1. **外形**：茶芽肥壮
2. **色泽**：鲜白如银
3. **汤色**：清澈晶亮
4. **香气**：毫香浓郁
5. **叶底**：肥嫩全芽
6. **滋味**：甘醇清鲜

选购要点

以茶芽肥壮，满披白色茸毛，色泽鲜白，闪烁如银，条长挺直，如棱如针，汤色清澈晶亮，呈浅杏黄色，入口毫香显露，甘醇清鲜者为佳。

贮藏提示

将茶叶用袋子或者茶叶罐密封好，将其放在冰箱内储藏，温度最好为5℃。

保健功效

1. 治麻疹：白毫银针防癌、抗癌、防暑、解毒、治牙痛，尤其是陈茶可用作患麻疹病人的退烧药，其退烧效果比抗生素更好。在中国华北及福建产地，白毫银针被广泛视为治疗养护麻疹患者的良药。

2. 促进血糖平衡：白毫银针茶除了含有其他茶叶固有的营养成分外，还含有人体所必需的活性酶，国内外医学研究证明长期饮用白茶可以显著提高体内脂酶活性，促进脂肪分解代谢，有效控制胰岛素分泌量，延缓葡萄糖的小肠吸收，分解体内血液多余的糖分，促进血糖平衡。

3.明目：白毫银针中含有丰富的维生素A原，它被人体吸收后，能迅速转化为维生素A，维生素A能合成视紫红质，能使眼睛在暗光下看东西更清楚，可预防夜盲症与干眼病。

☻ 制作工序

白毫银针的原料采摘标准为春茶嫩梢萌发一芽一叶时即将其采下，然后用手指将真叶、鱼叶轻轻地予以剥离。剥出的茶芽均匀地薄摊于水筛上（一种竹筛），勿使重叠，置微弱日光下或通风阴凉处，晒晾至八九成干，再用焙笼以30℃～40℃文火焙至足干即成，也有用烈日代替焙笼晒至全干的，称为毛针。毛针筛取肥长茶芽，再用手工摘去梗子（俗称银针脚），并筛簸拣除叶片、碎片、杂质等，最后再用文火焙干，趁热装箱。

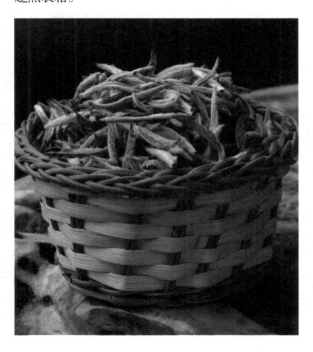

☻ 冲泡品饮

备具 透明玻璃杯1个，白毫银针茶3克及其他茶具或装饰茶具。

▼

温杯 将热水倒入玻璃杯中进行温杯，而后弃水不用。

▼

投茶 用茶匙将茶叶从茶荷中拨入玻璃杯中。

▼

冲泡、赏茶 放入茶叶后，用开水冲泡，只见茶叶徐徐伸展，汤色清澈晶亮，香气毫香浓郁，叶底肥嫩全芽。

▼

出汤 片刻后即可品饮。

▼

品茶 入口后甘醇清鲜。

☻ 特别提醒

1. 白毫银针泡茶时，新茶不需要洗茶，陈茶药性明显，更不宜洗茶，可在第一次冲泡就直接品饮。

2. 水温最好用90℃左右的沸水，因为白毫银针未经揉捻，茶汁不易浸出。

【福·建·白·茶】

白牡丹

Baimudan

茶叶介绍

白茶主要品种有白牡丹、白毫银针。白牡丹，产于福建政和、松溪等县，是中国福建历史名茶，采用福鼎大白茶、福鼎大毫茶为原料，经传统工艺加工而成。因其绿叶夹银白色毫心，形似花朵，冲泡后绿叶托着嫩芽，宛如蓓蕾初放，故得美名白牡丹茶。白牡丹具有祛暑、通血管、明目、抗辐射、解毒之功效。

最佳产地

福建省政和、松溪等县。

产地分布

茶叶特点

1. **外形**：叶张肥嫩
2. **色泽**：灰绿显毫
3. **汤色**：杏黄明净
4. **香气**：毫香浓显
5. **叶底**：浅灰成朵
6. **滋味**：鲜爽清甜

茶汤 杏黄明净

叶底 浅灰成朵

选购要点

以其叶张肥嫩，叶态伸展，毫心肥壮，色泽灰绿，毫色银白，毫香浓显，清鲜纯正，滋味醇厚清甜，汤色杏黄明净者为佳。

贮藏提示

将茶叶用袋子或者茶叶罐密封好，将其放在冰箱内储藏，温度最好为5℃。

保健功效

1. **防辐射**：白牡丹茶中有防辐射物质，对人体的造血机能能起到显著的保护作用，还能减少辐射的危害。

2. **保肝护肝**：白牡丹茶富含的二氢杨梅素等黄酮类天然物质能起到保护肝脏的作用，因为它能加速乙醇代谢产物乙醛迅速分解，变成无毒物质，从而降低对肝细胞的损害。

3. 明目：白牡丹茶中还含有丰富的维生素A原，维生素A原在被人体吸收后，能迅速转化为维生素A，维生素A能合成视紫红质，能使眼睛在暗光下看东西更清楚，因此能起到预防夜盲症、干眼病的作用。

制作工序

白牡丹的制造不炒揉，只有萎凋及焙干两道工序，但工艺不易掌握。精制工艺比较简单，用手工拣出梗、片、蜡叶、红张、暗张后低温焙干，趁热拼和装箱。烘焙火候要适当，过高香味欠鲜爽，不足则香味平。白牡丹两叶抱一芽，叶态自然，色泽呈深灰绿或暗青苔色，叶张肥嫩，呈波纹隆起，叶背遍布洁白茸毛，叶缘向叶背微卷，芽叶连枝。汤色杏黄或橙黄，叶底浅灰，叶脉微红，汤味鲜醇。

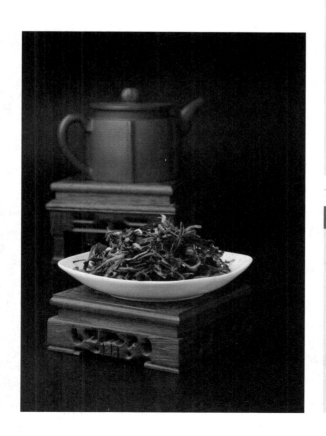

冲泡品饮

备具 透明玻璃杯1个，白牡丹茶3克及其他茶具或装饰茶具。

▼

温杯 将热水倒入玻璃杯中进行温杯，而后弃水不用。

▼

投茶 用茶匙将茶叶从茶荷中拨入玻璃杯中。

▼

冲泡、赏茶 放入茶叶后，用开水冲泡，只见茶叶徐徐伸展，汤色杏黄明净，香气毫香浓显，叶底浅灰。

▼

出汤 片刻后即可品饮。

▼

品茶 入口后醇厚清甜。

特别提醒

1 白牡丹中富含多种营养成分，冲泡时不用洗茶。

2 以玻璃杯为最佳冲泡器具。

3 白牡丹耐冲泡，可冲泡6～8次，香味依然在。

4 白牡丹茶宜常饮，不宜间断，否则，难以起到功效。

【 福·建·白·茶 】
贡眉（寿眉）
● Gongmei

● 茶叶介绍

贡眉，有时称作寿眉，产于福建建阳市。用茶芽叶制成的毛茶称为"小白"，以区别于福鼎大白茶、政和大白茶茶树芽叶制成的"大白"毛茶。茶芽曾用以制造白毫银针，其后改用大白制白毫银针和白牡丹，而小白则用以制造贡眉。一般以贡眉表示上品，质量优于寿眉，近年则一般只称贡眉，而不再有寿眉的商品出口。

● 最佳产地

福建建阳市。

● 选购要点

以紧圆略扁、匀整，形似扁眉，披毫，色泽翠绿，香高清鲜，滋味醇厚爽口，汤色绿而清澈，叶底嫩匀明亮者为佳。

● 贮藏提示

将茶叶用袋子或者茶叶罐密

茶汤 绿而清澈

叶底 嫩匀明亮

封好，将其放在冰箱内储藏，温度最好为5℃。

● 保健功效

1. 明目：贡眉茶中的维生素A原能转化为维生素A，能预防夜盲症、干眼病。

2. 防辐射：贡眉茶不仅能帮助人体抵抗辐射，还能减少电视及电脑辐射的危害。

● 茶叶特点

1. 外形：形似扁眉　　　**4.** 香气：香高清鲜

2. 色泽：色泽翠绿　　　**5.** 叶底：嫩匀明亮

3. 汤色：绿而清澈　　　**6.** 滋味：醇厚爽口

● 冲泡品饮

备具	冲泡	品茶
透明玻璃杯一个，贡眉茶3克及其他茶具或装饰茶具。	投茶后，冲入90℃左右的水冲泡即可。	只见茶叶徐徐伸展，汤色绿而清澈，香气香高清鲜，叶底嫩匀明亮，片刻后即可品饮。

【福·建·白·茶】

福鼎白茶

Fuding Baicha

茶叶介绍

福建是白茶之乡，以福鼎白茶品质最佳、最优。福鼎白茶是通过采摘最优质的茶芽，再经过萎凋和干燥、烘焙等一系列精制工艺而制成的。福鼎白茶有一特殊功效，在于可以缓解或解决部分人群因为饮用红酒上火的难题，由此，福鼎白茶也成了成功人士社交应酬的忠实伴侣。

最佳产地

福建福鼎市

选购要点

整体感觉黑褐暗淡；注意闻茶香，一般福鼎白茶都是幽香阵阵，香气清而纯的。

贮藏提示

适宜在低温下贮藏。

保健功效

1.清热降火作用：白茶性凉，能够有效消暑解热，降火去火。

茶汤 杏黄清透

叶底 浅灰薄嫩

2.美容养颜功效：白茶中的自由基含量较低，多饮此茶或者与此茶相关的提取物，可以起到延缓衰老、美容养颜的作用。俗称福鼎白茶为"女人茶"。

3.抑制细菌作用：福鼎白茶对葡萄球菌感染、肺部感染、肺炎、链球菌感染具有一定的预防作用。

茶叶特点

1.外形：分支浓密
2.色泽：叶色黄绿
3.汤色：杏黄清透

4.香气：香味醇正
5.叶底：浅灰薄嫩
6.滋味：回味甘甜

冲泡品饮

备具	冲泡	品茶
准备200毫升透明玻璃杯1个，福鼎白茶5克。	投茶后，在玻璃杯内倒入沸水，等候5分钟。	白茶每一口都让人有清新的口感，适合小口品饮，夏季可选择冰镇后饮用。

【云·南·白·茶】

月光白

Yueguangbai

茶叶介绍

月光白，又名月光美人，它的形状奇异，一芽一叶，一面白，一面黑，表面绒白，底面黝黑，叶芽显毫白亮，看上去犹如一轮弯弯的月亮，就像月光照在茶芽上，故此得名。月光白采用普洱古茶树的芽叶制作，是普洱茶中的特色茶，因其采摘手法独特，且制作的工艺流程秘而不宣，因此更增添了几分神秘色彩。

最佳产地

云南省普洱市。

选购要点

用古树制作的月光白，以一芽一叶为主，夹杂黄叶较少，且持久耐泡（可泡二十泡左右），稳定性强，品尝起来醇厚饱满，香醇温润，闻起来有强烈的花果香。

贮藏提示

贮藏在阴凉、透风的遮光处。

茶汤 金黄透亮

叶底 红褐匀整

保健功效

1. 护肤作用：茶叶中的醇酸能去除死皮，促使新细胞更快到达皮肤表层，帮助对抗皱纹。

2. 降固醇作用：茶叶中含有咖啡因、氨基酸、茶多酚类化合物等，能促使体内胆固醇和三酸甘油脂的减少，帮助恢复人体健康。

茶叶特点

1. 外形：茶茸纤纤
2. 色泽：面白底黑
3. 汤色：金黄透亮
4. 香气：馥郁缠绵
5. 叶底：红褐匀整
6. 滋味：醇厚饱满

冲泡品饮

备具	冲泡	品茶
紫砂壶或盖碗一个，月光白茶3克及其他茶具或装饰茶具。	投茶后，往壶中快速倒入90℃左右的水至七分满即可。	只见茶叶徐徐伸展，汤色金黄透亮，香气馥郁缠绵，叶底红褐匀整，入口醇厚饱满。

黑茶

黑茶是后发酵茶，茶汤一般为深红、暗红或者亮红色，不同种类的黑茶有一定的差别。普洱生茶茶汤浅黄，普洱熟茶茶汤深红明亮。优质黑茶茶汤顺滑，入口后茶汤与口腔、喉咙接触不会有刺激、干涩的感觉。茶汤滋味醇厚，有回甘。

营养成分

黑茶中含有丰富的营养物质，其中包括维生素、矿物质、蛋白质、氨基酸、糖类等。

营养功效

1.消食：黑茶中的咖啡因、维生素、氨基酸、磷脂等有助于人体消化，调节脂肪代谢，咖啡因的刺激作用更能提高胃液的分泌量，从而增进食欲，帮助消化。

2.降脂减肥：黑茶具有良好的降解脂肪、抗血凝、促纤维蛋白原溶解作用以及显著抑制血小板聚集，达到降压、软化血管，防治心血管疾病的作用。

3.抗氧化：黑茶中的儿茶素、茶黄素、茶氨酸和茶多糖，尤其是含量较多的复杂类黄酮等都具有清除自由基的功能，因而具有抗氧化、延缓细胞衰老的作用。

选购窍门

观外形：看干茶色泽、条索、含梗量，闻干茶香。黑茶有发酵香，老茶有陈香；紧压茶砖面完整，模纹清晰，棱角分明，侧面无裂缝；散茶条索匀齐、油润则品质佳。

看汤色：橙黄明亮，陈茶汤色红亮如琥珀。

闻香气：带甜酒香或松烟香，陈茶有陈香。

品茶味：醇厚，陈茶润滑、回甘。

看叶底：黑褐色。

保存方法

黑茶保存需要在通风、干燥、无异味的环境中。

泡茶器具与水温

黑茶有吸味的特点，适合用紫砂陶、傣族竹制器具、景德镇瓷器，能提升黑茶的香气，滋味更醇厚；适合冲泡的水温为95℃~100℃。不宜长时间浸泡，否则苦涩味重。

【湖·南·黑·茶】

花砖茶

 Huazhuancha

茶叶介绍

　　花砖茶，历史上又叫"花卷"，又有别名"千两茶"，因一卷茶净重合老秤1000两。一般规格均为35厘米×18厘米×3.5厘米。做工精细、品质优良。因为砖面的四边都有花纹，为区别于其他砖茶，取名"花砖"。砖面色泽黑褐，内质香气醇正。

最佳产地

　　湖南安化高家溪和马家溪。

选购要点

　　正品花砖茶砖身压制紧实，砖面乌润光滑，斜纹图案清晰，棱角分明。

贮藏提示

　　由于花砖茶越陈久其口感越醇和，所以应该将花砖茶堆放在通风、避光、干燥、无异味的地方进行保存。

茶汤 红黄明亮

叶底 老嫩匀称

保健功效

1. **止咳止泻**：花砖茶除能帮助消化外，还有治咳嗽和腹泻的作用，且腹胀时亦可饮用，疗效显著。

2. **消暑降温**：夏季时，将泡好的金砖茶冷却后放入冰箱冷藏，饮用起来非常舒爽，还能起到消暑降温的特效。

茶叶特点

1. 外形：砖面平整

2. 色泽：色泽黑褐

3. 汤色：红黄明亮

4. 香气：香气纯正

5. 叶底：老嫩匀称

6. 滋味：浓厚微涩

冲泡品饮

备具	冲泡	品茶
温壶或碗状器具1只，花砖茶适量。	用100℃的水倒入壶中冲泡，20分钟后倒出。	气味微香，尝起来微涩，先抿一口，将茶水置于舌根底部停留约3秒，令人神清气爽。

【湖·南·黑·茶】

黑毛茶

● Heimaocha

● 茶叶介绍

　　黑毛茶，是指没有经过压制的黑茶，一般经过杀青、初揉、渥堆、复揉、干燥这五道制作工序制作而成，而作为原料的嫩芽则依据不同等级而有所不同，通常等级越高采摘嫩芽的时间越早，一级茶品要求以一芽二叶或一芽三叶为原料。如今，湖南著名的紧压茶，如黑砖茶、花砖茶、湘尖茶等都是以黑毛茶为原料制成的。

● 最佳产地

　　湖南省安化县。

● 选购要点

　　选购时，以外形粗卷，叶片阔大，色泽黑褐油润，闻上去有火候香、松烟香，冲泡后汤色红褐，尝起来滋味醇厚者为佳。

● 贮藏提示

　　密封保存在干燥避光、低温处。

茶汤 红褐明亮

叶底 乌褐叶大

● 保健功效

1. 抗菌作用：茶汤中的茶黄素能够起到清除自由基的作用，还能对肉毒芽杆菌、肠类杆菌、金黄色葡萄球菌、荚膜杆菌等起到明显的抗菌作用。

2. 降压作用：茶叶中特有的茶氨酸能通过活化多巴胺能神经元，起到抑制血压升高的作用。

● 茶叶特点

1. 外形：条粗叶阔

2. 色泽：黑褐油润

3. 汤色：红褐明亮

4. 香气：带松烟香

5. 叶底：乌褐叶大

6. 滋味：醇厚鲜爽

● 冲泡品饮

备具	冲泡	品茶
玻璃杯或盖碗1个，黑毛茶3克及其他茶具或装饰茶具若干。	用茶匙将茶叶从茶荷中拨入玻璃杯中，冲入100℃左右的水至七分满即可。	静待片刻，只见茶叶徐徐伸展，汤色红褐明亮，香气带松烟香，入口后醇厚鲜爽。

【湖·南·黑·茶】

黑砖茶

Heizhuancha

茶叶介绍

黑砖茶，是以黑毛茶作为原料制成的半发酵茶，创制于1939年，多半选用三级、四级的黑毛茶搭配其他茶种进行混合，再经过筛分、风选、拼堆、蒸压、烘焙、包装等一系列工序制成。黑砖茶的外形通常为长方砖形，规格为35厘米×18厘米×3.5厘米，因砖面压有"湖南省砖茶厂压制"八个字，因此又称"八字砖"。

最佳产地

湖南省安化县。

选购要点

选购时，以外形匀整光滑，色泽黑褐，闻上去香气纯正，冲泡后的汤色黄红稍褐，尝起来浓醇微涩的为佳品。

贮藏提示

将茶叶贮藏在通风、阴凉、干燥、无异味的避光处。

茶汤 黄红稍褐

叶底 黑褐均匀

保健功效

1. 抗菌作用：黑砖茶茶汤中的茶黄素能清除自由基，还能起到明显的抗菌作用。

2. 消食作用：黑砖茶茶叶中含有的咖啡因具有刺激作用，能帮助提高胃液的分泌量，从而增进食欲，进而促进消化。

茶叶特点

1. 外形：平整光滑
2. 色泽：黑褐油润
3. 汤色：黄红稍褐
4. 香气：清香纯正
5. 叶底：黑褐均匀
6. 滋味：浓醇微涩

冲泡品饮

备具	冲泡	品茶
紫砂壶或盖碗1个，黑砖茶3克及其他茶具或装饰茶具若干。	投茶后，冲入100℃左右的水至七分满即可。	待茶汤稍凉，先抿一口，入口后浓醇微涩，回味无穷。

【湖·南·黑·茶】

黄金砖

Huangjinzhuan

茶叶介绍

黄金砖，因具有黄叶黄汤的特点而且外形似砖，故得其名，属于湖南君山黄茶系列的新品之一，推出以后丰富了君山黄茶的发展空间。湖南君山黄茶是盛唐时期名茶，后有宋人形容它——"色满、香韵、味绝、形佳"。

最佳产地

湖南省岳阳市。

选购要点

金黄色的包装锡纸内，若是乌黑油润的茶砖，浓郁的香气沁人心脾，便是优质的黄金砖茶。冲泡后色泽明亮，显琥珀光，清香纯正者质优。

贮藏提示

密封贮藏在避光、阴凉、干燥处。

茶汤 橙红明亮

叶底 黄褐柔软

保健功效

1.养肝养胃作用：黄金砖中含有茶黄素，有养肝养胃之效。

2.消食解腻作用：黑茶中所包含的维生素、咖啡因和氨基酸等都有助于促进人的消化，调节脂肪的代谢，促进食欲。

茶叶特点

1.外形：棱角分明

2.色泽：色泽黄明

3.汤色：橙红明亮

4.香气：高爽纯正

5.叶底：黄褐柔软

6.滋味：甘爽香醇

冲泡品饮

备具	冲泡	品茶
盖碗1个，黄金砖茶3克以及其他茶具或装饰茶具若干。	投茶后，冲入100℃左右的水至七分满即可。	只见茶叶徐徐伸展，汤色红艳明亮，香气鲜纯浓郁，叶底柔软红亮。入口后浓厚甜润。

【湖·北·黑·茶】

青砖茶

Qingzhuancha

茶叶介绍

　　青砖茶属黑茶种类，是以老青茶作原料，经压制而成的。其产地主要在湖北省咸宁市，已有200多年的历史。青砖茶的外形为长方形，色泽青褐，香气纯正，汤色红黄，滋味香浓。饮用青砖茶，除生津解渴外，还具有清新提神、帮助消化、杀菌止泻等功效。主要销往内蒙古等西北地区。

茶汤 红黄尚明

叶底 暗黑粗老

最佳产地

　　湖北省咸宁市。

产地分布

陕西　河南　江苏
湖北　安徽
重庆　　　浙江
湖南　江西
贵州　　福建

茶叶特点

1. 外形：长方砖形
2. 色泽：青褐油润
3. 汤色：红黄尚明
4. 香气：纯正馥郁
5. 叶底：暗黑粗老
6. 滋味：味浓可口

选购要点

　　选购青砖茶时，要根据外包装进行简单的辨别，其中包括纸张的材质、标签字样、商标等，选择包装完整者为佳。以外形呈长方砖形，色泽青褐油润，闻上去纯正馥郁，冲泡后的汤色红黄尚明，尝起来味浓可口的为佳品。

贮藏提示

　　储藏青砖茶时需保持干燥、通风、避光的环境，常温保存。

保健功效

1. 安神宁心作用：饮用青砖茶，除能生津解渴外，还具有清新提神、杀菌止泻的功效，适当饮用，效果甚好。

2. 杀菌、助消化作用：青砖茶富含膳食纤维，具有调理肠胃的功能，且有益生菌参与，能改善肠道微生物环境，助消化。

3. 暖身御寒、去脂减肥作用：青砖茶中含有多种营养成分，可以有效抑制体内脂肪细胞的聚集和肥大，表明青砖茶有很好的减肥、去脂功效。

● 制作工序

青砖茶的压制分洒面、二面和里茶三个部分。青砖茶面上的一层叫洒面，质量最好；底面的一层叫二面，质量次之；洒面和二面中间夹的一层叫包心茶，又叫里茶，质量较差。

青砖茶质量的高低取决于鲜叶的质量和制茶的技术。鲜叶采割后先加工成毛茶。面茶分杀青、初揉、初晒、复炒、复揉、渥堆、晒干七道工序。里茶则相对简单一些，分杀青、揉捻、渥堆、晒干四道工序，经过这四道工序后则制成毛茶。毛茶通常要求再经过筛分、压制、干燥的程序，然后包装，就成了我们所见的青砖茶。

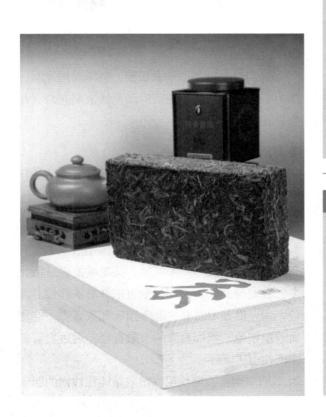

● 冲泡品饮

备具 紫砂壶、公道杯、品茗杯等各1个，青砖茶5克左右。

▼

温杯 将热水倒入紫砂壶中温壶、温杯，而后弃水不用。

▼

投茶、冲泡 用茶匙将茶叶从茶荷中拨入紫砂壶中，冲入100℃左右的沸水，泡10分钟左右。

▼

赏茶 沏泡后，茶香隽永纯浓，香气纯正，茶汤红黄明亮，十分可爱。

▼

出汤 冲泡结束后，将茶汤从紫砂壶倒入公道杯中，充分均匀茶汤后，倒入品茗杯中。

▼

品茶 茶香纯正、柔和，待茶汤稍凉，先抿一口，入口后浓香可口，有回甘。

● 特别提醒

1. 青砖茶在冲泡前可适当洗茶数秒，以让茶香在正式冲泡时可以充分地释放出来。
2. 青砖茶冲泡时间至少应保证以沸水冲泡10分钟左右；冲泡时应加盖，以让茶香、茶味充分释放。青砖茶煮饮效果更佳。

【广·西·黑·茶】
六堡散茶

LiubaoSancha

茶叶介绍

六堡散茶已有200多年的生产历史，因原产于广西苍梧县大堡乡而得名。现在六堡散茶产区相对扩大，分布在浔江、郁江、贺江、柳江和红水河两崖，主产区是梧州地区。六堡茶素以"红、浓、陈、醇"四绝著称，品质优异，风味独特，尤其是在海外侨胞中享有较高的声誉，被视为养生保健的珍品。民间流传有耐于久藏、越陈越香的说法。

茶汤 红浓明亮

叶底 呈铜褐色

最佳产地

广西苍梧县大堡乡。

产地分布

茶叶特点

1. **外形**：条索长整
2. **色泽**：黑褐光润
3. **汤色**：红浓明亮
4. **香气**：纯正醇厚
5. **叶底**：呈铜褐色
6. **滋味**：甘醇爽口

选购要点

选购时，以外形条索长整，色泽黑褐光润，闻上去纯正醇厚，冲泡后的汤色红浓明亮，尝起来甘醇爽口者为佳。

贮藏提示

储藏六堡散茶时需保持干燥、通风、避光的环境，常温保存。

保健功效

1. 降血压、防止动脉硬化作用：六堡散茶中含有其特有的氨基酸——茶氨酸，茶氨酸能通过活化多巴胺能神经元，起到抑制血压升高的作用。此外，六堡散茶中含有的咖啡因和儿茶素类，能使血管壁松弛，增加血管的有效直径，通过血管舒张而使血压下降。

2. 减肥作用：长期饮用六堡散茶能使体内的胆固

醇及甘油酯减少，所以长期饮用六堡散茶，能起到治疗肥胖症的功用。

3. 延年益寿：六堡散茶中含有的维生素C、维生素E、茶多酚、氨基酸和微量元素等多种有效成分，能帮助起到延缓衰老、益寿延年的作用，老年人饮用，对滋补身体有很好的效果。

◎ 制作工序

　　六堡散茶采用当地的大叶种茶树的鲜叶为原料。该茶茶叶的采摘标准是成熟新梢的一芽四、五叶，可分原料加工和蒸压两个过程。鲜叶稍经晒晾，再经过特殊的渥堆工序，经干燥后成为毛茶，再经精制，然后会按成品级别进行拼配，使之成为原料后再用蒸汽蒸软了投入特别的容器中紧压。紧压是一道重要的工序，经过压制成的六堡茶为圆柱形，方底圆身，高57厘米，直径53厘米。而且压制后的六堡散茶通常要放入仓库中晾贮半年之久，才可以最终形成六堡散茶"红、浓、醇、陈"的品质特点。

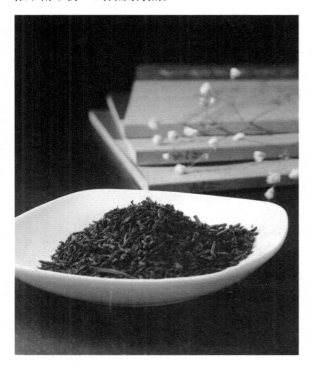

◎ 冲泡品饮

备具　盖碗、茶荷、茶匙、品茗杯等各1个，六堡散茶3～4克。

▼

温杯　将热水倒入盖碗中进行温杯，而后弃水不用。

▼

投茶、冲泡　用茶匙将茶叶从茶荷中拨入盖碗中，冲入90～100℃的沸水，泡1～3分钟。

▼

赏茶　沏泡后，茶色红亮通透。

▼

出汤　冲泡结束后，将茶汤从盖碗中倒入公道杯中，充分均匀茶汤后，倒入品茗杯中。

▼

品茶　入口后香气高扬浓郁，带来强烈的回甘，滋味甘醇爽口。

◎ 特别提醒

1. 储存六堡散茶时，应远离有异味的物品。

2. 处在生理期间的女性不宜饮用茶水。

3. 泡茶的水温应尽量保证为90℃～100℃，冲泡时间不宜过长。

【四·川·黑·茶】

金尖茶

● Jinjiancha

● 茶叶介绍

金尖茶产于四川雅安，原料选自海拔1200米以上云雾山中有性繁殖的成熟茶叶和红苔，经过32道工序精制而成。藏族谚语说"宁可三日无粮，不可一日无茶"，表达了对金尖茶的依赖之情。金尖茶常见规格为每块净重2.5千克，圆角枕形。

茶汤 红黄明亮

叶底 暗褐粗老

● 最佳产地

四川省雅安市。

产地分布

陕西

四川

重庆

贵州

● 茶叶特点

1. **外形**：圆角枕形
2. **色泽**：棕褐油润
3. **汤色**：红黄明亮
4. **香气**：清香平和
5. **叶底**：暗褐粗老
6. **滋味**：醇香浓郁

● 选购要点

正宗金尖茶色泽青褐，干茶包装呈圆角枕形，平整而紧实，无脱层，色泽棕褐，香气纯正、平和。此外，选购时还可根据金尖茶的外包装进行简单辨别，包括纸张的材质、标签字样、商标等，选择包装完整者为佳。

● 贮藏提示

储藏时保持干燥、通风、避光的环境，常温储藏即可。

● 保健功效

1. **降胆固醇**：金尖茶经过陈放，可生成多糖、茶红素、茶黄素等物质，其中茶黄素有降血脂的独特功能，不但能与胆固醇结合，减少食物中胆固醇的吸收，还能抑制人体自身胆固醇的合成。

2. **降脂**：金尖茶含有多酚类及其氧化产物，能溶解脂肪，促进脂类物质排出，还可活化蛋白质激酶，加速脂肪分解，降低体内脂肪的含量。

3. 抗衰老：金尖茶中含有维生素C、维生素E、茶多酚、氨基酸和微量元素等，长饮可有效抗衰、益寿延年。

☕ 制作工序

　　金尖是经过蒸压而成的砖形茶。筑制金尖的原料来源广泛，类别也很多，有做庄茶、晒青茶、条茶、茶梗、茶果等。所以毛茶原料必须预先过细整理，再经过筛分、切铡整形、风选、拣剔等繁复的工序，务求做到沙石、草木除净，梗长适度，还要制成形状匀整的洒面和里茶，金尖茶对这一系列的制作工序要求都特别细致。在这之后再按国家规定的质量标准进行合理配料，经过称茶、蒸茶和筑压等制造工序，就制成了金尖茶。

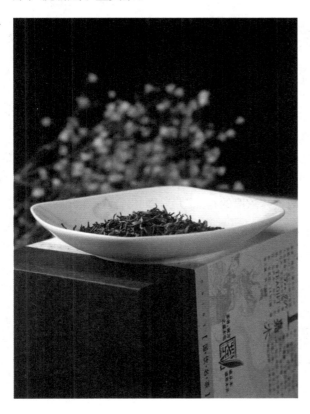

☕ 冲泡品饮

备具　紫砂壶、公道杯、品茗杯等各1个，金尖茶4克左右。

▼

温杯　将热水倒入紫砂壶中进行温壶、温杯后弃水。

▼

投茶、冲泡　用茶匙将茶叶从茶荷中拨入紫砂壶中，冲入100℃左右的沸水，泡10分钟左右。其间需淋壶，以保持壶温。

▼

赏茶　沏泡后，香气纯正，茶汤红黄明亮。

▼

出汤　冲泡结束后，将茶汤从紫砂壶中倒入公道杯中，充分均匀茶汤后，倒入品茗杯中。

▼

品茶　入口后口感醇和，不苦不涩，醇和而有回甘，口齿生津。

☕ 特别提醒

1. 金尖茶在冲泡前可洗茶数秒，让茶香充分释放出来。

2. 金尖茶在冲泡时若以沸水冲泡，需泡10分钟左右，让茶香及茶中有效营养成分得以充分释放。

3. 储存时应远离异味。

【 云·南·黑·茶 】

普洱茶砖

Puer Chazhuan

茶叶介绍

普洱茶砖产于云南省普洱市，精选云南乔木型古茶树的鲜嫩芽叶为原料，以传统工艺制作而成。所有的砖茶都是经蒸压成型的，但成型方式有所不同。如黑砖、花砖、茯砖、青砖是用机压成型；康砖茶则是用棍锤筑造成型。汽蒸沤堆是茯砖压制中的特有工序，同时它还有一个特殊的过程，即让黄霉菌在其上面生长，俗称"发金花"。

茶汤 红浓清澈

叶底 肥软红褐

最佳产地

云南省普洱市。

产地分布

茶叶特点

1. **外形**：端正均匀
2. **色泽**：黑褐油润
3. **汤色**：红浓清澈
4. **香气**：陈香浓郁
5. **叶底**：肥软红褐
6. **滋味**：醇厚浓香

选购要点

选购普洱茶时，应注意外包装一定要尽量完整，无残损，闻起来陈香浓郁，轻轻摇晃包装，以无散茶者为佳。

贮藏提示

存放时应避免阳光直射，保持阴凉通风，远离气味浓厚的物品即可长期保存。

保健功效

1. **降压降脂**：普洱茶叶中含有的茶碱等物质，能起到降低血压、防治动脉硬化的作用，对老年人调理身体有益。

2. **健牙护齿、消炎灭菌**：普洱茶砖中含有许多生理活性成分，具有杀菌消毒的作用，因此能祛除口腔异味，保护牙齿。

3. **延年益寿、抗衰老**：普洱茶砖中含有维生素

C、维生素E、茶多酚、氨基酸和微量元素等多种营养成分，能起到有效抗衰、益寿延年的作用，常饮有益。

制作工序

普洱茶是用优良品种云南大叶种精制而成。首先第一步就是采摘其鲜叶，然后以经过杀青后揉捻晒干的晒青茶（滇青）作为原料，再经过泼水堆积发酵（沤堆）的特殊工艺加工制成。其中要注意的是发酵工序，因为发酵期间的温度控制很重要——温度低的话发酵会发不起来，温度高的话发酵会烧堆，因此在这道工序中必须视温度变化并及时翻堆调节温度。以普洱散茶为原料，蒸压加工成的紧压茶有普洱沱茶、七子饼茶（圆茶）、普洱茶砖等。

冲泡品饮

备具　盖碗、茶荷、茶匙、品茗杯等各1个，普洱茶砖3克左右。

▼

温杯　将热水倒入盖碗中进行温杯，而后弃水不用。

▼

投茶、冲泡　用茶匙将茶叶从茶荷中拨入盖碗中，冲入90~100℃的沸水，泡1分钟。

▼

赏茶　普洱茶沥泡后，茶色红浓清澈。

▼

出汤　冲泡结束后，将茶汤从盖碗中倒入公道杯中，充分均匀茶汤后，倒入品茗杯中。

▼

品茶　入口后滋味醇厚，回甘十分明显。

特别提醒

1. 冲泡时，用90~100℃沸水冲泡1分钟即可。

2. 要将普洱茶存放在能避免阳光直射的地方，且远离气味浓厚的物品。

3. 女性在生理期间最好不要饮用普洱茶。

【云·南·黑·茶】

金瓜贡茶

Jingua Gongcha

茶叶介绍

　　金瓜贡茶也称团茶、人头贡茶，是普洱茶独有的一种特殊紧压茶形式，因其形似南瓜，茶芽长年陈放后色泽金黄，得名金瓜，早年的金瓜茶是专为上贡朝廷而制，故名"金瓜贡茶"。此茶茶香浓郁，隐隐有竹香、兰香、檀香和陶土的香气，清新自然，润如三秋皓月，香于九畹之兰，是普洱茶家族中，当之无愧的茶王。

最佳产地

　　云南布朗山。

选购要点

　　选购时应首选形状匀整端正，棱角整齐，不缺边少角且厚薄一致，松紧适度的金瓜贡茶。

贮藏提示

　　储藏时应保存在通风干燥、避光的环境。

茶汤 黑褐明亮

叶底 肥软匀亮

保健功效

1. 降脂消炎： 金瓜贡茶有降血脂、减肥、预防糖尿病及前列腺肥大、抗菌消炎等健康功效。

2. 抗菌作用： 金瓜贡茶中含有黄酮醇类、儿茶素、茶多酚等，具有很强的抗菌、抗氧化能力，常饮能起到一定的预防糖尿病及前列腺肥大的作用。

茶叶特点

1. 外形： 匀整端正

2. 色泽： 黑褐光润

3. 汤色： 黑褐明亮

4. 香气： 纯正浓郁

5. 叶底： 肥软匀亮

6. 滋味： 醇香浓郁

冲泡品饮

备具	冲泡	品茶
盖碗、茶荷、茶匙、公道杯、品茗杯各1个，金瓜贡茶3克左右。	用茶匙将茶叶从茶荷中拨入盖碗中，冲入90℃左右的热水，泡1分钟。	茶水丝滑柔顺，醇香浓郁，色泽金黄润泽，其香沁心脾，入口后口感醇和，不苦不涩。

乌龙茶

　　乌龙茶是介于绿茶（不发酵茶）与红茶（全发酵茶）之间的半发酵茶，因发酵程度不同，不同的乌龙茶滋味和香气有所不同，但都具有浓郁花香、香气高长的显著特点。乌龙茶因产地和品种不同，茶汤或浅黄明亮，或橙黄、橙红。入口后香气高长，回味悠长，它既有红茶的浓鲜，又有绿茶的清香。

营养成分
　　乌龙茶中含有机化学成分达450多种，无机矿物元素达40多种。茶叶中的有机化学成分主要有：茶多酚类、植物碱、蛋白质、氨基酸、维生素、果胶素、有机酸、脂多糖、糖类、酶类、色素等。无机矿物元素主要有：钾、钙、镁、钴、铁、锰、铝、钠、锌、铜、氮、磷、氟等。

营养功效
　　1.降血脂：乌龙茶有防止和减轻血中脂质在主动脉粥样硬化作用。饮用乌龙茶还可以降低血液黏稠度，防止红细胞集聚，改善血液高凝状态，增加血液流动性，改善微循环。

　　2.抗衰老：饮用乌龙茶可以使血中维生素C含量保持较高水平，尿中维生素C排出量减少，因此可以增强人体抗衰老能力。

　　3.降低胆固醇：当食物太油腻时，最好能够搭配乌龙茶，这样不但有饱腹感，还可以去除油腻。

选购窍门
　　外形：宜选择条索结实、肥厚卷曲的优质乌龙茶。

　　色泽：宜选择色泽油亮、砂绿、鲜亮的优质乌龙茶。

　　茶汤：优质乌龙茶茶汤金黄清澈，劣质乌龙茶茶汤呈暗红色。

　　茶香：宜选购有花香的优质乌龙茶，不宜选购有烟味或者其他异味的乌龙茶。

保存方法
　　需放在干燥、避光、密封、不通风、没有异味的容器（如瓷罐、铁罐、竹盒、木盒、瓦坛子）等中，加盖密封后置于电冰箱内冷藏。

泡茶器具与水温
　　乌龙茶适宜用有吸香性和透气性的紫砂壶来冲泡；宜用100℃滚开的水加满茶器。以矿泉水来冲泡乌龙茶效果更佳。

【福·建·乌·龙·茶】

安溪铁观音

Anxi Tieguanyin

茶叶介绍

铁观音，又称红心观音、红样观音，主产地是福建安溪。安溪铁观音闻名海内外，被视为乌龙茶中的极品，且跻身于中国十大名茶和世界十大名茶之列，以其香高韵长、醇厚甘鲜而驰名中外。安溪铁观音天性娇弱，抗逆性较差，产量较低，萌芽期在春分前后，停止生长期在霜降前后，"红芽歪尾桃"是纯种铁观音的特征之一，是制作乌龙茶的特优品种。

茶汤 金黄浓艳

叶底 沉重匀整

最佳产地

福建省安溪县。

产地分布

湖北 安徽
重庆 浙江
湖南 江西
贵州 福建
广西 广东 台湾

茶叶特点

1. **外形**：肥壮圆结
2. **色泽**：色泽砂绿
3. **汤色**：金黄浓艳
4. **香气**：香高持久
5. **叶底**：沉重匀整
6. **滋味**：醇厚甘鲜

选购要点

茶条卷曲，肥壮圆结，沉重匀整，色泽砂绿，冲泡后汤色金黄浓艳似琥珀，有天然馥郁的兰花香，滋味醇厚甘鲜，回甘悠久者为最佳品。

贮藏提示

用铝箔袋包装好存放在密封的铁盒或者木盒中，冷藏在冰箱内，避光、干燥。

保健功效

1. 解毒、消食、去油腻：茶叶中有一种叫黄酮的混合物，具杀菌解毒作用。

2. 美容、减肥、抗衰老：医学研究表明，铁观音的儿茶素，具较强抗氧化活性，可消除细胞中的活性氧分子，从而使人体少受衰老疾病侵害。

制作工序

铁观音一年分四季采制，以春茶品质最好，秋茶次之，夏、冬茶品质较次。采摘标准为嫩梢形成驻芽后，顶叶刚开展呈小开面时，采摘二、三叶。要求做到不折断叶片，不折叠叶张，不碰碎叶尖，不带单片，不带鱼叶和老梗。铁观音制作严谨，技艺精巧。首先要经过晒青、凉青，晒青时间以午后4时阳光柔和时为宜，叶子宜薄摊。然后做青、炒青，炒青的进行要求及时，当做青时叶青味消失，香气初露即应抓紧进行。接着揉捻，铁观音的揉捻是多次反复进行的。初揉约3~4分钟，解块后即行初焙。初焙后茶叶成品香气敛藏，滋味醇厚，外表色泽油亮。再经由复焙、复包揉、文火慢烤、拣颠等多道工序，最后才形成品质优异的铁观音茶。

冲泡品饮

备具 盖碗、茶匙、茶荷、品茗杯各1个，铁观音3~4克。

▼

洗杯、投茶 将开水倒入盖碗中进行冲洗，弃水不用，将茶叶拨入盖碗中。

▼

冲泡 冲入100℃左右的水，加盖泡1~3分钟。

▼

赏茶 冲泡后，闻茶香香高持久，观茶汤金黄浓艳，看叶底沉重匀整。

▼

出汤 冲泡结束后，即可将茶汤从盖碗倒入品茗杯中进行品饮。

▼

品茶 入口后，滋味醇厚甘鲜，醇爽回甘，微带蜂蜜味。

特别提醒

品饮铁观音不仅对人体健康有益，还可增添无穷乐趣。但有三忌：

1. 空腹不饮，否则会感到饥肠辘辘，头晕欲吐。
2. 睡前不饮，否则难以入睡。
3. 冷茶不饮，对胃不利。

【福·建·乌·龙·茶】

武夷大红袍

● Wuyi Dahongpao

● 茶叶介绍

　　武夷大红袍，因早春茶芽萌发时，远望通树艳红似火，若红袍披树，故名。大红袍素有"茶中状元"之美誉，乃岩茶之王，堪称国宝。此茶产于福建省武夷山市，各道工序全部由手工操作，以精湛的工艺特制而成。成品茶香气浓郁，滋味醇厚，有明显"岩韵"特征，饮后齿颊留香，经久不退，冲泡九次犹存原茶的桂花香真味，被誉为"武夷茶王"。

茶汤 橙黄明亮

叶底 沉重匀整

● 最佳产地

　　福建武夷山。

产地分布

● 茶叶特点

1. **外形**：条索紧结
2. **色泽**：绿褐鲜润
3. **汤色**：橙黄明亮
4. **香气**：香高持久
5. **叶底**：沉重匀整
6. **滋味**：醇厚甘鲜

● 选购要点

　　外形条索紧结，色泽绿褐鲜润，冲泡后汤色橙黄明亮，叶片红绿相间，典型的叶片有绿叶红镶边者为最佳品。

● 贮藏提示

　　铝箔袋包装好存放在密封的铁盒或者木盒中，冷藏在冰箱内，要求避光、干燥。

● 保健功效

1. 抗衰老：饮用武夷大红袍可以使血中维生素C含量持较高水平，尿中维生素C排出量减少，而维生素C的抗衰老作用早已被研究证明。因此，饮用武夷大红袍可以从多方面增强人体抗衰老能力。

2. 提神益思，消除疲劳：武夷大红袍所含的咖啡因较多，咖啡因能促使人体中枢神经兴奋，增强大脑皮质的兴奋过程，起到提神益思、清心的效果。

3. 预防疾病：茶中的儿茶素能降低血液中的胆固醇，抑制血小板凝集，可以减少动脉硬化发生率。

制作工序

武夷大红袍的加工工艺十分精细，主要包括晒青、凉青、做青、炒青、初揉、复炒、复揉、走水焙、簸拣、摊凉、拣剔、复焙、再簸拣、补火等多道工序。首先，一开始的茶叶采摘标准是茶青新鲜，无表面水，无破损，中、小开面三叶，均匀一致。新梢芽叶伸育较成熟，正形成驻芽之中、小开面采三叶为最佳。大红袍茶叶烘干工艺能起到稳定茶叶品质，补充杀青效果的作用，使茶叶在较长时间的贮藏下不变质。大红袍茶叶制作工序繁复，工艺细致，对不同原料的鲜叶，根据不同情况灵活运用技术。其根据包括鲜叶含水量多少和茶叶的品种特性等。

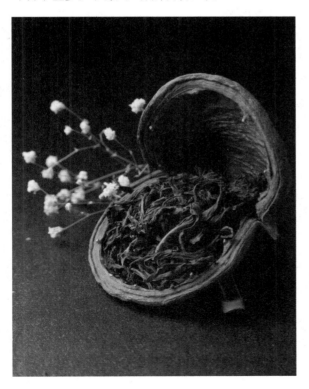

冲泡品饮

备具 紫砂壶、茶匙、茶荷、品茗杯各1个，武夷大红袍5克左右。

▼

洗杯、投茶 将开水倒入紫砂壶中进行冲洗，弃水不用，将茶叶拨入壶中。

▼

冲泡 冲入100℃左右的水，加盖泡2～3分钟。

▼

赏茶 冲泡后，香高持久并有兰花香，"岩韵"明显，茶汤橙黄明亮，叶底红绿相间。

▼

出汤 冲泡结束后即可将茶汤从紫砂壶倒入品茗杯中。

▼

品茶 入口后，滋味醇厚甘鲜，冲泡7～8次后，仍然有原茶的真味。

特别提醒

1. 忌喝新茶：因为新茶中含有未经氧化的多酚类、醛类及醇类等，对人的胃肠黏膜有较强的刺激作用，所以忌喝新茶。

2. 品茶时可以把茶叶咀嚼后咽下去，因为茶叶中含有胡萝卜素和粗纤维，对人体有益。

【福·建·乌·龙·茶】
铁罗汉

Tieluohan

茶叶介绍

铁罗汉茶，属乌龙茶类，产于闽北"秀甲东南"的名山武夷。铁罗汉树生长在岩缝之中，主要分布在武夷山内山（岩山），20世纪80年代以来，武夷山市已扩大栽培，国内一些科研、教学单位有引种。武夷岩铁罗汉具有绿铁罗汉之清香、红铁罗汉之甘醇，是中国乌龙铁罗汉中之极品。铁罗汉属半发酵茶，制作方法介于绿铁罗汉与红铁罗汉之间。

最佳产地

福建武夷山。

产地分布

茶叶特点

1. 外形：壮结匀整
2. 色泽：绿褐鲜润
3. 汤色：深橙黄色
4. 香气：香高持久
5. 叶底：软亮匀齐
6. 滋味：醇厚甘鲜

茶汤 深橙黄色

叶底 软亮匀齐

选购要点

条形壮结、匀整，色泽绿褐鲜润，冲泡后铁罗汉汤呈深橙黄色，清澈艳丽；叶底软亮，叶缘朱红，叶心淡绿带黄者为最佳品。

贮藏提示

铝箔袋包装好存放在密封的铁盒或者木盒中，冷藏在冰箱内，避光、干燥。

保健功效

1. 有助于延缓衰老：铁罗汉中的多酚类化合物具有很强的抗氧化性和生理活性，是人体自由基的清除剂，能阻断脂质过氧化反应，清除活性酶。

2. 有助于抑制心血管疾病：铁罗汉中的多酚类化合物有助于斑状增生受到抑制，使形成血凝黏度增强的纤维蛋白原降低，凝血变清，从而抑制动脉粥样硬化。

3. 有助于防癌和抗癌：铁罗汉中的多酚类化合物

可以阻断亚硝酸胺等多种致癌物质在体内合成，并具有提高机体免疫力的功效。

制作工序

铁罗汉采摘时间一般是每年的5月初开始，标准是以驻芽二叶或驻芽三、四叶为主。加工铁罗汉的各道工艺均是由手工操作，技艺精湛，制作出来的成茶经饮耐泡，冲泡9次仍有余香。最佳的夏茶茶叶采摘时间是在夏季之前，秋茶则是立秋之后。然后做青，这是为了让茶叶的苦水走失，达到突出香气、滋味的目的（也有把做青叫作萎凋的，包含走水、摇青、等青、发酵等工序，这些程序交替进行，多次反复）。接着是炒青，这是茶叶的一个揉碾过程，目的是让茶叶中剩余的茶汁被挤压出来。然后是将茶叶烘干，铁罗汉通常都用复焙方式使茶叶更具耐力。挂杯香、杯底香、汤底香通透，这些都是复火焙茶的功效，所以在初焙时用多少火功是比较讲究的。

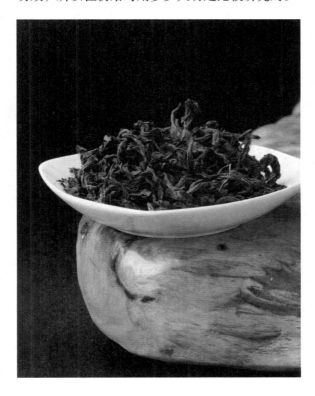

冲泡品饮

备具 盖碗、茶匙、茶荷、品茗杯各1个，铁罗汉3~4克。

▼

洗杯、投茶 将开水倒入盖碗中进行冲洗，弃水不用，将茶叶拨入盖碗中。

▼

冲泡 冲入100℃左右的水，加盖泡1~3分钟。

▼

赏茶 冲泡后，茶香四溢，茶汤清澈，叶底均匀齐整。

▼

出汤 冲泡结束后，即可将茶汤从盖碗倒入品茗杯中进行品饮。

▼

品茶 入口后，滋味醇厚甘鲜，令人怀想。

特别提醒

1. 铁罗汉很耐冲泡，建议用小壶小杯的方式，才能品尝铁罗汉之巅的韵味。
2. 喝浓茶要小心"茶醉"：即心慌、头晕、四肢无力等症状。如发生"茶醉"应马上吃些饭菜或糖果以解"醉"。

【福·建·乌·龙·茶】

白鸡冠

Baijiguan

茶叶介绍

白鸡冠是武夷山四大名丛之一。生长在慧苑岩火焰峰下外鬼洞和武夷山公祠后山的茶树，叶色淡绿，绿中带白，芽儿弯弯又毛茸茸的，形态就像白锦鸡头上的鸡冠，故名白鸡冠。白鸡冠多次冲泡仍有余香，适制武夷岩茶（乌龙茶），抗性中等，适宜在武夷乌龙茶区种植，用该鲜叶制成的乌龙茶，是武夷岩茶中的精品。其采制特点与大红袍相似。

茶汤 橙黄明亮

叶底 沉重匀整

最佳产地

福建武夷山。

产地分布

茶叶特点

1. 外形：条索紧结
2. 色泽：米黄带白
3. 汤色：橙黄明亮
4. 香气：香高持久
5. 叶底：沉重匀整
6. 滋味：醇厚甘鲜

选购要点

色泽米黄呈乳白，汤色橙黄明亮，入口齿颊留香者为最佳品。

贮藏提示

铝箔袋包装好存放在密封的铁盒或者木盒中，冷藏在冰箱内，避光、干燥。

保健功效

1. 有助于抑制和抵抗病毒菌：茶多酚有较强的收敛作用，对病原菌、病毒有明显的抑制和杀灭作用，对消炎止泻有明显效果。

2. 消除危害美容与健康的活性氧：白鸡冠对皮肤具有一定的保健作用。

3. 行气通脉：白鸡冠能发汗解表；咖啡因还能刺激肾脏，促使尿液加速排出体外，提高肾脏的滤出率，减少有害物质的滞留时间，十分适合心血管病人饮用。

制作工序

白鸡冠的采摘时间一般是在5月中旬，标准是以驻芽二、三叶，驻芽三、四叶为主。茶叶采摘要求是15:00以后的嫩叶，采摘标准为小开面至中开面，且匀整、新鲜。其制作时还要经过驻青，具体做法是把茶青及时、均匀摊在竹席或水筛上，鲜叶摊放厚度小于15厘米，并使鲜叶保持疏松。每间隔1~2小时翻动一次。接下来是晒青，注意晒青应避免强阳光暴晒，严格控制在17:00~19:00之间。凉青的时候则要防止风吹、日光直接照射。紧接着是做青。做青完成以后就是杀青，杀青时以"高温杀青，先高后低"为原则。揉捻是要使杀青叶扭曲成条。再经过初烘、初包揉、复烘、复包揉、烘干等工序，该茶的制作就完成了。制作出的优质的白鸡冠毛茶应当是色泽墨绿中带米黄色，香气幽长，滋味醇厚较甘爽。

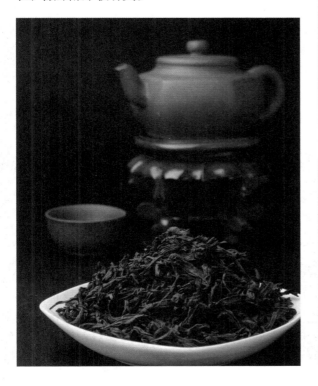

冲泡品饮

备具 紫砂壶、茶匙、茶荷、品茗杯各1个，白鸡冠3~5克左右。

▼

洗杯、投茶 将开水倒入紫砂壶中冲洗，将茶叶拨入壶中。

▼

冲泡 冲入100℃左右的水，加盖冲泡2~3分钟。

▼

赏茶 冲泡后，茶香清鲜浓长，有百合花的香味。茶汤橙黄明亮。

▼

出汤 冲泡结束后，即可将茶汤倒入品茗杯中进行品饮。

▼

品茶 入口后，滋味醇厚甘鲜，唇齿留香，具有活、甘、清、香的特色，让人神清目朗，回味无穷。

特别提醒

1. 胃寒的人过多饮用会引起肠胃不适。神经衰弱者、失眠者临睡前不宜饮茶，正在哺乳期的妇女也要少饮茶。
2. 忌用茶水服药，因为茶中的鞣酸会与药物结合产生沉淀，阻碍吸收，影响药效。

【福·建·乌·龙·茶】

水金龟

Shuijingui

茶叶介绍

　　水金龟是武夷岩茶四大名丛之一，产于武夷山区牛栏坑社葛寨峰下的半崖上，因茶叶浓密且闪光模样宛如金色之龟而得此名。水金龟属半发酵茶，有铁观音之甘醇，又有绿茶之清香，具鲜活、甘醇、清雅与芳香等特色，是茶中珍品。每年5月中旬采摘，以二叶或三叶为主，色泽绿中透红，滋味甘甜，香气高扬。浓饮且不见苦涩。色泽青褐润亮呈"宝光"。

茶汤 汤色金黄

叶底 软亮匀整

最佳产地

　　福建武夷山。

选购要点

　　要选购条索肥壮，自然松散，色泽绿褐油润呈宝光的水金龟。

贮藏提示

　　铝箔袋包装好存放在密封的铁盒或者木盒中，冷藏在冰箱内，避光、干燥。

保健功效

1. 有助于延缓衰老：水金龟中的多酚化合物具有很强的抗氧化性和生理活性，能阻断脂质过氧化反应。

2. 有助于抑制心血管疾病：水金龟中的多酚化合物，有助于使形成血凝黏度增强的纤维蛋白原降低，凝血变清，从而抑制动脉粥样硬化。

茶叶特点

1. 外形：条索紧结　　**4.** 香气：清细幽远

2. 色泽：墨绿带润　　**5.** 叶底：软亮匀整

3. 汤色：汤色金黄　　**6.** 滋味：甘醇浓厚

冲泡品饮

备具	冲泡	品茶
盖碗、茶匙、茶荷、品茗杯各1个，水金龟3~5克。	将开水倒入盖碗中进行冲洗，弃水后将茶叶拨入碗中。冲入开水，加盖泡2~3分钟。	冲泡结束后，即可将茶汤从盖碗中倒入品茗杯中进行品饮。入口后，滋味甘醇浓厚。